NCS 기반 자동차 충전·시동장치

AUTOMOTIVE
CHARGING
STARTING SYSTEM

NCS 기반 자동차 충전·시동장치

김재욱 · 양도순 · 조재철

구민사

저자약력 | • **김재욱** 두원공과대학교 자동차과 교수
• **양도순** (주)두원정공 기술연구소 재직중
• **조재철** 에쓰디트리브 대표
자동차 공학박사

NCS 기반 자동차 충전·시동장치

초판 인쇄 | 2024년 8월 20일
초판 발행 | 2024년 8월 30일

저　　자 | 김재욱 · 양도순 · 조재철
발 행 인 | **조규백**
발 행 처 | 도서출판 **구민사**
(07293) 서울특별시 영등포구 문래북로 116, 604호(문래동 3가 46, 트리플렉스)
전　　화 | (02) 701-7421
팩　　스 | (02) 3273-9642
홈페이지 | www.kuhminsa.co.kr

신고번호 | 제2012-000055호 (1980년 2월 4일)
I S B N | 979-11-6875-402-7(93550)

값 | **29,000원**

Preface

머리말

NCS 기반의 취업약정식 주문형 교육과정을 개발하고 운영하기 위하여 자동차 충전·시동장치 교육에 적합한 교재의 개발이 필요하게 되었다. 본 교재는 기존의 자동차 전기·전자 교재와 달리 NCS 교육에 적합하도록 구성하였고, 전기·전자장치를 이해하기 위한 기초적인 내용도 같이 포함하며 이론 학습과 실습이 같이 이루어지도록 하였다.

취업약정식 주문형 교육과정 취지에 보다 적합하도록 해당 산업체의 의견 등을 반영하여 내용 및 학습순서 등도 다시 고려하였으며, 현장에서 요구하는 기본사항에 충실하도록 하였다. 또한 학생이 쉽게 수업준비를 할 수 있으며 과정을 이수하기 편리하도록 실습 진행 부분을 상세히 작성하였다.
교재의 구성은 자동차 충전 및 시동장치를 쉽게 이해하기 위해서 다음과 같이 기술하였다.

1. 전기·전자회로
2. 전기·전자회로 점검
3. 직류·교류회로 테스트
4. 반도체 테스트
5. 오류 찾기
6. 배터리와 퓨즈
7. 충전장치 정비
8. 시동장치 정비

그리고 준비된 실습용 시뮬레이터를 최대한 활용하도록 교재에 반영하였다.
본 교재를 준비하며 미비한 점이나 오류가 다수 있으리라 생각되므로 여러분의 지도 편달을 바라며, 추후 보충과 보완을 계획하고 있다. 교재 개발에 실습장비의 매뉴얼을 활용할 수 있도록 허락한 (주)영일교육시스템과 본 교재가 출판되기까지 많은 도움을 준 도서출판 구민사 조규백 대표님과 직원 여러분에게 고마움과 항상 건강하시길 기원한다.

저자 일동

01 CHAPTER 전기·전자회로

Contents

CHAPTER 02 전기·전자회로 점검

CHAPTER 03 직류·교류 테스트

Contents

04 CHAPTER 반도체 테스트

05 CHAPTER 오류 찾기

Contents

06 CHAPTER 배터리와 퓨즈

07 CHAPTER

충전장치 정비

Contents

08 CHAPTER 시동장치 정비

전기·전자회로

01

전기·전자회로
[Electric · Electron Circuit]

01
CHAPTER

학습목표

전기 · 전자회로란 전기 · 전자회로장치의 정상적인 작동을 위하여 전기 · 전자에 대하여 이해하는 능력이다.

① 전기회로의 물질의 구성, 전류, 직류와 교류, 전압, 저항, 옴의 법칙, 키르히호프 법칙, 전력, 전력량, 줄의 법칙에 대하여 이해할 수 있다.

② 전자회로의 반도체의 장 · 단점, 진성반도체, 불순물 반도체, 다이오드, 제너 다이오드, 발광 다이오드, 콘덴서, 트랜지스터, 포토 트랜지스터, 서미스터, 사이리스터, 컴퓨터 입 · 출력장치, 논리회로, 전자부품 기호에 대하여 이해할 수 있다.

1 전기회로

1.1 물질의 구성

모든 물질은 분자로 구성되어 있으며, 분자는 원자의 집합체로 구성되어 있다. 전자론에 의하면 원자는 양(+)전기를 띤 양성자와 중성자로 구성된 원자핵과 음(−)전기를 띤 전자로 구성된다. 이와 같이 물질에 존재하는 전자가 전기의 본질이며, 원자핵과 거리가 멀어서 결합력이 약하고 외부의 영향을 가장 쉽게 받아 궤도를 이탈하는 전자를 자유전자라고 한다.

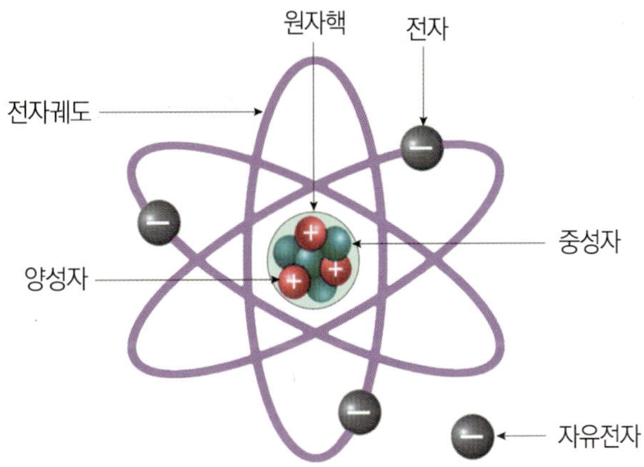

그림 1 원자의 구조

1.2 전류

전류란 (+)대전체와 (−)대전체 사이를 도체로 연결하면 (+)쪽에서는 도체 내의 전자를 흡인하고, (−)쪽에서는 전자가 반발 당하여 도체 내부로 들어가므로, 도체 내에 있는 전자는 (−)쪽에서 (+)쪽으로 이동한다. 이때 전자는 중화되며 전자의 이동을 전류라 한다.

전류의 세기는 도체의 임의의 단면적을 1초 동안 1C(쿨롱)의 전하가 통과할 때의 값을 단위로 하여 1A(ampere, 암페어)라 하며, 전하의 이동방향을 전류의 (+)방향으로 정한다. 전류의 세기에 대한 공식은 다음과 같다.

$$\text{전류의 세기} = \frac{\text{전하량}}{\text{시간}}$$

즉, 전류의 세기는 전하량과 비례하고, 전하가 흘러간 시간에 반비례한다.

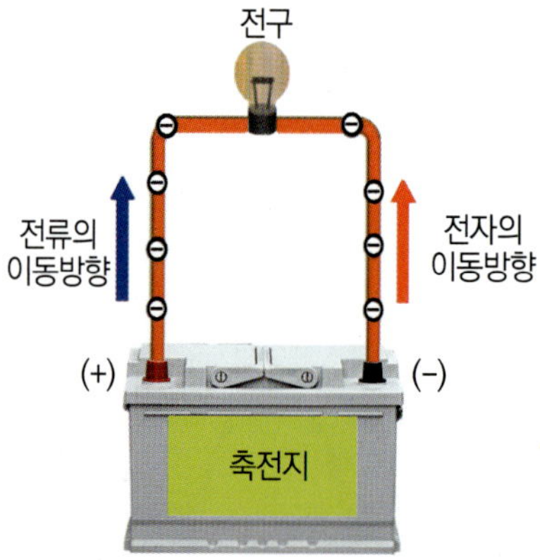

그림 2 **전자와 전류의 흐름**

도체 내에서는 전류와 반대방향으로 자유전자가 이동한다. 즉, 1A의 전류가 흐르는 도선에는 1초마다 약 6.25×1018개의 자유전자가 이동한다. 전류는 전원에서 공급받은 위치에너지를 부하로 전달해 주는 작용을 하는데, 이 과정에서 발열작용, 자기작용 및 화학작용의 3가지 작용을 한다.

1.3 직류와 교류

[1] 직류

흐르는 방향이 일정한 전류로 약칭으로 DC라 하며, 전류 가운데 방향과 크기가 일정한 것을 가리키는 경우가 많으며, 방향은 일정하나 크기가 달라지는 경우는 직류와 구별하여 맥동전류(脈動電流)라 한다. 전지의 전압처럼 극성(+ · −)이 일정한 전압을 직류전압이라 한다.

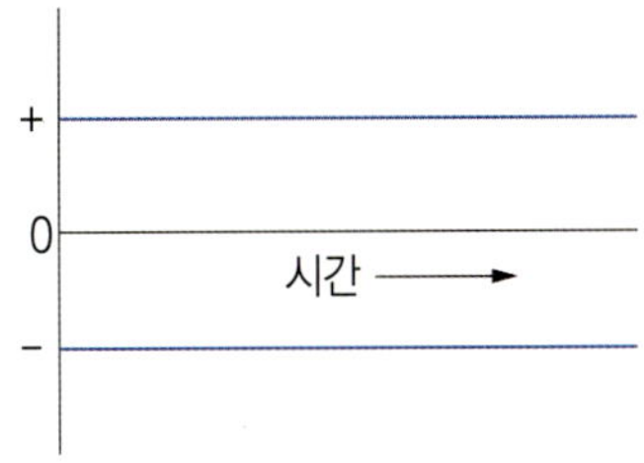

그림 3 직류

[2] 교류

시간이 경과함에 따라 크기와 방향이 주기적으로 변하는 전류 또는 전압으로 약칭으로 AC라 하고, 주기적인 파형을 가지며 평균값은 0이 된다. 대표적인 교류는 사인파의 파형을 하고 있으며, 이것을 사인파 교류라 하고, 그렇지 않은 교류를 비사인파 교류라 한다.

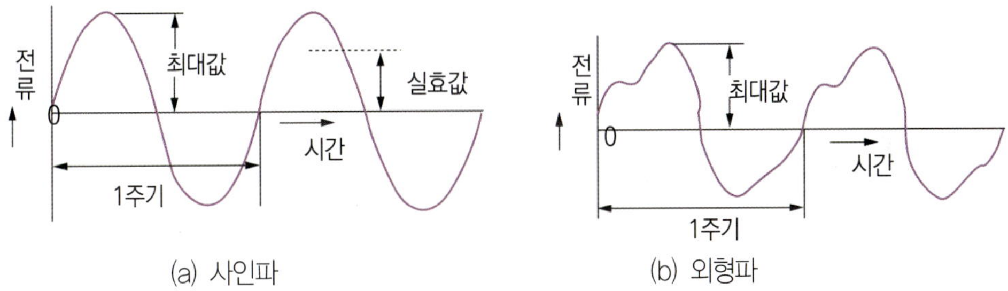

그림 4 교류

1.4 전압(전위차)

물이 담긴 A(위 탱크), B(아래 탱크)의 용기에 파이프를 연결하면 물은 수위가 높은 A쪽에서 수위가 낮은 B쪽으로 흐르게 되며, 이때 물이 흐르는 세기는 용기 A와 B의 수위차이, 즉 수압에 의하여 결정이 된다. 따라서 (+)전하 A와 (–)전하 B를 전선 C로 연결하면 (+)전하는 전선 C를 통하여 (–)전하를 향하여 전류가 흐른다. 이때 A에서 B를 향하여 수위차이 만큼의 전기적 압력이 가해졌다고 가정할 수 있는데, 이와 같은 전기적인 압력을 전압(電壓)이라 한다. 즉, 전압이란 도체 안에 있는 두 점 사이의 전기적인 위치 에너지의 차이이다.

전압의 단위는 볼트(Volt, 기호는 V)로 표시한다. 1V란 1옴(Ω)의 도체에 1A의 전류를 흐르게 할 수 있는 전기적인 압력을 말하며, 단위는 1kV=1,000V, 1V=1,000mV로 표시한다.

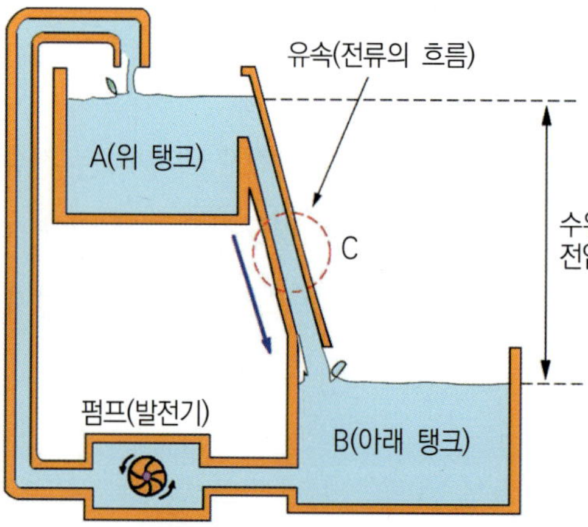

그림 5 수압과 전압

1.5 저항

저항이란 물질 속을 전류가 흐르기 쉬운가 또는 어려운가를 표시하는 것이며, 저항의 단위는 옴(Ohm : Ω)이다. 1옴(Ω)이란 1A의 전류를 흐르게 할 때 1V의 전압을 필요로 하는 도체의 저항으로 표시하며, 전압에 의하여 전류가 흐르고, 저항은 전류의 흐름을 방해하므로 전류, 전압 및 저항 사이에는 밀접한 관계가 있다. 물질의 저항값을 결정하는 요소는 다음과 같다.

① 물질 : 낮은 압력에서도 비교적 전자의 이동이 활발한 물질일수록 저항이 작다.

[도체의 고유저항]

도체의 명칭	고유저항 ($\mu\Omega$ · cm)20℃	도체의 명칭	고유저항 ($\mu\Omega$ · cm)20℃
은(Ag)	1.62	니켈(Ni)	6.9
구리(Cu)	1.69	철(Fe)	10.0
금(Au)	2.40	강	20.6
알루미늄(Al)	2.62	주철	57~114
황동(Cu+Zn)	5.7	니켈-크롬(Ni-Cr)	100~140

② 길이 : 길이가 길어질수록 전자의 이동 통로가 길어지므로 저항이 증가한다.

③ 단면적 : 단면적이 커질수록 전자의 이동 통로가 커지므로 저항이 감소한다. 도체의 단면 고유저항을 ρ(Ω · cm), 단면적을 A(cm^2), 도체의 길이를 ℓ(cm)인 도체의 저항을 R(Ω)이라 하면

$$R = \rho\frac{\ell}{A}(\Omega)$$

④ 온도 : 온도가 증가할수록 내부 입자들의 운동이 활발하여 전자의 자유로운 이동을 방해하므로 저항이 증가한다.

[1] 저항의 직렬연결

저항을 한 줄로 접속하는 것을 직렬연결이라고 한다. 직렬연결의 특징은 다음과 같다.

① 합성저항은 각 저항의 합과 같다.

② 어느 저항에서나 똑같은 전류가 흐른다.

③ 각 저항에 걸리는 전압의 합은 전원전압과 같다.

④ 동일한 전원을 연결하면 전압은 개수의 배가 되고 용량은 1개일 때와 같다.

⑤ 서로 다른 전원을 연결하면 전압은 각 전압의 합과 같고 용량은 평균값으로 된다.

⑥ 큰 저항과 매우 작은 저항을 연결하면 매우 작은 저항은 무시된다.

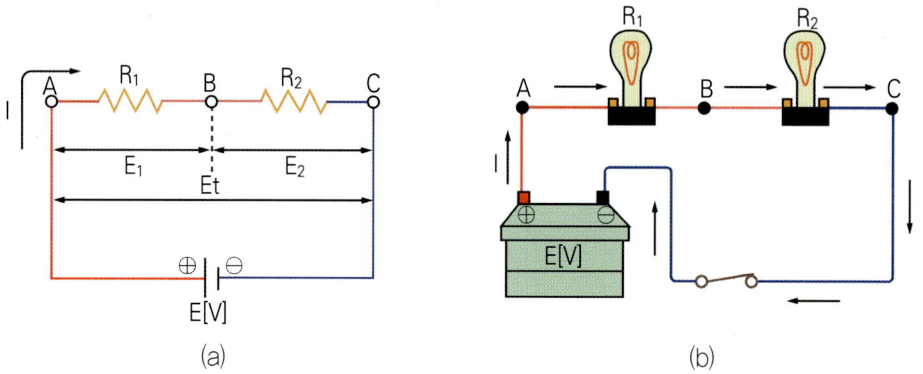

그림 6 **저항의 직렬연결**

직렬연결에서는 어느 저항에서나 항상 똑같은 전류가 흐른다. 즉, R_1에 흐르는 전류와 R_2에 흐르는 전류는 같다. 각 저항의 양끝의 전압을 E_1, E_2라 하면 옴의 법칙에 따라

$$E_1 = IR_1,\ E_2 = IR_2 \text{가 된다.}$$

$$\text{따라서}\ \ E = E_1 + E_2 = IR_1 + IR_2 = I(R_1 + R_2)$$

이 되므로 A와 C 사이의 합성저항을 R이라 하면 E = IR이 되어 $IR = I(R_1 + R_2)$이므로 $R = R_1 + R_2$가 된다. 따라서 n개의 저항 R_1, R_2, R_3 ……, R_n을 직렬로 연결하였을 때 합성저항(R)은 각 저항의 합과 같게 되므로 $R = R_1 + R_2 + R_3 + \cdots\cdots + R_n$으로 되어 직렬연결의 합성저항은 각 저항의 어느 하나보다 크게 된다.

[2] 저항의 병렬연결

저항을 병렬로 접속하는 것을 병렬연결이라고 한다. 병렬연결의 특징은 다음과 같다.

① 어느 저항에서나 똑같은 전압이 가해진다.

② 합성저항은 각 저항의 어느 것보다도 작다.

③ 저항이 감소하는 것은 전류가 나누어져 저항 속을 흐르기 때문이다.

④ 각 회로에 흐르는 전류는 다른 회로의 저항에 영향을 받지 않으므로 양끝에 걸리는 전류는 상승한다.

⑤ 동일한 전원을 연결할 경우 전압은 1개일 때와 같으나 용량은 개수의 배가 된다.

⑥ 매우 큰 저항과 적은 저항을 연결하면 큰 저항은 무시된다.

⑦ 합성저항의 역수는 각 저항의 역수의 합과 같다.

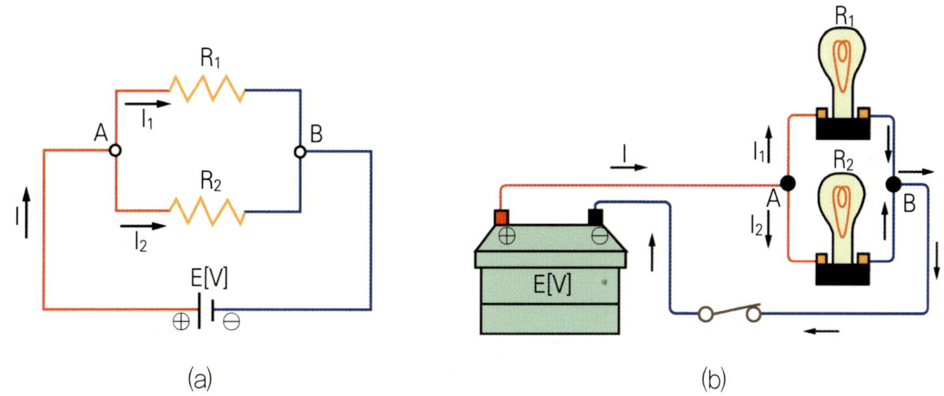

그림 7 **병렬연결**

그림 7과 같이 A, B 사이에 전압 E를 가하면 각 저항 R_1, R_2에는 똑같은 전압이 가해지므로 각 회로의 전류는 옴의 법칙에 따라 다음과 같이 구할 수 있다. 그리고 A점에 유입된 전류를 I라 하면, 전류 I는 A점에서 나누어져 I_1, I_2가 되어 각 저항을 흐르므로 전류 I는 I_1과 I_2의 합과 같다. 즉,

$$I = I_1 + I_2,\ I = \frac{E}{R_1} + \frac{E}{R_2} = E\left(\frac{1}{R_1} + \frac{1}{R_2}\right) \text{이 된다.}$$

그리고 A, B의 사이의 합성저항을 R이라 하면

$$\mathrm{I} = \frac{\mathrm{E}}{\mathrm{R}} \text{가 되며, } \frac{\mathrm{E}}{\mathrm{R}} = \mathrm{E}\left(\frac{1}{\mathrm{R_1}} + \frac{1}{\mathrm{R_2}}\right) \text{이므로 } \frac{1}{\mathrm{R}} = \frac{1}{\mathrm{R_1}} + \frac{1}{\mathrm{R_2}} \text{이 된다.}$$

따라서 n개의 저항 R_1, R_2, R_3……, $\mathrm{R_n}$을 병렬로 접속하였을 경우 그 합성저항을 R이라 하면

$$\frac{1}{\mathrm{R}} = \frac{1}{\mathrm{R_1}} + \frac{1}{\mathrm{R_2}} + \frac{1}{\mathrm{R_3}} + \ldots\ldots + \frac{1}{\mathrm{R_n}} \text{가 된다.}$$

[3] 직 · 병렬연결

직 · 병렬연결이란 직렬과 병렬연결을 혼합한 것이다. 합성저항은 직렬 합성저항과 병렬 합성저항을 더한 값이 되며, 회로에 흐르는 전류와 전압이 상승한다.

그림에서 합성저항은 $R = \dfrac{1}{\dfrac{1}{R_1} + \dfrac{1}{R_2}} + R_3 + R_4$로 나타낼 수 있다.

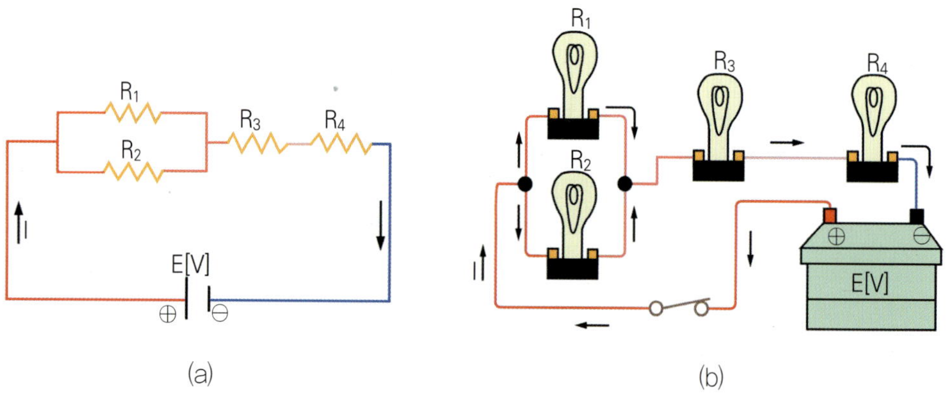

그림 8 저항의 직 · 병렬연결

1.6 옴의 법칙

전기는 저항이 같더라도 전선의 단면적이 적으면 전류가 잘 흐르지 못하고 전선의 단면적이 크면 전류가 잘 흐르게 되는데, 이것은 전선의 저항에 의하여 발생되는 것이다. 즉, 도체에 흐르는 전류(I)는 전압(E)에 정비례하고, 그 도체의 저항(R)에는 반비례한다.

$$E \propto I, \qquad E = (\text{상수}) \times I$$

여기에서 상수는 그 도체의 저항(R)이다. 그러므로

$$E = I\,R$$

E : 전압(Volt), I : 전류(Ampere), R : 저항(Ohm)

이 식은 다음과 같이 고쳐 쓸 수 있다.

$$I = \frac{E}{R} \text{ 그리고 } R = \frac{E}{I}$$

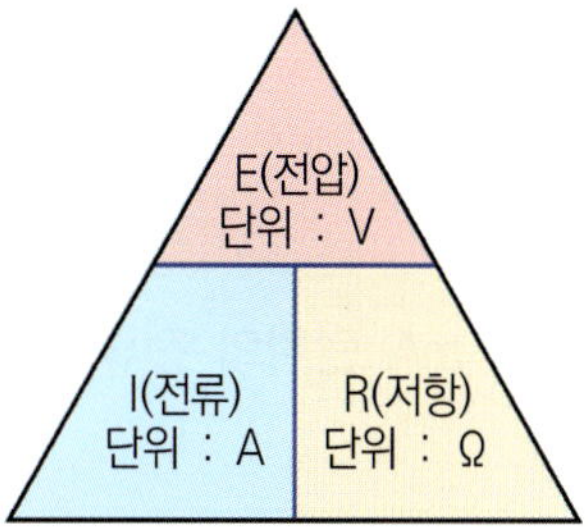

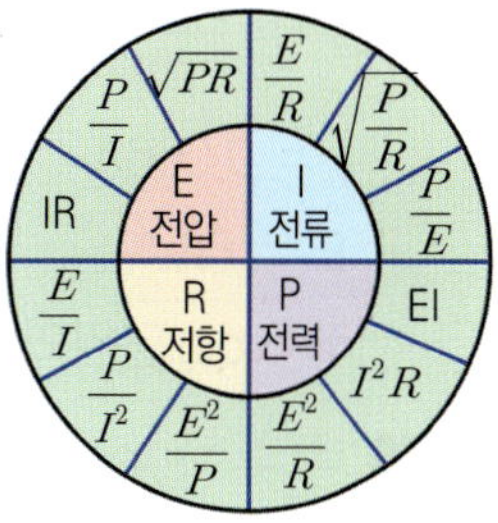

그림 9 옴의 법칙

예제

1. 5mA의 전류가 2㏀의 저항을 통해 흐른다. 전압은 얼마인가?

해설 I = 5mA = 0.005A

R = 2㏀= 2000Ω

E = 0.005 × 2000

E = 10V

※ mA 단위의 전류 × ㏀ 단위의 저항의 결과는 volt 단위의 전압이 된다.

정답 5mA × 2㏀ = 10V

2. 12V의 전압이 2㏀의 저항에 걸려있다. 전류는 얼마인가?

해설 E = 12V

R = 2㏀ = 2000Ω

$$I = \frac{V}{R}$$

$$I = \frac{12}{2000}$$

I = 0.006A

E = 6mA

※ volt 단위의 전압 ÷ ㏀ 단위의 저항의 결과는 mA 단위의 전류가 된다.

정답 $\frac{12V}{2k\Omega}$ = 6mA

3. 10V의 전압이 공급되는 회로에 5mA의 전류가 흐른다. 회로의 저항은 얼마인가?

해설 E = 10V

I = 5mA = 0.005A

$$R = \frac{E}{I}$$

$$R = \frac{10}{0.0050}$$

R = 2000Ω

R = 2㏀

※ volt 단위의 전압 ÷ mA 단위의 전류의 결과는 ㏀ 단위의 저항이 된다.

정답 $\frac{10V}{5mA} = 2k\Omega$

1.7 키르히호프의 법칙(kirchhoff's law)

[1] 제1법칙(전류법칙)

"회로 내의 어떤 한 점에 유입된 전류의 총합과 유출한 전류의 총합은 똑같다"는 이론으로 전하보존의 법칙이다. 이러한 관계를 「키르히호프의 제1법칙」이라 한다.
그림 10에서 다음 공식이 성립된다.

$$I_1 + I_3 + I_4 = I_2 + I_5, \qquad (I_1 + I_3 + I_4) - (I_2 + I_5) = 0$$
$$\therefore \ \Sigma I = 0$$

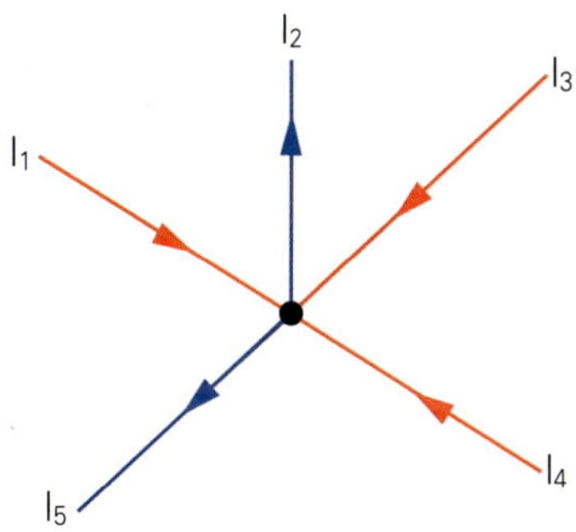

그림 10 키르히호프의 제1법칙

[2] 제2법칙(전압법칙)

그림 11에서 기전력 E(V)에 의하여 R(Ω)의 저항에 I(A)의 전류가 흐르는 회로에서 옴의 법칙에 따라 E=IR이 된다. 이것을 문자로 표시하면

기전력 = 전압강하에 의한 전압의 합계

가 되어 A → B → C → D의 방향에서는 기전력과 전압강하가 같다는 것을 의미한다. 이상의 설명은 간단한 회로의 경우이나 전원이 2개 이상 있는 복잡한 회로에서도 적용된다. 즉, '임의의 폐회로에 있어 기전력의 총합과 저항에 의한 전압강하의 총합은 같다'.

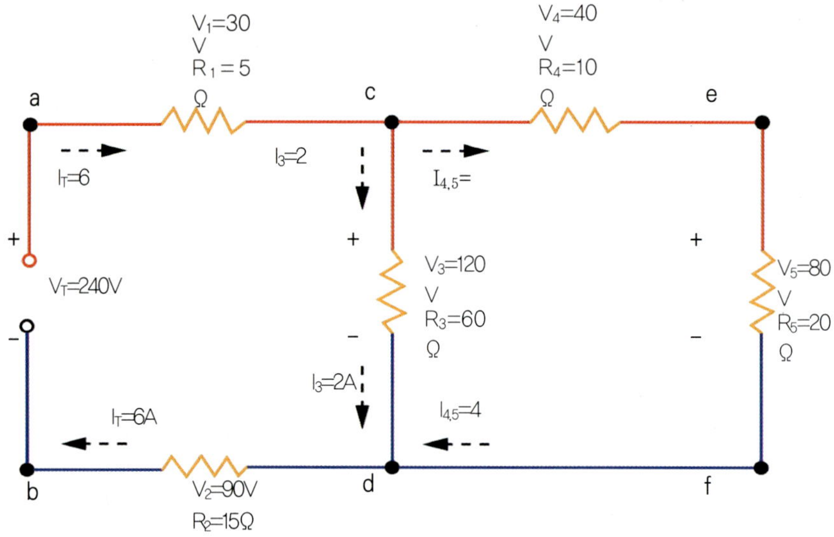

그림 11 키르히호프의 제2법칙의 예

따라서 키르히호프의 제2법칙은 에너지 보존법칙으로 임의의 한 폐회로에서 소비된 전압강하의 총합과 기전력의 총합과 같다. 즉, 전압강하의 총합은 기전력의 총합이다.

$$V_T = V_1 + V_2 + V_3 = 0$$

$$V_T - (V_1 + V_2 + V_3) = 0, \qquad V_T - V_1 - V_2 - V_3 = 0$$

$$\therefore \ \Sigma V = 0$$

1.8 전력

전구(lamp)에 전압을 인가하여 전류를 흐르게 하면 빛이나 열이 발생한다. 또한 냉각팬에서 모터는 날개를 돌리기 위해 기계적인 운동을 한다. 이와 같이 전기기구나 장치는 전기 에너지를 소비하여 일을 한다. 이때 전기 에너지가 소비되는 비율(rate)을 전력(electric power)이라 한다.

다시 말하면 시간 t초 동안 W[J]의 에너지가 소비되었다면,

$$전력 = \frac{에너지}{시간} \text{ 또는 } P = \frac{W}{t} \text{로 정의된다.}$$

전력의 단위는 와트(W : watt)로 표시한다. 전력의 정의에 의하면 1W란 1줄(J)의 에너지가 1초 동안 소비되었을 때 전력의 크기이다.

$$1와트(W) = \frac{1줄(J)}{1초(s)}$$

전력이 큰 경우에는 단위로서 1kW = 1,000W를 사용한다.

또한 전동기의 힘을 표시하는 것으로 마력(PS)이라는 단위를 사용하는데, 마력과 와트의 관계는 다음과 같다.

$$1마력 = 1PS = 735.5[W]$$

전압이나 전류가 증가하면 전력도 증가한다. 즉, 전압 E를 인가하여 전류 I가 흐를 때 전력(P) = EI[W]로 표시된다. 만약 저항 R에 전류 I가 흐른다면 E = IR의 관계로부터 저항에서 소비되는 전력은 다음 공식으로 된다.

$$P = EI = IR \times I = I^2R = E \times \frac{E}{R} = \frac{E^2}{R}[W]$$

이와 같이 전력은 모두 저항에서 소비된다.

1.9 전력량

전기기기는 일정한 시간 동안 사용하여 일을 한다. 예를 들면, 선풍기를 오래 켜놓을 경우 사용되는 전기 에너지가 증가한다. 전류가 어떤 시간 내에 한 일의 총합을 전력량(watt hour)이라 하며, 전력과 그 전력을 사용한 시간과의 곱으로 나타낸다. 따라서 P[W]의 전력을 t초 동안 사용할 때, 전력량 W는

$$W = P \times t[Wh]$$

로 표시된다. 에너지의 단위는 줄(J)이지만, 전력량의 단위로는 Ws(watt-second), Wh(watt hour), kW/h(kilo watt hour)를 사용한다. 만약 전류 I(A)가 저항 R(Ω)에 t초 동안 흐르는 경우 전력량은

$$W = P \times t = I^2Rt[kWh]$$

1.10 줄의 법칙

이 법칙은 저항에 의하여 발생되는 열량은 전류의 제곱(I^2)과 저항(R)의 곱에 비례하는 것을 의미하며, 이것을 줄의 법칙이라 한다. 즉, 저항(R)의 도체에 전류 I(A)를 흐를 때 1초마다 소비되는 에너지 I^2R(W)은 모두 열이 된다. 이때의 열을 줄 열이라고 하며, $H = 0.24I^2Rt$의 관계식으로 표시한다.

2 전자회로

2.1 반도체의 장점 및 단점

[1] 반도체의 장점

① 매우 소형이고, 가볍다.

② 내부 전력 손실이 매우 적다.

③ 예열시간을 필요로 하지 않고 곧 작동한다.

④ 기계적으로 강하고, 수명이 길다.

[2] 반도체의 단점

① 온도가 상승하면 그 특성이 매우 나빠진다(게르마늄은 85℃, 실리콘은 150℃ 이상 되면 파손되기 쉽다).
② 역내압이 매우 낮다.
③ 정격값 이상 되면 파괴되기 쉽다.

2.2 진성 반도체

진성 반도체란 불순물을 첨가하지 않은 순수한 반도체로(실리콘 결정의 순도는 99.9999999999%) 도체의 결정에 불순물이 없거나, 있더라도 매우 적고 게르마늄이나 실리콘은 결정이 같은 수의 전자와 홀(hole, 정공(+)전기가 남아 있는 빈자리)이 있는 반도체이며, 절연체에 가까워 원자핵에 결합되어 있는 전자가 움직일 수 없기 때문에 외부에 전압을 걸어도 전류는 흐르지 않아 절연체에 가깝다.

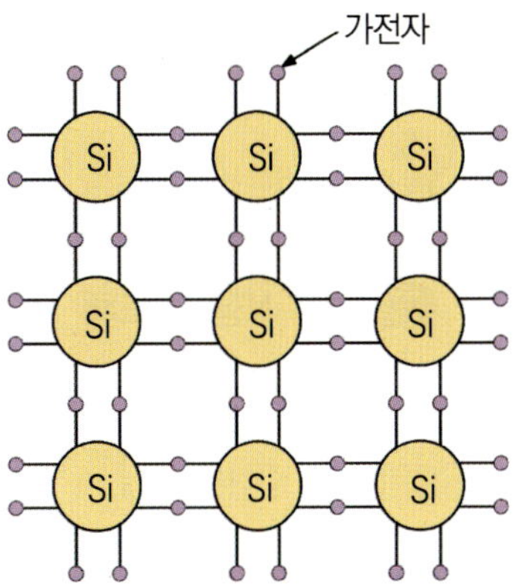

그림 12 진성 반도체 실리콘의 공유결합

2.3 불순물 반도체

진성 반도체에 불순물을 주입하는 것을 도핑(doping)이라 하며, 정공은 전자를 받아들일 수 있으므로 억셉터(acceptor), 전자를 추가로 제공하는 것은 도너(donor)라고 한다. 어떠한 불순물을 주입하는가에 따라 반도체의 도너 또는 억셉터로 작용하게 된다. 이러한 반도체를 불순물 반도체라고 한다.

[1] N형 반도체(N-type semiconductor)

실리콘에 5가의 원소인 비소(As), 안티몬(Sb), 인(P) 등의 원소를 조금 섞으면 5가의 원자가 실리콘 원자 1개를 밀어내고 그 자리에 들어가 실리콘 원자와 공유결합을 한다. 이때 5가의 원자에서는 전자 1개가 남게 되며 이 경우 전기의 캐리어(carrier : 운반자)가 전자이므로 (−)라는 의미에서 N형 반도체라 한다. 전자를 만들어 주는 불순물 원자를 도너(donor)라 한다.

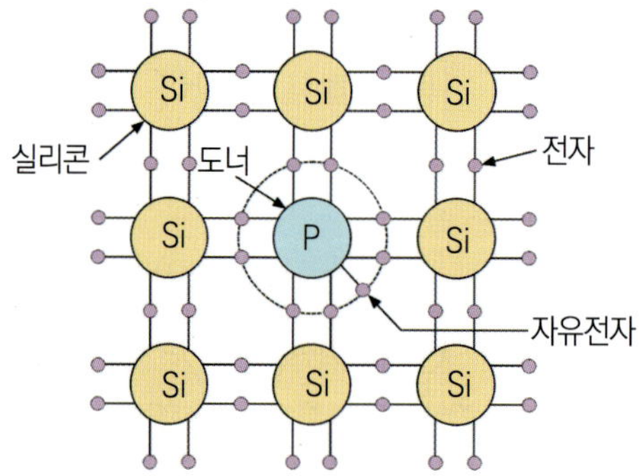

그림 13 N형 반도체

[2] P형 반도체(P-type semiconductor)

자유전자보다 정공을 증가시킨 반도체이다. 실리콘의 결정(4가)에 3가(가장 바깥 궤도에 3개의 전자가 있는 것)의 원소인 붕소(B), 알루미늄(Al)이나 인듐(In)과 같은 물질을 매우 작은 양으로 혼합하면 공유결합을 하게 되는데, 이 과정에서 실리콘의 4가 전자 내에 알루미늄이나 인듐의 3가의 원자가 끼어들어 전자가 없는 부분이 발생한다.

이와 같이 전자가 없는 부분을 홀(hole, 정공)이라고 하며 이 상태에서 전압을 가하면 홀의 (+)에 의해 전자가 흡인되어 홀로 이동하게 되는데, 이때 홀의 움직임은 전자의 이동 방향과 정반대로 된다. 1개의 전자가 부족한 홀도 자유롭게 이동할 수 있으므로 전기를 운반(carrier)하게 되는 반도체를 positive의 머리문자를 따서 P형 반도체라고 하며, 홀을 만들어 주는 불순물 원자를 억셉터(acceptor)라고 한다.

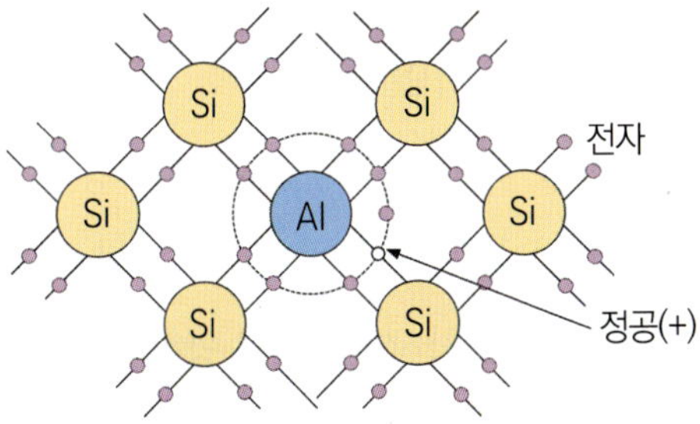

그림 14 P형 반도체

2.4 반도체의 응용

[1] 다이오드(diode)

(1) 다이오드 특성

다이오드란 전압을 일정한 방향으로 인가했을 때만 전류가 흐르는 정류작용을 하는 2단자 반도체이다. 주로 전류를 한쪽 방향으로 흐르게 하고, 역방향으로는 전류가 흐르지 못하도록 하는 성질을 가지고 있다.

(2) 다이오드 작동

다이오드는 P형 반도체와 N형 반도체를 마주 대고 접합한 것이며, P형 부분에는 애노드(A), N형 부분에는 캐소드(K)의 전극이 양 끝에 설치되어 있고, P형 부분과 N형 부분이 접하고 있는 면을 접합면이라 한다. 접합면 부근은 캐리어가 결핍한 층이 발생되는데, 이것을 공핍층이라 한다.

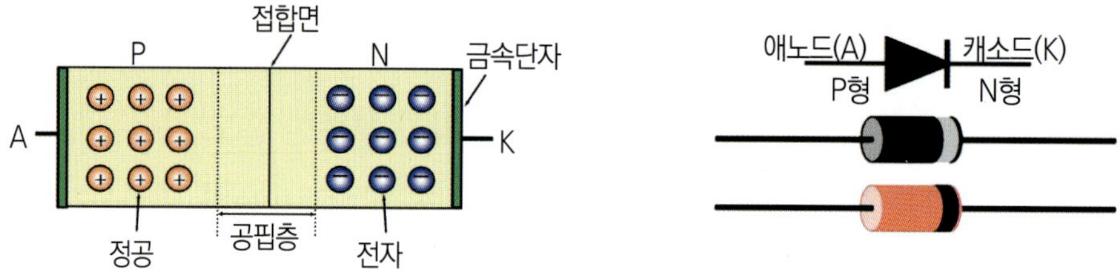

그림 15 다이오드 구조

① PN접합에 순방향 전압을 가한 경우

전원을 P형에는 (+)을, N형에는 (−)을 접속하면 P형의 홀은 (+)극에 반발하여 N형으로 유입되고, N형의 전자는 (−)극에 반발하여 P형 속으로 유입된다. 이에 따라 다이오드에는 전류가 흐르며 이러한 상태를 순방향 흐름이라 한다.

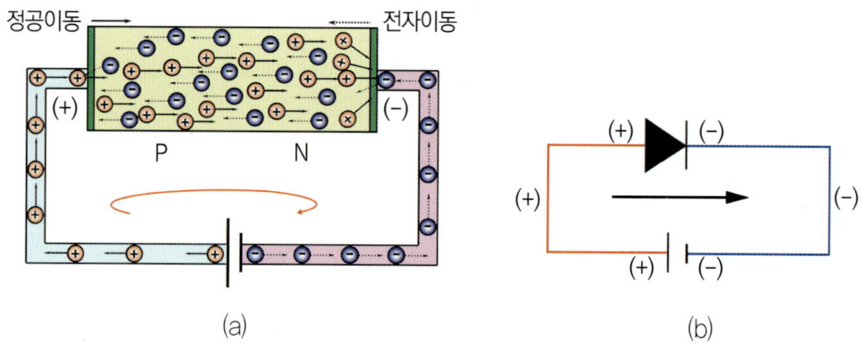

그림 16 순방향(전류가 흐를 때) 흐름

② PN접합에 역방향 전압을 가한 경우

P형 부분에 음(−)전압, N형 부분에 양(+)전압을 가하면 P형 부분의 정공은 음극에, N형 부분의 전자는 양극에 끌려가며, 전위 장벽은 높아지고 더욱 공핍층의 폭도 넓어진다. 따라서 캐리어의 이동이 되지 않으므로 전류는 흐르지 않는다.

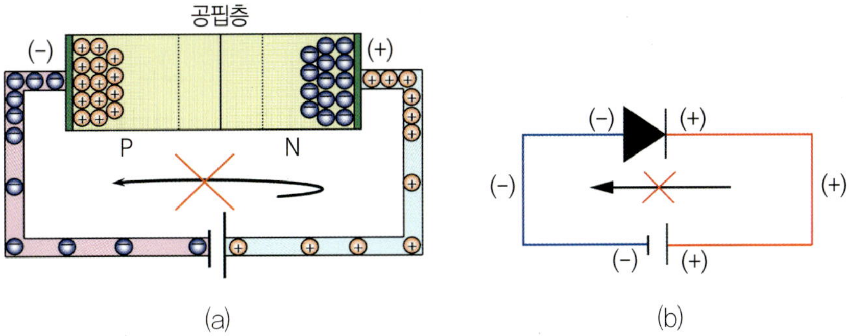

그림 17 역방향(전류가 흐르지 않을 때) 흐름

(3) 다이오드 용도

다이오드의 용도는 전원장치에서 교류 전류를 직류 전류로 바꾸는 정류기로서의 용도, 라디오의 고주파에서 꺼내는 검파용 전류의 ON/OFF를 제어하는 스위칭 용도 등 다양하게 쓰인다.

[2] 제너 다이오드(zener diode)

제너 다이오드는 실리콘 다이오드의 일종이며, 어떤 전압 하에서도 역방향으로 전류가 통할 수 있도록 제작한 것이다. 즉, 역방향으로 가해지는 전압이 어떤 값에 도달하면 순방향 흐름과 같이 급격히 전류를 흐르게 한다.

이때의 전압을 제너 전압(브레이크다운 전압 : brake down voltage)이라 부른다. 또 역방향 전압이 점차 감소하여 제너 전압 이하가 되면 역방향 전류가 흐르지 못한다. 이 제너 전압은 온도 및 사용에 의한 변화가 적으며, 자동차용 교류 발전기의 전압 조정기 전압 검출이나 일정 정전압 회로 등에서 사용하고 있다.

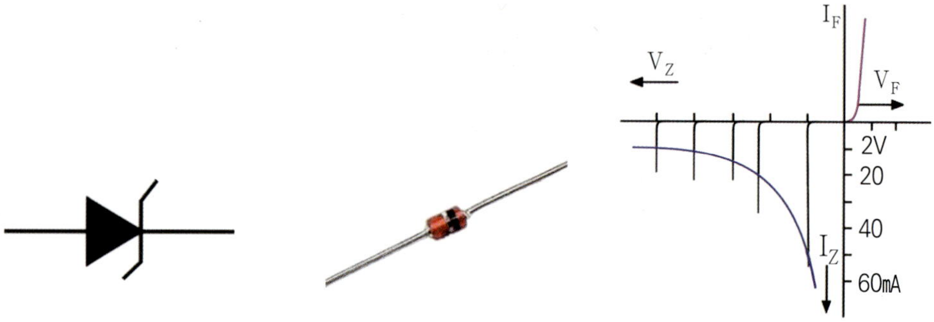

(a) 기호　　(b) 모형　　(c) 특성

그림 18 제너 다이오드

[3] 발광 다이오드(LED : light emission diode)

발광 다이오드는 순방향으로 전류를 흐르게 하면 빛이 발생되는 다이오드이며, 가시광선으로부터 적외선까지 다양한 빛을 발생한다. 발광(發光)될 때에는 순방향으로 10mA 정도의 전류가 필요하며, PN형 접합면에 순방향 전압을 가하여 전류를 흐르게 하면 캐리어(carrier)가 가지고 있는 에너지 일부가 빛으로 변화하여 외부로 방사(放射)시킨다. 용도는 각종 파일럿램프, 배전기의 크랭크 각센서와 상사점(TDC)센서, 차고센서, 조향핸들 각속도 센서 등에서 사용한다.

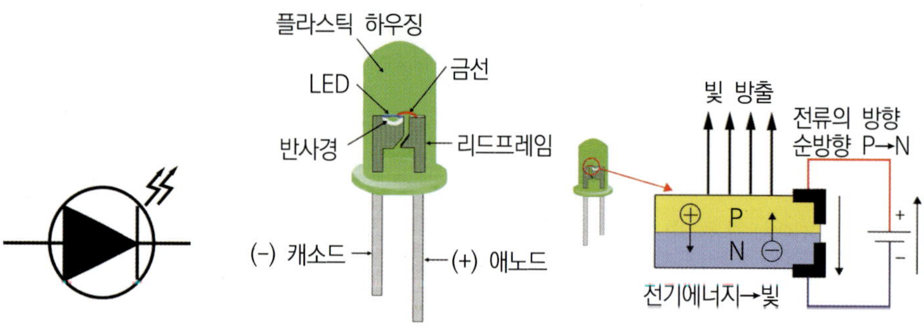

(a) 기호　　(b) 구조　　(c) 원리

그림 19 발광 다이오드

[4] 포토 다이오드(photo diode)

포토 다이오드는 PN형을 접합한 게르마늄(Ge)판에 입사광선이 없을 경우에는 N형에 일정 전압이 가해져 있으므로 역방향 특성으로 되어 전류는 흐르지 않게 된다. 그러나 입사광선을 접합부에 쪼이면 빛에 의해 전자가 궤도를 이탈하여 자유전자가 되어 역방향으로 전류가 흐르게 된다. 따라서 입사광선이 강할수록 자유전자 수도 증가하여 더욱 많은 전류가 흐른다. 용도는 자동차 배전기 내의 크랭크 각센서와 상사점(TDC)센서, 차고센서, 조향핸들 각속도 센서 등에 사용한다.

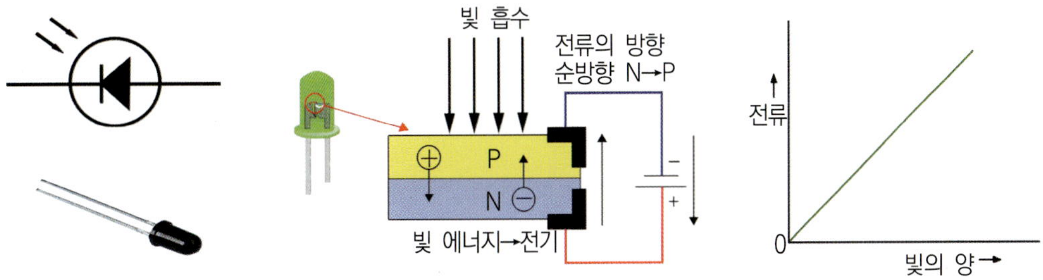

(a) 기호 및 모형 (b) 원리 (c) 곡선

그림 20 포토 다이오드

[5] 콘덴서(condenser)

마주 놓인 두 전극 사이에 유전체를 끼워 만들어진 것으로 축전기라고도 한다. 콘덴서는 전하를 충전할 수 있는 기능을 하며 직류는 흐르지 못하게 하지만, 교류는 통하게 하며 용량이 클수록 그리고 주파수가 높을수록 잘 통하게 된다.

축전기가 설치된 회로에 직류(DC)전압을 공급하면 축전기에는 짧은 시간 동안 충전이 되며, 충전이 완료된 후에는 직류전류는 더 이상 흐르지 못하고 차단이 된다. 이때 축전기의 저항은 무한대에 가깝다.

충전할 때 전원은 축전기의 한쪽 금속판으로부터 전자를 흡인하여 반대쪽 금속판으로 보낸다. 즉, 2장의 금속판 중 하나는 전자 과잉상태가 되고 반대쪽은 전자부족 상태로 되어 2장의 금속판 사이에 전압이 저장된다. 이 상태에서 전원을 제거하여도 2장의 금속판에는 전압이 그대로 유지된다. 다음에 회로를 단락회로(short circuit)로 하면 축전기에 충전되어 있던 전하가 방전이 된다. 그리고 축전기의 2장의 금속판에 가하는 전압을 점차 증가시켜 일정 수준 이상이 되면 절연체가 손상되고 축전기는 통전된다. 이것을 절연파괴라 한다.

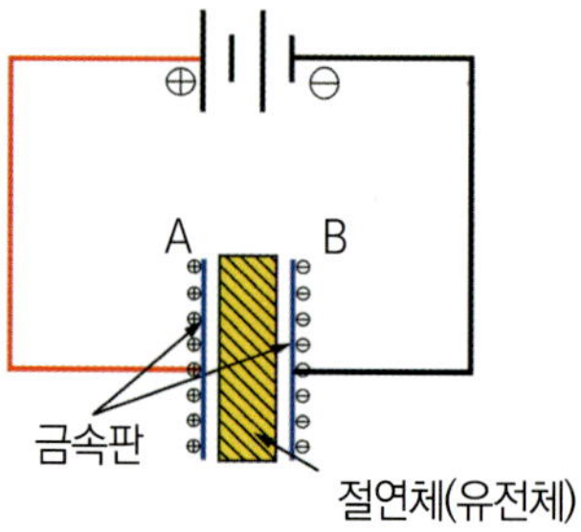

그림 21 축전기의 작동

용량단위는 F(패럿)이지만 그 단위가 너무 커서 pF(피코패럿), μF(마이크로패럿)의 단위를 주로 쓴다. 자동차에서는 지연회로(타이머 회로)나 회로의 전기적인 노이즈를 방지하는데 주로 사용한다.

① 1밀리패럿 = 1mF = 10^{-3}F

② 1마이크로패럿 = 1μF = 10^{-6}F

③ 1나노패럿 = 1nF = 10^{-9}F

④ 1피코패럿 = 10pF = 10^{-12}F

축전기는 용량의 가변성 여부에 따라 가변형과 고정형으로 분류되며, 가변형은 서로 마주보는 고정판과 회전판으로 구성되어, 전극판의 마주 보는 면적을 바꿈으로써 정전 용량을 연속적으로 변화시켜 송수신기나 발전기 등에 설치되어 주파수를 조절하고, 고정형은 두 개의 금속판 사이에 절연체를 넣어 전기를 저장하는데 쓰이고, 세라믹 콘덴서, 마일러 콘덴서, 전해 콘덴서 등이 있다. 전해 콘덴서는 극성이 있다.

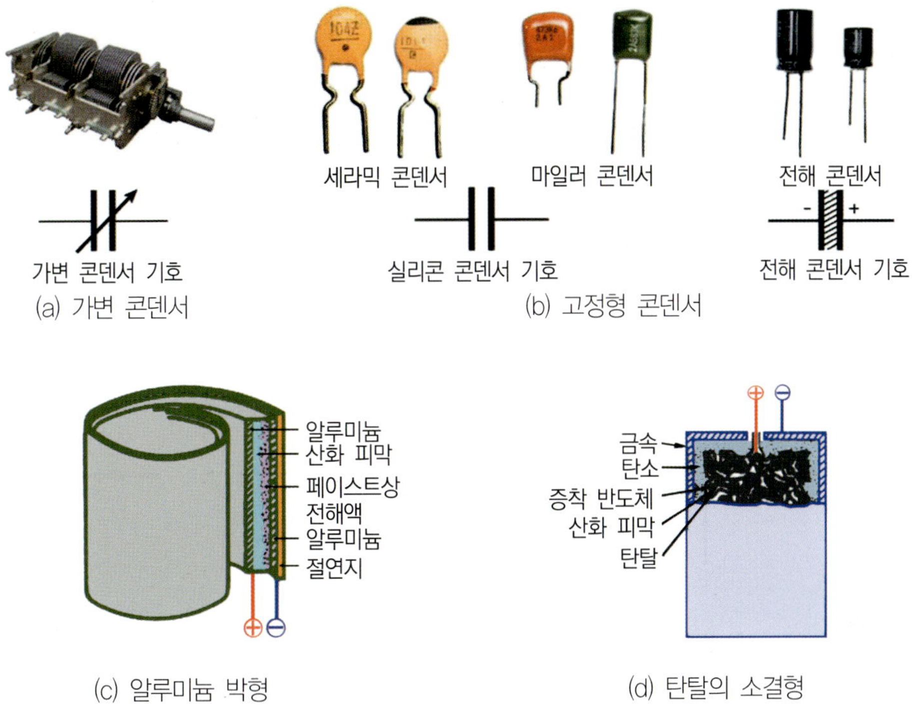

그림 22 **축전기의 종류 및 구조**

[6] 트랜지스터(transistor)

트랜지스터는 전류나 전압흐름을 조절하여 증폭하거나 스위치 역할을 하는 반도체 소자이다. 외부 회로와 연결할 수 있는 최소 3개 단자를 가지고 반도체 재료로 구성되어 있다. 전압 또는 전류가 한 쌍의 트랜지스터 단자에 인가가 되면 다른 한 쌍의 단자를 통해 전류를 제어한다. 출력된 전력은 입력된 전력보다 높일 수 있기 때문에 트랜지스터는 신호를 증폭하는 것이 가능하다.

그림 23 **트랜지스터**

트랜지스터는 PN형 다이오드의 N형 쪽에 P형을 덧붙인 PNP형과 P형 쪽에 N형을 덧붙인 NPN형이 있으며, 3개의 단자 부분에는 인출선이 붙어 있다. 중앙부분을 베이스(B, base : 제어부분), 양쪽의 P형 또는 N형을 각각 이미터(E : emitter) 및 컬렉터(C : collector)라고 한다. PNP형은 이미터에서 베이스로 전류가 흐르고, NPN형은 베이스에서 이미터로 전류가 흐른다. 트랜지스터의 대표적인 작용으로는 스위칭 작용, 증폭 작용 및 발진 작용 등이 있다.

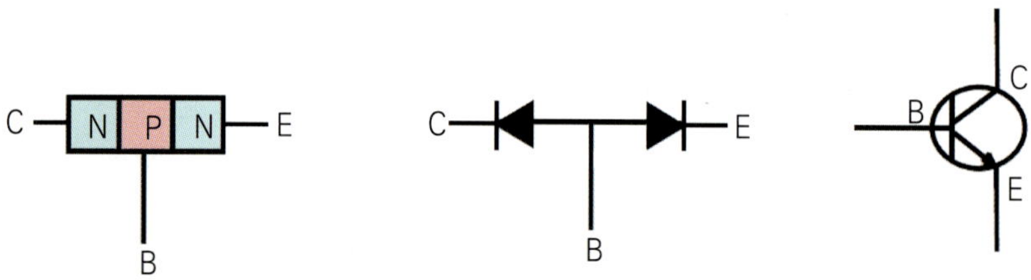

(a) NPN형

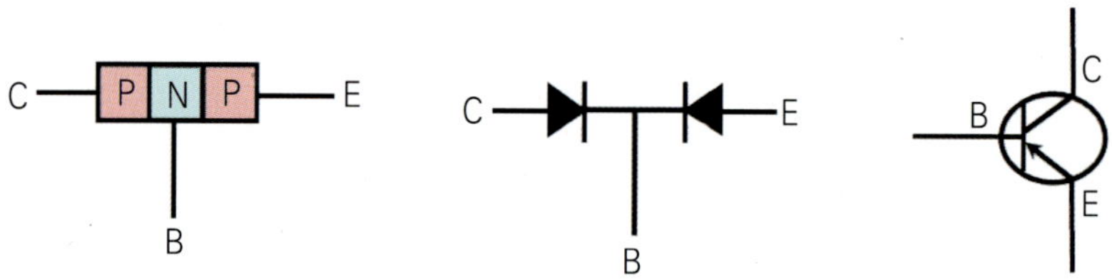

(b) PNP형

그림 24 **트랜지스터의 구조 및 기호**

[7] 포토 트랜지스터(photo transistor)

포토 트랜지스터는 광센서로 PN 접합부에 빛을 쪼이면 빛 에너지에 의해 발생한 전자와 홀이 외부로 흐른다. 입사광선에 의해 전자와 홀이 발생하면 역전류가 증가하고, 입사광선에 대응하는 출력 전류가 얻어지는데, 이를 광전류라 한다. 빛이 베이스 전류 대용으로 사용되므로 전극이 없고 빛을 받아서 컬렉터 전류를 제어한다. 광센서의 검출대상은 눈에 보이는 가시광선을 비롯하여, 눈으로 볼 수 없는 자외선과 적외선 등이 있다.

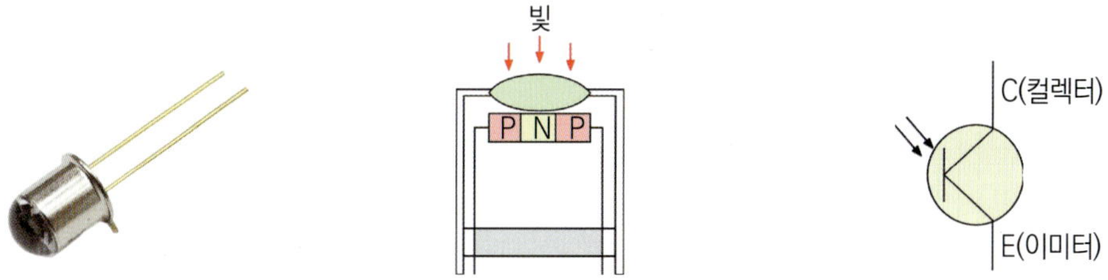

(a) 모형 (b) 구조 (c) 기호

그림 25 포토 트랜지스터의 구조 및 기호

포토 트랜지스터에는 PN접합의 2극 소자형과 NPN의 3극 소자형이 있으며, 빛이 베이스 전류 대용으로 사용되므로 전극이 없고 빛을 받아서 컬렉터 전류를 조절한다. 특징은 다음과 같다.

① 광 출력 전류가 매우 크다.

② 내구성과 신호 성능이 풍부하다.

③ 소형이고, 취급이 쉽다

[8] 서미스터(thermistor)

서미스터는 니켈, 구리, 망간, 아연, 마그네슘 등의 금속 산화물을 적당히 혼합하여 1,000℃ 이상에서 소결시켜 제작한 것이다. 서미스터는 온도에 따라 저항이 변화되는 반도체 소자로, 열에 따라 자체 저항이 변하기 때문에 열 가변 저항기라고도 한다. 서미스터는 3가지 종류가 있다.

① PTC : 온도가 상승되면 저항 증가(정특성)

② NTC : 온도가 상승되면 저항 감소(부특성)

③ CTR : NTC와 유사, 특정 온도 이상에서 저항이 급격히 감소

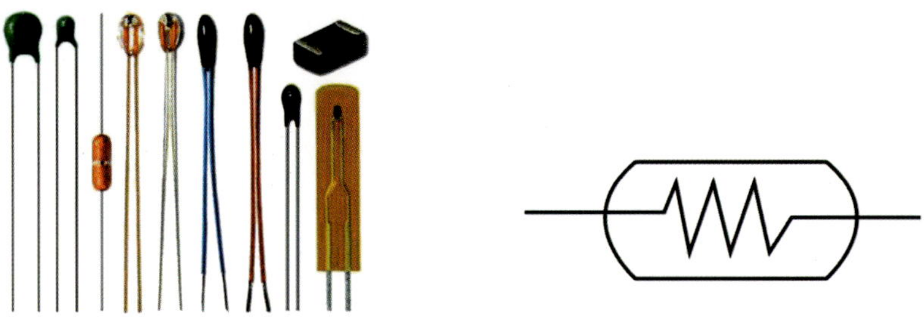

그림 26 서미스터와 기호

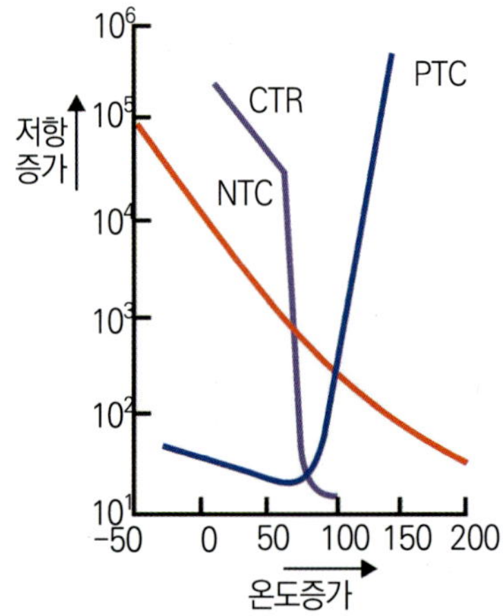

그림 27 서미스터의 특성

이 중에서 가장 널리 사용되는 것은 NTC 서미스터로 온도 센서로 널리 사용된다. 서미스터 소자의 온도 측정 범위는 −50℃~500℃까지 다양하지만 실제로는 실온 부근의 온도 측정에 가장 많이 사용된다.

[9] 사이리스터

사이리스터는 3개 이상의 P−N접합을 1개의 반도체 기판 내에 형성함으로써 전류가 흐르지 않는 오픈 상태와 전류가 흐를 수 있는 온 상태 2개의 안정된 상태가 있다. 또한 오픈 상태에서 온 상태로 또는 온 상태에서 오픈 상태로 이행하는 기능이 있는 반도체 소자이다.

사이리스터 중에는 역저지 사이리스터, 역도통 사이리스터, 트라이액 이외에 PUT,

SBS 등의 트리거 소자가 있다. 그러나 단지 사이리스터라고 말하면 역저지 3단자 사이리스터를 가리킨다.

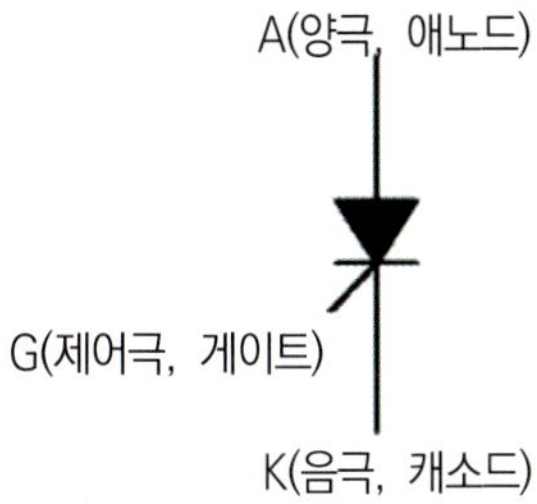

(a) 기호

(b) 사이리스터

그림 28 사이리스터 기호와 사이리스터

[10] 컴퓨터의 입·출력장치

① 입력장치 : 입력장치는 각종 센서로부터 검출된 신호를 받아들이는 장치이며, 센서에서의 신호를 처리하여 컴퓨터에 전달한다.

② 출력장치 : 출력장치는 산술 및 논리 연산된 데이터를 액추에이터(인젝터, 공전조절 서보, 에어컨 릴레이 등)에 제어신호로 보내는 장치이다. 즉, 컴퓨터의 전기신호로 액추에이터를 작동시키는 신호로 변화시킨다.

③ A/D컨버터(analog to digital convertor) : A/D컨버터 장치는 아날로그 신호를 중앙처리장치(CPU)에 의해서 디지털 신호로 변환시키는 장치이다.

④ 컴퓨터의 연산부분 : 중앙처리장치 내에서 연산이 중심이 되는 가장 중요한 부분으로, 컴퓨터의 연산은 출력이 되는 다른 것과 비교하여 결론을 내리는 방식이다. 즉, 스위치의 ON, OFF를 0 또는 1로 나타내는 2진법과 0~9까지의 수치로 나타내는 10진법으로 계산한다.

[11] 논리회로

논리 대수에 의한 연산에 쓰이는 회로로, 트랜지스터나 다이오드 등으로 조합하여 나타내는 회로를 말한다. 이 회로를 이용하면 복잡한 논리를 간결하고 정확하게 표현할 수 있어 컴퓨터 등에 이용된다. 논리회로를 구성하는 기본 단위를 논리 게이트라 하며, 논리회로에 전류가 흐를 때는 "1", 흐르지 않을 때는 "0"으로 표시한다.

(1) 10진법과 2진법의 비교

10진법	2진법	숫자	10진법	2진법	숫자
0	0	영	6	110	육
1	1	일	7	111	칠
2	10	이	8	1000	팔
3	11	삼	9	1001	구
4	100	사	10	1010	십
5	101	오			

(2) OR회로(논리합회로)

① 2개의 A, B스위치를 병렬로 접속한 회로이다.

② 입력 A가 1이고 입력 B가 0이면 출력도 1이 된다.

③ 입력 A가 0이고 입력 B가 1이면 출력도 1이 된다.

④ 입력 A와 B가 모두 1이면 출력도 1이 된다.

⑤ 입력 A와 B가 모두 0이면 출력도 0이 된다.

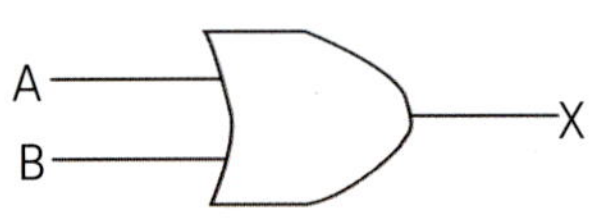

(a) 논리기호

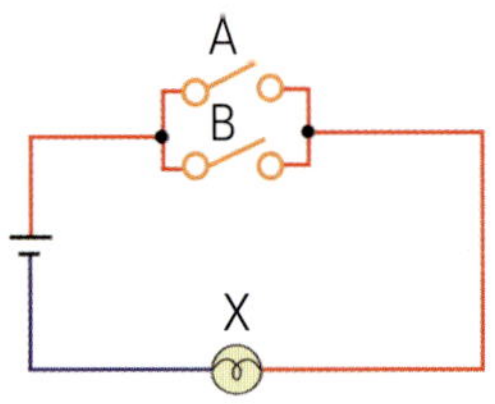

(b) 논리회로

A	B	X(출력)
0	0	0
0	1	1
1	0	1
1	1	1
X = A+B		

(c) 진리표

그림 29 OR회로

(3) AND회로(논리적 회로)

① 2개의 스위치 A, B를 직렬로 접속한 회로이다.

② 입력 A와 B가 모두 1이면 출력도 1이 된다.

③ 입력 A가 1이고 입력 B가 0이면 출력은 0이 된다.

④ 입력 A가 0이고 입력 B가 1이면 출력은 0이 된다.

⑤ 입력 A와 B가 모두 0이면 출력도 0이 된다.

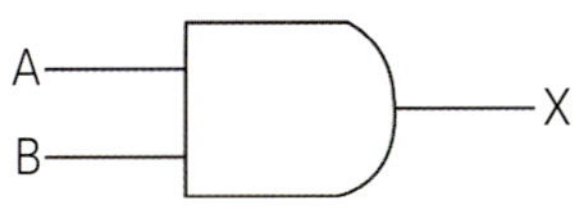

(a) 논리기호

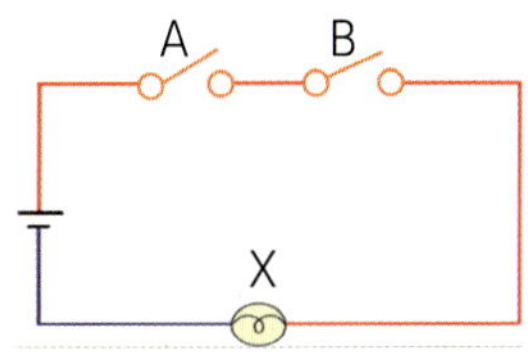

(b) 논리회로

A	B	X(출력)
0	0	0
0	1	0
1	0	0
1	1	1
$X = A \cdot B$		

(c) 진리표

그림 30 AND회로

(4) NOT회로(부정회로)

① NOT 회로는 인버터(inverter)라고도 부른다.

② 입력이 1이면 출력은 0이 된다.

③ 입력이 0이면 출력은 1이 된다.

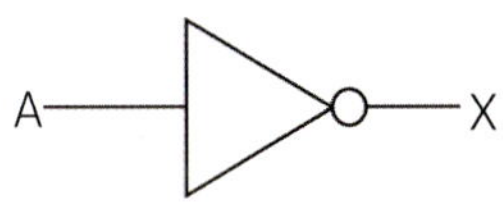

(a) 논리기호

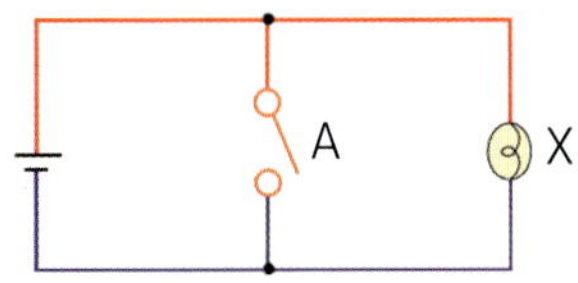

(b) 논리회로

입력	출력
0	1
1	0
$X = \bar{A}$	

(c) 진리표

그림 31 NOT회로

(5) NOR회로(부정 논리합회로)

① OR회로 뒤에 NOT회로를 접속한 것이다.

② 입력 A가 1이고 입력 B가 0이면 출력은 0이 된다.

③ 입력 A가 0이고 입력 B가 1이면 출력은 0이 된다.

④ 입력 A와 B가 모두 1이면 출력은 0이 된다.

⑤ 입력 A와 B가 모두 0이면 출력은 1이 된다.

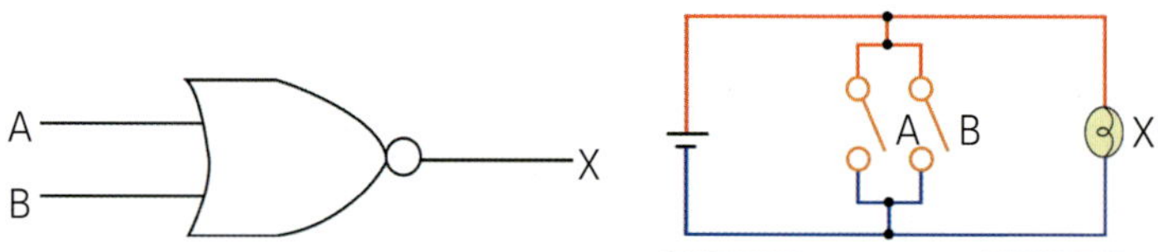

A	B	X(출력)
0	0	1
0	1	0
1	0	0
1	1	0

$X = \overline{A + B}$

(a) 논리기호 (b) 논리회로 (c) 진리표

그림 32 NOR회로

(6) NAND회로(부정 논리적회로)

① AND회로 뒤에 NOT회로를 접속한 것이다.

② 입력 A가 1이고 입력 B가 0이면 출력도 1이 된다.

③ 입력 A가 0이고 입력 B가 1이면 출력도 1이 된다.

④ 입력 A와 B가 모두 0이면 출력은 1이 된다.

⑤ 입력 A와 B가 모두 1이면 출력은 0이 된다.

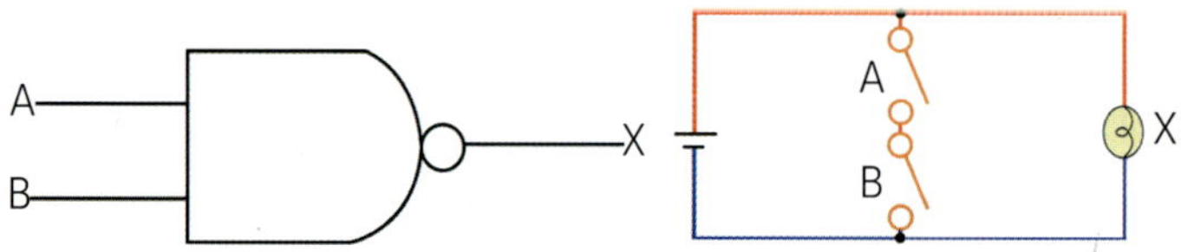

A	B	X(출력)
0	0	1
0	1	1
1	0	1
1	1	0

$X = \overline{A \cdot B}$

(a) 논리기호 (b) 논리회로 (c) 진리표

그림 33 NAND회로

[12] 전자부품 기호

명 칭	약 호	회로도 기호	기 능
저항	R		전압이나 전류를 제어하기 위해 작동
가변 저항	VR	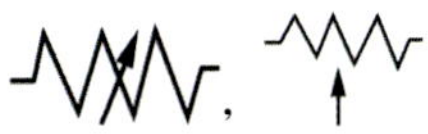	저항값이 변함, 볼륨, TPS 등에 사용
다이오드	D	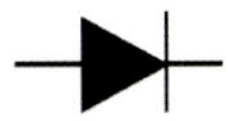	한쪽 방향으로 전류 흐름
발광 다이오드	LED	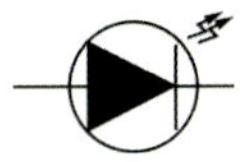	빛을 발하는 다이오드
포토 다이오드	APD	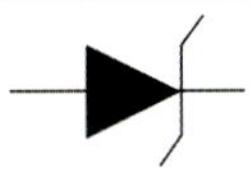	빛이 통과하면 전기가 흐름
제너 다이오드	ZD	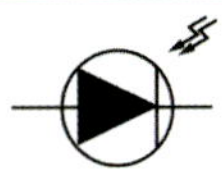	평상시에는 전기가 흐르지 않으나 어떤 조건이 되면 전기가 흐름
트랜지스터	TR	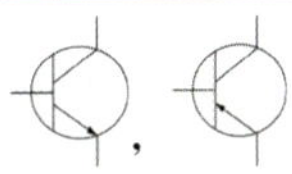	증폭, 스위칭용
축전기	C	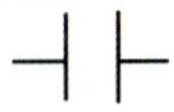	고주파 바이패스용
전해 축전기	C	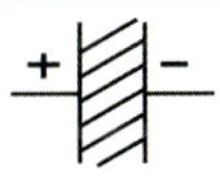	저주파 바이패스용이나 평활용으로 극성과 내전압에 주의
접지(어스)	E	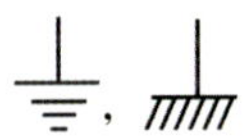	전기장치, 겉의 케이스 등의 전위를 대지의 전위와 같게 하는 것
스위치	SW		전원 ON, OFF
퓨즈	FUSE		회로 보호
전자석		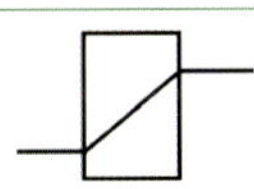	전기를 통하면 자석이 됨
사이리스터	SCR	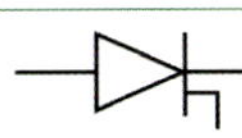	전류를 제어하는 기능
코일	L	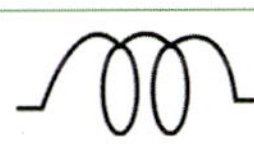	전기도선을 원통형으로 감은 것
변압기	T	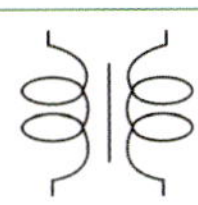	전압을 필요한 값으로 변환시키는 장치

명 칭	약 호	회로도 기호	기 능
포토 트랜지스터	PT	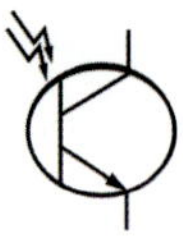	빛이 통과하면 전류가 흐름
전지(배터리)	BAT	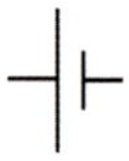	
접속하지 않는 배선		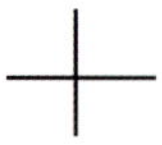	
접속하는 배선			
압전소자		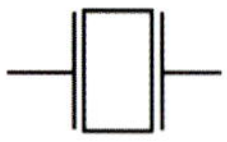	결정에 변형력을 가하면 그 힘에 비례하는 전하가 생김
논리회로	AND	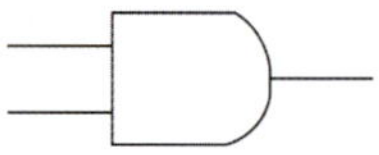	논리적
	OR	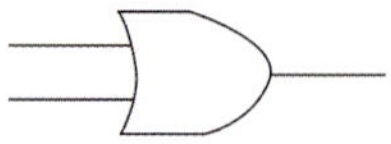	논리합
	NOT	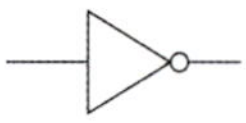	논리 부정
	NAND	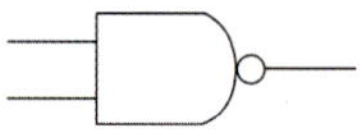	논리적 부정
	NOR	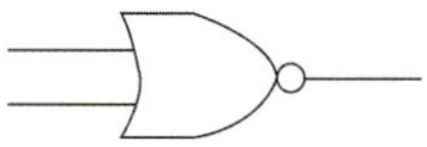	논리합 부정

3 커넥터 및 와이어링 하네스

3.1 커넥터 종류 및 커넥터 핀 넘버링

[1] 커넥터 정보

커넥터 표기 방법은 구성 부품에 하니스 커넥터가 연결되지 않은 상태의 하니스측 커넥터 앞부분을 보여주며, 커넥터에는 아래와 같이 커넥터 정보가 있다. 회로도에 표시된 모든 커넥터의 정보를 보여주며, 커넥터 그림 하단에는 해당 커넥터가 가지고 있는 특징을 보여준다. 부품 번호가 없는 커넥터는 (–)표기한다.
하니스와 하니스간의 커넥터가 연결되는 경우 2개의 암수 커넥터를 모두 보여주며, 별도의 커넥터 식별도 그룹에 표기한다. 사용하지 않는 터미널 단자는 (*)로 표기한다.

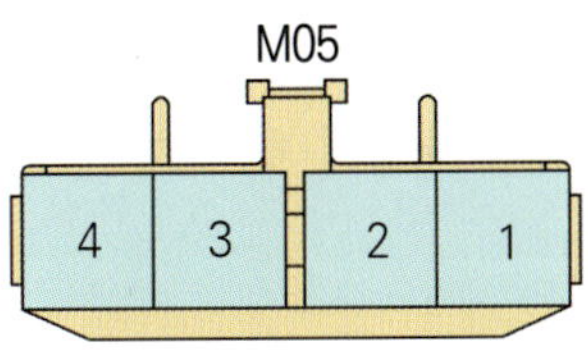

KET_09011_04F_W

그림 34 커넥터 정보

① KET : 커넥터 제조업체

② 9011 : 터미널 시리즈 NO.

③ 04 : 커넥터에 내장된 핀 수

④ F : 핀의 종류(F(Female)–암핀, M(Male)–수핀)

⑤ W : 커넥터 색상

[2] 커넥터(connecter)의 식별

(1) 부품과 와이어의 연결

커넥터 식별기호는 다음과 같이 표시한다.

C 10 -1

- -1 : 보조 커넥터 일련번호
- 10 : 메인 커넥터 일련번호
- C : 컨트롤 하니스 심벌

(2) 와이어 간의 연결

와이어와 와이어의 연결 커넥터는 다음의 심벌로 나타낸다.

M R 01

- 01 : 커넥터 일련번호
- R : 리어 와이어 하니스 심벌
- M : 메인 와이어 하니스 심벌

(3) 정션박스와의 연결

정션박스 커넥터는 다음의 심벌과 같이 된다.

I/P -A

- -A : 실내 정션박스 내의 커넥터 명칭
- I/P : 실내 정션박스를 나타내는 약어

J M 01

- 01 : 커넥터 일련번호
- M : 메인 와이어 하니스 심벌
- J : 정션박스를 나타내는 약어

[3] 커넥터의 종류 및 넘버링

커넥터(connecter)는 크게 암 커넥터와 수 커넥터로 구분할 수 있으며, 수 커넥터는 커넥터 내부에 핀이 돌출되어 있다. 암 커넥터는 수 커넥터의 핀이 꽂혀질 수 있도록 구조가 되어 있다. 회로도에서 사용하고 있는 커넥터의 종류는 크게 중간 커넥터, 전장 부품 커넥터, 전장 부품의 하니스 커넥터, 점검용 커넥터 등 4종류가 있다.

(1) 암 커넥터

암 커넥터는 오른쪽 상단이 1번으로 되어 있고, 그림과 같이 번호가 붙여지고 왼쪽 하단이 마지막 번호가 된다.

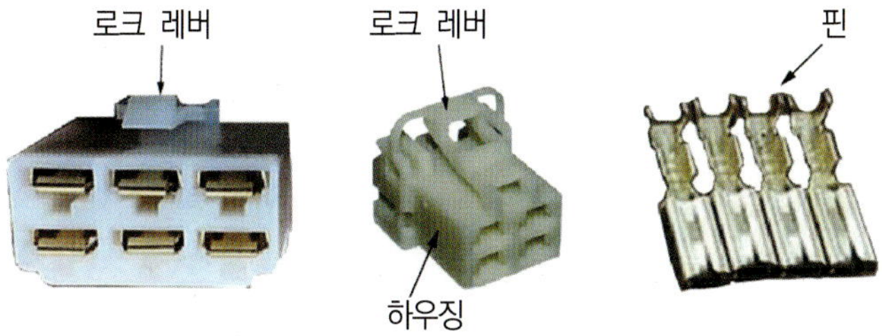

(a) 실제적 형상

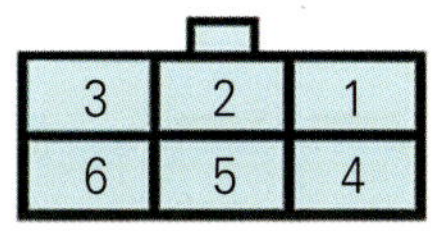

(b) 회로도상 표기

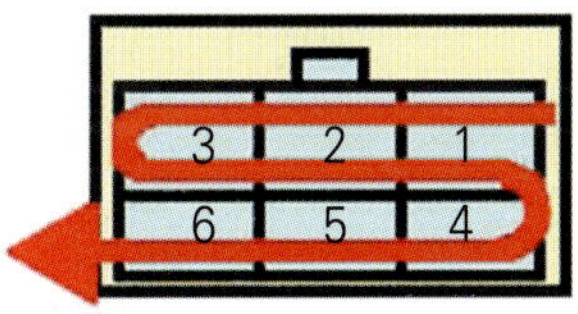

(c) 넘버링

그림 35 **암 커넥터**

(2) 수 커넥터

수 커넥터는 왼쪽 상단이 1번으로 되어 있고, 그림과 같이 번호가 붙여져서 오른쪽 하단이 마지막 번호이다.

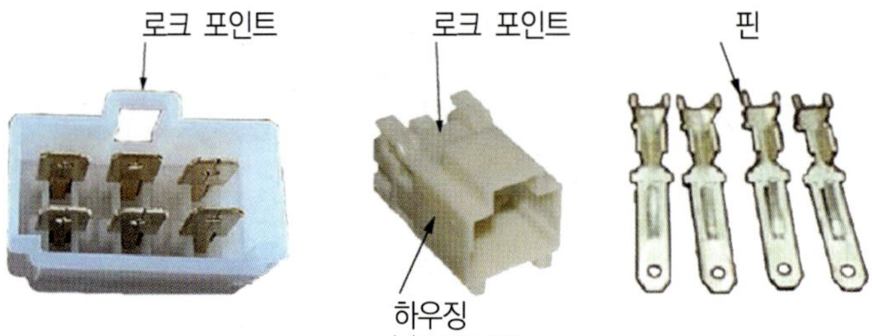

(a) 실제적 형상

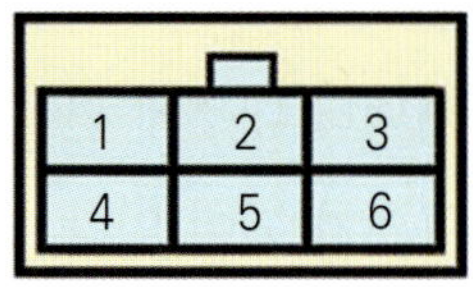

(b) 회로도상 표기

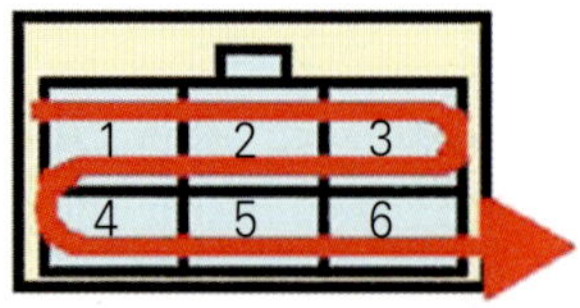

(c) 넘버링

그림 36 **수 커넥터**

[커넥터의 종류]

내 용	기 호	내 용	기 호
중간 커넥터	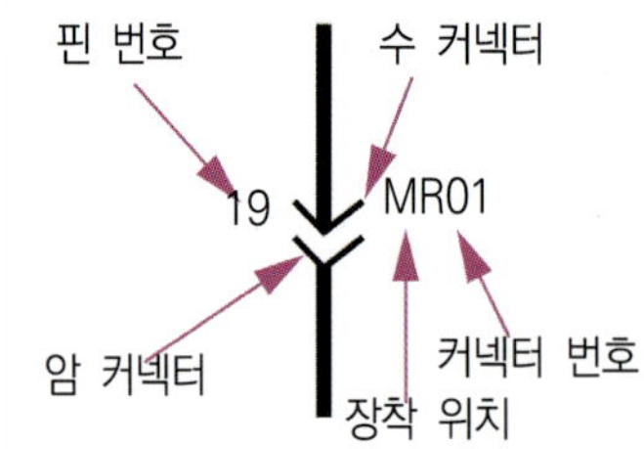	전장품 커넥터	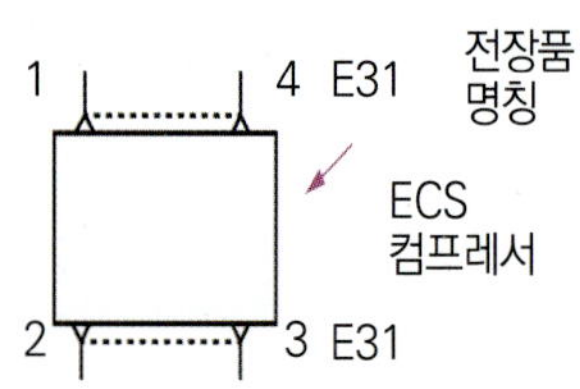
하니스 커넥터	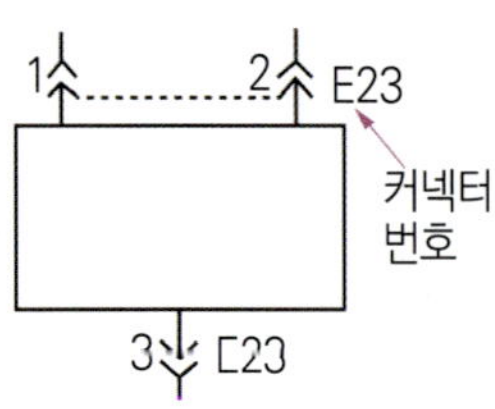	점검용 커넥터	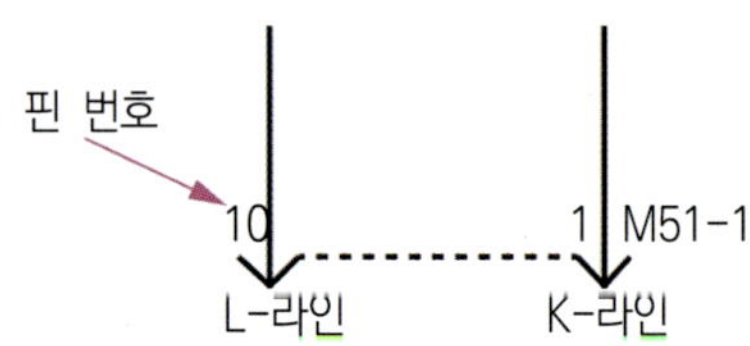

(3) 중간 커넥터

하니스와 하니스를 접속하는 커넥터에는 회로의 왼쪽에 해당 핀 넘버와 회로의 오른쪽에 부착 위치 및 커넥터 넘버가 표시되어 있다. 그림 중 위 화살표가 수 커넥터,

아래가 암 커넥터 단자를 나타낸다.

(4) 전장 부품 커넥터

하니스를 이용하지 않고 전장 부품 자체에 직접 단자가 설치되어 있는 커넥터이며, 암 단자를 연결하는 점선은 같은 커넥터를 표시한다. 1, 2, 3, 4의 숫자는 커넥터 단자의 넘버, E31은 설치 위치와 커넥터 넘버 및 전장 부품의 명칭이 표시되어 있다.

(5) 전장 부품의 하니스 커넥터

전장 부품에서 외부로 일정 길이의 하니스에 커넥터가 설치된 것을 표시한다. 수 단자를 연결하는 점선은 같은 커넥터를 표시하며, 설치 위치와 커넥터 넘버 및 전장 부품의 명칭이 표시되어 있다.

(6) 점검용 커넥터

전장 부품이 부착되어 있지 않기 때문에 하니스 쪽 커넥터 기호만 표시한다. 수 단자를 연결하는 점선은 같은 커넥터를 표시하며, 단자 넘버 및 부착 위치와 커넥터 넘버가 표시되어 있다.

3.2 배선(Electrical wiring) 및 하니스 종류와 구성

배선(配線)이란 전기사용 장소에 고정하여 시설하는 전선이다. 자동차에서 사용하는 배선은 시동장치, 충전장치, 조명장치 등에 사용되는 저압 배선과 점화장치에 사용되는 고압 배선 그리고 제어회로에 사용되는 제어용 배선 등이 있다. 피복 재료에 따라 PVC, 합성고무 전선으로 구분되며, 자동차 부품의 다양화로 인한 하니스(harness) 증가로 배선의 유연성과 내마모성 및 차량 경량화를 요구하므로 세선화된 배선의 사용이 요구되고, 엔진의 높은 출력 및 엔진 주위의 온도, 배기가스 규제로 인한 내열전선의 사용이 요구된다.

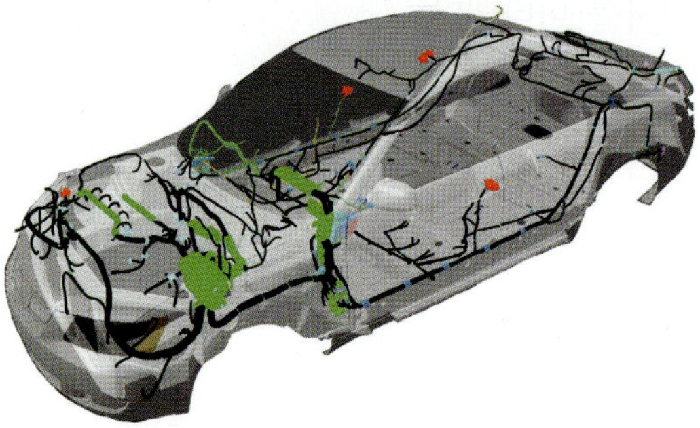

그림 37 자동차의 각종 배선 설치상태

[1] 배선

(1) 온도에 따른 분류 배선의 종류

① AV(automotive vinylon) : 80℃(자동차용 저압 배선)

② AVX(automotive vinyl extra) : 90℃(내열 자동차 비닐)

③ AEX(automotive polyethylene extra) : 110℃(고압 배선)

(2) 배선호칭 치수에 따른 규격과 허용전류

배선에 허용전류(허용전류란 상시 허용전류, 단락 시 허용전류, 단시간 허용전류로 분류된다) 이상의 전류가 흐르면 주울 열이 발생하여 절연물의 손상 및 화재의 원인이 된다. 따라서 전선에 안전하게 흐를 수 있는 최대 허용전류값을 결정하여야 한다. 통상 전선의 허용전류라 함은 연속 시 허용전류를 말하며, 일반적으로 허용전류는 배선에 사용되는 절연체의 최고 허용온도(절연체의 절연저항은 절연체의 온도와 역비례한다)의 영향을 받으므로 시설방법에 따라 그 값이 크게 변화하므로 충분한 주의를 필요로 하고, 배선의 굵기 선정 시에는 전선의 허용전류 이외에 전선의 허용 전압강하 및 배선의 기계적 강도를 고려하여 선정하여야 한다. 특히 전기자동차 증가로 인하여 전기자동차에는 고압의 전기를 사용하므로 배선 선정에 신중해야 한다.

[배선호칭 치수에 따른 규격과 허용전류]

호칭 단면적 (mm^2)	가닥 수	안지름	바깥지름 (피복 포함)	도체저항 ohm/m	허용전류 (A) 30℃ 기준	허용전류 (A) 40℃ 기준	허용전류 (A) 50℃ 기준
0.5	7	0.32	2.2mm	0.0325	13	9	8
0.85	11	0.32	2.4mm	0.0205	17	12	10
1.25	16	0.32	2.7mm	0.0141	22	15	13
2.0	26	0.32	3.1mm	0.0087	30	20	17
3.0	41	0.32	3.8mm	0.0055	40	27	23
5.0	65	0.32	4.6mm	0.0035	50	37	32
8.0	50	0.45	5.5mm	0.0023		47	
15.0	84	0.45	7.0mm	0.0014		59	

(3) 도체

도체는 순도 99.9% 이상의 전기용 황 인동선을 가공한 전기용 연동선이나 주석도금 연동선을 주로 사용한다.

(4) 절연체

사용 환경 및 특성에 맞는 재질을 도체 위에 동심원상으로 피복한다.

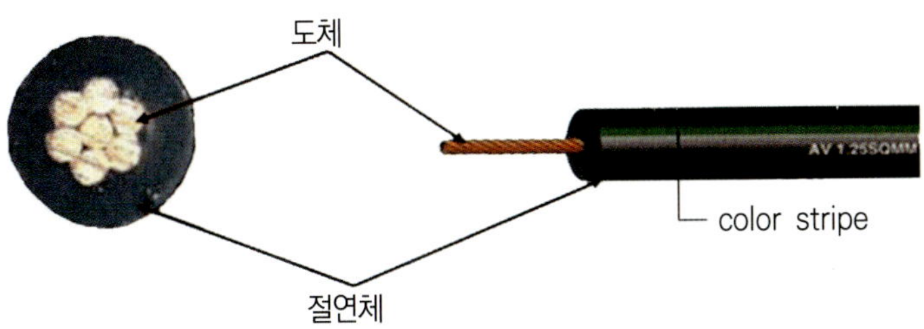

그림 38 배선의 구성

(5) 배선 칼라

배선은 조립 및 식별을 용이하게 하기 위해 절연체에 base color와 sub color가 표시되며, 표시는 base color를 앞에 sub color를 뒤에 표시한다. 전선의 색깔은 전선 피복의 바탕색, 보조 줄무늬 색깔의 순서로 표시한다.

> AVX-0.5GR(Y)
>
> AVX : 내열 자동차용 배선, 0.5 : 전선 단면적(0.5mm^2), G : 바탕색(녹색)
> R : 줄무늬색(빨간색), Y : 튜브색(노란색)

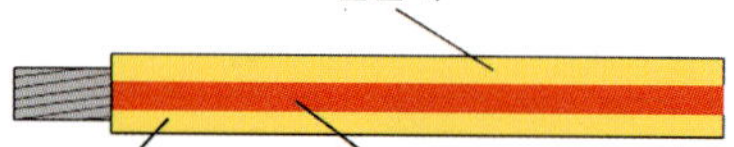

그림 39 배선 COLOR

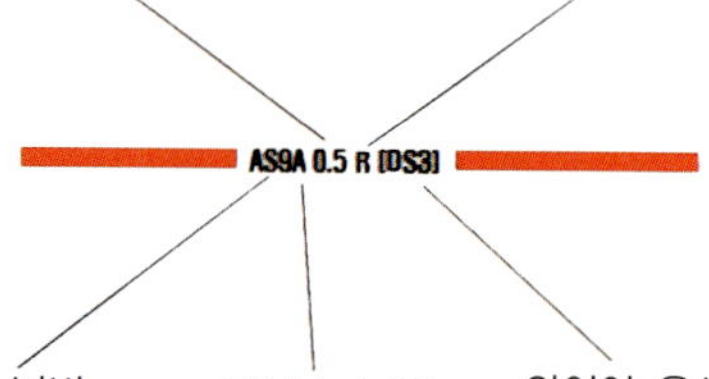

그림 40 배선 표시

[배선 기호 및 색상]

기호	와이어 색상		기호	와이어 색상	
B	검정색(Black)		O	오렌지색(Orange)	
Br	갈색(Brown)		P	분홍색(Pink)	
G	초록색(녹색, Green)		R	빨강색(Red)	
Gr	회색(Gray)		T	황갈색(Tawny)	
L	파랑색(청색, Blue)		W	흰색(White)	
Lg	연두색(Light Green)		Y	노랑색(황색, Yellow)	
Ll	하늘색(Light Blue)		Pp	자주색(Purple)	

(6) 특수 배선

① 차폐전선(실드 배선) : 차폐 케이블은 케이블의 데이터 전송 성능을 방해하는 전자기장(EMI)이나 전기적 노이즈로부터 신호를 보호할 필요가 있는 곳(차량 내 전자

기기 연결 배선 케이블로 센서, 차량 오디오, 차량 스테레오 차량 계기판 등)에 주로 사용한다. 이러한 노이즈는 케이블 외부의 전기장치나 케이블 내의 다른 페어에서 발생한다. 차폐 종류는 알루미늄 쉴드(Al Shield)부터 브레이드 쉴드(braid shield)까지 다양한 차폐 케이블로 전자기기의 전기적 신호간섭을 방지하고 금속 포일 또는 편조 물을 재료로 케이블 전체를 감싸거나 개별 페어에 적용하여 미세신호 노이즈를 차폐한다.

② twist 전선 : 스피커신호 등의 "+", "−"신호 noise 차폐용에 사용

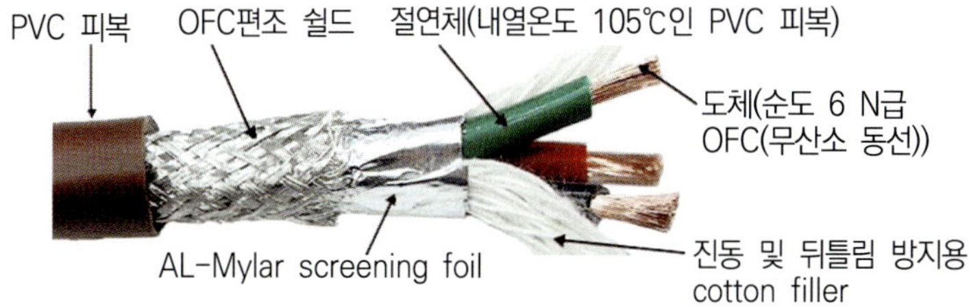

(a) 차폐 전선

(b) TWIST 전선

그림 41 **특수 배선**

[2] 하니스

전선을 배선할 때 한 선씩 처리하는 경우도 있지만 대부분 같은 방향으로 설치될 전선을 다발로 묶어 처리하는 경우가 많다. 이런 전선 묶음을 전선 하니스(wiring harness) 또는 간단히 하니스라 한다. 하니스로 배선을 하면 전선이 간단해지고 작업이 쉬워진다. 자동차용 하니스는 한조 이상으로 구성되며, 일반적으로 하니스를 구분하는 기호는 다음과 같다.

[하니스 구분 기호]

구분기호	하니스명	장착위치
E	엔진전선 하니스, 프런트 범퍼 하니스	엔진 룸, 차량 앞
M1	메인전선 하니스	실내 및 대시패널
C	제어용 전선 하니스	엔진룸, 실내
F	플로어 하니스, EPB 익스텐션 하니스	플로어, 콘솔
S	시트 하니스	실내
I	계기판 하니스	계기판, 대시패널
R	뒤 트렁크 하니스	트렁크
M7	루프전선 하니스	루프
D	도어전선 하니스	도어
T	TCU 전선 하니스	변속기 제어 구성부품
J	정션박스 하니스	엔진룸, 실내

(1) 하니스 커넥터 구별

하니스에 붙어있는 커넥터의 구별은 하니스 구분기호와 커넥터 번호의 조합으로 나타낸다.

① 부품과 와이어링 연결

E 10 -1(E : 엔진 와이어링 하니스 기호, 10 : 메인 커넥터 일련번호, -1 : 보조 커넥터 일련번호)

② 와이어링 간의 연결

M R 01(M : 메인 와이어링 하니스 기호, R : 리어 와이어링 하니스 기호, 01 : 커넥터 일련번호)

③ 정션박스와의 연결

I/P-A (I/P : 실내 정션박스를 나타내는 약어, A : 실내 정션박스 내 커넥터 명칭)

E/R-A (E/R : 엔진룸 정션박스를 나타내는 약어, A : 엔진룸 정션박스 내 커넥터 명칭)

(2) 하니스 종류

① 메인 하니스 : 실내 C/PAD에 장착되며 실내 및 트렁크까지의 전원공급 및 오디오 클러스터, 각종 UNIT류의 작동을 지원한다.

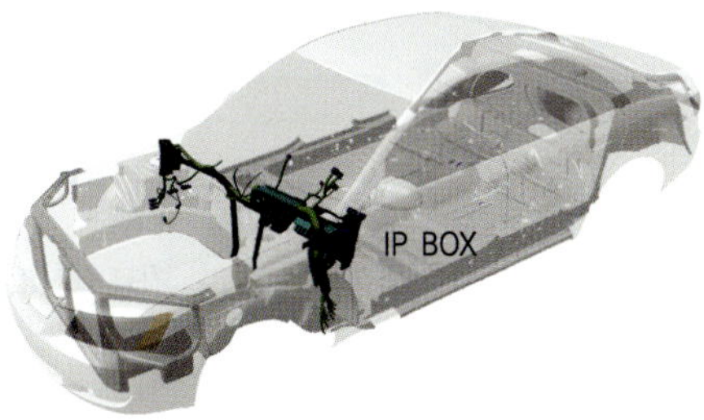

그림 42 메인 하니스

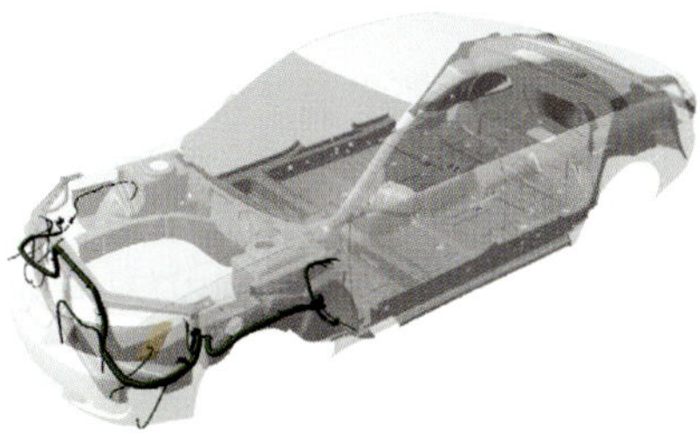

그림 43 프런트 하니스

② 프런트 하니스 : 엔진룸 전방에 위치하며 차량의 모든 전원공급 및 램프류나 차량 냉각 성능 작동을 지원한다.

③ 플로워 L/H 하니스 : 실내 운전석 카페트 밑에 배선되며 트렁크 및 리어 도어 측에 장착되는 전장품을 동작 지원한다.

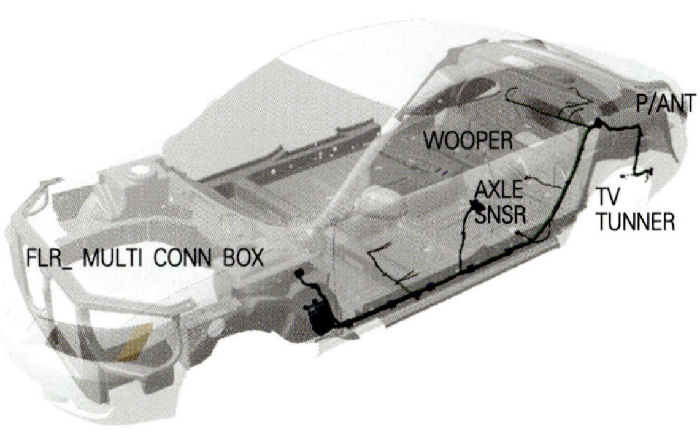

그림 44 플로워 L/H 하니스

④ 플로워 R/H 하니스 : 실내 조수석 카페트 밑에 배선되며 트렁크 및 리어 도어 측에 장착되는 전장품을 동작 지원한다.

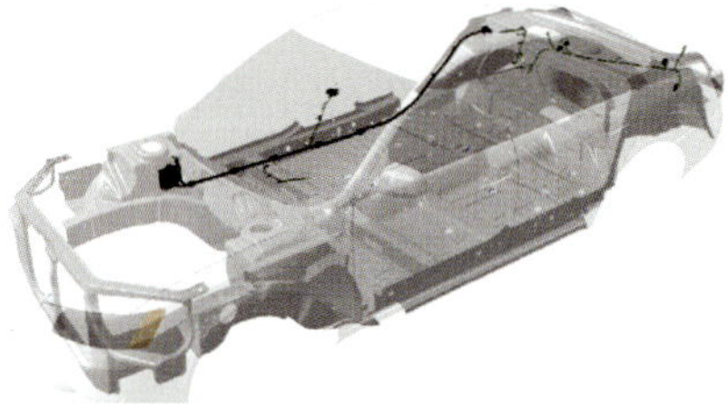

그림 45 **플로워 R/H 하니스**

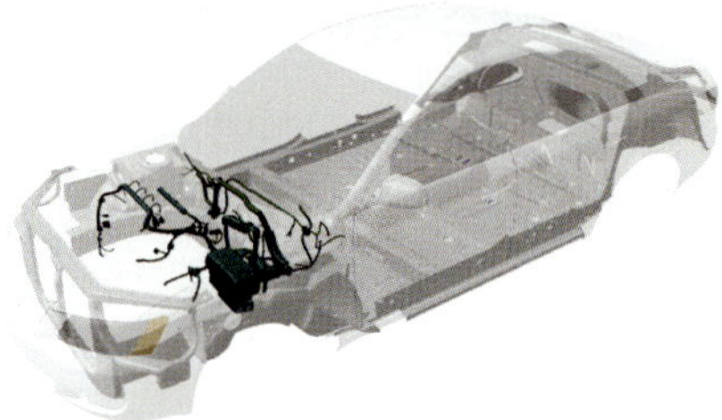

그림 46 **컨트롤 하니스**

⑤ 컨트롤 하니스 : 엔진룸 중 엔진 및 TM에 배선되며 엔진 가동과 관련된 각종 센서 및 ECM/TCU측에 동작 지원한다.

⑥ 에어백 하니스 : 실내 및 엔진룸에 장착된 에어백 관련 센서 및 UNIT을 동작 지원하며 하니스 색은 노란색(SAFETY 부품)이다.

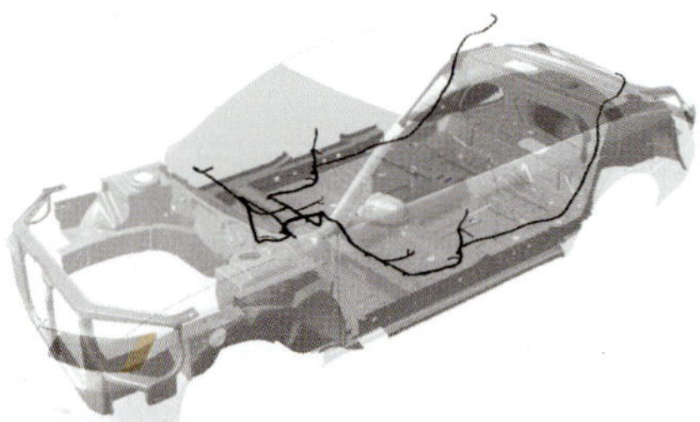

그림 47 **에어백 하니스**

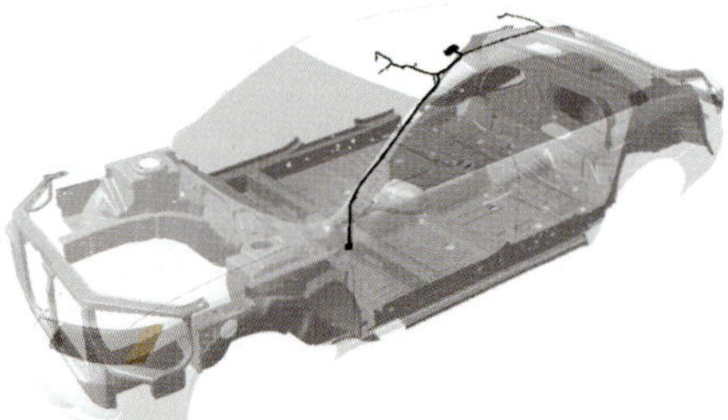

그림 48 **루프 하니스**

⑦ 루프 하니스 : ROOF에 배선되며 SUNROOF 및 각종 실내 LP 동작을 지원한다.

⑧ 트렁크 리드 하니스 : TRUNK OPEN 관련 차체에 배선되며 TAIL/STOP/RR FOG LP 등을 동작 지원한다.

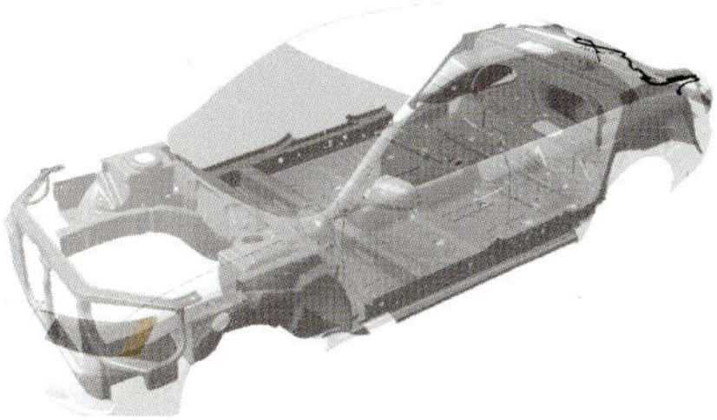

그림 49 트렁크 리드 하니스

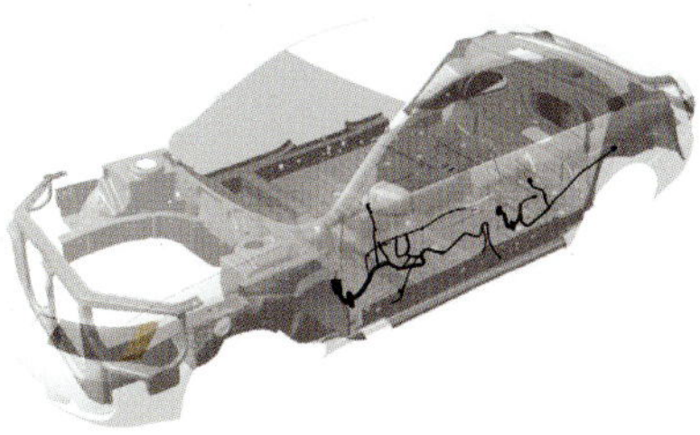

그림 50 도어 하니스

⑨ 도어 하니스 : 차량 도어에 장착되며 P/WDW, DR LOCK, O/S MIRROR 등과 같은 전장품의 동작을 지원한다.

전기·전자회로 점검

02

전기·전자회로 점검
[Electric · Electron Circuit Inspection]

02 CHAPTER

1 테스터기 사용법

1.1 아날로그 멀티테스터

[1] 아날로그 멀티테스터의 외관 및 명칭

멀티미터는 전압, 전류, 전기저항, TR, 배선 단선 유무 등 여러 가지의 측정 기능을 결합한 전자 계측기이다. 멀티미터는 기본적인 결점을 찾기 위하여 손으로 쓰는 유용한 장치이자 분야 업무 작업 혹은 매우 높은 정확도로 측정할 수 있는 벤치 기구이다. 항상 측정하고자 하는 전압보다 높게 선택스위치를 선정하여야 한다.

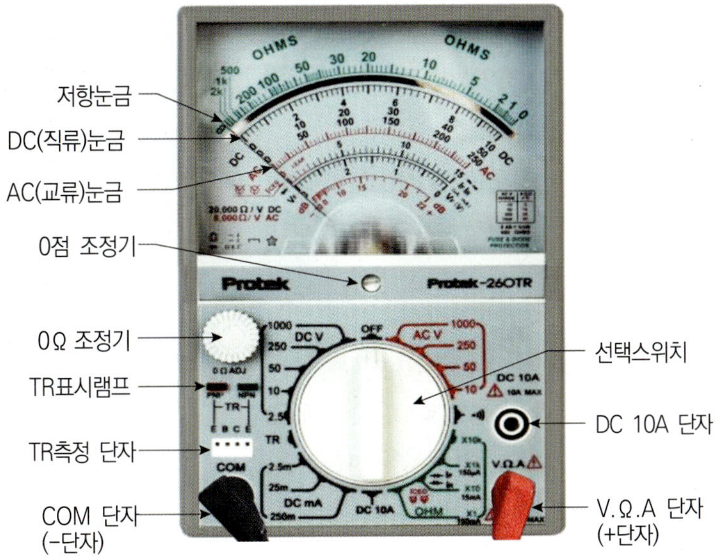

그림 1 아날로그 멀티테스터 각부 명칭

[2] 아날로그 멀티테스터의 각부 기능

① 0점 조정기 : 지침의 눈금을 "0"의 눈금으로 조정할 때 사용한다. 사용 전 지침이 "0"이 아닌 곳에 있을 때는 "0"으로 맞춘 후 사용해야 한다.

② 0Ω 조정기 : 정밀한 저항값을 측정하기 위해서 두 리드선을 맞대고 바늘이 0Ω의 눈금으로 조정 후 저항을 측정한다. 만약 0Ω 으로 조절이 되지 않을 때는 건전지를 교체해야 한다.

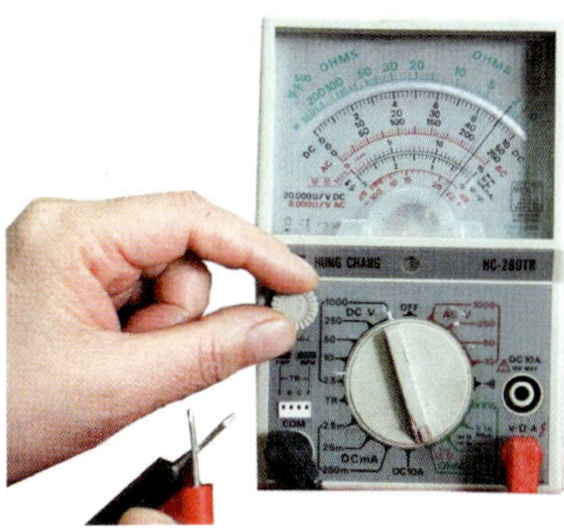

그림 2 0Ω의 눈금으로 조정

③ 선택스위치 : DC V, DC A, AC V, Ω, TR, 등 측정하고자 하는 범위에 놓고 측정한다.

(a) Ω 레인지 (b) AC 레인지 (c) DC 레인지 (d) DCmA 암페어 레인지

그림 3 선택스위치

④ COM : 공통 단자이다. 흑색 단자를 연결해야 한다. 흑색은 (−), 적색은 (V, Ω, A)에 연결한다. 디지털 테스터기일 경우는 흑색과 적색을 바꾸어서 직류전압을 측정했을 때는 (−)값으로 표시되지만, 아날로그의 경우는 지침이 0방향으로 내려가 0점이 틀려질 수 있다. 이 점을 유의해야 한다. 교류전압은 흑색, 적색 구분 없이 사용해도 무방하나 될 수 있으면 리드선은 색에 맞게 꼽아서 사용하도록 한다.

⑤ 리드선 : 흑색(−)과 적색(+)으로 구성되어 있고 측정하고자 하는 곳에 접촉하는 역할을 한다.

1.2 디지털 멀티테스터

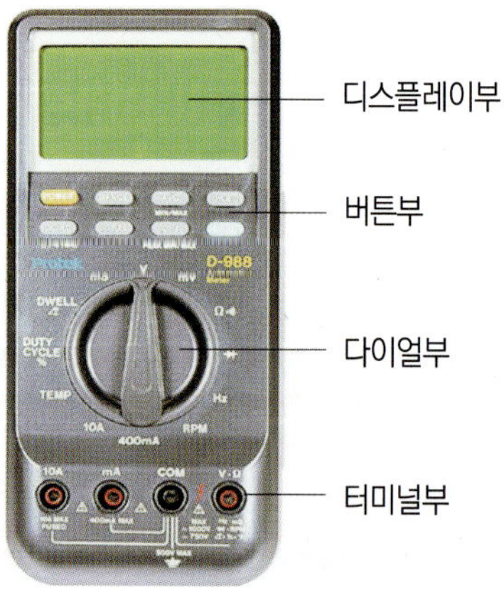

그림 4 디지털 테스터 외관(D-988)

[1] 버튼부의 기능과 작동요령

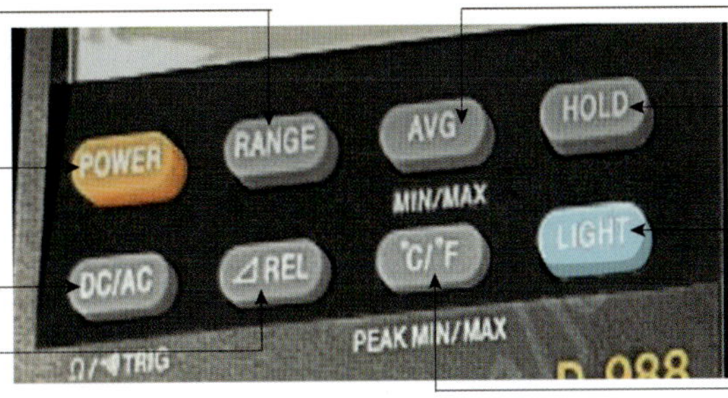

그림 5 버튼부

(1) 레인지 버튼

이 버튼은 자동 레인지를 취소하고 원하는 레인지를 수동 설정할 때 사용된다.

① 파워 버튼이 ON되면 자동적으로 오토 레인지가 설정된다.

② 이 버튼을 일단 누르면 그 모드가 자동(AUTO)으로부터 수동(MANUAL)으로 전환되며 현재 레인지로 정해진다.

③ 버튼을 누를 때마다 상위 레인지로 단계별 전환되고, 최상위 레인지에 도달하면 최저 레인지에서 단계별로 상위 레인지로 전환된다.

④ 드웰각 측정에서는 실린더 수, RPM 측정에서는 사이클 수를 확인해야 한다.

⑤ 만일 어떤 고정된 범위에서 큰 입력신호가 들어가면 그 디스플레이는 오버(over)로 나타나는데, 이때 레인지를 높여서 한다.

⑥ 수동을 자동으로 바꾸려면 1초 이상 스위치를 눌러 주어야 한다.

⑦ 이 버튼이 눌려 있는 동안에 파워가 ON으로 된다면 주파수, 드웰각, 듀티 사이클 %, 펄스 폭, RPM이 초당 5번의 빠른 변화로 디스플레이된다.

(2) 파워(Power) 버튼

로크 버튼스위치로서 누르면 전원이 ON, 다시 누르면 OFF가 된다. AUTO OFF(자동 꺼짐) 상태에서는 적은 전류로 건전지의 소모가 있으므로 장시간 보존 시 파워 버튼(전원스위치)을 OFF하여야 한다.

(3) 애버리지(AVG) 버튼

① 이 버튼을 누를 때마다 아래에 열거된 순서대로 선택된다.

＊＊ → 기록(REC) → 최소(MIN)값 → 최대(MAX)값 → 평균(AVG)값 → ＊＊

② 기록(REC) 표시가 ON되어 있는 동안에는 변화하는 MIN/MAX/AVG값이 순간적으로 안정되게 측정하는 것이 가능하다. 단, 이 모드는 1초 이상 눌러야만 취소된다.

③ PEAK MIN, MAX(℃/℉) 버튼을 눌러서 1ms에서의 PEAK MIN/MAX값을 측정할 수 있다.

(4) 홀드(Hold) 버튼

① 홀드 또는 홀드 취소는 이 버튼을 누를 때마다 작동된다.

② 단, 홀드 모드에서도 도통체크와 오버레인지가 될 때는 부저가 울린다.

(5) 백라이트(Light) 버튼

① 이 버튼을 누르면 LCD 조명은 ON이 되며 다시 누르면 OFF가 된다.

② 이 불빛은 자동적으로 꺼지게 된다. 즉, 다른 스위치나 버튼을 작동하지 않는 상태에서 약 134초 후에 자동으로 꺼진다.

(6) 온도(℃/℉) 버튼

온도 측정을 하려면 이 버튼을 누른다. 또한 섭씨(℃) 또는 화씨(℉)가 선택된다.

(7) 상대측정(⊿REL, 레러터브) 버튼

① 이 버튼을 누르면 상대측정을 할 수 있다.

② 이 모드일 때 바로 앞에 디스플레이된 값은 기준값과 비교가 되어 그 차이값이 디스플레이된다.

③ 다시 누르면 상대 측정(⊿REL) 모드가 취소된다.

④ 레인지가 초과됐을 때의 바 그래프 디스플레이는 차이값이 아닌 원래의 측정값으로 표시된다.

⑤ ΔREL 버튼은 낮은 저항 측정을 할 때에는 제로(0) 오프셋이 되어 절대오차를 제거함으로써 정확한 측정을 가능하게 한다.

(8) 직류, 교류 버튼

① DC/AC 기능을 선택할 때마다 버튼을 누른다.
② 이 모드 선택에 따라 트리거(TRIG) (+), (−)극성선택을 할 수 있고, 저항-부저기능도 선택하게 된다.

[2] 터미널의 기능 및 프로브 연결방법

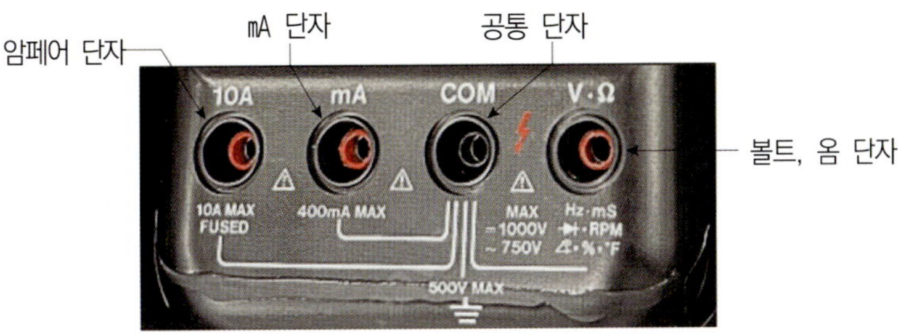

그림 6 터미널부

① 볼트, 옴(V, Ω) 단자 : (+)입력 터미널(전류측정 제외)
② 공통(COM) 단자 : 접지, 그라운드 연결 입력 터미널
③ 밀리암페어(mA) 단자 : 최대 400mA까지의 전류측정 입력 터미널
④ 암페어(10A) 단자 : 최대 10A까지의 전류측정 입력 터미널

[3] 디스플레이부의 기능 및 코드 해독요령

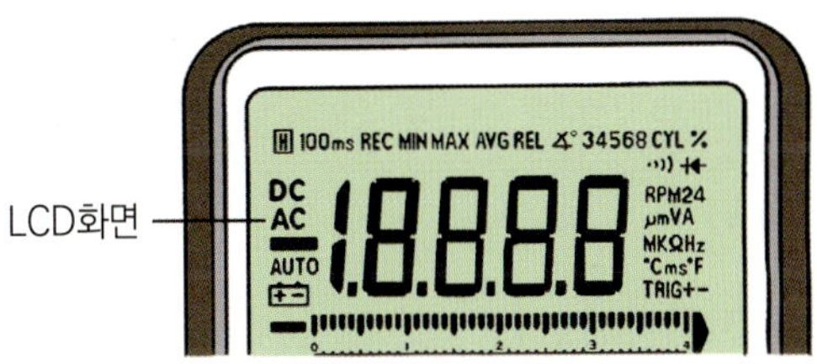

그림 7 디스플레이부

(1) 디스플레이(LCD) 화면

파워 버튼이 ON되면 읽을 수 있는 모든 항목이 영상 형태로 동시에 나타난다. 측정 데이터와 더불어 바 그래프를 나타낸다. 그리고 단위 또는 디스플레이되는 내용이 한 화면상에 나타난다.

(2) 디스플레이 표지, 기호 및 단위 설명

디스플레이 상부부터 시계방향으로

① H : 데이터 홀드

② 100ms : 1~100ms, PEAK MIN/MAX

③ REC : 기록

④ MIN : 최소값

⑤ MAX : 최대값

⑥ AVG : 평균값

⑦ REL : 상대 측정값

⑧ ∡° : 드웰각 측정 단위(3, 4, 5, 6, 8실린더)

⑨ % : 듀티사이클 측정 단위

⑩ •)) : 도통 체크

⑪ ─▶├─: 다이오드 테스트

⑫ RPM 2, 4 : 엔진 회전수, 2.4 행정 모드

⑬ μmVA : 전압 측정단위(mV, V), 전류 측정단위(μA, mA, A)

⑭ MKΩ Hz : 저항 측정단위(MΩ, KΩ), 주파수 측정단위(MHz, kHz)

⑮ ℃ ms ℉ : 온도와 펄스폭 측정단위

⑯ TRIG (+), (−) : 펄스 트리거 극성

⑰ ━━━━━━━━ : 바 그래프, 초당 20회 응답(1세그먼트 = 100단위)

⑱ [+ −] : 배터리 소모표지

⑲ AUTO : 자동 레인지 전환 모드

⑳ - : DC모드의 (−)표시

㉑ AC : AC모드(AC 전압과 전류)

㉒ DC : DC모드(DC 전압과 전류)

[4] 다이얼부의 기능과 작동요령

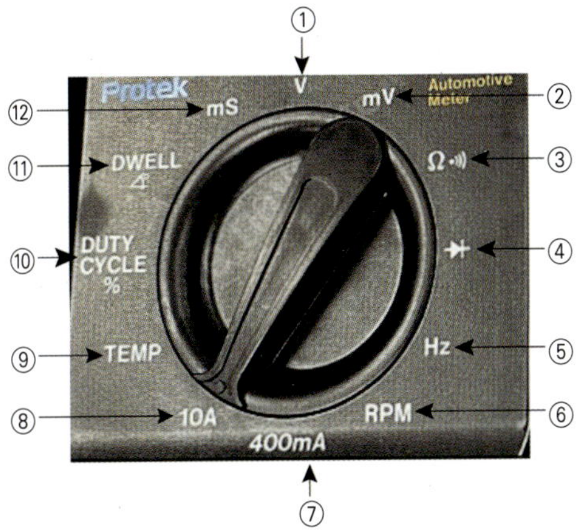

그림 8 다이얼부

① 볼트(V) : 전압측정

② 밀리볼트(mV) : 전압측정

③ 옴(Ω)•))) : 저항도통 체크

④ 다이오드(⟶⊢) : 다이오드 테스트

⑤ 주파수(Hz) : 주파수측정

⑥ 회전수(RPM) : 엔진회전수측정

⑦ 밀리암페어(400mA) : 전류측정

⑧ 암페어(10A) : 전류측정

⑨ 온도(TEMP) : 온도측정

⑩ 듀티 사이클(DUTY CYCLE %) : 듀티 사이클측정

⑪ 드웰(DWELL)각 : CAM 각도측정

⑫ 밀리세컨드(ms) : 연료 분사시간측정

1.3 클램프형 디지털회로시험기

그림 9 클램프미터(Clamp meter)와 리드선

[1] 각 스위치 사용용도

① OFF : 전원 OFF

② ACA : 교류 전류측정

③ DCA : 직류 전류측정

④ ACV : 교류 전압측정

⑤ DCV : 직류 전압측정

⑥ : 전기배선 단선 측정 시 도통되면 부저음이 울린다.

⑦ HOLD : HOLD스위치, ON시키면 측정값이 고정된다.

⑧ ZERO : 0점 조정버튼

⑨ COM : 직류전압, 교류전압, 저항, 부저 사용 시 연결(흑색 리드선을 연결한다).

⑩ V : 직류전압, 교류전압, 저항, 부저 사용 시 연결(적색 리드선을 연결한다).

[2] 측정 장비 3종에 대한 비교

멀티미터(multimeter), 절연저항계(megger), 클램프미터(clamp meter) 이 3종류는 전기의 가장 기초적이면서 중요한 측정 장비이며 사용목적은 다음과 같다.

종 류	사용 목적
멀티미터	직류 전류 · 전압, 교류 전압, 저항
메거(절연저항계)	교류 전압, 절연저항, 누전
클램프미터	직류 전압 · 전류, 교류 전압 · 전류, 저항

클램프미터는 멀티미터, 절연저항계에 없는 교류전류 및 직류전류 측정이 가능하다. 이것이 클램프미터의 특징이다.

[3] 클램프미터 사용 시 주의사항

① 전류 측정 시 한 선만 측정해야 하며 두 선 이상을 클램프에 넣으면 측정이 안 된다.

② 클램프에 선을 물리면 안 된다.

③ 클램프는 서로 빈틈이 없이 물려져야 한다. 클램프가 벌어지면 측정이 작게 나온다. 장기간 사용 시 스프링 힘이 약해져서 정확히 안 물릴 수 있으니 사용 시 항상 확인을 한다.

④ 집게 사이에 이물질이 없어야 한다. 이물질이 있으면 제거 후 사용해야 한다.

⑤ 직류 전류 측정 시 클램프 방향에 유의하여야 한다.

⑥ 테스터기의 측정 한계 이상 측정은 피해야 한다.

⑦ 저항 및 부저 측정 시 측정대상물의 전원은 OFF가 되어야 한다.

1.4 테스트램프

테스트램프는 현장에서 주로 사용하고 있으며 단선측정, 접지검사 등을 별도의 장비 없이 일괄적으로 측정할 수 있다. 테스트램프에는 일반형식과 LED형식이 있다.

[1] 테스트램프 사용법

① 먼저 배터리 연결단자(+ 또는 –)에 연결한다.

② 연결단자가 (–)일 경우 점검하려고 하는 신호선에 검침봉을 접촉 시 점등이 될

경우 (+)의 단자에 출력이 됨을 의미하고, 연결단자 (+)일 경우 점검하려고 하는 신호선에 검침봉을 접촉 시 점등이 될 경우 (−)의 단자에 출력이 됨을 의미한다.

[2] 일반 전구형식 테스트램프

일반 전구형식 테스트램프는 일반적으로 많이 사용하는 테스트램프이며 전구의 밝기에 따라 차이가 있지만, 보통 12V/24W 전구를 사용하며 이때 회로에 흐르는 전류는 약 2A가 소모된다. 이렇게 회로에 소모되는 전류가 2A 정도 흐를 경우 일반회로의 경우에는 문제가 없으나 반도체를 사용하는 회로(특히 전자회로, 컴퓨터)에는 흐르는 전류에 의해 반도체가 파손될 수 있으므로 반도체 관련 회로 점검 시 각별히 주의해야 한다.

(a) (b)

그림 10 **일반 전구형식 테스트램프**

[3] LED형식 테스트램프

LED형식 테스트램프는 회로의 극성에 따라 LED램프의 점등색이 다르게 점등됨으로써 회로의 극성을 아는데 도움이 되고, 회로에 소모되는 전류가 mA 정도로 작은 전류가 흐르므로 테스터기에 의한 회로에 영향을 적게 주게 된다. 이러한 테스트램프는 정비 시 유용하게 사용되는데, 서로 고유의 특성이 있으므로 정비 시 선별하여 사용하여야 한다.

(a) (b)

그림 11 LED형식 테스트램프

1.5 오실로스코프

[1] 오실로스코프 개요

오실로스코프는 단위시간에 발생하는 전기적 현상들을 눈으로 볼 수 있게 해 주는 계기라 할 수 있다. 오실로스코프 화면의 구성은 수직축(Y축)은 전압의 변화, 수평축(X축)은 시간의 변화를 나타내며, 디지털 오실로스코프의 경우 기종에 따라 차이는 있지만 듀티, 주파수, 커서 A, 커서 B, 최대값, 최소값 및 커서와 커서 사이의 평균값을 볼 수 있다.

(a) G-scan 2(휴대용) (b) GDS(장비형)

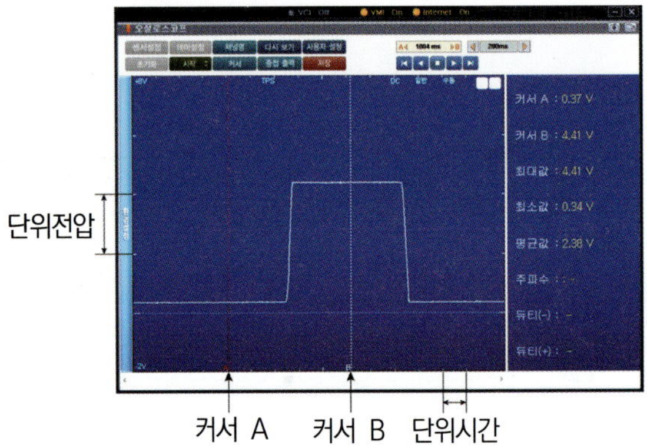

(c) 설정창

그림 12 오실로스코프의 종류 및 설정창

디지털 오실로스코프의 측정 프로브의 경우 기종에 따라 차이는 있지만 하나의 배선이 하나의 채널사용 시 사용하는 프로브이고, 프로브 끝단에 파형을 측정할 수 있도록 연결집게와 탐침봉으로 구성되어 있다. 디지털 오실로스코프의 측정 프로브의 연결은 다음 그림과 같다.

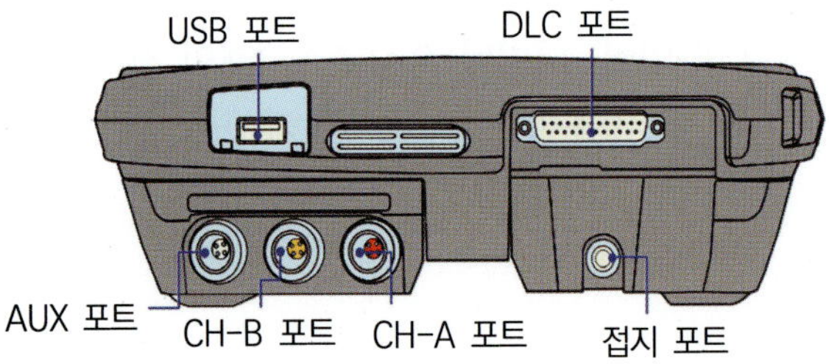

그림 13 G-scan 2 VMI 팩 장착 시 상면부 구성

(a) 채널 프로브(CH-A)(RED) (b) 채널 프로브(CH-B)(YELLOW) (c) 연결집게 및 탐침봉

그림 14 연결 프로브

[2] 오실로스코프 사용법(GDS)

GDS에서 오실로스코프 기능은 총 4개의 채널을 사용하며 2채널 모드(접지분리)와 4채널 모드(접지공통)로 사용할 수 있다. 채널 프로브를 통해 측정된 파형은 커서 A와 커서 B값과 커서 A와 B 사이의 최소값, 최대값, 평균값, 주파수, 듀티(−), 듀티(+)값을 측정할 수 있다.

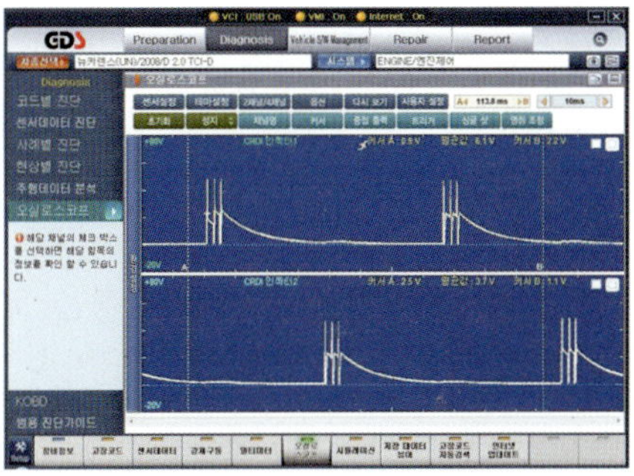

그림 15 **오실로스코프**

(1) 아이콘 설명

아이콘	설명
센서설정	각 센서의 단품을 쉽게 측정할 수 있도록 적합한 환경을 미리 설정해 주는 기능의 메뉴이다.
테마설정	정비현장에서 자주 사용되는 항목들에 대해 테마별로 지정하여 쉽게 측정할 수 있도록 적합한 환경을 미리 설정해 주는 기능의 메뉴이다.
2채널/4채널	2채널 모드와 4채널 모드 간에 전환한다.
옵션	VMI의 부가적인 센서(대/소 전류, 압력)를 장착하여 사용할 수 있는 기능이다.
다시 보기	저장된 데이터를 불러온다.
사용자 설정	사용자가 원하는 오실로스코프 측정범위를 설정하여 저장 또는 불러올 수 있는 기능의 메뉴이다.

아이콘	설명
초기화	측정된 데이터를 적절한 설정으로 재설정한다.
시작 ÷ 정지 ÷	현재 파형의 "시작" 또는 "정지"를 제어하는 버튼이다.
채널명	선택한 채널의 이름을 설정한다.
커서	커서 A와 커서 B를 전환하는 기능으로 버튼을 클릭할 때마다 커서 A가 커서 B로 설정되거나 커서 B가 커서 A로 설정되어 커서의 위치를 변경할 수 있다.
중첩 출력	한 화면에 모든 채널의 파형을 중첩으로 보여준다.
트리거	"Trig UP" ↔ "Trig DOWN" ↔ "NO TRIG"를 제어하는 트리거 버튼이다.
싱글 샷	사용자에 의해 트리거한 위치에 파형을 고정하고자 할 때 사용하는 기능으로 TPS와 같은 파형을 급가속 시험모드로 측정 시 사용한다.
영점 조정	영점조정 기능으로 옵션 기능에서만 사용 가능하다.
저장	오실로스코프 상에 데이터를 저장한다(현재 파형이 정지되었을 때 아이콘이 활성화된다).
	그래프를 왼쪽 또는 오른쪽으로 이동하는 데 사용된다. 현재 화면이 "정지" 또는 "다시보기" 모드에 있을 경우에만 사용된다.
A◀ 12.00 ms ▶B	커서 A와 B 사이의 시간을 표시한다.
◀ 1ms ▶	그래프 시간 축 해상도를 변경하는 버튼으로 오실로스코프 시간 축을 한 눈금(구간)당 단위로 설정한다.

(2) 센서 설성

센서 설정 기능은 자동차 진단에 필수적인 센서 및 액추에이터의 단품검사를 스코프를 이용해 신속하고 편리하게 점검할 수 있도록 측정에 적합한 환경을 미리 설정해 주는 기능이다. 이 기능을 실행하면 사용자가 다양한 센서들을 조합하여 측정할 수 있도록 설정할 수 있는 창이 나타난다. 엔진 및 변속기를 지원한다.

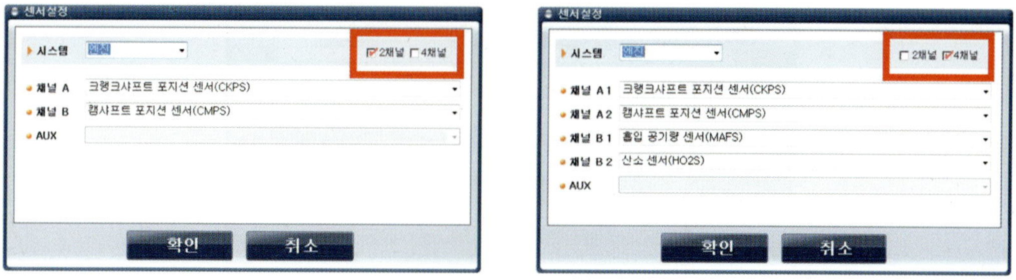

그림 16 센서 설정

(3) 테마 설정

테마 설정 기능은 자동차 진단에 복합적으로 분석해야 하는 센서 및 액추에이터들을 사용자가 신속하고 편리하게 점검할 수 있도록 측정에 적합한 환경을 미리 설정해 놓는 기능이다.

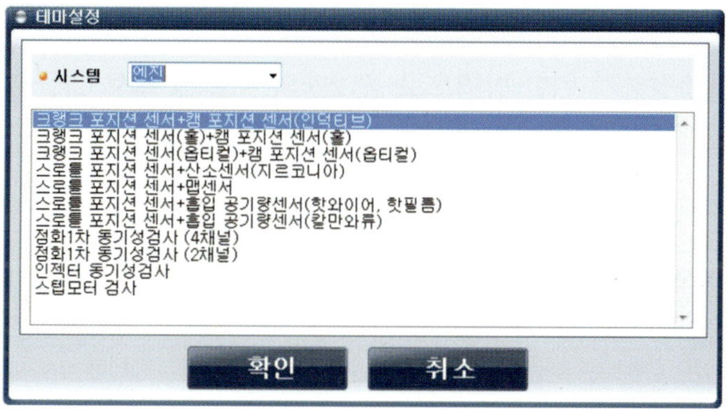

그림 17 테마 설정

(4) 오실로스코프 체크박스 기능설명

센서 설정 및 테마 설정을 사용하는 경우 부품위치도, 일반정보, 기준파형, 단품정보, 단품회로도 및 전체회로도 중에서 선택한 정보를 표시하도록 체크박스를 선택할 수 있다.

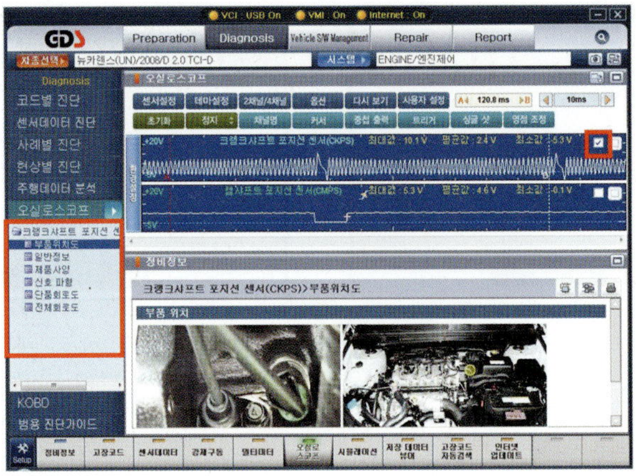

그림 18 센서 설정 또는 테마 설정에서 항목 선택

(5) 2채널/4채널

파형을 측정하기 위해 사용 가능한 채널은 4개의 채널(CH-A1, CH-A2, CH-B1, CH-B2) 및 AUX채널을 포함한 총 5개의 채널이 있다. 2채널 모드에서는 서로 다른 2개의 신호를 측정하기 위한 방법으로 총 2개의 채널 중에서 CH-A가 한 채널을 구성하고, CH-B는 또 다른 채널을 구성한다(개별접지). 4채널 모드에서는 CH-A1, CH-A2, CH-B1, CH-B2의 프로브를 각각의 채널로 사용 가능하다. 따라서 총 4개의 채널을 사용할 수 있으며(공통접지), 이 경우에서는 접지가 VMI 배터리 케이블의 (-)집게가 된다.

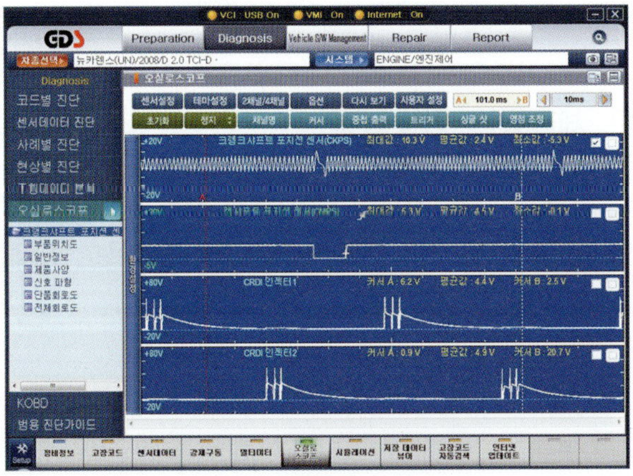

그림 19 4채널 모드 표시

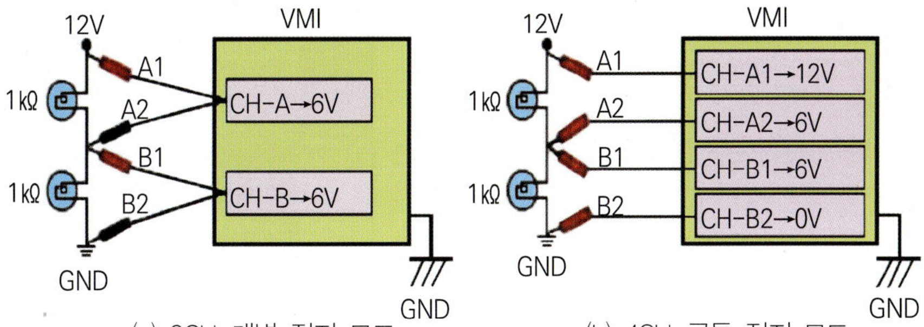

(a) 2CH-개별 접지 모드 (b) 4CH-공통 접지 모드

그림 20 **2채널 개별 접지 모드 및 4채널 공통 접지 모드**

(6) 옵션

이 기능은 VMI 본체의 압력센서 및 전류(대전류 또는 소전류)센서를 부가적으로 장착하여 사용할 수 있는 기능이다.

① 압력센서 : VMI 본체 채널B(노란색) 단자에 압력센서(GP400)를 연결하여 실린더 압축압력 등의 압력을 측정할 수 있다.

② 소전류센서 : VMI 본체 AUX(파란색) 단자에 소전류센서를 연결하여 인젝터 전류 등을 측정할 수 있다.

③ 대전류센서 : VMI 본체 AUX(파란색) 단자에 대전류 센서를 연결하여 보통 20A 이상의 큰 전류를 측정(크랭킹 시 배터리 CCA 전류, 발전기 발전전류 등)할 때 사용하며, 최대 100A와 1000A까지 측정할 수 있다. 측정 범위에 따라 대전류 센서의 스위치를 100A 또는 1000A로 선택해야 한다.

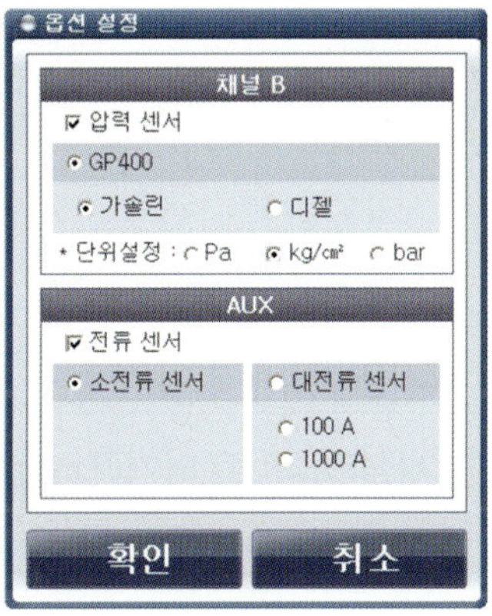

그림 21 **옵션 선택**

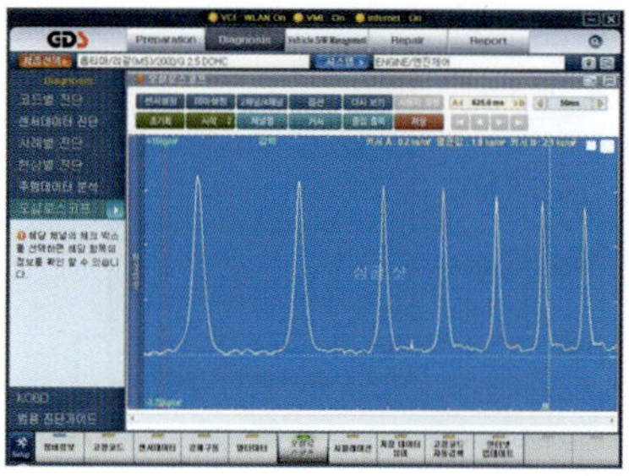

(a) 압력센서

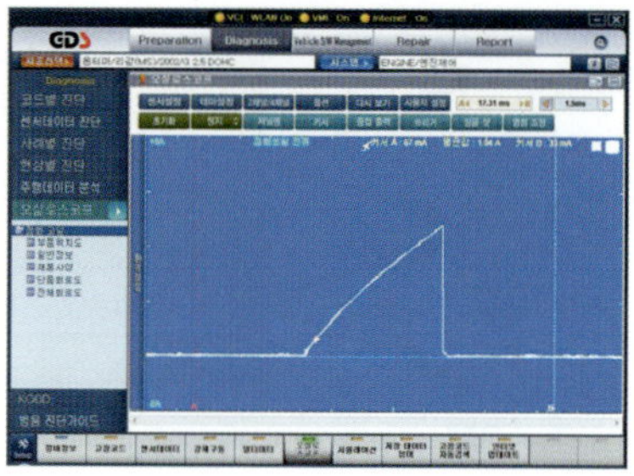

(b) 소전류센서

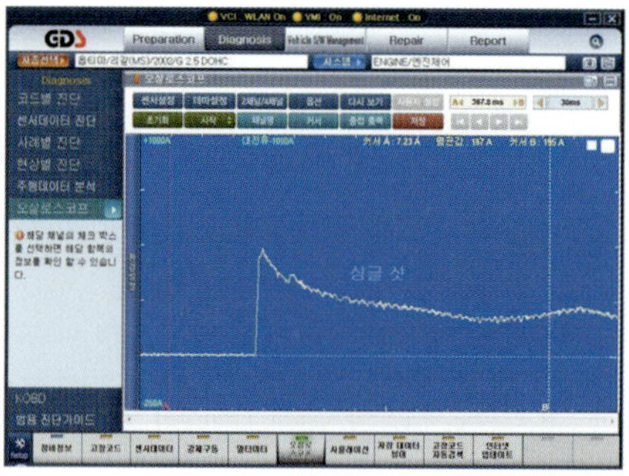

(c) 대전류센서

그림 22 **옵션**

(7) 다시 보기

이 기능은 오실로스코프의 저장된 데이터를 불러온다.

(8) 사용자 설정

이 기능은 사용자가 측정에 적합한 환경(전압, 시간)을 미리 설정하여 저장하고, 언제든지 저장된 설정값을 신속하고 편리하게 불러올 수 있다.

(9) 초기화

이 기능은 출력 파형 표시를 시간(X축)과 전압(Y축)으로 최적화하여 출력되는 파형을 쉽게 분석할 수 있도록 한다. 재설정 후 트리거(Trigger) 및 싱글샷(Single shot)은 자동으로 취소된다.

(10) 시작/정지

사용자의 판단에 따라 파형 데이터를 정지하거나 다시 시작하여 데이터를 분석할 수 있다.

(11) 채널명

사용자가 측정한 파형에 대해 각 채널별로 이름을 변경 및 저장하여 추후 파형 분석 시 도움이 될 수 있도록 한 기능이다. 2채널 모드와 4채널 모드에 따라 채널명 입력창이 활성화된다.

그림 23 각 채널 이름 지정

(12) 커서

오실로스코프 창에 "커서" 버튼을 클릭하여 커서 A와 B를 선택할 수 있다. 선택한 커서는 빨간색 점선으로 표시되고, 마우스 왼쪽 버튼과 오른쪽 버튼을 사용하여 커서 A와 커서 B를 이동할 수 있다(커서 B가 빨간색 점선일 경우 커서 A는 고정되고, 커서 B만을 마우스로 움직일 수 있다). 두 커서 사이 파형 길이가 1사이클 이하인 경우 주파수 및 듀티가 표시되지 않는다.

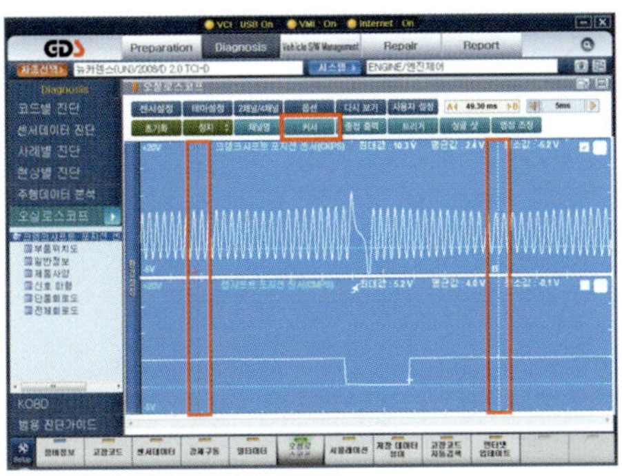

그림 24 커서 실행

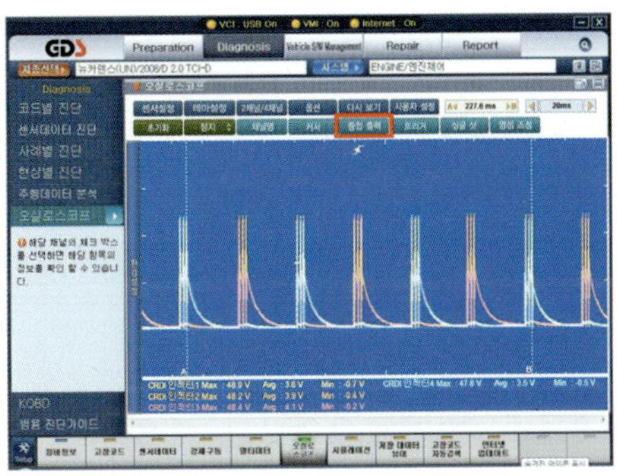

그림 25 중첩 출력 화면

(13) 중첩 출력

저장된 데이터를 검색하거나 측정하는 경우 파형 데이터를 쉽게 분석할 수 있도록 하나의 화면에 모든 파형이 겹쳐진다. 사용자가 쉽게 식별할 수 있도록 각 파형 색상 및 이름이 서로 다른 색상으로 표시된다.

(14) 트리거

트리거 기능은 사용자가 원하는 채널 영역에 마우스를 클릭함으로써 움직이는 파형을 고정표출하여 사용자가 분석하기 쉽도록 파형을 보여준다. 트리거 아이콘을 반복하여 클릭함으로써 파형의 상승시점과 하강시점의 트리거를 고정하여 표출하거나 트리거를 해제할 수 있다. 트리거 아이콘을 클릭하여 트리거 모드로 이동하고, 고정하고자 하는 파형 위에 마우스 포인트를 클릭하여 트리거 지점을 선택한다. 트리거 기능을 선택하면 상승하는 파형에서 자동으로 트리거된다. 트리거 버튼을 다시 클릭하면 하강하는 파형에서 자동으로 트리거된다. 트리거 버튼을 세 번째로 클릭하면 트리거 기능이 꺼진다. 사용자가 설정한 위치에 파형이 트리거되지 않을 경우 "NO TRIG"의 메시지가 화면에 표시된다.

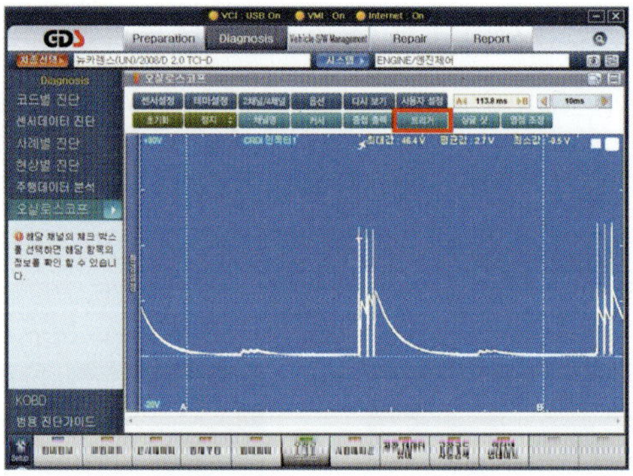

그림 26 트리거 모드

(15) 싱글샷

싱글샷 모드는 사용자가 설정한 신호 레벨로 측정신호가 일치하는 경우 파형 신호를 자동으로 정지하여 표시한다. APS1 또는 APS2와 같이 임의 발생에 의해 그 시점을 기준으로 데이터를 취득하고자 할 때 싱글샷 모드를 사용한다. 사용자가 파형의 변경 지점을 보다 쉽게 확인하는 데 도움을 준다. 싱글샷 버튼을 선택하여 이동 가능한 십자 커서를 채널 영역에 놓으면 "싱글샷 시작" 버튼이 깜박거리고 사용자가 원하는 시점에 "싱글샷 시작" 버튼을 누르면 기록하고자 하는 파형이 사용자가 원하는 시점에 위치하면 오실로스코프 화면에 측정된 파형이 출력된다. "데이터 확인"이 완료되면 트리거된 파형이 오실로스코프 화면에 고정되어 나타난다.

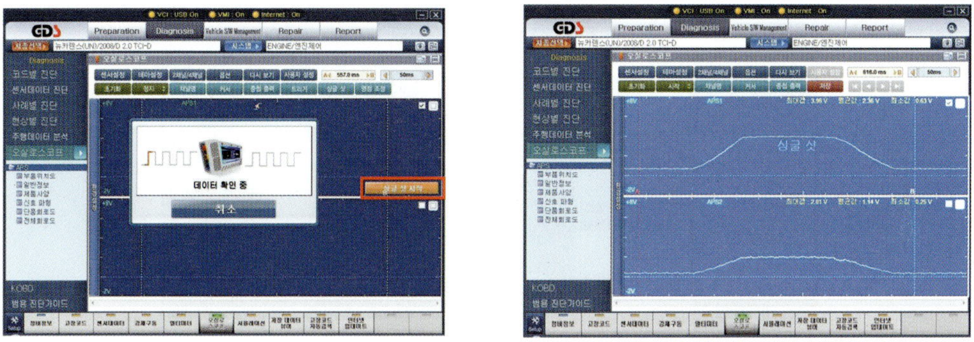

(a) 현재 데이터 확인 중　　(b) 싱글샷을 이용한 APS1과 APS2 측정 화면

그림 27 싱글샷

(16) 영점조정

이 기능은 옵션 기능의 전류(대전류 또는 소전류)센서 및 압력센서를 사용할 때 정확한 측정을 위해 영점 조정을 진행하는 기능이다.

그림 28 영점조정

(17) 환경설정

오실로스코프 메인화면에서 "환경설정"을 클릭하여 각 채널(전압축 범위, UNI/BI, PEAK/NORMAL, AC/DC, AUTO/MANUAL 및 DATA)에 대한 설정을 변경할 수 있다.

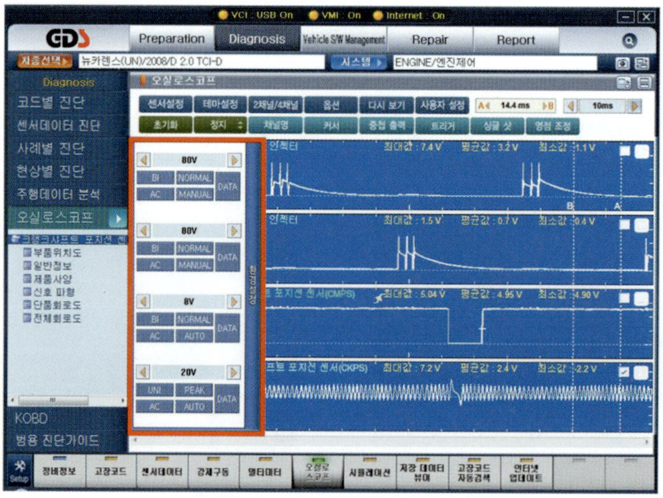

그림 29 **환경설정 창 실행**

[아이콘 설명]

아이콘	설명
◀ 100mV ▶	각 채널의 전압 범위를 조정한다.
UNI BI	"UNI"모드 및 "BI"모드 간에 전환한다.
NORMAL PEAK	"PEAK"모드 및 "NORMAL"모드 간에 전환한다.
AC DC	"교류" 및 "직류"간에 전환한다.
AUTO MANUAL	전압(Y축)을 자동(AUTO) 설정 및 수동(MANUAL) 설정으로 조정한다.
DATA	"DATA" 버튼을 클릭하여 출력 파형의 값을 [최대값/평균값/최소값], [주파수/듀티(−)/듀티(+)] 또는 [커서 A/평균값/커서 B]로 표시할 수 있다.

① 채널 전압 조정 : 화살표 키를 사용하여 전압 범위를 변경할 수 있다.

② UNI(유니폴라) : 출력은 "0"레벨을 기준으로 (+) 영역이 잘 나타나도록 출력되며, 대부분의 센서파형이나 액추에이터 파형, 전원 등을 측정할 때 이용한다.

③ BI(바이폴라) : 접지 위상 또는 0V를 기준으로 (+), (−) 영역을 표시한다. 이 모드는 인덕티브방식 CKP, ABS휠 스피드센서, 자동변속기 펄스 제네레이터(A, B) 등의 신호를 측정할 때 사용한다.

④ PEAK(피크) : 인젝터, 점화코일, 각종 솔레노이드 밸브 등 순간적으로 표출되는 서지 전압을 깨끗하고 정확하게 측정하기 위해 사용된다.

⑤ NORMAL(일반) : 이 모드에서는 샘플링 속도(시간/구간)를 화면에 표시하기 위한 최소한의 데이터를 그리는 모드이다. 이 모드에서는 짧은 기간의 서지와 같은 신호는 샘플링하지 않기 때문에 산소센서와 같이 신호의 출력속도가 느린 센서 또는 액추에이터의 신호 측정에 적합하다.

⑥ AC(교류) : 자동차의 전원은 직류에 가까운 교류이므로 교류성분이 엄연히 존재하게 된다. 직류의 파형을 교류(AC)로 놓게 되면 전원의 레벨을 0으로 다운시킨 후 파형의 형상을 확대하여 출력하게 된다. 따라서 발전기 다이오드에서 리플 전압을 측정하는 경우 등에 사용한다.

⑦ DC(직류) : 대부분의 파형이 DC에서 측정한다.

⑧ AUTO(자동) : 오실로스코프에 입력되는 파형신호의 레벨이 얼마인지 잘 모를 때 자동으로 설정해 놓으면 출력되는 파형을 최적화된 형식으로 화면에 표시한다.

⑨ MANUAL(수동) : 사용자가 직접 전압 축을 설정하여 파형을 분석할 수 있게 하는 기능으로, 인젝터파형 등 서지파형 측정 시 파형 분석이 용이하다.

⑩ DATA : "DATA" 버튼을 클릭하여 출력파형의 값을 [최대값/평균값/최소값], [주파수/듀티(−)/듀티(+)] 또는 [커서 A/평균값/커서 B]로 표시할 수 있다.

⑪ 전체화면 파형 표시 모드 : 오실로스코프 우측 상단의 아이콘을 선택 시 오실로스코프 화면이 전체 화면으로 변경된다. 오실로스코프 전체 화면에서 다시 아이콘을 선택 시 이전 화면으로 변경된다.

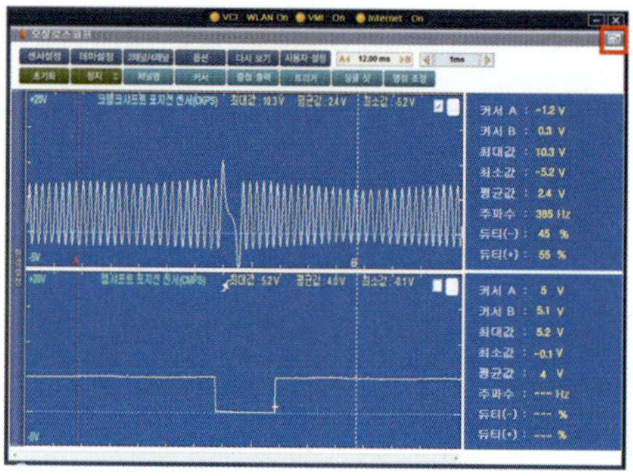

그림 30 전체 화면 표시

2 전기회로 점검

학습목표

전기회로 점검이란 전기회로장치의 정상적인 작동을 위하여 전기회로도를 이해하고 관련 부품을 점검하여 이상 유무를 정확하게 파악하고, 전기장치를 수리 · 조정 · 교환하는 능력이다.

① 전기회로의 판독 및 특성에 대해 파악할 수 있다.
② 정비지침서에 따라 전기회로를 파악하고 관련 장치의 작동상태를 확인할 수 있다.
③ 정비지침서에 따라 전기회로의 고장원인을 분석할 수 있다.
④ 제조사별 전기회로의 규정값을 기준으로 점검 · 진단을 할 수 있다.
⑤ 정비지침서에 따라 전기회로의 세부점검목록을 확인하여 고장원인을 파악할 수 있다.
⑥ 정비지침서에 따라 고장 진단장비를 사용하여 전기회로의 고장원인을 분석할 수 있다.
⑦ 전기회로의 조정을 위해 관련 장비 및 공구를 선택 및 사용할 수 있다.
⑧ 정비지침서에 따른 교환 · 수리 가능 여부를 확인하고 교환 및 수리 후 정상상태를 확인할 수 있다.
⑨ 정비지침서에 따른 관련 부품을 차량에서 탈 · 부착 및 분해 · 조립순서에 맞게 교환할 수 있다.

2.1 회로의 구성 및 종류

[1] 회로의 개요

전기회로란 전류가 흐를 수 있도록 전지, 도선, 스위치, 부하 등을 연결해 놓은 전기적 통로를 말한다. 따라서 전기회로는 전류의 순환회로를 의미하며 단순히 회로라고도 한다. 이러한 전기회로를 기호로 나타낸 것을 전기회로도이다.

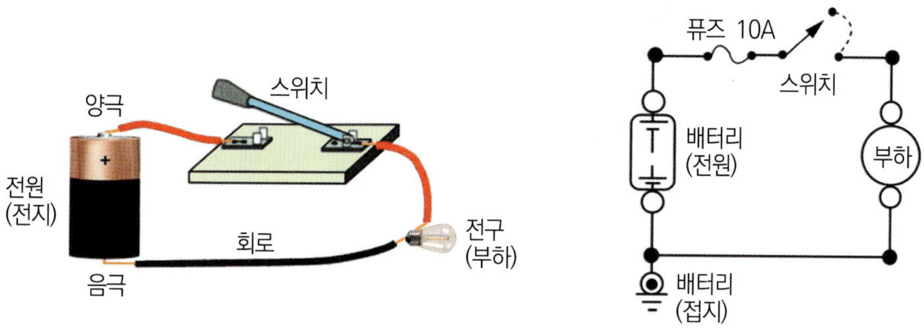

(a) 회로 (b) 회로도

그림 31 전기회로 및 전기회로도

[2] 회로도의 이해

자동차의 전기회로도는 각 시스템이 가지고 있는 특징을 보여준다. 전원에서 출발한 전기를 접지로 안전하게 보내는 길이 회로도에 표시되어 있다. 그리고 접지로 가는 동안 이정표로 삼을 각종 정보를 보여준다.

그러므로 회로 분석을 하기 위해 필요한 기초지식 및 회로도에 표기되어 있는 기호를 이해해야 하며, 회로분석은 자동차 고장진단을 하는데 있어 필요한 항목이므로 꼭 숙지해야 한다.

(1) 자동차에 사용되는 기호(심볼)

구분	심볼(기호)	내용
구성부품	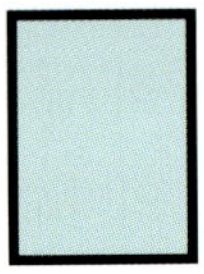	실선으로 표시된 구성부품은 전체 해당 구성품을 의미한다.
		점선으로 표시된 구성부품은 해당되는 필요 부분만 표시된 것을 의미한다.
	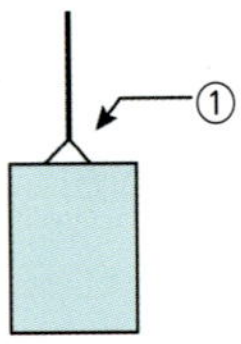	① 커넥터가 구성 부품에 직접 연결
	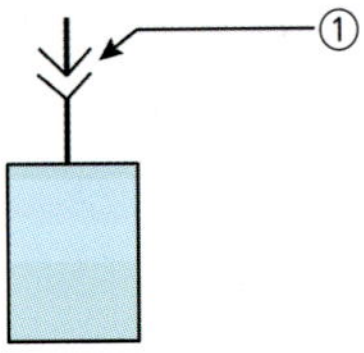	① 구성 부품에 커넥터가 리드선으로 연결
	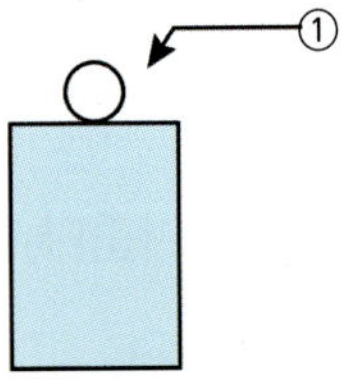	① 구성 부품 자체의 스크류 단자를 의미함
		이 접지 심볼은 부품의 하우징이 직접 차량의 금속 부위에 붙여진다는 의미
	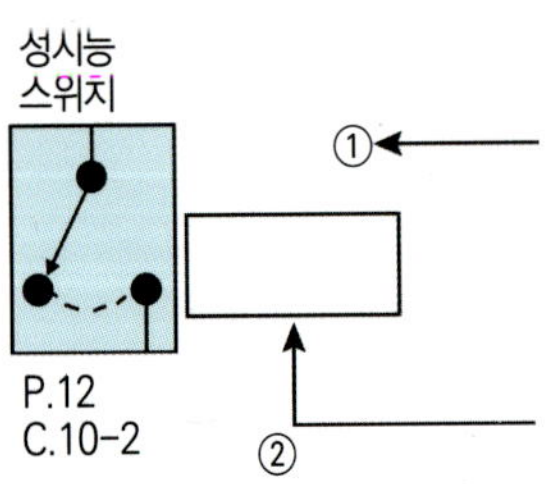	① 구성 부품의 명칭 : 상단부에는 해당 구성 부품의 이름을 나타낸다. ② 구성 부품 위치도의 사진 번호와 커넥터 정보 페이지를 나타낸다.

구분	심볼(기호)	내용
커넥터	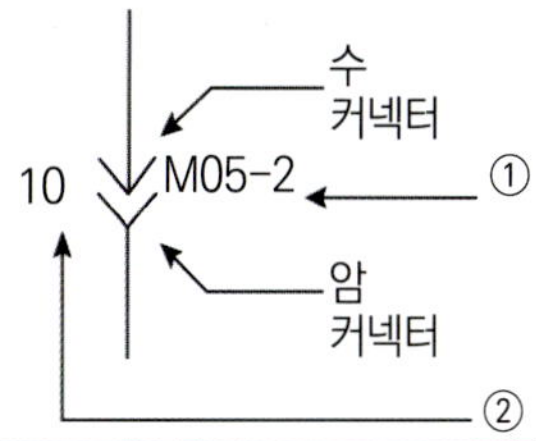	① 구성 부품 위치 색인표 상에서 참조용으로 각 커넥터의 이름을 나타낸다. ② 해당 단자의 번호가 표시된다(해당 회로도에서 관계되는 단자만 표시된다).
	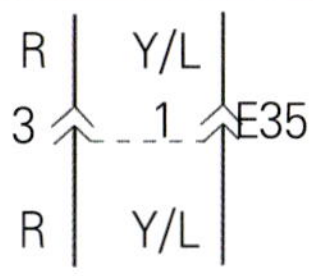	점선은 각각 두 개의 와이어가 동일한 커넥터(E35)상에서 접속됨을 의미한다.
와이어	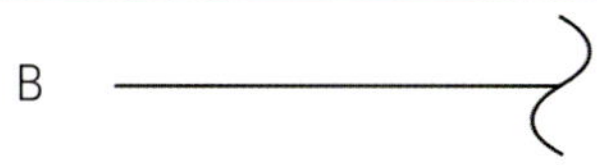	물결무늬 선은 끊어져 있지만 이전 또는 다음 페이지에 연결되어 계속된다.
		노랑 바탕의 적색 줄무늬 선(2가지색 이상으로 피복된 선)
	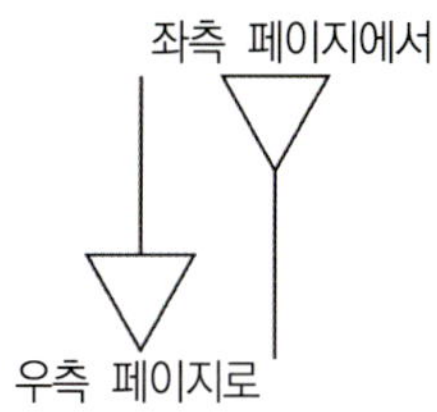	전류 흐름이 내부에 같은 문자를 갖는 페이지 혹은 다른 페이지의 화살표로 연결된다. 화살표 방향 전류 흐름의 방향
		다른 회로와 공유하는 부분임을 표시함. 화살표가 지시하는 회로에서 와이어가 다시 나타난다.
	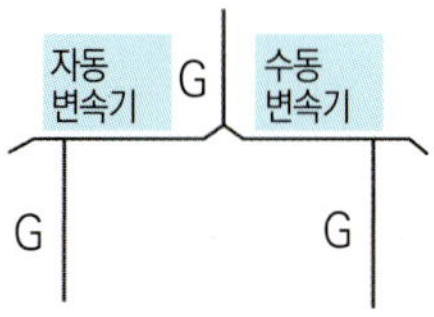	선택사양 혹은 다른 차종에 대한 와이어의 흐름을 표시한다(해당 사양에 기준한 회로를 판별토록 지시한다).
와이어 조인트	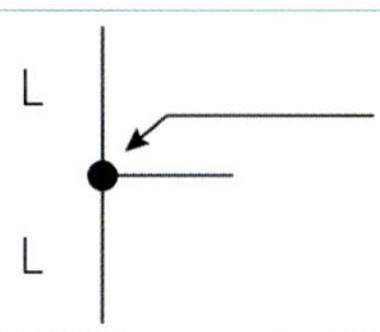	조인트는 선에 점을 찍어서 나타내며, 차량에서의 실제적인 위치와 연결은 변화할 수 있다.
접지	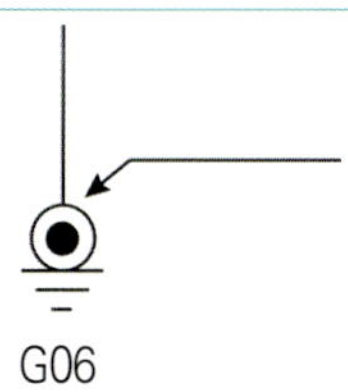	이는 차량의 금속 부분에 접속되는 와이어의 끝선을 나타난다.

구분	심볼(기호)	내용
실드와이어	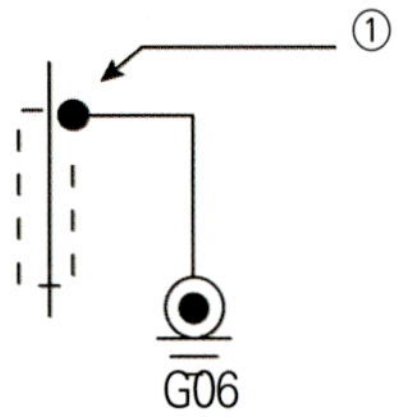	① 와이어에 전파 차단 보호막이 둘러싸여 있는 것을 나타내며, 항상 접지 상태에 있다(주로 엔진 및 T/M을 컨트롤하는 센서 측에 사용된다).
조인트 커넥터	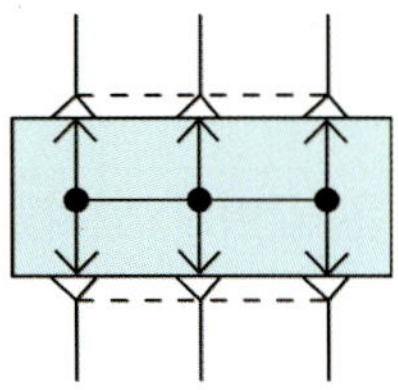	커넥터 내부에서 와이어가 조인되는 커넥터이다.
슬로우 블로우	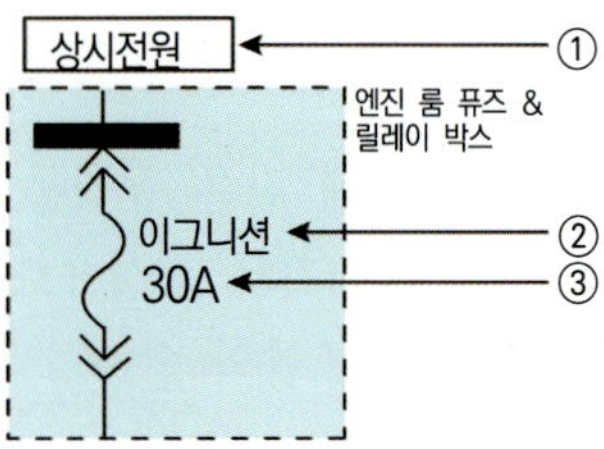	① 전원 공급 상태 ② 명칭 ③ 용량
퓨즈	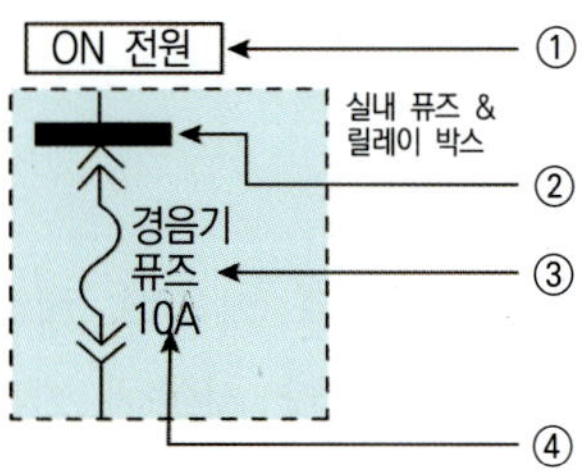	① 전원이 이그니션 "ON"상태에서 공급되는 것을 의미한다. ② 다른 퓨즈와 연결되어 있다는 뜻 ③ 퓨즈 명칭 ④ 퓨즈 용량
파워 커넥터	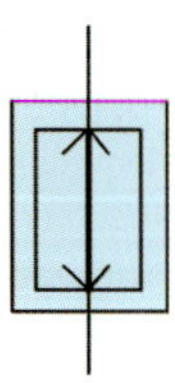	배터리 상시 전원 제어

구분	심볼(기호)	내용
램프	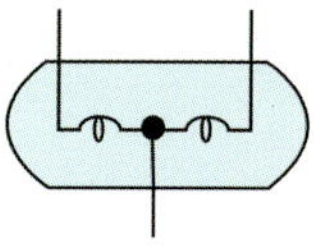 ①	① 더블 필라멘트
	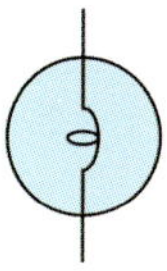 ②	② 싱글 필라멘트
일반 부품 심볼	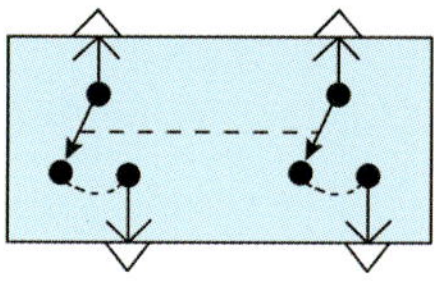	스위치(2개 접점)
	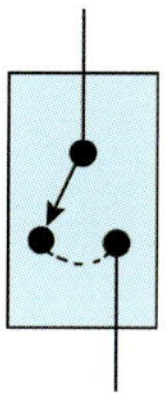	스위치(1개 접점)
	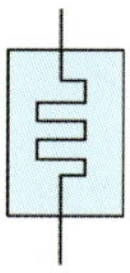	히터
	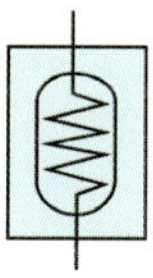	센서
	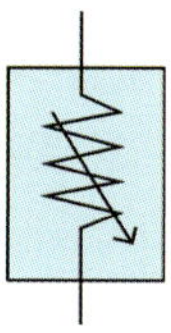	센더
	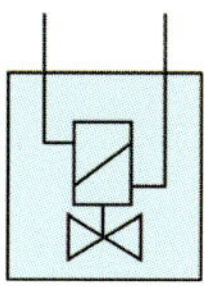	인젝터
	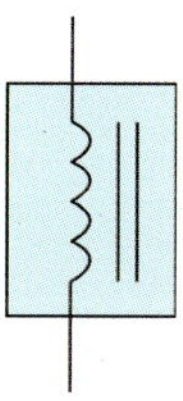	솔레노이드

구분	심볼(기호)	내용
일반 부품 심볼	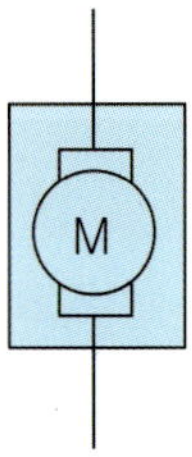	모터
	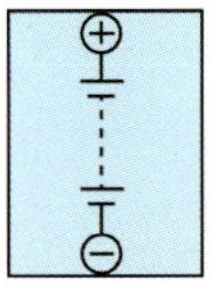	배터리
	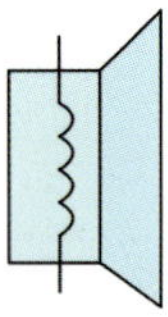	스피커
	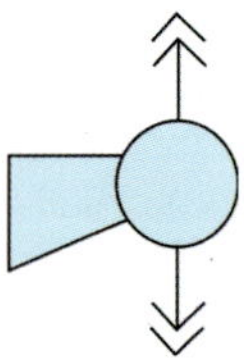	혼, 경음기, 부저, 사이렌
릴레이	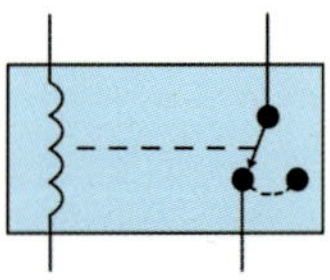	코일을 통한 전류의 흐름이 있을 때 스위치가 접속된다.
	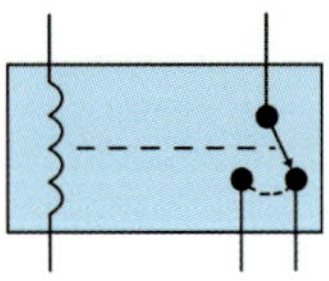	코일을 통한 전류의 흐름이 없을 때의 릴레이를 나타낸다. 코일을 통해 전류가 흐르면 스위치는 접속된다.
	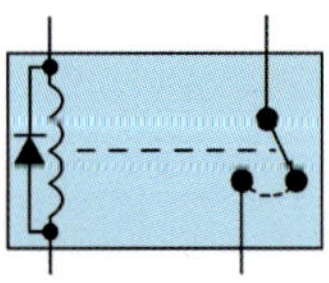	다이오드 내장 릴레이
	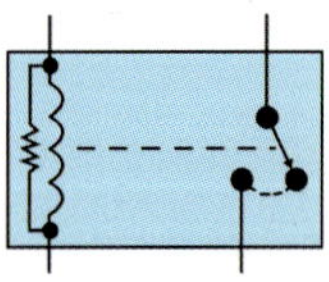	저항 내장 릴레이

(2) 회로도 찾는 법

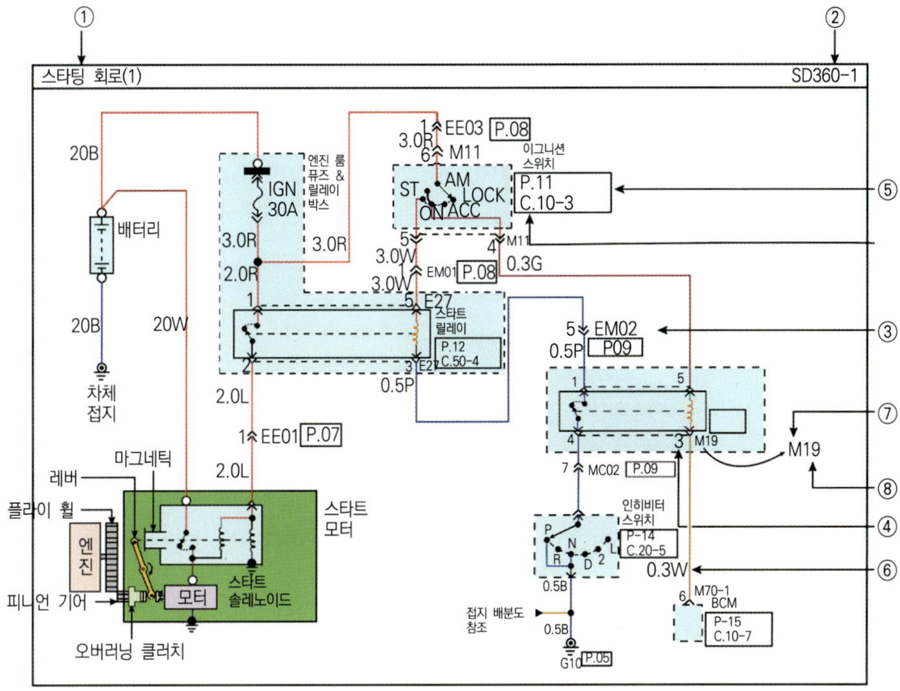

① : 회로도 명칭　　② : 시스템 페이지

③ : 하니스와 하니스 연결 커넥터　　④ : 커넥터 단자 번호

⑤ : 구성 부품 위치도 사진 정보　　⑥ : 와이어 색상 및 와이어 굵기

⑦ : 하니스 심볼　　⑧ : 커넥터 식별 번호

그림 32 회로도 찾는 방법

[3] 회로의 구성

전기회로의 구성은 크게 전원, 제어, 부하부분으로 구분할 수 있다.

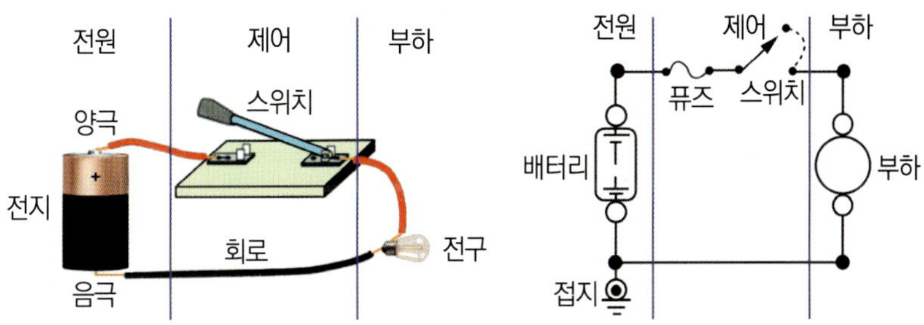

그림 33 전기회로의 구성

자동차에서 전기회로 구성요소 및 역할을 살펴보면 전원, 퓨즈, 스위치, 부하, 접지, 관련 배선 등으로 구성된다. 회로의 구성요소인 전원, 퓨즈, 스위치, 부하, 접지, 연결배선 등은 자동차에서 회로를 구성하는데 있어 없어서는 안 될 요소들이다. 그러나 연결배선과 퓨즈가 없는 회로구성도 있다. 예를 들면, 리모컨 제어회로는 연결배선이 없고 그 일을 무선으로 작동하게 되며, 퓨즈는 IPS(Intelligent Power Switching Device)가 그 역할을 대신하게 된다.

(a) 리모컨에 의한 록/언록 제어　　　(b) IPS 제어

그림 34 회로의 대체 구성요소

즉, 연결배선이나 퓨즈는 없어진 게 아니고 어떠한 것이 그 역할을 대신 수행하고 있다. 따라서 회로를 구성하는데 있어 전원, 퓨즈, 스위치, 부하, 접지, 연결배선은 없어서는 안 될 중요한 요소이며, 회로분석 시 중요한 정보로 활용된다.

[회로의 구성요소 역할]

구성요소	역할
전원	부하에 전류를 흐르게 할 수 있는 원천(힘)
퓨즈	문제 발생 시 회로 보호 목적으로 장착
스위치	필요에 따라 부하의 작동 유무 제어
부하	회로에서 어떤 일을 하는 부품
접지	전류 흐름의 끝
연결배선	각각의 부품 간 연결

(1) 전원

전원은 회로가 작동될 수 있는 에너지를 공급하고 제어는 필요에 따라 부하를 ON/OFF하는 기능을 수행한다. 자동차에서 시동 전 에너지 공급원은 배터리가 된다. 이로 인하여 배터리의 화학 에너지는 지속적인 방전이 이루어지며 시동 모터와 같은 큰 부하 작동 시 많은 에너지가 방전된다. 하지만 시동이 이루어지면 자동차의 에너지원은 배터리 전압보다 높은 발전기가 에너지원이 되고 발전기에서 보면 배터리는 부하로 작용하게 된다.

(2) 퓨즈 및 차단기

① 퓨즈

전류에 의해 발생하는 열로 그 자체가 녹아 전선로를 끊어지게 하는 것으로, 저압용 퓨즈에는 개방형과 포장형이 있으며, 전기설비기술기준에 적용을 받는다. 예를 들면, 정격전류 30A 저압퓨즈는 정격의 1.1배 전류에서는 장시간 흘러도 용단(溶斷)되지 않아야 하고, 1.6배에서는 60분 이내에, 2배에서는 2분 이내에 용단되지 않으면 안 된다.

② 자동 차단기

옥내에 들어오는 전기회로를 여닫을 수 있는 배선기구, 옥내에서 단락사고(합선), 누전사고가 발생할 경우 차단기가 자동으로 작동하여 전기사고를 방지해 준다.

③ 커버 나이프 스위치

두 선을 동시에 차단하는 스위치로 안에 퓨즈가 있어 가정에서 합선이 일어나면 과전류가 흘러 회로가 차단된다. 퓨즈는 열에 약한 금속으로 만들어 규정 이상의 열이 발생하면 끊어진다. 퓨즈가 끊어지면 정격의 퓨즈로 갈아 끼워야 한다.

④ 자동차단기

전류의 단락, 과부하 등으로 인하여 전류가 비정상적으로 흐를 때 자동적으로 회로가 끊어진다. 동작원리는 바이메탈이라는 열팽창 계수가 다른 두 금속을 맞붙여 온도가 높아지면 열팽창 계수가 낮은 쪽으로 휘어져 회로가 차단된다.

⑤ 누전차단기

옥내배선 선로에 손상이 있어 전기가 누전될 때 자동적으로 차단된다. 누전차단기 작동원리는 전원에서 부하측으로 통하는 전로를 영상변류기(ZCT)에 관통시켜 놓으면 회로가 정상인 경우에는 영상변류기에 발생한 자속은 서로 상쇄되어 전류는 발생하지 않는다. 회로에 전류의 누전이 발생하면 영상변류기의 철심에는 누전전류에 의해 자속이 발생되어 2차 권선에 전압이 유기된다. 그것을 증폭부(AMP)에 증폭하여 Trip Coil로서 전로의 개폐 기구를 동작시켜 전기를 차단하는 것이 누전차단기이다.

(3) 접지

자동차의 전기회로는 특별한 경우가 아니면 (+)선 하나만 배선한다. (−)주 배선은 차체를 이용한다. 차체는 쇠로 되어 있어 전류가 잘 통하고 어떤 전선보다도 도전용량도 많아 전선보다 좋다. (−)선을 별도로 쓰지 않음에 따라 배선비용이 절감되고 고장개소도 줄어든다.

배터리 (−)단자를 보면 차체로 접지한 검은색 선이 있다. 차내에서 가장 많은 전류가 흐르는 선이기 때문에 가장 굵다. 전기 회로도에는 반드시 접지가 필요한데 실 차량에서는 배선과 바디(차체)를 접지 볼트를 이용하여 체결하며, 각종 전장품의 작동에 매우 중요한 요소이다.

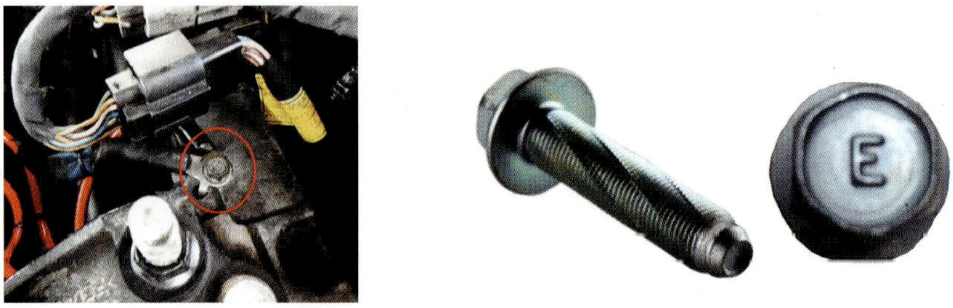

그림 35 **접지볼트**

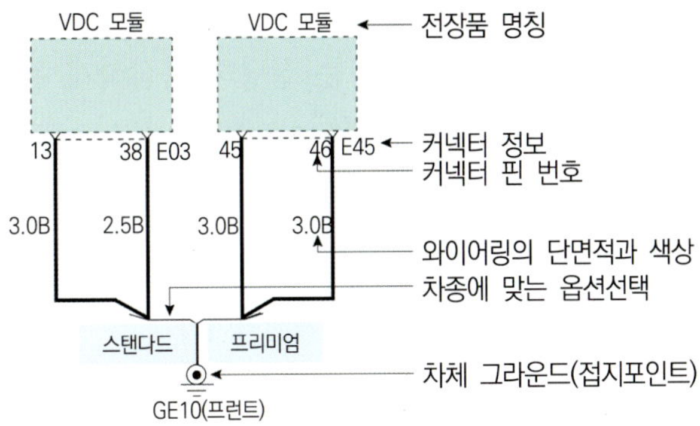

그림 36 **접지회로 표시내용**

접지볼트는 일반 볼트와는 다른 특수한 볼트를 사용하게 된다. 따라서 실무정비 시 반드시 접지부에는 전용 접지볼트를 사용하여야 한다. 접지볼트는 볼트 조임 시 차체 도장면을 깎아 볼트와 차체와의 금속 간 접촉이 가능하게 볼트로 나사산을 일반 볼트와 다르게 가공한 볼트이다. 그러므로 볼트 체결 시 스스로가 암나사를 성형하면서 나사 체결을 진행하여 가기 때문에 미리 탭 작업에 의한 암나사 내기 작업은 필요치 않으며 칩이 없이 소성변형에 의해서 암나사를 성형한다. 접지가 불량하면 엔진에는 다음과 같은 증상들이 나타날 수 있다.

① 간헐적인 엔진부조(진동, 떨림), 시동 꺼짐 현상 발생

② 출력, 연비 불량

③ 점화불량 및 시동불량

④ 배터리 방전 및 발전기 내구성 저하

⑤ 전기장치(에어컨, 전조등) 작동 시 엔진 떨림 현상

(4) 부하

회로에서 전류의 공급에 의해 어떤 일을 수행하는 부품을 전기부하라 하는데, 이렇게 일을 수행하는 부분을 작동부분이라 한다. 자동차에서 사용되는 대표적인 부하를 보면 전구, 모터, 솔레노이드 밸브 등이 있다. 물론 열선과 같은 경우도 부하로 봐야 한다. 이렇게 폐회로의 구성 요소 중 바뀔 수 있는 것이 부하(저항)인데 회로에서는

어떠한 부하를 사용할 것인가에 따라 회로의 구성 및 작동은 달라진다. 또 사용하고자 하는 부하의 작동이 다양할 경우 회로는 상당히 복잡하게 된다.

[자동차에서 사용되는 부하]

램프류	모터류	전열기	기타
싱글전구 더블전구 헤드램프 미등 계기판 전구 LED	와이퍼 모터 도어 액추에이터 스타트 모터 파워 윈도우 모터	시거라이터 열선 시트히터	사이렌 솔레노이드 릴레이 시계 전자제어 유닛 배선의 접촉저항

2.2 회로도

[1] 회로도의 구성

회로도란 여러 가지 배선, 연결부, 부하 및 전원 등의 연결 상태를 나타내며 이를 기호로 나타낸 그림으로, 매우 복잡하지만, 간단한 직렬회로를 여러 개 연결하여 만들어진 그림이다.

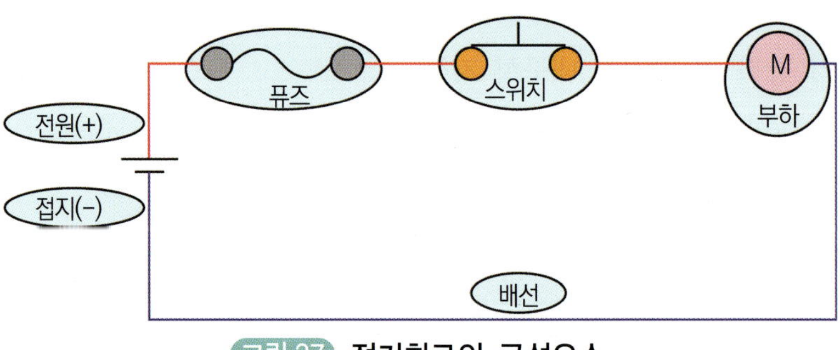

그림 37 전기회로의 구성요소

[2] 회로의 종류

회로는 직렬회로, 병렬회로, 직・병렬회로가 있으며 자동차의 대부분 회로는 직・병렬회로로 구성되어 있다. 직렬회로는 전류가 흐르는 길이 하나의 통로로만 이루어져 있는 회로이다. 이 회로는 모든 전기기구를 한꺼번에 통제할 수 있다는 장점을 가지고 있으나, 각 부하에 작용되는 전압이 분배되므로 한 곳이 끊어지면 모두 작동하지 않는다는 단점을 가지고 있다.

병렬회로는 전류가 흐르는 길이 여러 통로로 나누어졌다가 다시 하나로 모이는 회로이다. 이 회로는 각 전기기구를 한 회로상에서 따로 통제할 수 있다는 장점을 가지고 있으나, 전선이 많이 들고, 회로는 검사가 복잡하다는 단점을 가지고 있다. 직・병렬회로는 직렬회로와 병렬회로를 합한 것으로 자동차의 대부분은 직・병렬회로로 구성되어 있다.

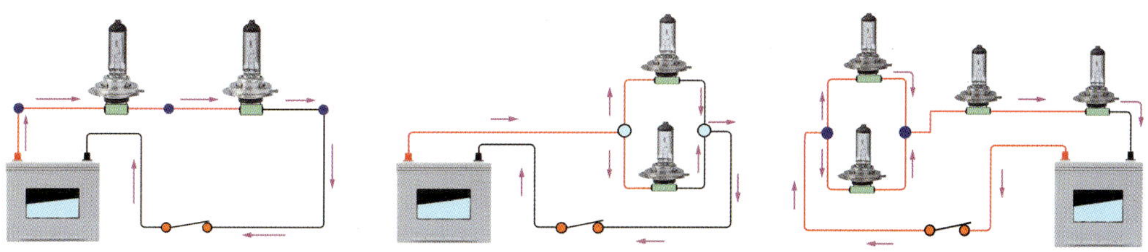

(a) 직렬회로 (b) 병렬회로 (c) 직・병렬회로

그림 38 회로의 종류

2.3 커넥터 점검절차

[1] 커넥터 취급방법

① 커넥터를 분리할 때 커넥터를 당겨서 분리하도록 하고, 배선 하니스를 당기지 않도록 한다.

그림 39 커넥터 분리방법

② 로크(lock)가 부착된 커넥터를 분리할 때 로크 레버를 누르거나 당긴다.

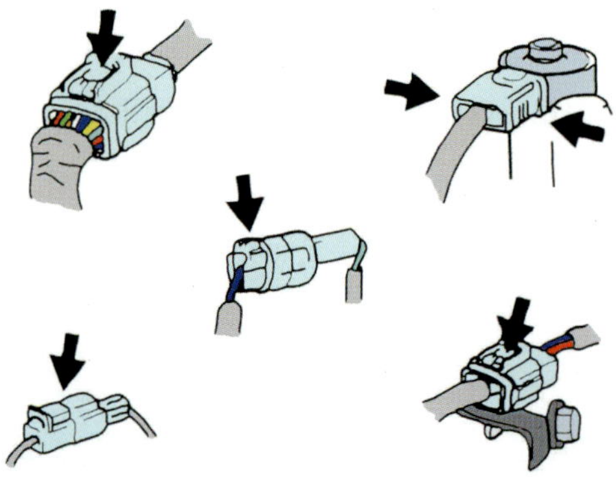

그림 40 로크가 부착된 커넥터 분리방법

③ 커넥터를 연결할 때에는 장착하는 "딸깍"소리가 들리는지 확인한다.

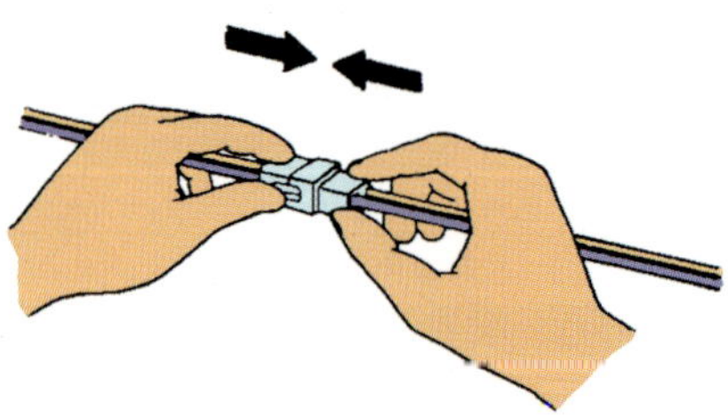

그림 41 커넥터 연결방법

④ 통전상태 점검이나 전압을 측정할 때에는 항상 테스터 프로브를 배선 하니스 쪽에 끼우도록 한다.

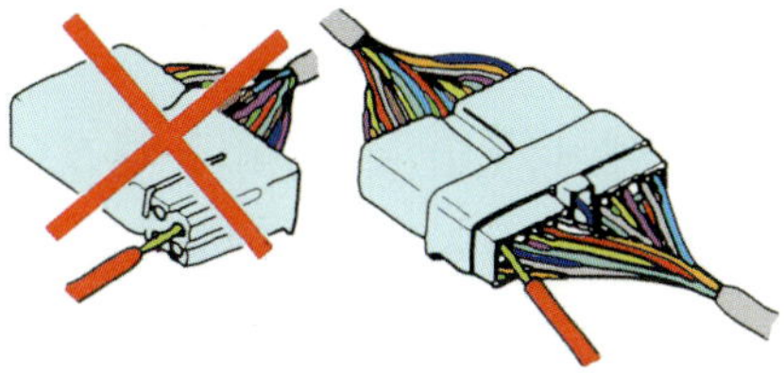

그림 42 테스터 프로브 삽입 방향

⑤ 방수처리가 된 커넥터의 경우에는 배선 하니스 쪽이 아닌 커넥터 단자 쪽을 이용한다.

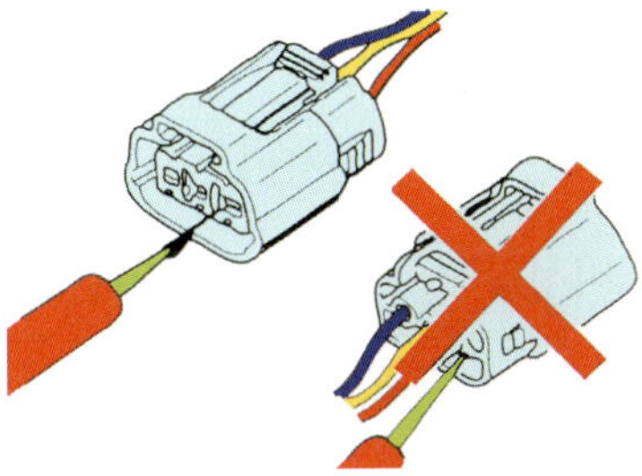

그림 43 방수 처리된 커넥터에 테스터 프로브 삽입 방향

[2] 커넥터 점검 포인트

① 커넥터가 연결되어 있을 때 : 커넥터 연결 상태 및 잠김(lock) 상태

② 커넥터가 분리되어 있을 때 : 배선 하니스를 가볍게 당겨서 단자의 유실, 주름 또는 내부 와이어 손상에 대해 점검한다. 그리고 녹 발생 여부, 오염, 변형 및 구부러짐 등을 확인한다.

③ 단자 체결상태 : 암 단자와 수 단자 사이의 체결상태를 점검한다.

④ 각 배선을 적당한 힘으로 당겨서 연결 상태를 점검한다.

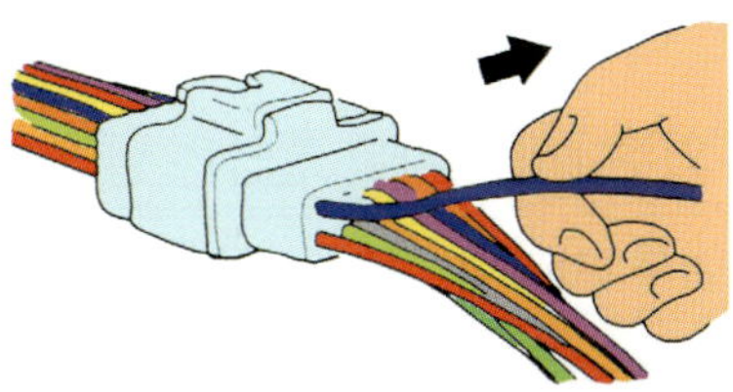

그림 44 배선연결 상태 점검방법

[3] 커넥터 단자수리

① 커넥터 단자 연결부분을 에어건(air gun)이나 헝겊으로 세척한다.

② 커넥터 사이의 체결력이 부족하면 암 단자(凹)를 특수공구(핀 뽑기 세트)를 이용하여 탈거한 후 수리 또는 교환하고 체결한다.

[4] 배선 하니스 점검순서

① 배선 하니스를 점검하기 전에 배선 하니스의 설치 위치를 확인하여 다시 설치하거나 교환할 때 활용한다.

② 꼬임, 늘어짐, 느슨해짐에 대해 점검한다.

③ 배선 하니스의 온도가 비정상적으로 높지는 않은지 점검한다.

④ 회전운동, 왕복운동 또는 진동을 유발하는 부분이 배선 하니스와 간섭하지는 않는지 점검한다.

⑤ 배선 하니스와 단품의 연결 상태를 확인한다.

⑥ 배선 하니스의 피복상태를 점검한다.

2.4 전압 · 전류 · 통전 점검

[1] 전압점검

전압은 전기장 내의 두 지점 간 전위량 차이를 볼트(V)로 나타낸다. 이는 전기 도체에서 전류를 유발하는 전기장의 전위 에너지를 측정하며, 병렬로 측정하여야 한다. 아날로그 방식은 프로브를 통해 외부에서 인가된 전압은 멀티미터 내부의 저항(고 임피던스)을 거쳐 전압을 내리고, 이것을 무빙 코일과 연결하여 전류가 흘러 측정된다. 디지털 방식은 프로브를 통해 외부에서 인가된 전압은 멀티미터 내부의 저항(고 임피던스)을 거쳐 전압을 내리고, 내부 저항에 걸린 전압을 ADC를 통해 수치화한다. DC전압 측정 시 주의사항으로는 다음과 같은 예를 들 수 있다.

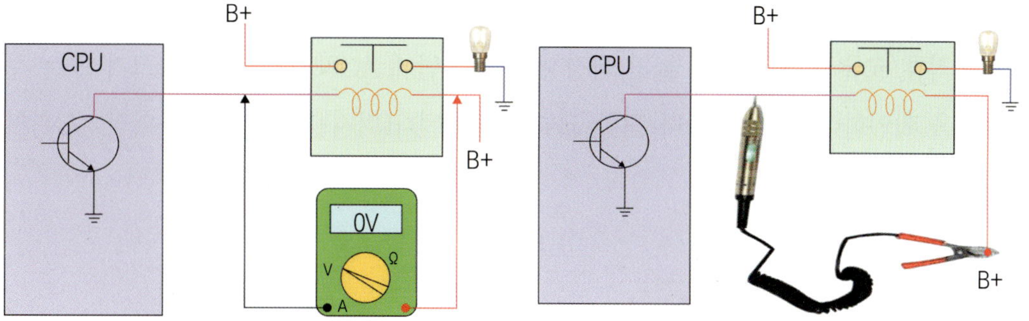

(a) 멀티 테스터로 전압 측정

(b) LED 체크 램프 사용

그림 45 DC 전압 측정

릴레이 OFF 상태에서 그림 45(a)와 같이 멀티 테스터로 전압을 측정한다면 0V가 측정되고 릴레이 작동 시 12V가 측정되어야 정상이다. 즉, 유니트의 트랜지스터가 OFF 되어 있기 때문에 전원부터 제어선까지 모두 같은 전위인 12V이기 때문에 0V가 측정되어야 하며, 릴레이 작동 시 릴레이 코일에 의해 전압강하가 일어나므로 12V가 측정되어야 하는데, 릴레이 OFF상태에서 트랜지스터의 정밀도 때문에 미세 전류가 흐르고 그로 인해 테스터는 반응하여 12V를 표출할 수도 있다. 그러므로 유니트가 제어하는 회로를 점검할 경우는 멀티 테스터보다는 그림 45(b)와 같이 LED 체크 램프를 사용하는 것이 정확한 진단에 도움을 준다.

(1) 교류(AC : Alternating Current)전압

① 적색 리드선은 V.Ω에, 흑색 리드선은 COM에 연결한다.

그림 46 리드선 연결

② 셀렉터를 V에 설정한다.

③ 직류/교류 선택 버튼을 눌러 액정창 좌측 상단에 AC와 아래 물결 마크가 뜨는 것을 확인한다. 누를 때마다 직류/교류가 전환된다(디지털 테스터기에 따라 AC위치에만 설정하기도 한다).

(a) 직류/교류 선택 버튼　　(b) AC와 아래 물결 마크 확인

그림 47 AC전압 설정

④ 콘센트의 양쪽 구멍에 빨간색 리드선과 검정색 리드선을 꽂는다. 테스터 액정에 표시된 수치를 읽는다.

그림 48 AC 측정값 판독

(2) 직류(DC : Direct Current)전압

① 아날로그 테스터기

적색 리드선은 V.Ω에, 흑색 리드선은 COM에 연결한다. 셀렉터를 직류측정 DC V에 설정한다(DC 전압측정). 셀렉터를 DC 50에 선택하고 적색 리드선은 축전지 (+)단자

에, 흑색 리드선은 축전지 (−)단자에 접속한 후 눈금판의 바늘 움직임을 읽는다. 아날로그 테스터기는 극을 바꾼 채 접촉한 상태로 측정하면 바늘이 반대로 움직이며 테스터기에 무리가 간다.

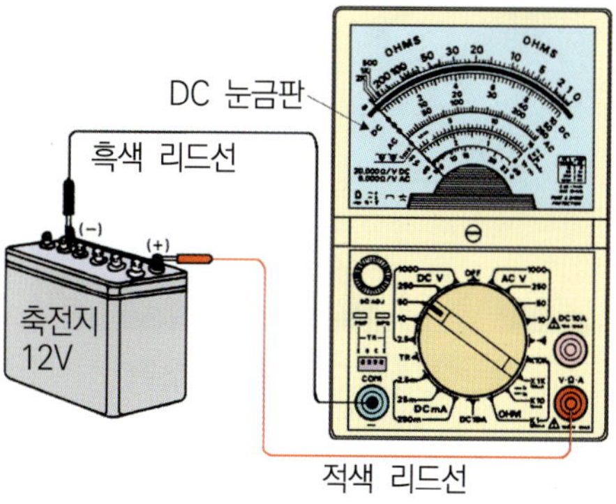

그림 49 **축전지 단자 전압측정의 예**

② 디지털 테스터기

㉠ 적색 리드선은 V.Ω에, 흑색 리드선은 COM에 연결한다.

㉡ 셀렉터를 V에 설정한다.

㉢ 먼저 직류/교류 선택 버튼을 눌러 액정창 좌측 상단에 DC와 아래 선이 뜨는 것을 확인해 준다. 누를 때마다 직류/교류가 전환된다(디지털 테스터기에 따라 DC위치에만 설정하기도 한다). 보통 건전지 등 배터리에서는 직류가 사용된다.

그림 50 **DC 확인**

㉣ 프로브(probe)의 극성을 확인하고 측정할 부위에 접속하고 전압값을 읽는다.

ⓜ 교류에는 극성이 없었지만, 직류에는 플러스(+)극과 마이너스(−)극의 극성이 있다. 직류 측정 시에는 빨간색 리드선은 플러스극에, 검정색 리드선은 마이너스극에 갖다 댄 채 측정을 해야 제대로 된 측정값을 확인할 수 있다.

그림 51 **DC 전압 측정**

ⓑ 극을 바꾼 채 접촉한 상태로 측정하면 액정에 마이너스가 뜨는 것을 확인할 수 있다.

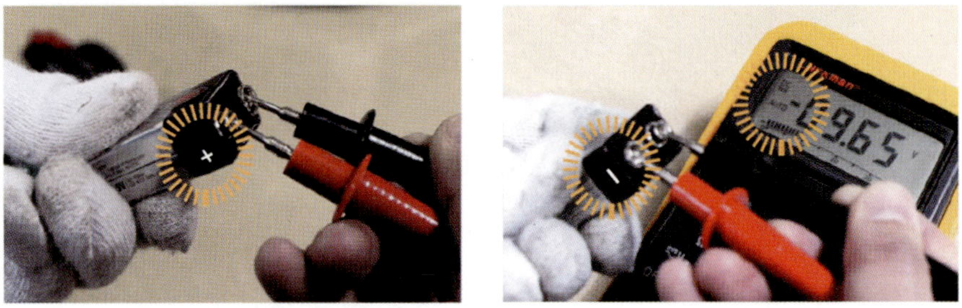

(a) 극성이 정상 시 측정　　(b) 극성이 반대일 경우

그림 52 **전압 정상 시와 반대일 경우 측정**

ⓢ 일반적으로 DC 전압측정에서는 축전지전압, 각종 회로의 전압 및 각종 센서의 입·출력전압 등을 측정할 수 있다.

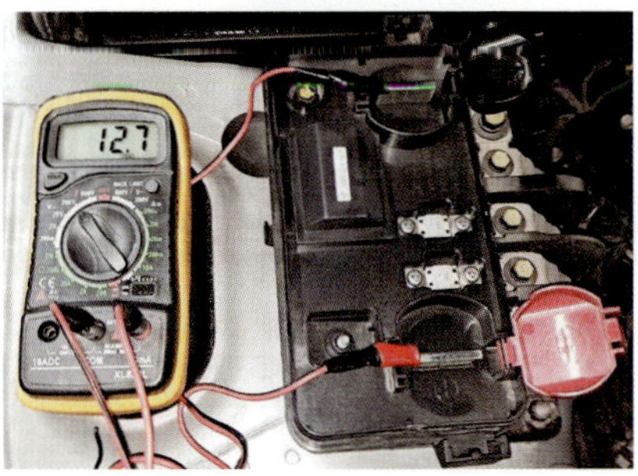

그림 53 **실차에서 배터리 전압 측정**

[2] 전류 점검

측정 대상의 위치에 직렬로 측정기를 연결한다. 예를 들어, 특정 노드에 연결된 전선에 전류를 측정하려면 해당 전선을 절단하고 두 프로브를 삽입해야 전류가 측정된다. 만약 전선에 흐르는 전류를 측정하기 위해 전선에 프로브를 대면 저항이 0(이론적으로 0, 실제로 전선도 저항이 존재하나 너무 낮음)인 두 지점에 연결한 결과가 되어 전압이 나타나지 않기 때문에 측정이 불가능하다.

아날로그 방식은 프로브를 통해 외부에서 인가된 전류는 무빙코일과 연결하여 전류가 흘러 측정된다. 전류 크기에 따라 무빙 코일과 다른 저항(병렬)을 결합한 회로를 사용하기도 한다. 디지털 방식은 프로브를 통해 외부에서 인가된 전류는 멀티미터 내부의 매우 낮은 저항을 삽입하여 걸린 전압을 ADC를 통해 수치화한다.

전류 측정 시 측정 위치에 삽입된 측정기는 매우 낮은 임피던스값을 가져야 대상 회로에 영향이 적다. 따라서 측정 모드에 위치시키면 저항이 매우 낮다. 이 상태에서 측정 대상에 병렬로 잘못 프로브를 사용하면 저항이 거의 없어지는 쇼트현상이 발생할 수 있다. 따라서 과전류를 방지하기 위해 내부에 퓨즈를 사용하여 보호한다.

(1) 아날로그 테스터기

① 셀렉터를 DC mA에 놓았을 때

극성 (+), (-)를 맞추어 접속한 후 눈금판의 바늘의 움직임을 읽는다.

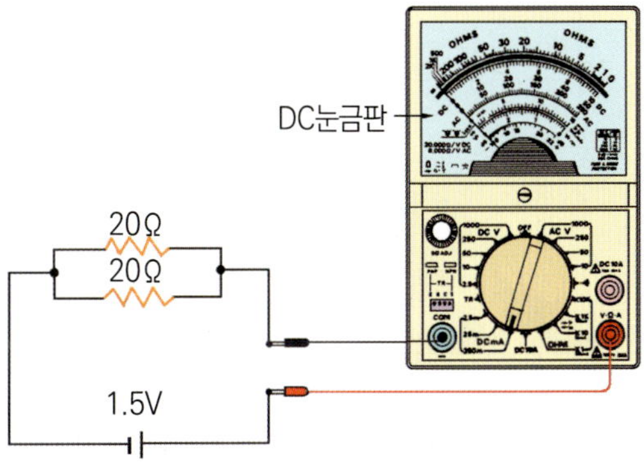

그림 54 아날로그 DC mA 측정

② **셀렉터를 DC 10A에 놓았을 때**

㉠ 셀렉터를 DC 10A에 설정한다.

㉡ 적색 리드선은 10A에, 흑색 리드선은 COM에 연결한다.

㉢ 적색 리드선은 (+)전류 단자에, 흑색 리드선은 (−)전류방향 단자에 직렬 연결하여 눈금판의 바늘의 움직임을 읽는다.

(2) 디지털 테스터기

① 10A 단자는 큰 단위의 전류 측정 시, mA 단자는 작은 단위의 전류 측정 시에 흑색 리드선은 COM에 연결한다.

그림 55 리드선 연결

② 큰 단위 측정 시에는 셀렉터를 10A로 설정하고, 작은 단위 측정 시에는 mA로 설정한다. 또한 전류 측정 시에도 측정하는 전기의 직류/교류 설정이 반드시 필요하다(디지털 테스터기에 따라 10A 위치에만 설정하기도 한다).

③ 적색 리드선은 (+)전류 단자에, 흑색 리드선은 (−)전류방향 단자에 직렬로 연결하여 점검한다.

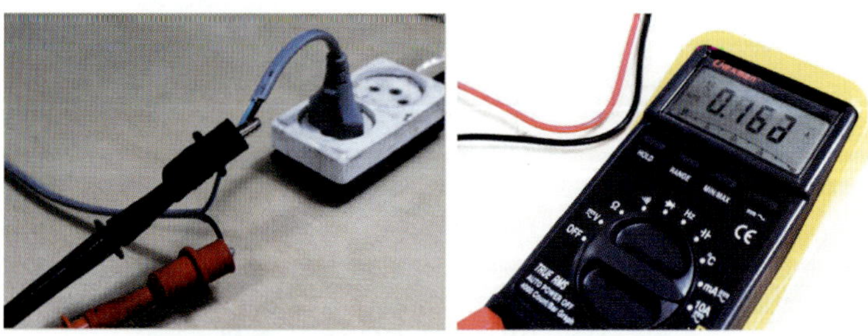

그림 56 디지털 테스터기로 전류 측정

④ 디지털 테스터로 전류 측정 시에 주의해야 할 점은 반드시 큰 단위의 전류 측정부터 시작해야 한다.

(3) 클램프미터

멀티미터의 전류 측정 시 회로에 직렬로 연결해야 하는 번거로움을 없애기 위해 만들어진 장비가 클램프미터(후크미터)이다. 클램프미터의 전류 측정원리는 도선에 전류를 흘리면 자장이 발생하는데, 전류의 양에 따라 자장의 세기가 변하며 이를 간접 측정한다. 그러므로 전류의 흐름은 감지하기 힘들며, 측정값 또한 정확하지 않다.

그림 57 **클램프 사용**

① 전류 측정 시 한 선만 측정해야 하며, 두 선 이상을 클램프에 넣으면 측정이 안 된다.
② 클램프에 선을 물리면 안 된다.
③ 클램프는 서로 빈틈 없이 물려져야 한다. 클램프가 벌어지면 측정이 작게 나온다. 장기간 사용 시 스프링 힘이 약해져서 정확히 안 물릴 수 있으니 사용 시 항상 확인을 한다.
④ 집게 사이에 이물질이 없어야 한다. 이물질이 있으면 제거 후 사용해야 한다.
⑤ 직류전류 측정 시 클램프 방향에 유의하여야 한다. 전류 방향의 반대로 연결 시 "−"로 표시된다.
⑥ 테스터기의 측정 한계 이상 측정은 피해야 한다.

[3] 통전시험

(1) 아날로그 테스터기

셀렉터를 부저 위치(•)))에 설정하고 리드선의 프로브(probe)를 단락시키면 부저 소리가 난다. 저항값이 없는 선과 선의 단선 또는 퓨즈, 스위치 등의 접속 상태는 소리로 점검할 수 있다. 부저 측정 시 측정대상물의 전원은 OFF가 되어야 한다. 그러나 저항값(전구의 필라멘트, 코일)이 큰 경우에는 소리가 나지 않는 경우도 있다.

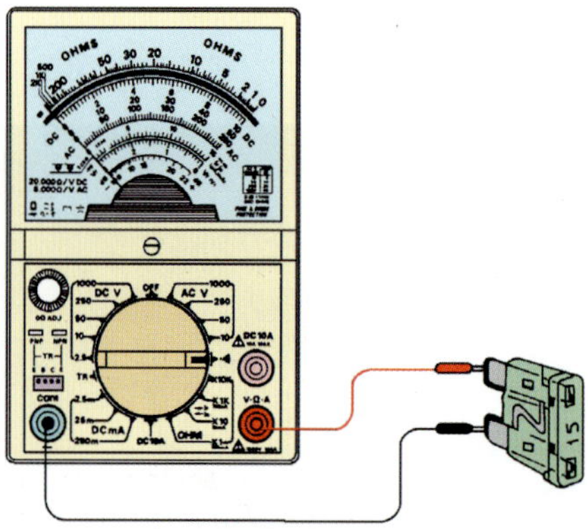

그림 58 부저 위치에서 퓨즈의 단선 점검 예

(2) 디지털 테스터기

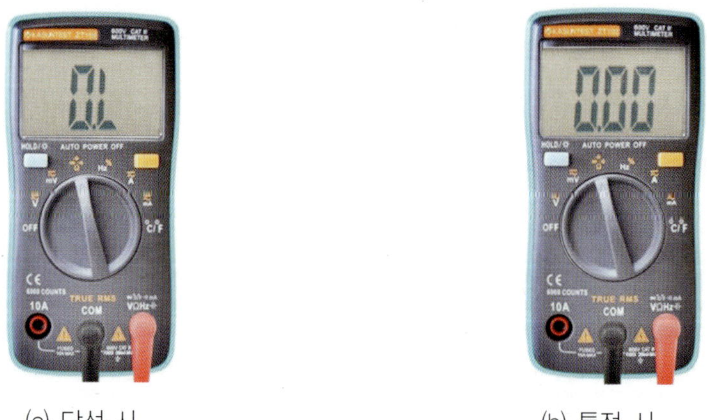

(a) 단선 시　　(b) 통전 시

그림 59 디지털 테스터기 통전시험

부저 위치(•))) 측정 시 적색 리드선은 V/Ω에 연결하고, 흑색 리드선은 COM에 연결하여 측정대상 통전시험을 한다. 회로의 단선유무 및 전자 부품의 불량 검사 시 유용하게 사용된다. 통전 시 부저 소리가 들린다.

(3) LED 테스트 램프

LED 테스트 램프 끝의 바늘을 양극 부분에 닿게 하면 빨간불이, 음극에 닿게 하면 녹색불이 나온다. 퓨즈 통전 시험에서는 퓨즈가 정상일 때는 전원이 공급되는 부분에는 LED에 불이 켜지고 퓨즈 반대쪽에도 LED에 불이 들어오지만, 퓨즈가 단선이 되면 전원 공급되는 부분에는 LED에 불이 들어와도 퓨즈 반대쪽에는 LED에 불이 들어오지 않는다. LED 테스트 램프로 퓨즈 점검 시 단품 점검은 어렵고 퓨즈에 전원이 공급된 상태에서 통전 여부 점검이 가능하다.

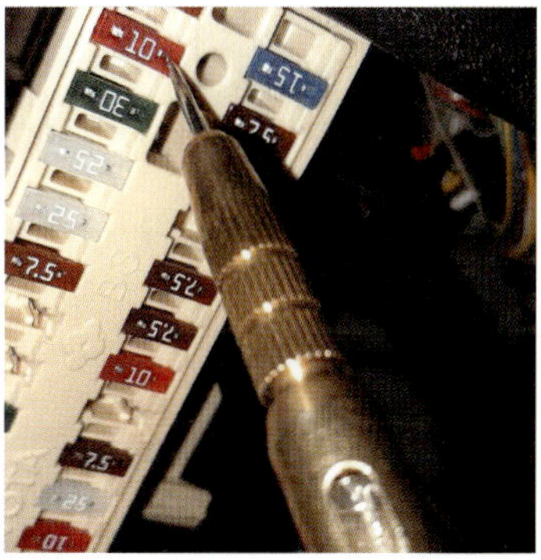

그림 60 LED 테스트 램프로 퓨즈 통전시험

2.5 전기회로 분석요령

회로의 분석은 먼저 고장이 발생된 회로에 대한 고장 내용을 제일 먼저 파악하는 것이 중요하다. 그런 다음 분석의 절차를 밟아 수리하는 과정을 수행하게 된다. 이때 수리 회로에 대한 기본적인 항목을 파악한 후 분석절차를 밟아 가면 된다.

회로는 항상 전원회로와 제어회로 그리고 부하회로를 구성되게 되어 있으므로 이러한 구성에 의해 다음과 같은 질문을 할 수 있다.

① 회로가 가지고 있는 목적은 무엇인가?

② 회로(시스템)의 기능은 무엇인가?

③ 기능을 수행하기 위해 무엇을 작동하여야 하는가?

④ 회로가 작동하면 전류 흐름은 어떻게 되는가?

이런 질문을 통해 회로에서 먼저 생각해야 할 부분은 회로의 목적, 기능, 작동, 작동에 따른 전류의 흐름에 대한 구분을 하고, 이에 따른 분석을 시작하면 될 것이다.

[1] 직렬회로의 분석

(1) 배터리 전원 중심적 해석

그림과 같이 직렬회로에서 배터리 전원 중심적 해석을 보면 스위치가 OFF일 때 (+)전원은 배터리 → 램프 → 스위치까지 전원이 와 있는 상태에서 스위치가 ON되면 (+)전원은 배터리 → 램프 → 스위치 → 접지 순으로 흘러 램프가 점등된다.

이렇게 회로 해석을 할 경우 한 가지 고려해야 할 부분은 마이너스 전원의 해석에 있어 어려운 점이 발생할 수 있다는 점에서 정비 시 고려해야 할 부분이다.

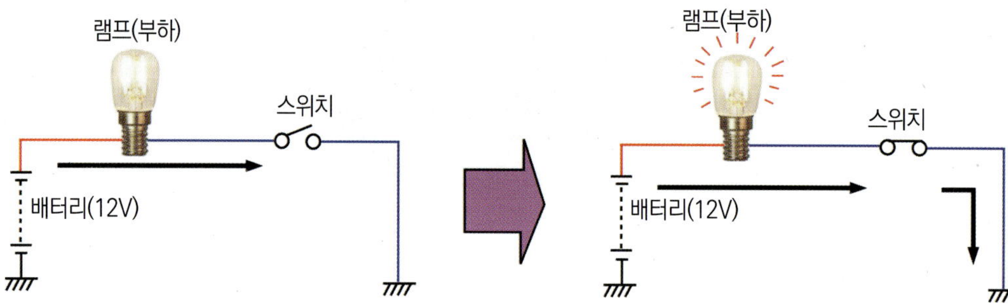

(a) 스위치 OFF 시 (b) 스위치 ON 시

그림 61 **배터리 전원 중심적 해석**

(2) 스위치 중심적 해석

그림 62와 같이 직렬회로에서 회로의 작동을 해석하는 과정에서 스위치 중심적 해석을 보면 스위치가 OFF일 때 (+)전원은 배터리 → 램프 → 스위치까지 전원이 가 있는

상태에서 스위치가 ON되면 (+)전원은 스위치의 어스 전원과 만나고 전위차에 의해 배터리 → 램프 → 스위치 → 접지 순으로 흘러 램프가 점등된다.

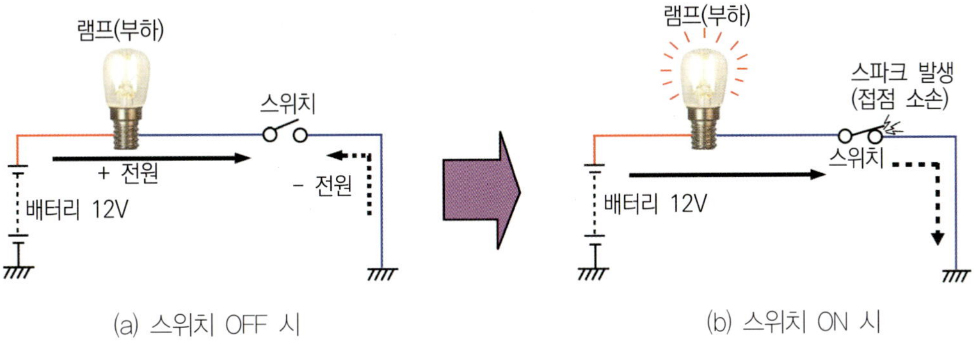

그림 62 스위치 중심적 해석

스위치 중심적 해석을 할 경우 한 가지 고려해야 할 부분은 스위치에서의 전원의 해석에 있어 (+)전원과 (–)전원이 만나게 되어 전류의 흐름으로 이어지게 된다는 부분에 있어 순간적인 쇼트(스파크)의 발생으로 이어지게 되고, 이러한 원인에 의해 접점의 소손이 되는 부분의 해석이 가능하게 된다. 이 점에서도 정비 시 고려해야 할 부분이다.

(3) 부하 중심적 해석

그림과 같이 직렬회로에서 회로의 작동을 해석하는 과정에서 부하 중심적 해석을 보면 스위치가 OFF일 때 (+)전원은 배터리 → 램프 → 스위치까지 전원이 가 있는 상태에서 스위치가 ON되면 (–)전원이 부하로 오게 되고, 부하에서 (+)전원과 (–)전원이 만나 램프가 점등된다.

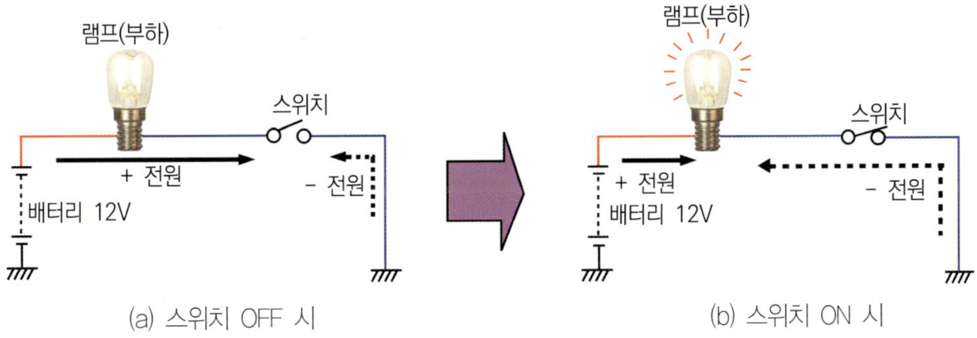

그림 63 부하 중심적 해석

부하 중심적 해석을 할 경우 고려해야 할 부분은 부하에서의 전원의 해석에 있어 (+) 전원과 (−)전원이 만나게 되어 전류의 흐름으로 부하의 작동으로 이어지므로 부하의 작동을 해석하는데 용이하나, 회로에 있어 여러 개의 부하의 연결이 되어 있을 경우 각각의 부하를 확인해 봐야 한다는 점에서 볼 때 점검방법이 번거로울 수 있다. 이 점에서도 정비 시 고려해야 할 사항이다.

[2] 직렬회로 분석과 진단

(1) 스위치 ON 시 램프가 점등되지 않는 경우의 직렬회로 점검

① 전압계를 이용한 방법

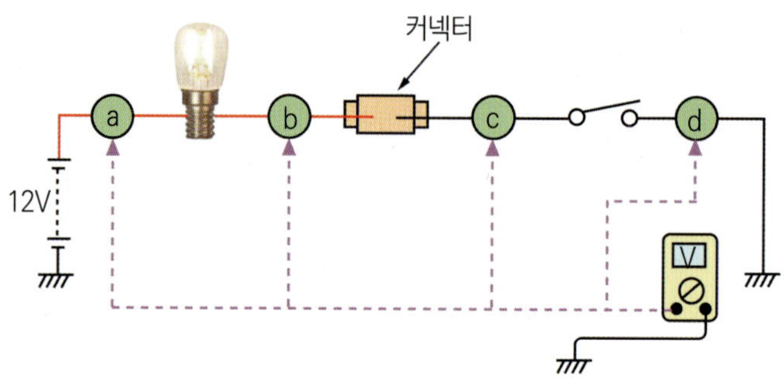

그림 64 **전압계를 이용한 진단**

위의 회로에서 각 지점의 전압을 다음과 같은 상황에서 측정하여 각 지점의 전압은 몇 V인지 확인한다. 회로에 대한 완벽한 분석 후 전압을 측정하면 고장부위를 알 수 있는데, 위 회로에서 커넥터의 단선이 있다면 스위치 ON 시 표처럼 커넥터 이전은 12V, 이후는 0V가 측정된다. 그러나 정상인 회로라면 램프 이전은 12V, 이후는 0V가 측정된다.

조 건		a	b	c	d
회로 정상 시	스위치가 OFF	12V	12V	12V	0V
	스위치가 ON	12V	0V	0V	0V
회로 단선 시 (커넥터 단선 시)	스위치가 OFF	12V	12V	0V	0V
	스위치가 ON	12V	12V	0V	0V

② 테스트램프를 이용한 방법

아래 회로에서 스위치 ON 시 테스트램프를 이용하여 아래와 같은 상황에서 각 지점을 점검한다.

조 건		a	b	c	d
회로정상 시	스위치가 ON	점등	소등	소등	소등
회로단선 시 (커넥터 단선 시)		점등	점등	소등	소등

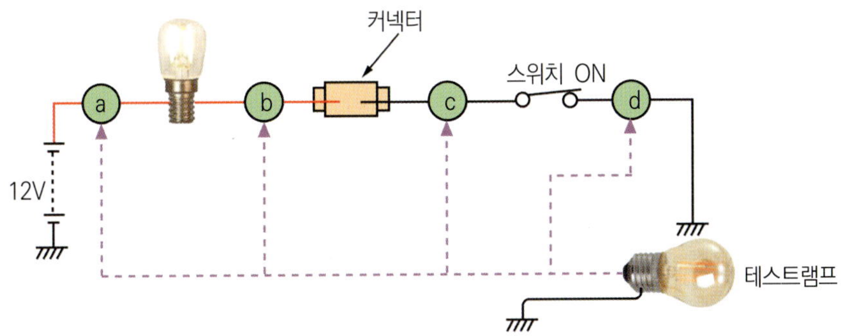

그림 65 테스트램프를 이용한 진단

위와 같이 점검하면 스위치 ON 시 b점이 점등된다면 이는 b점과 c점 사이의 단선을 의미한다. 일반 테스트램프를 이용하여 단선을 점검 시에는 회로에 비교적 전류가 많이 흐르는 회로에서 유리하다. 만약 미세한 전류가 흐르는 회로의 경우 일반 테스트램프로 점검하면 램프가 점등되지 않으므로 단선 유무를 점검할 수 없다. 따라서 미세한 전류가 흐르는 회로의 단선 유무 점검 시에는 LED 테스트램프를 이용한다.

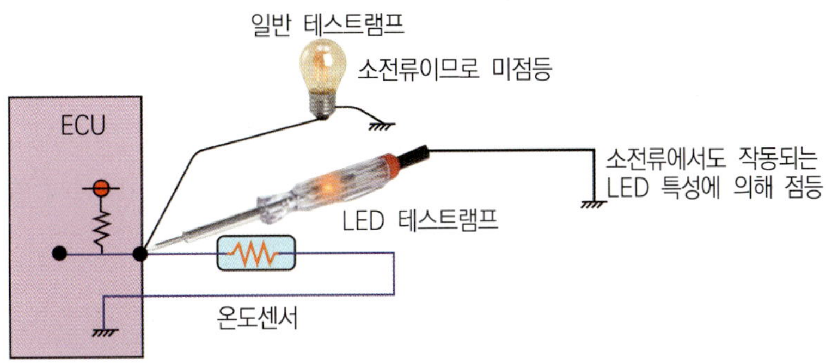

그림 66 테스트램프 사용 시 주의사항

③ 전압강하를 이용한 방법

스위치 ON 시 램프가 희미하게 점등된다는 것은 램프 단품 불량을 제외한다면 회로의 어딘가에 저항(접촉저항)이 존재한다는 뜻이다. 따라서 이때는 저항계보다 전압계를 이용하여 전압 강하량을 측정하면 쉽게 고장부위를 찾을 수 있다.

아래 회로에서 스위치 ON 시 멀티미터 전압계를 이용하여 각 지점의 전압을 측정하여 각 지점의 전압은 몇 V인지 확인한다.

다음과 같은 회로의 커넥터에 저항이 존재할 때 옴의 법칙으로 계산해 보면 b점은 4V이다. 이는 램프 후단에 존재하는 2Ω의 저항에 의한 것으로 램프가 흐리게 점등되는 요인이다.

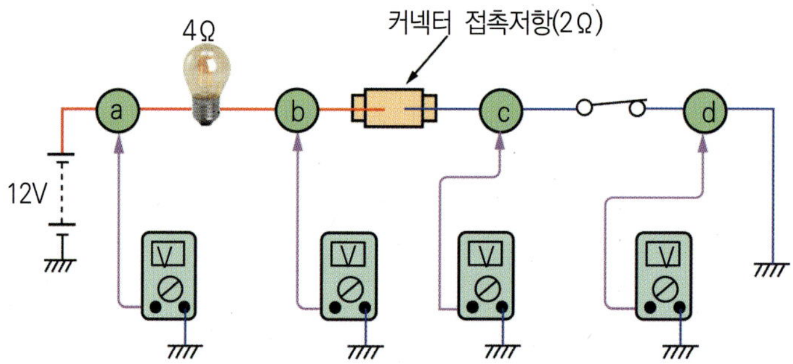

그림 67 전압강하를 이용한 진단

조 건		a	b	c	d
저항 무	스위치가 ON	12V	0V	0V	0V
저항 유		12V	4V	0V	0V

[3] 병렬회로 분식과 진단

스위치가 ON되면 배터리 (+)로부터 나온 전류는 분기점에서 램프 1과 2로 분류 → 합치는 지점에서 다시 합침 → 스위치 → 접지 순으로 흐른다. 따라서 두 램프 모두 점등된다.

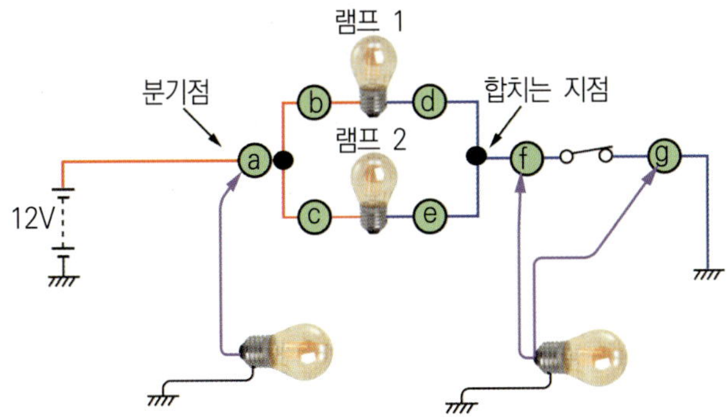

그림 68 병렬회로 진단

스위치 ON 시 램프가 점등되지 않는 경우의 병렬회로 점검은 회로분석만으로도 점검이 가능한데, 2개의 램프 모두 점등되지 않는다면 먼저 램프 모두 불량, a구간 단선, f구간에서 접지까지 단선을 예상할 수 있다. 이때 고장부위의 점검은 테스트램프 및 전압계를 이용하여 간단하게 점검가능하다.

[4] 릴레이 적용 회로분석과 진단

(1) 릴레이 개요

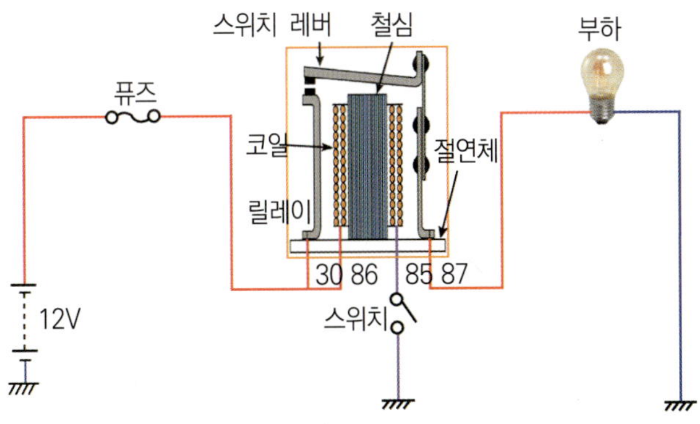

단자	30	85	86	87
기능	상시전원	코일제어	코일전원	부하전원

그림 69 릴레이 구조 및 릴레이를 이용한 회로

릴레이의 사용은 트랜지스터와 같이 소전류로 대전류를 제어하기 위해서 사용되며, 릴레이를 사용하지 않고 회로를 구성하여 스위치 ON/OFF 시 부하의 소모전류에 의해 스위치부에 접촉 시 아크방전이 발생되어 부품의 수명에 지장을 주게 된다.

이러한 이유로 자동차에서는 릴레이를 많이 사용하게 되었으며, 릴레이의 설치 수가 늘어나므로 릴레이를 효율적으로 관리하기 위해 각종 릴레이를 한곳으로 모아서 설계하게 된다. 이렇게 한곳에 릴레이가 모여 있게 됨으로써 회로의 진단에 있어 릴레이를 많이 활용하게 된다.

회로의 진단에 있어 릴레이에서 해당 회로의 진단이 가능하게 되는데, 이는 릴레이가 제어의 특성인 입력과 출력의 관계를 가지므로 가능하게 된다. 다시 말해 어떠한 회로의 고장진단을 할 경우 릴레이에서 진단의 절차를 밟아갈 경우 고장부위의 방향을 찾을 수 있고, 고장점검의 범위를 줄일 수 있으므로 고장 진단 시 효율적인 진단을 할 수 있다.

(2) 릴레이의 종류

① 전압 코일 릴레이

작은 전류용 코일로 구성된 릴레이로서 전압 코일을 가진 릴레이라고 한다. 가는 전선으로 코일 권선수를 많이 감아 제어 코일의 저항이 커 제어 전류회로에 미세한 전류가 흐른다. 일반 스위치 릴레이에 적용된다.

② 전류 코일 릴레이

굵은 전선으로 코일 권선수를 적게 감아 코일의 저항이 낮아 제어 전류회로에 많은 전류가 흐른다. 코일에 흐르는 전류가 많은 릴레이 등 이런 것을 전류코일을 갖는 릴레이라고 하며, 리드 릴레이로서 램프 감시에 사용된다.

(3) 릴레이의 역할

① 제어 스위치 역할

릴레이는 하나의 스위치로서 전자석으로 작동한다. 자기 코일에 흐르는 작은 제어 전류로 스위치 레버를 동작시켜서 접점을 닫아 이후에 부하 전류회로를 구성시킨다. 릴레이에 전조등 램프가 접속되어 높은 부하 전류가 흐르는 동안 전조등 스위치를 통하여 작은 제어 전류로 자동차 전조등의 스위치를 닫아서 큰 전류가 흐른다. 작은 제어 전류가 많은 부하전류를 흐르게 한다. 즉, 일종의 제어 스위치 역할을 한다.

② 부하 전류회로를 단순화 역할

전조등 스위치가 작은 제어 전류를 흐르게 하므로 케이블의 단면적이 작고 접점이 쉽게 손상되지 않으므로 내구성이 높지 않는 스위치를 사용할 수 있다. 부하 전류회로에서 단면적이 큰 배선을 짧게 사용함으로써 무게나 비용을 최소화할 수 있어 스위치에 많은 비중을 둘 필요가 없다. 부하 전류회로에 도선과 접촉 저항을 줄일 수 있다. 초기 전류 부담으로 부하에 문제가 없는 닫힌회로를 구성할 수 있다.

(4) 릴레이 작용

직접 스위치를 사용하면 스파크에 의한 접점 손상이 발생하여 스위치의 수명이 단축되고, 스위치(다기능스위치)를 교체해야 하는 비용의 증가와 교환의 어려움이 따른다. 하지만 릴레이를 사용하면 전자석 코일의 저항 작용에 의해 작은 전류가 흐르게 되어 접점 손상이 적고, 릴레이 내부의 접점손상이 발생할 경우에는 교환이 용이하고, 비용도 적게 된다.

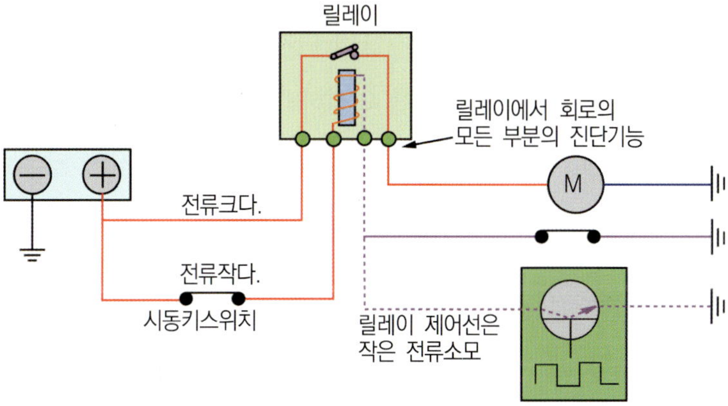

그림 70 릴레이에서 회로진단

(5) 릴레이의 작동원리 및 단품 점검

릴레이는 3-pin 릴레이, 4-pin 릴레이, 5-pin 릴레이 등이 있다.

① 3-pin 릴레이

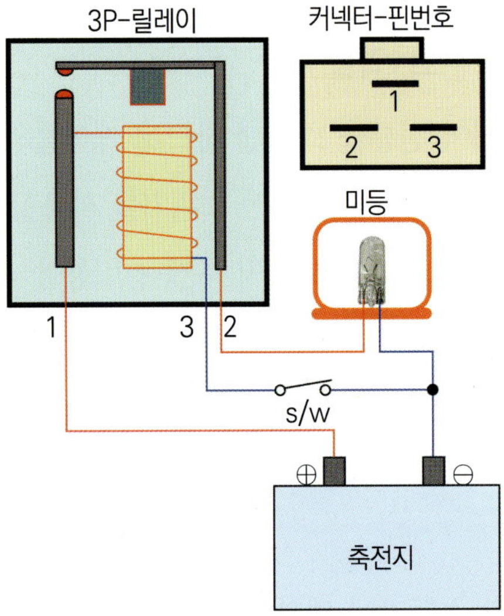

그림 71 3-Pin 릴레이를 이용한 회로

㉠ 스위치를 닫았을 때, 1번과 3번 사이에 전류가 흐르게 되면 전자석 작용이 생긴다(연결할 때 "딸깍"하는 소리가 들린다).

㉡ 릴레이 내부의 두 접점이 붙어 릴레이의 1번과 2번이 연결되어 미등에 불이 들어오면 정상이다.

㉢ 릴레이 단품 점검 : 저항 점검 시 1번 단자와 3번 단자 측정 시 저항값이 나오고, 1번 단자에 축전지(+) 단자를 연결하고, 3번 단자에 축전지(-) 단자를 연결하면 릴레이의 1번 단자와 2번 단자 사이 저항값이 0Ω이 나오면 정상이다.

② 4-pin 릴레이

㉠ 스위치를 닫았을 때, 2번 단자와 4번 단자 사이에 전류가 흐르면 전자석 작용이 발생한다(연결할 때 "딸깍"하는 소리가 들린다).

㉡ 1번 단자와 3번 단자가 연결되어 전조등에 불이 들어오면 정상이다.

㉢ 릴레이 단품 점검 : 저항 점검 시 2번 단자와 4번 단자 측정 시 저항값이 나오고, 릴레이 4번 단자에 축전지(+) 단자를 연결하고, 2번 단자에 축전지(−) 단자를 연결한다. 릴레이의 1번 단자와 3번 단자 사이에 저항을 측정하였을 때 저항값이 0Ω이 나오면 정상이다.

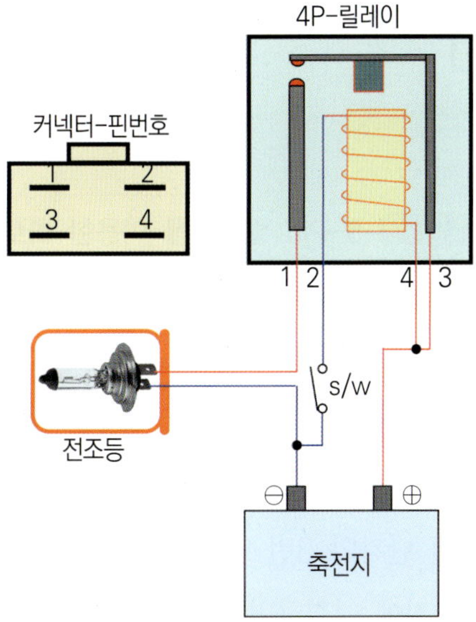

그림 72 4-Pin 릴레이를 이용한 회로

③ 5-pin 릴레이

5p 릴레이는 4p 릴레이에서 87a가 추가된 것이다. 87a 단자는 87번 단자가 작동하지 않을 때 작동하는 회로에 사용할 때 사용하기도 한다.

㉠ 스위치를 닫았을 때, 86번 단자와 85번 단자 사이에 전류가 흐르면 전자석 작용이 발생한다(연결할 때 "딸깍"하는 소리가 들린다).

㉡ 30번 단자와 87번 단자가 연결되어 전구에 불이 들어오면 정상이다.

㉢ 릴레이 단품 점검 : 저항 점검 시 86번 단자와 85번 단자 측정 시 저항값이 나오고, 릴레이 86번 단자에 축전지(+) 단자를 연결하고, 85번 단자에 축전지(−) 단자를 연결한다. 릴레이의 30번 단자와 87번 단자 사이에 저항을 측정하였을 때 저항값이 0Ω이 나오면 정상이고, 86번 단자와 85번 단자의 축전지를 탈거하면 30번 단자와 87a 단자 사이에 저항이 0Ω이 나오면 정상이다.

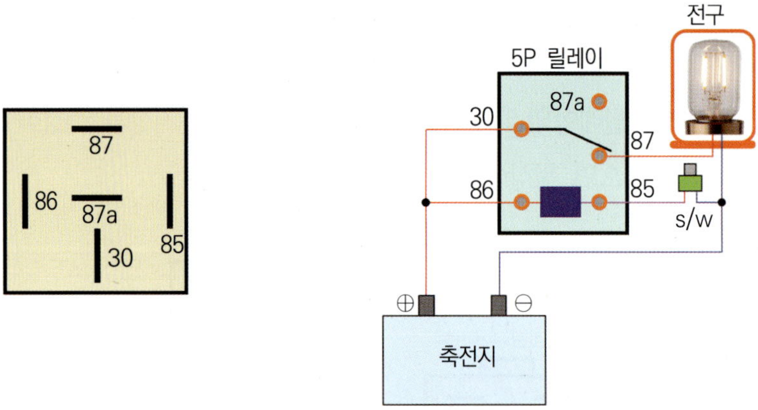

그림 73 5-Pin 릴레이를 이용한 회로

④ 컨트롤 릴레이

인젝터와 연료펌프를 작동시키기 위한 릴레이 작용을 한다.

㉠ 점화스위치를 IG 단자에 연결하면 8번 단자에서 4번 단자로 전기가 흘러 전자석 작용에 의해 7번 단자와 3번 단자가 연결되어 인젝터가 작동하게 된다.

㉡ 점화스위치를 ST 단자에 연결하면 6번 단자에서 4번 단자로 전기가 흘러 전자석 작용에 의해 7번 단자와 1번 단자가 연결되어 연료펌프가 작동하게 된다.

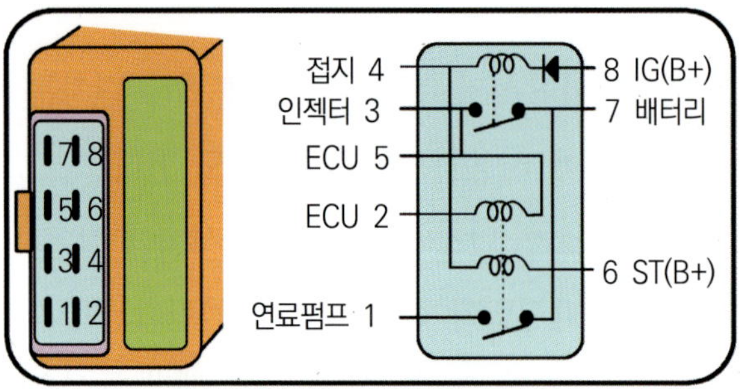

그림 74 컨트롤 릴레이 회로

[5] 점화스위치 회로 이해

(1) 점화스위치 개요

자동차 키 박스에는 Off, Acc, On, St가 표시되어 있다. 이는 여러 가지 전장 시스템이 작동을 종류에 따라 달리 하기 위함이다.

그림 75 자동차 키 박스

키 박스회로에서 B1과 B2는 자동차의 전장품 증가에 따른 부하를 분할할 목적으로 2개의 접점이 사용된다. IG1, IG2의 차이점은 두 단자 모두 키 On(IG) 상태에서는 전원이 공급되지만 IG2의 경우 스타팅 시(크랭킹)에는 전원이 차단된다. IG1은 스타팅 시 시동성과 관련된 시스템에 전원을 공급한다. 이는 시동 시 배터리가 시동과 관련 없는 시스템에 의해 불필요하게 소모되어 시동성에 악영향을 미칠 수 있으므로 이를 방지하기 위함이다.

	B1	B2	ACC	IG2	IG1	ST
ACC	●	●	●			
IG2	●	●	●	●		
IG1	●	●			●	●
ST	●	●			●	●

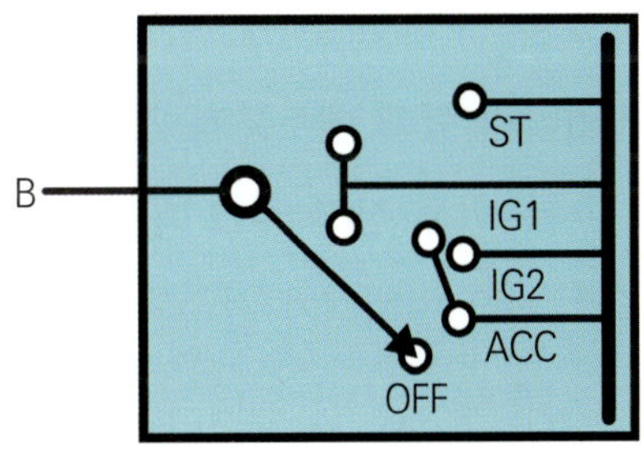

그림 76 키 박스회로

(2) 점화스위치 역할

① B단자-ACC(액세서리)단자 간의 연결

1단 스위치 작용은 시동이 걸리지 않은 상태에서 차량의 라디오, 시가라이터, 실내등에 전원을 공급한다.

② B단자 - IG1단자 - IG2단자 사이 연결

2단 스위치 작용(점화스위치 ON상태)은 key-on 상태라고 말하며, 차량의 모든 전기장치에 전원을 공급한다.

③ B 단자 - IG1단자 - ST단자 사이 연결

점화스위치 작용은 시동할 때에는 기동전동기의 원활한 시동을 위하여 시동에 필요한 전기장치(연료펌프, 인젝터 등)를 제외하고는 모든 전기장치를 차단한다.

2.6 고장진단 방법

회로는 컴퓨터 제어 인젝션과 함께 사용되는 ECM과 같은 반도체가 포함된 모듈(유니트)을 갖는다. 이러한 회로의 전압은 10㏁이나 그 이상의 임피더스를 갖는 디지털 볼트 메타로 테스트해야 한다. 안전 상태의 모듈이 포함된 회로는 테스트 램프 사용 시 내부 회로가 손상될 수 있으므로 테스트 램프를 절대 사용하지 말아야 한다.

열려진 회로를 점검해야 할 때는 점프 와이어를 사용한다. 점프 와이어는 테스트 리드 세트에 인 라인(IN-LINE) 퓨즈 홀더가 연결되어 있다. 점프 와이어는 스몰 클램프 커넥터와 함께 대부분의 커넥터에 손상을 주지 않고 사용가능하다. 테스트되는 회로 보호를 위해 정격 퓨즈 용량 이상의 것은 사용하지 말아야 한다. ECM, TCM 등과 같은 것은 커넥터가 접속된 유니트 상태에서 입출력을 위한 대체용 등 어떤 상황에서도 사용해서는 안 된다.

[1] 단선회로(open circuit)

단선회로란 와이어(wire)가 절단되어 커넥터(connector)의 결합이 해제되어 구성회로가 끊어져 전기가 흐를 수 없는 상태가 되는 경우이며, 이 경우 전체 회로의 저항은 무한대가 된다.

예를 들면, 퓨즈 용단(fusing), 필라멘트 용단, 커플러(coupler)의 빠짐 등이며, 회로가 개방될 때는 전류가 흐르지 않는다. 자동차의 전기회로에서 일부분을 단선시키고 측정 장비를 사용하여 단선 부위를 체크하고 단선 시 각 부위별 발생하는 현상을 체크한다.

(1) 단선회로 점검방법

단선회로 발생 부분은 통전 점검방법이나 전압 점검방법으로 고장부위를 찾을 수 있다.

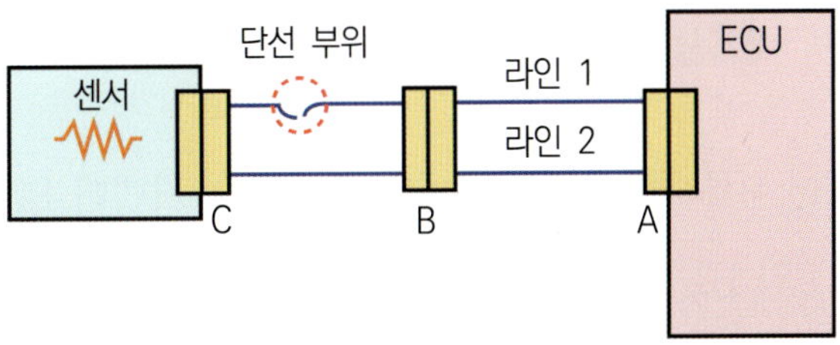

그림 77 **배선 단선회로**

(2) 통전 점검방법

① 회로 시험기 셀렉터를 부저위치에 있을 때 : 리드선의 프로브(probe)를 단락시키면 부저 소리가 난다. 저항값이 없는 선과 선의 단선 또는 퓨즈, 스위치 등의 접속 상태는 소리로 점검할 수 있다.

② 회로 시험기를 저항(Ω) 위치에 있을 때 : 커넥터 A와 커넥터 C를 분리하고, 커넥터 A와 C 사이의 저항을 측정한다. 저항이 1Ω 이하이면 정상 회로, 1MΩ 이상이면 단선회로이다. 그림 78에서 라인 1의 저항 측정값이 1MΩ 이상이고, 라인 2의 저항 측정값이 1Ω 이하라면 라인 1은 단선회로이다(라인 2는 정상). 정확한 단선부위를 찾기 위해서 라인 1의 보조라인을 점검한다.

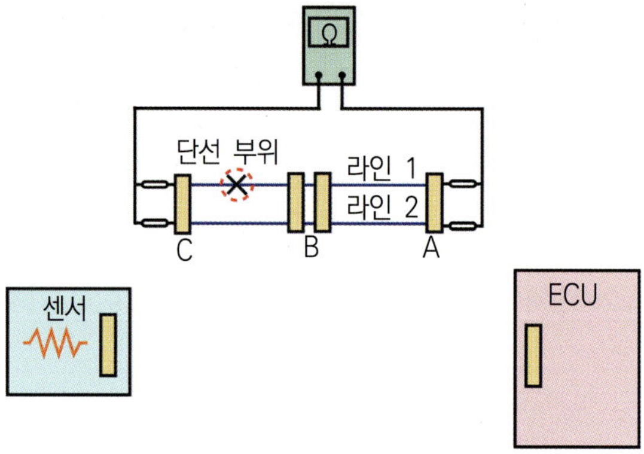

그림 78 커넥터 탈거 후 통전 점검방법

그림 79에서 커넥터 B를 분리하고, 커넥터 C와 B1, 커넥터 B2와 A 사이의 저항을 측정한다. 커넥터 C와 B1 사이의 저항 측정값이 1MΩ 이상이고, 커넥터 B2와 A 사이의 저항 측정값이 1Ω 이하라면 커넥터 C의 1번 단자와 커넥터 B1의 1번 단자 사이가 단선회로이다.

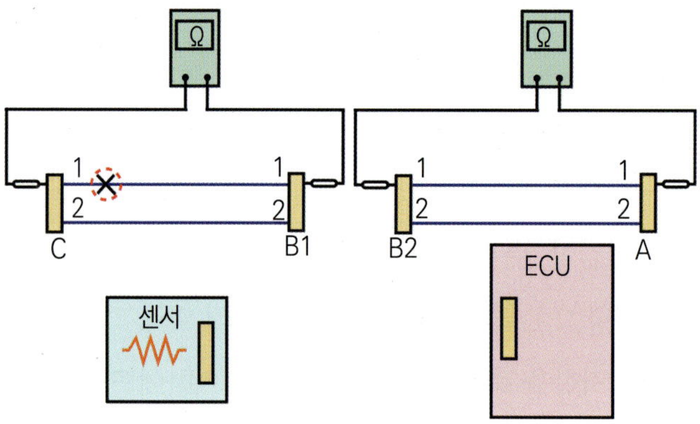

그림 79 커넥터 B를 탈거한 후 통전 점검방법

(3) 전압 점검방법

커넥터의 전압 측정 시에는 커넥터를 분리시키지 않고 탐침을 커넥터 뒤쪽에서 꽂아 점검한다. 커넥터의 접속표면 사이의 오염, 부식으로 전기적 문제가 발생될 수 있으므로 항시 커넥터의 양면을 점검해야 한다.

① 테스트 램프나 전압계의 한쪽 리드선을 접지시킨다. 전압계 사용 시는 접지시키는

쪽에 반드시 전압계의 (−)리드선을 연결해야 한다.

② 테스트 램프나 전압계의 다른 한쪽 리드선은 선택한 테스트 위치(커넥터나 단자)에 연결한다.

③ 각 커넥터 A, B, C의 1번 단자와 접지 사이의 전압을 측정한다. 그림에서 전압 측정값이 A커넥터 5V, B커넥터 5V, C커넥터 0V라면 B와 C 사이의 회로가 단선되었다. 규정치보다 1V 이상 낮은 경우도 고장이다.

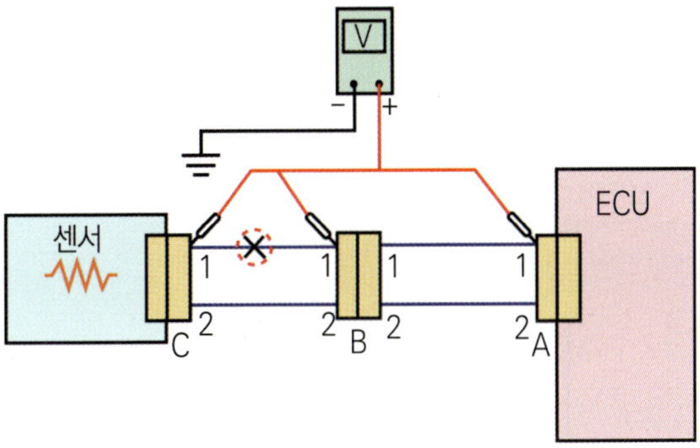

그림 80 전압 점검방법

[2] 단락회로(short circuit)

전류가 목적된 회로가 아닌 다른 곳을 통하여 흐르는 경우이다. 예를 들면, 목적된 도체의 절연이 파괴되거나 의도되지 않은 도체 표면에 접촉된 경우에 단락회로가 형성될 수 있다. 이로 인해서 과도한 전류가 흐를 때 결국 퓨즈가 용단된다. 단락은 내부저항 없이 선이 이어져 있어 도통하는 경우이며, 저항측정기로 저항을 측정할 경우 저항이 거의 없는 "0"의 값을 가지게 된다. 즉, 전류는 무한대가 흐르게 된다.

(1) 단락(접지)회로 점검방법

단락(접지)회로 발생부분은 접지와 통전 점검방법으로 고장부위를 찾을 수 있다.

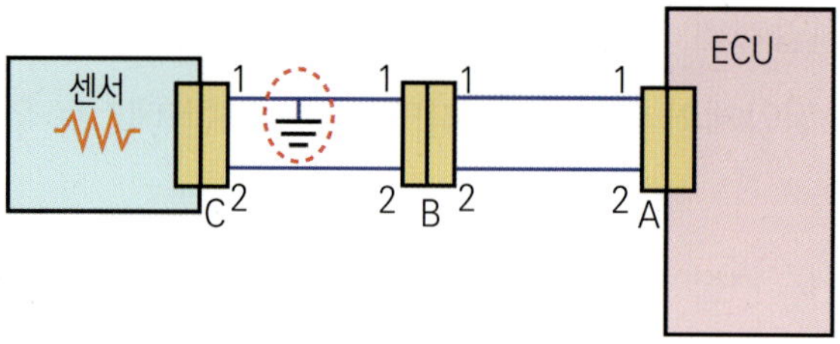

그림 81 단락회로

(2) 접지와의 통전 점검방법

커넥터 A와 커넥터 C를 분리하고, 커넥터 A와 접지 사이의 저항을 측정한다. 저항값이 1Ω 이하이면 단락(접지)회로, 1MΩ 이상이면 정상회로이다.

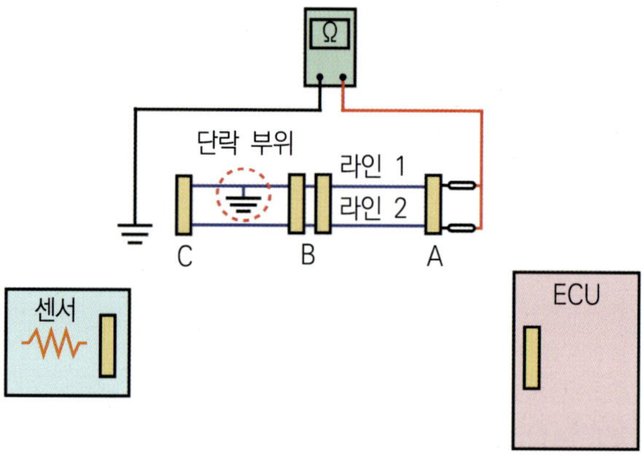

그림 82 커넥터 탈거 후 접지와의 통전 점검방법

그림 82에서 라인 1의 저항 측정값이 1Ω 이하이고, 라인 2의 저항 측정값이 1MΩ 이상이면 라인 1이 단락된 회로이다(라인 2는 정상). 정확한 단락부위를 찾기 위해서 라인 1의 보조라인을 점검한다.

커넥터 B를 분리하고, 커넥터 A와 접지, 커넥터 B1과 접지 사이의 저항을 측정한다. 그림 83에서 커넥터 B1과 접지 사이의 저항 측정값이 1Ω 이하이고, 커넥터 A와 접지 사이의 저항 측정값이 1MΩ 이상이라면 커넥터 B1의 1번 단자와 커넥터 C의 1번 단자 사이가 단락(접지)회로이다.

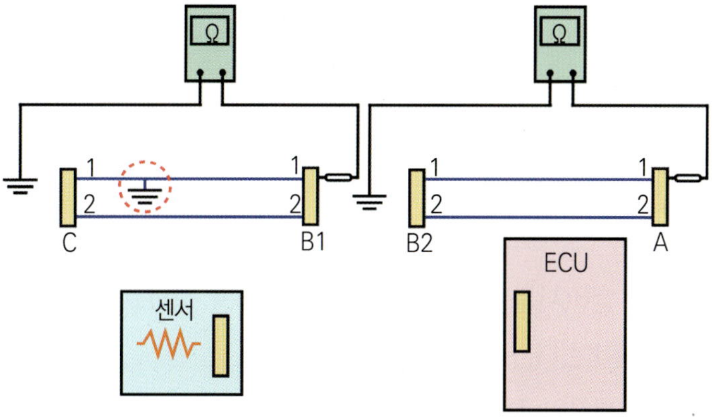

그림 83 커넥터 B를 분리 후 접지와의 통전 점검방법

[3] 누전(절연불량)

절연물의 균열, 물, 오물 등에 의해 절연이 파괴되는 현상을 누전(漏電)이라 하며, 이 때 전류가 누설된다. 스파크플러그 케이블의 절연 파손 등을 예로 들 수 있다.

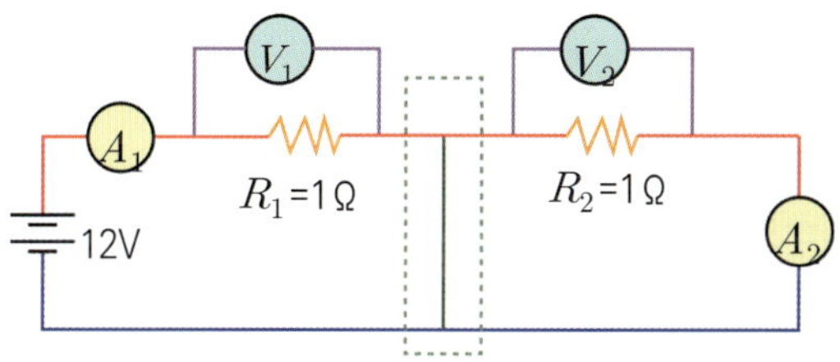

항목	이론치
A_1	12A
A_2	0A
V_1	12V
V_2	6V

그림 84 누전회로

[전기적인 고장]

구분	전류	전압	전체저항	동일용어
단선	없음	없음	무한대	개회로
단락	증가	증가	감소	합선, Short
누전	증가	증가	감소	절연 불량
접촉 불량	감소	감소	증가	

※ 전기적 고장 발생 앞부분의 저항을 기준으로 표시함

3 전자회로 점검

학습목표

① 전자회로 정비 전 정비지침서를 숙지하여 실습순서를 정하고 공구 및 실습기기와 재료 등을 충분히 준비한다.

② 실습장 및 주위를 깨끗이 정리정돈하고 유류 등의 인화성 물질은 안전하게 별도로 보관하며, 소화기를 비치하여 화재사고에 대비한다.

③ 전자회로 정비 시작 전 안전교육을 실시한다.

④ 복잡한 부분을 분해할 경우에는 조립작업을 쉽게 하기 위하여 기능상이나 외관상 악영향이 없는 부분에 각인(刻印) 또는 조립 표시등을 하여 둔다.

⑤ 부품을 분해하면서 조립되었던 상태 · 변형 · 오작동 부분 및 손상 등을 점검한다.

⑥ 분해한 부품은 순서대로 잘 정리하여야 하며, 교환하여야 하는 부품과 다시 사용할 부품을 구분하여 정리하고 다시 사용할 부품은 충분히 청소 및 세척을 한다.

⑦ 정비 시 부품을 떨어지지 않도록 하며 작업장 바닥에 이물질이 있으면 즉시 닦아낸다.

⑧ (+), (−)극성에 주의하여 극성을 역으로 연결하지 않도록 한다.

⑨ 배터리 단자 연결 시 불꽃이 발생하지 않도록 한다.

⑩ 반도체에 과다한 전류가 인가되지 않도록 한다.

⑪ 실습 종료 후 실습장 주위의 정리정돈을 깨끗이 한다.

필요한 장비

공구 및 측정기기		실습 재료	기 타
* 일반 공구세트 * 특수공구 * 작업등 * 에어공구 * 전동공구 * 토크렌치 * 납땜인두	* 전류계 * 전압계 * 종합진단기 * 오실로스코프	* 퓨즈 * 하네스(배선, 커넥터) * 축전지 * 릴레이 * 걸레 * 액추에이터 * 가솔린 또는 디젤 차량	정비지침서

3.1 전자부품 점검

[1] 저항 점검

[저항 계산법]

색		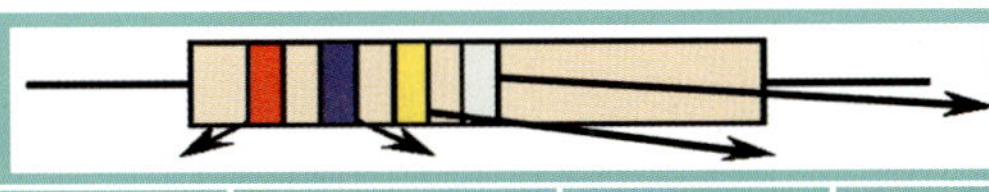				허용오차
			1색대	2색대	3색대	
은색		Silver	–	–	10^{-2}	±10%
금색		Gold	–	–	10^{-1}	±5%
검정		Black	–	0	10^{0}	–
갈색		Brown	1	1	10^{1}	±1%
적색		Red	2	2	10^{2}	±2%
오랜지색		Orange	3	3	10^{3}	–
황색		Yellow	4	4	10^{4}	–
녹색		Green	5	5	10^{5}	±0.5%
청색		Blue	6	6	10^{6}	–
보라색		Violet	7	7	10^{7}	–
회색		Gray	8	8	10^{8}	–
백색		White	9	9	10^{9}	–
기호		저항				
		가변저항	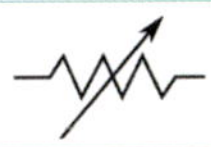			

저항 제조업체들은 보통 표시 저항값(예를 들어, 1kΩ)에 허용오차(예를 들어, ±5%)를 더한 값을 지정한다. 표시 저항값 R과 허용오차 ±5%를 가진 저항이 있을 때, 저항 범위의 상한(upper limit)과 하한(lower limit)의 계산은 다음과 같다.

$$상한(Upper\ Limit) = R + (R \times \frac{5}{100})$$

$$하한(Lower\ Limit) = R - (R \times \frac{5}{100})$$

예를 들어, 어느 저항의 표시값이 1kΩ이고 허용오차가 ±5%일 때, 이 저항범위의 상한과 하한은 다음과 같다.

$$\text{상한(Upper Limit)} = 1000+(1000\times\frac{5}{100}) = 1000+50 = 10500\Omega$$

$$\text{하한(Lower Limit)} = 1000-(1000\times\frac{5}{100}) = 1000-50 = 950\Omega$$

저항의 값을 나타낼 때

기호 M은 100만(10^6 = 1,000,000)을 의미한다.

기호 k는 1000(10^3)을 의미한다.

기호 R(또는 Ω)은 옴(ohm)을 의미한다.

이 기호들의 위치가 소수점의 위치를 나타낼 때 사용되기도 한다.

2,700,000Ω = 2.7MΩ = 2M7

6,800Ω = 6.8KΩ = 6k8

470Ω = 470Ω

5.6Ω = 5R6

0.82Ω = R82

(1) 아날로그 테스터기

셀렉터(선택 스위치)를 저항(OHM)의 ×1, ×10, ×1K, ×10K 레인지로 측정 저항에 맞게 변환한다. 리드선의 프로브를 단락시켜 0점 조정 볼륨(0Ω ADJ)을 이용하여 0Ω에 맞춘 다음 측정하고자 하는 저항을 측정하여야 한다. 0Ω 으로 조정 안하면 측정값이 틀려진다.

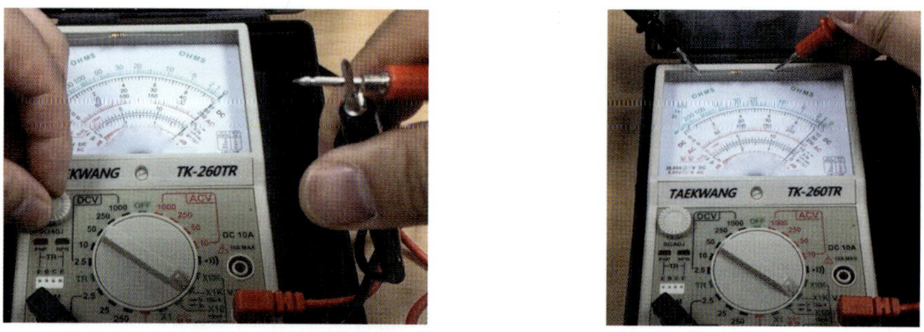

(a) 0점 조정 (b) 저항 측정

그림 85 아날로그 테스터기 저항 측정

(2) 디지털 테스터기

① 선택 셀렉터를 "Ω "모드로 한다.

② 적색 리드선은 V.Ω에, 흑색 리드선은 COM에 연결한다.

③ 프로브(probe)를 측정할 부위에 접속하고 값을 읽는다.

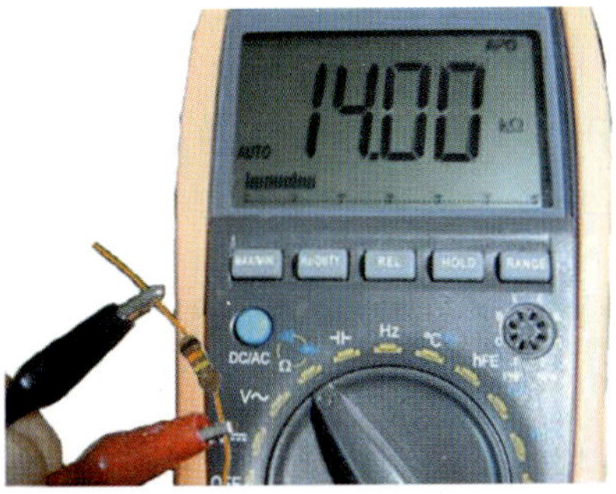

그림 86 디지털 테스터기 저항 측정

예제

1.

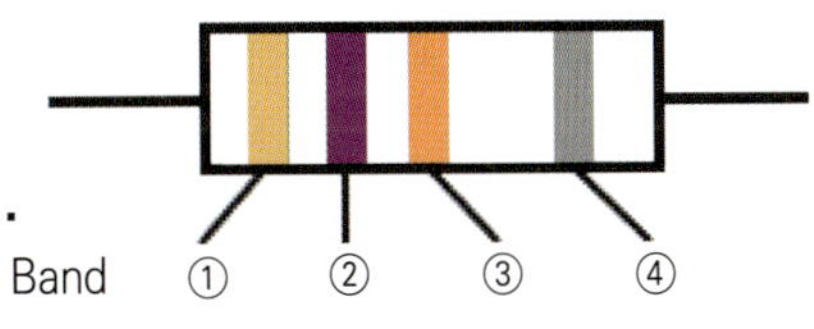

밴드 1 = 황색(값 = 4) 첫 번째 자릿수

밴드 2 = 자색(값 = 7) 두 번째 자릿수

밴드 3 = 등색(값 = 3) 두 숫자 뒤에 3개의 0을 더함

밴드 4 = 은색 허용오차 ±10%

정답 저항값은 47000Ω = 47㏀±10%

2.

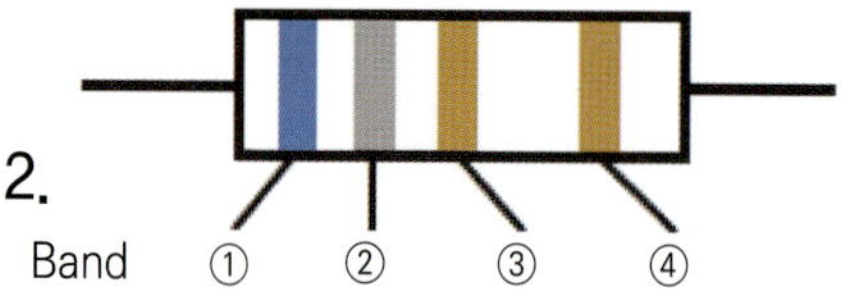

밴드 1 = 청색(값 = 6) 첫 번째 자릿수

밴드 2 = 회색(값 = 8) 두 번째 자릿수

밴드 3 = 금색(승수 = 0.1)

밴드 4 = 금색 허용오차 ±5%

정답 저항값은 6.8Ω ±5%

3.

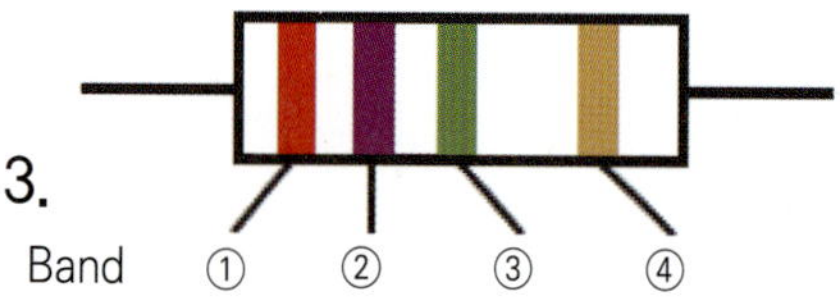

밴드 1 = 적색(값 = 2) 첫 번째 자릿수

밴드 2 = 자색(값 = 7) 두 번째 자릿수

밴드 3 = 녹색(값 = 5) 두 숫자 뒤에 5개의 0을 더함

밴드 4 = 금색 허용오차 ±5%

정답 저항값은 2700000Ω = 2.7MΩ±5%

4.

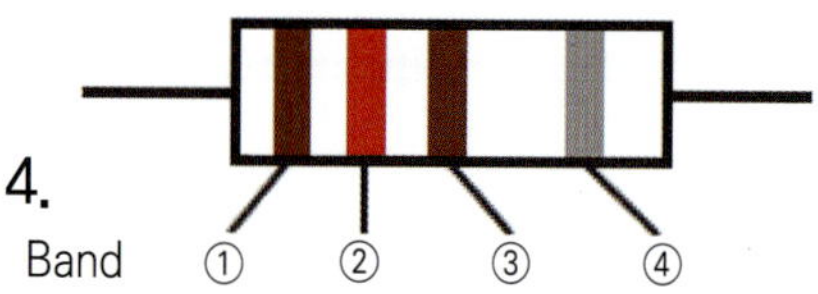

밴드 1 = 갈색(값 = 1) 첫 번째 자릿수

밴드 2 = 적색(값 = 2) 두 번째 자릿수

밴드 3 = 갈색(값 = 1) 두 숫자 뒤에 1개의 0을 더함

밴드 4 = 은색 허용오차 ±10%

정답 저항값은 120Ω ±10%]

[2] 다이오드 점검

(1) 순방향 전압 측정

① 디지털 멀티미터 셀렉터를 다이오드 기호에 위치하도록 돌린다.

② 빨간색 프로브는 가장 오른쪽의 다이오드 기호가 있는 빨강 커넥터와 연결하고, 검정 프로브는 COM이라고 적힌 검정 커넥터와 연결한다.

③ 다이오드의 애노드(+) 리드에는 빨강 프로브의 클립과 연결하고, 캐소드(−) 리드에는 검정 프로브의 클립과 연결한다.

④ 화면에 표시되는 순방향 전압값을 확인하여 순방향 전압값이 0.5~0.9V 사이에 측정되는지 확인한다.

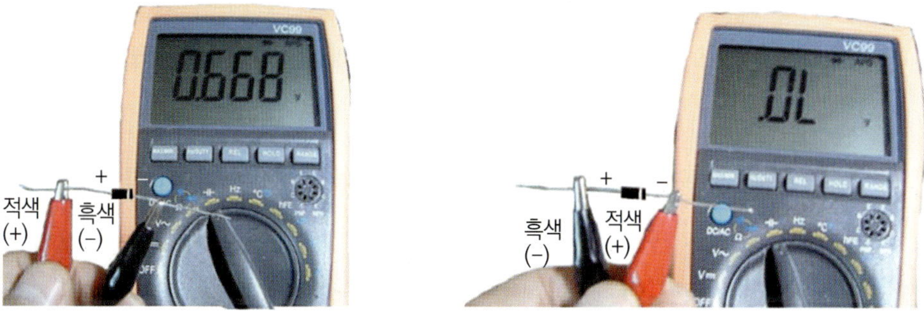

(a) 순방향 점검 (b) 역방향 점검

그림 87 다이오드 점검

(2) 역방향 바이어스 확인

① 디지털 멀티미터의 셀렉터를 다이오드 기호에 위치하도록 돌린다.

② 빨간색 프로브는 가장 오른쪽의 다이오드 기호가 있는 빨강 커넥터와 연결하고, 검정 프로브는 COM이라고 적힌 검정 커넥터와 연결한다.

③ 다이오드의 캐소드(−) 리드에는 빨강 프로브의 클립과 연결하고, 애소드(+) 리드에는 검정 프로브의 클립과 연결한다.

④ 화면에 0.L로 표시되는지 확인한다.

[3] 제너 다이오드 점검

(1) 순방향 전압 측정

① 디지털 멀티미터의 셀렉터를 다이오드를 가리키도록 돌린다.

② 제너 다이오드 애노드(+) 핀과 디지털 멀티미터의 다이오드 (+)단자와 클립으로 연결한다.

③ 제너 다이오드 캐소드(–) 핀과 디지털 멀티미터의 COM (–)단자와 클립으로 연결한다.

④ 순방향 전압값이 0.5~0.9V 사이의 값이 측정되는지 확인한다.

(2) 역방향 바이어스 측정

① 디지털 멀티미터의 가운데 셀렉터를 다이오드를 가리키도록 돌린다.

② 제너 다이오드 애노드(+) 핀과 디지털 멀티미터의 COM (–)단자와 클립으로 연결한다.

③ 제너 다이오드 캐소드(–) 핀과 디지털 멀티미터의 다이오드 (+)단자와 클립으로 연결한다.

④ 역방향 바이어스값이 0L로 표시되는지 확인한다.

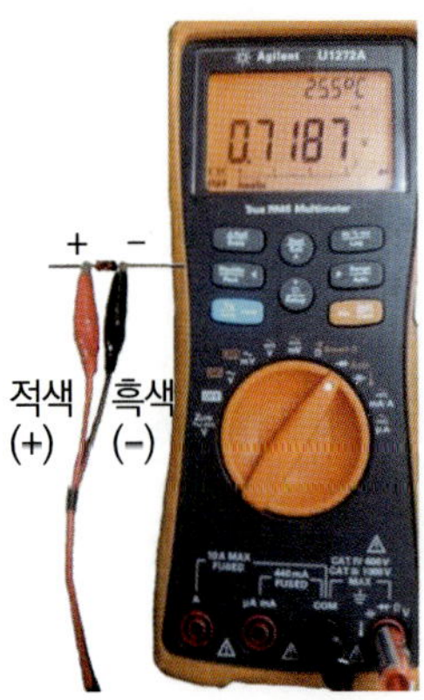

(a) 순방향

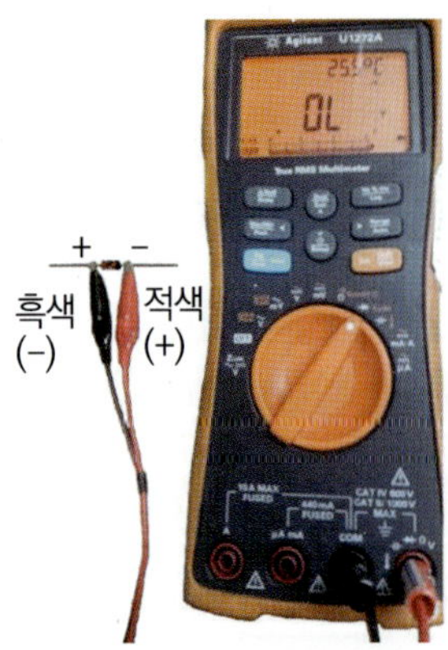

(b) 역방향

그림 88 제너 다이오드 점검

(3) 시험 결과

제너 다이오드의 순방향 전압값은 정류 다이오드와 동일하므로, 0.5~0.9V 사이의 값이 측정되어야 정상이다. 위의 제너 다이오드 순방향 전압값은 0.7187V로 측정되었으므로 정상이다. 또한 역방향 바이어스에서 제너 다이오드의 제너전압은 5.1V이다. 하지만 디지털 멀티미터의 다이오드 시험 모드의 경우 5.1V까지 측정할 수 없기 때문에 더 낮은 전압값에서 쇼트 고장 여부만을 확인할 뿐이다. 그래서 0L로 측정된다면 정확한 제너전압을 측정할 수는 없지만, 쇼트에 의한 고장이 아닌 것을 확인할 수 있다.

[4] 발광 다이오드 점검

테스터기 셀렉터를 R(ohm) ×1 혹은 ×10으로 놓고 테스트한다. 테스터기로 흑색 프로브를 애노드(+)에 적색 프로브를 캐소드(−) 찍었을 때(아날로그 테스터기와 디지털 테스터기는 프로브 위치가 바뀐다.) 테스터의 지침이 움직이며 발광이 된다. 프로브를 반대로 하면 발광이 되지 않는다.

적색(+)

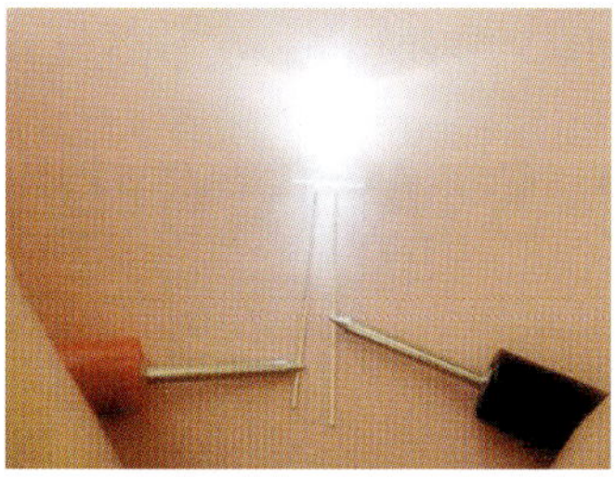

흑색(−)

그림 89 LED 점검

[5] 적외선 발광 다이오드 점검

측정 방법은 일반적으로 다이오드와 같으나 빛을 볼 수 없다. 테스터기의 레인지 위치를 R×100에 선정하고 순방향은 약 1㏀ 정도이며, 역방향은 무한대이다.

[6] 포토 다이오드 점검

손전등으로 포토 다이오드를 비췄을 때, 42mV 전압이 포토 다이오드 양단에 걸리고

21㎂ 전류가 흐르는 것으로 측정된다. 멀티미터의 COM 단자에 연결된 검정색 프로브는 포토 다이오드의 cathode에 연결되어 있다. 그래서 anode의 전압이 cathode보다 42mV 높고, 21㎂ 전류는 anode에서 멀티미터 내부를 지나 cathode로 흐른다.

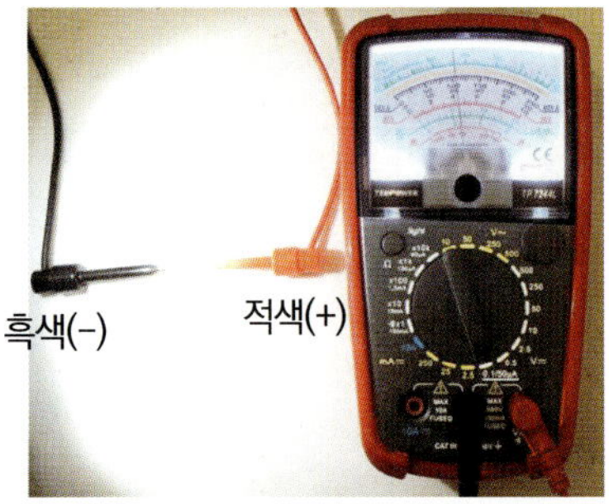

그림 90 손전등을 비추어 포토 다이오드 점검

[7] 트랜지스터 점검

(1) 트랜지스터 읽는 법

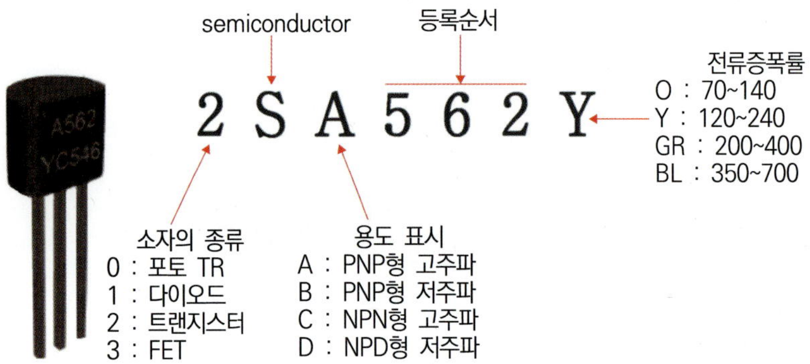

그림 91 트랜지스터 읽는 법

(2) 아날로그 테스터기의 셀렉터를 TR(트랜지스터) 위치에 놓았을 때

① 테스터기의 셀렉터 위치를 TR에 선정한다.

② 트랜지스터를 시험기의 트랜지스터 점검 소켓에 꽂아 어떤 램프에 멈추는가를 확인하여 NPN형과 PNP형을 구분할 수 있다.

③ 트랜지스터를 트랜지스터 점검 소켓에 자리를 바꾸어 가면서 점검을 해도 2개 (NPN, PNP)의 램프가 점멸하지 않으면 불량이다.

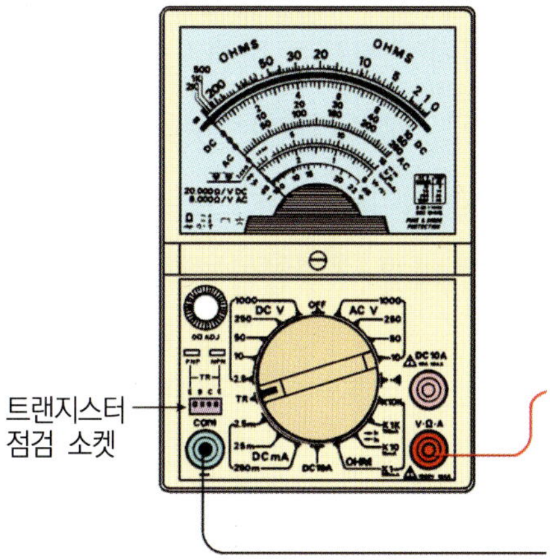

그림 92 **트랜지스터 점검 레인지**

(3) 디지털 테스터기

트랜지스터의 리드와 형태를 판단하기 위해서는 제일 먼저 방향에 상관없이 트랜지스터가 도통하는 리드를 찾아야 되므로, 디지털 멀티미터의 셀렉터를 다이오드 기호에 위치하도록 돌린다.

① 경우 1

㉠ 측정 1

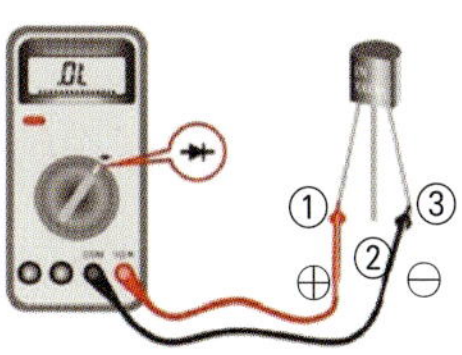

테스터기의 적색 테스터 리드(+)를 트랜지스터 ①번 리드에 접촉하고, 흑색 테스터 리드 (−)를 트랜지스터 ③번 리드에 접촉한다. 테스터기 표시창에 숫자가 표시되는가 확인한 후, 다음 항목을 진행한다.

㉡ 측정 2

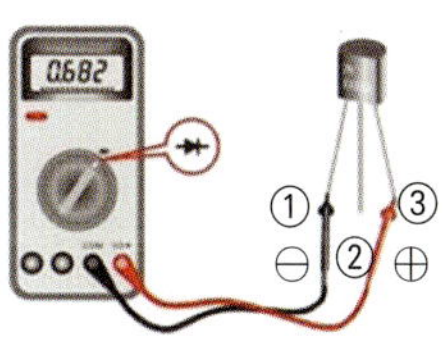

테스터기의 적색 테스터 리드(+)를 트랜지스터 ③번 리드에 접촉하고, 흑색 테스터 리드 (−)를 트랜지스터 ①번 리드에 접촉한다. 테스터기 표시창에 숫자가 표시되는가 확인한다.

㉢ 측정결과

측정결과 테스터기의 흑색 테스터 리드(−)를 트랜지스터 ①번 리드에 접촉하고, 적색 테스터 리드(+)를 트랜지스터 ③번 리드에 접촉하였을 때 테스터기 표시창에 임의의 숫자가 표시되었으므로, 트랜지스터의 리드 ①에서 리드 ③으로 또는 리드 ③에서 리드 ①로 도통되었다는 것을 알 수 있다. 트랜지스터는 베이스에서 컬렉터, 베이스에서 이미터 방향으로 도통되므로 트랜지스터 ①번 리드, 또는 ③번 리드가 베이스라고 추정한다.

② 경우 2

㉠ 측정 1

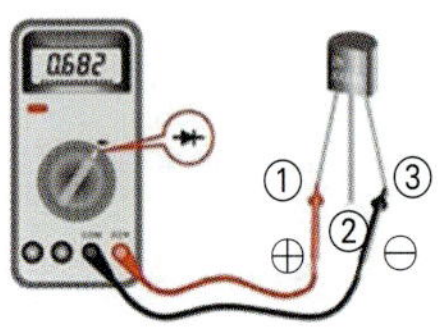

테스터기의 적색 테스터 프로브(+)를 트랜지스터 ①번 리드에 접촉하고, 흑색 테스터 프로브(−)를 트랜지스터 ③번 리드에 접촉한다. 테스터기 표시창에 숫자가 표시되는가 확인한 후 다음 항목을 진행한다.

㉡ 측정 2

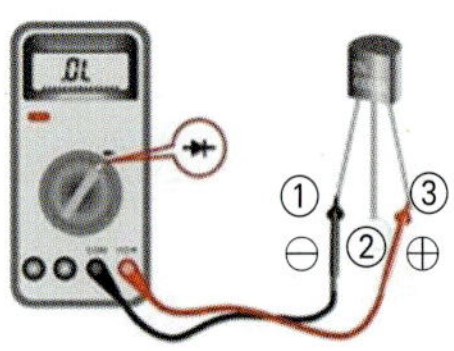

테스터기의 적색 테스터 프로브(+)를 트랜지스터 ③번 리드에 접촉하고, 흑색 테스터 프로브(−)를 트랜지스터 ①번 리드에 접촉한다. 테스터기 표시창에 숫자가 표시되는가 확인한다.

㉢ 측정결과

측정결과 테스터기의 테스터 프로브(+)를 트랜지스터 ①번 리드에 접촉하고, 흑색 테스터 프로브(−)를 트랜지스터 ③번 리드에 접촉하였을 때 테스터기 표시창에 임의의 숫자가 표시되었으므로, 트랜지스터의 리드 ①에서 리드 ③으로 또는 리드 ③에서 리드 ①로 도통되었다는 것을 알 수 있다. 트랜지스터는 베이스에서 컬렉터, 베이스에서 이미터 방향으로 도통되므로, 트랜지스터 ①번 리드 또는 ③번 리드가 베이스라고 추정한다.

③ 경우 3

㉠ 측정 1

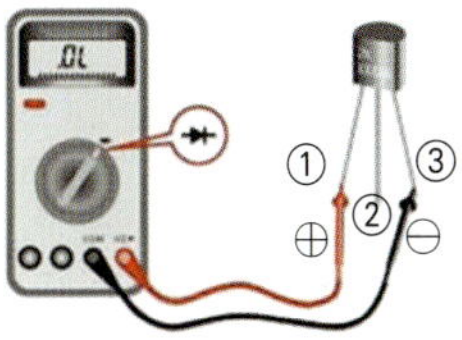

테스터기의 적색 테스터 프로브(+)를 트랜지스터 ①번 리드에 접촉하고, 흑색 테스터 프로브(−)를 트랜지스터 ③번 리드에 접촉한다. 테스터기 표시창에 숫자가 표시되는가 확인한 후 다음 항목을 진행한다.

㉡ 측정 2

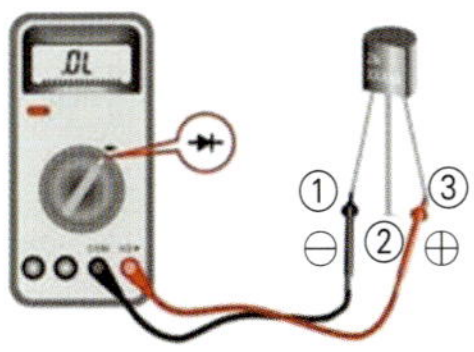

테스터기의 적색 테스터 프로브(+)를 트랜지스터 ③번 리드에 접촉하고, 흑색 테스터 프로브(−)를 트랜지스터 ①번 리드에 접촉한다. 테스터기 표시창에 숫자가 표시되는가 확인한다.

㉢ 측정결과

측정결과 측정 1과 측정 2, 모두 테스터기 표시창에 아무것도 표시되지 않았으므로, 트랜지스터의 리드 ①에서 리드 ③으로 또는 리드 ③에서 리드 ①로 도통되지 않는다는 것을 알 수 있다. 트랜지스터는 베이스에서 컬렉터, 베이스에서 이미터 방향으로 도통되고, 컬렉터와 이미터는 어느 방향으로도 도통되지 못하므로 트랜지스터 ②번 리드가 베이스거나 트랜지스터가 소손 또는 파손된 것(불량), 트랜지스터의 형태의 다른 부품으로 추정된다.

④ 경우 4

㉠ 측정 1

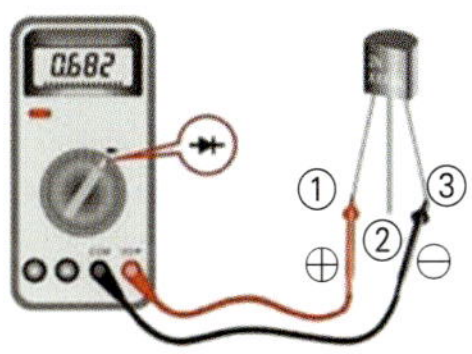

테스터기의 적색 테스터 프로브(+)를 트랜지스터 ①번 리드에 접촉하고, 흑색 테스터 프로브(−)를 트랜지스터 ③번 리드에 접촉한다. 테스터기 표시창에 숫자가 표시되는가 확인한 후 다음 항목을 진행한다.

㉡ 측정 2

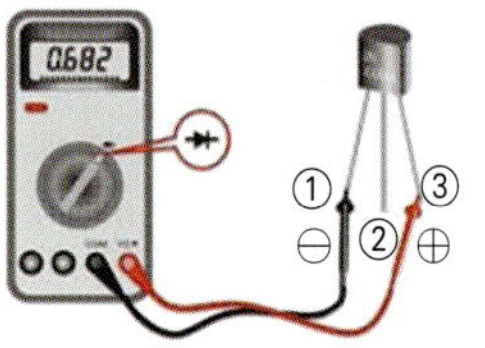

테스터기의 적색 테스터 프로브(+)를 트랜지스터 ③번 리드에 접촉하고, 흑색 테스터 프로브(−)를 트랜지스터 ①번 리드에 접촉한다. 테스터기 표시창에 숫자가 표시되는가 확인한다.

㉢ 측정결과

측정결과 측정 1과 측정 2 모두 테스터기 표시창에 임의의 숫자가 표시되었으므로, 트랜지스터의 리드 ①에서 리드 ③으로 또는 리드 ③에서 리드 ①로 도통되었다는 것을 알 수 있다. 트랜지스터는 베이스에서 컬렉터, 베이스에서 이미터 방향으로 도통되고, 컬렉터와 이미터는 어느 방향으로도 도통되지 못하는데, 측정 1과 측정 2의 결과 전극의 방향과 관계없이 임의의 숫자가 표시되는 것은 외형이 트랜지스터와 비슷한 형태의 전혀 다른 부품이거나 트랜지스터 내부 회로가 소손 또는 쇼트가 된 불량으로 추정된다.

[8] 포토 트랜지스터 점검

R1~R100 레인지로 측정하면 중간 정도 움직이며 빛을 비추거나 그림자가 생기게 하여 저항값이 가변되면 양품이며, 저항값은 소자마다 다르게 측정된다. 포토 트랜지스터는 극성이 있으므로 주의해야 한다.

[9] 사이리스터 점검

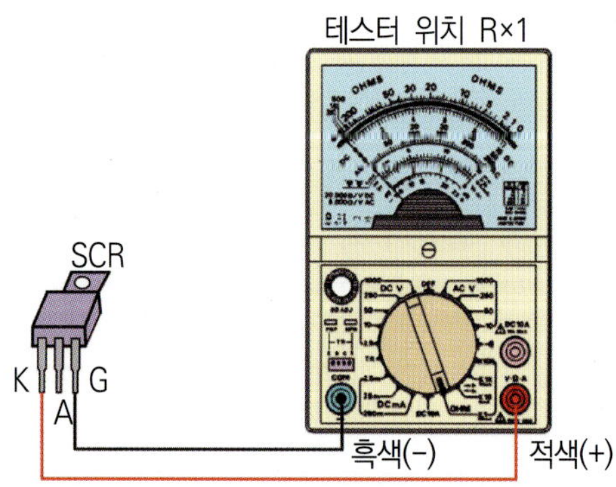

(a) K와 G 사이의 순방향 저항은 10Ω 정도이다.

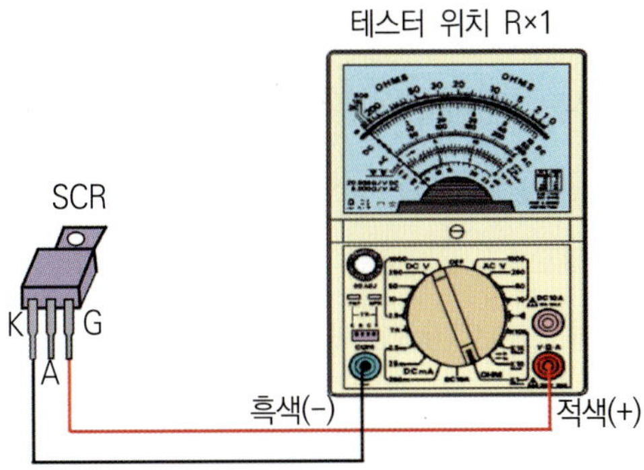

(b) K와 G 사이의 역방향 저항은 100Ω 정도이다.

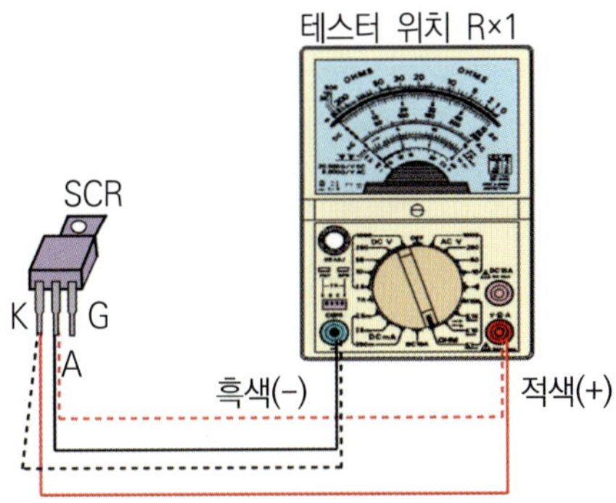

(c) K와 A 사이에는 어느 방향으로 측정해도 무한대 저항을 지시한다.

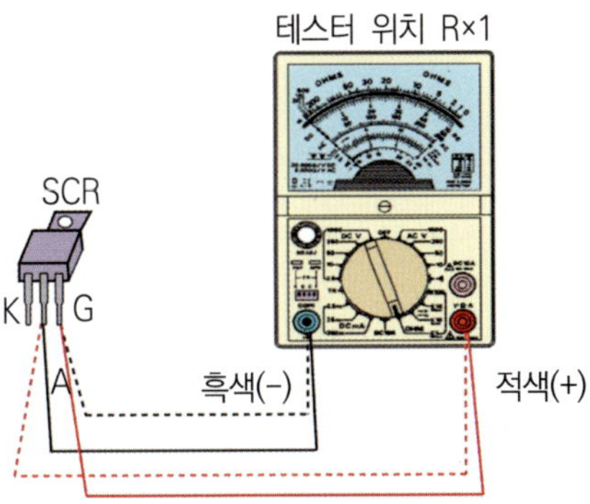

(d) A와 G 사이의 저항값은 어느 방향으로든 무한대 값을 지시한다.

그림 93 SCR 점검

[10] 콘덴서 점검

아날로그 테스터기를 저항측정 레인지에 놓을 경우 테스트 프로브에는 (–)흑색 프로브에는 (+)전압이, (+)적색 프로브에는 (–)전압이 출력된다(R1~R100 = DC 3V,

R1000 = DC 9V 출력).

정상적인 콘덴서 측정 시 콘덴서에 멀티 테스트 프로브(리드봉)를 연결하면 순간 전류가 흘러 테스터의 바늘이 올라간 후 곧바로 바늘이 0 상태로 되고, 초기에 전류가 흐르지만 충전 후 전류가 흐르지 않는다. 콘덴서가 불량일 경우에는 아날로그 테스터의 지침이 올라갔다가 내려오지 않으면 내부 쇼트이고, 테스터기의 지침이 전혀 올라가지 않으면 내부 단선이다.

그림 94 콘덴서 점검

3.2 파형 점검(HI-DS)

[1] 파형 점검 방법

① 윈도우 초기화면에서 Hi-DS를 클릭한다.

② 로그인 창에서 로그인 취소를 클릭한다.

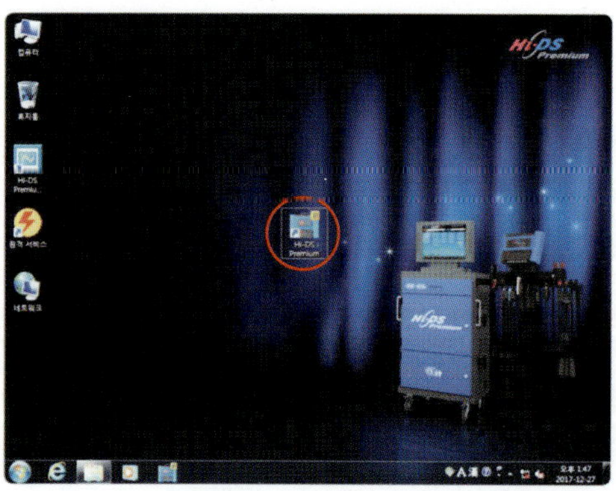

그림 95 Hi-DS 클릭

그림 96 로그인 취소

③ 다음 화면 사용제약 경고문에서 확인을 클릭한다.

④ 다음 화면에서 오실로스코프를 클릭한다.

그림 97 확인 클릭

그림 98 오실로스코프 클릭

⑤ 다음 화면에서 제작사, 차종, 연식, 엔진형식을 클릭한다.

⑥ 측정할 시스템을 선택한다.

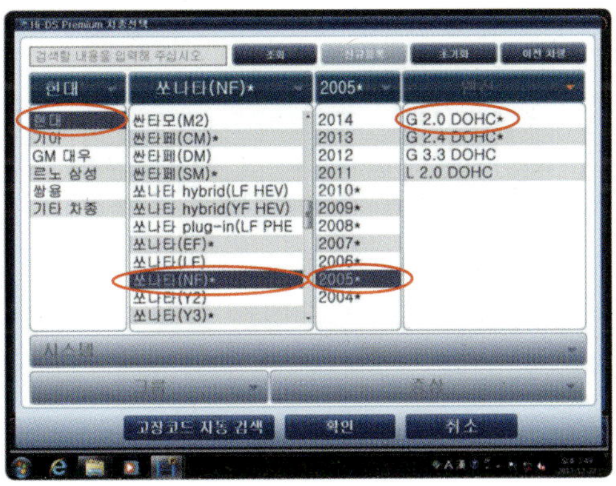

그림 99 제작사, 차종, 연식, 엔진형식 클릭

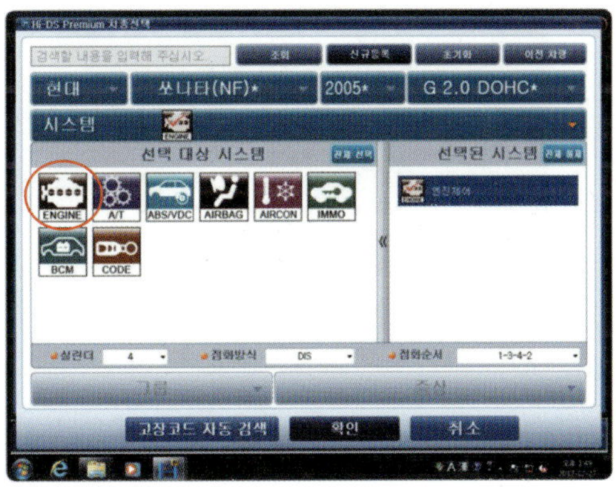

그림 100 시스템 선택

[2] 출력 분석(예 : 맵센서 파형)

① 환경설정을 클릭한 후 화면에서 10.0V로 설정하고, 1.5s로 설정하고 화면을 확장한다.

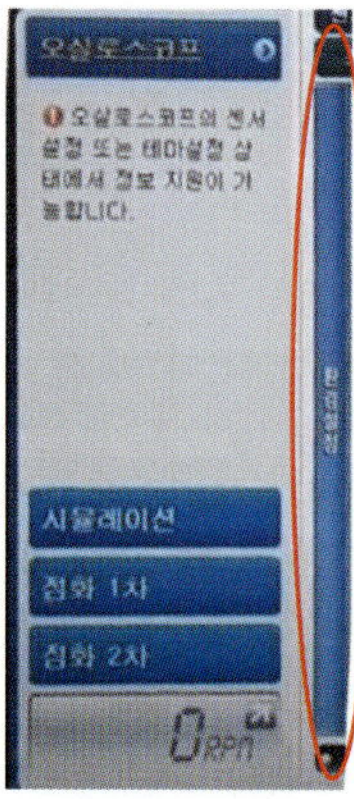

그림 101 **환경설정 클릭**

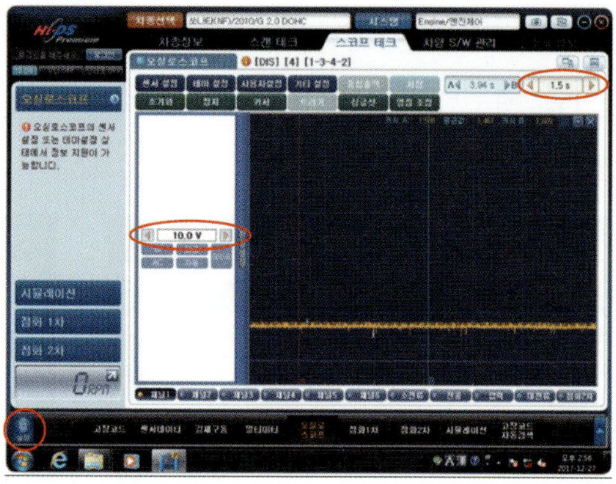

그림 102 **환경설정에서 전압, Time 설정**

② 해당 센서(예 : 맵센서)에 1번 채널 프로브를 센서 출력단자에 연결하고 엔진을 시동한다.

③ 엔진을 급가속 후 정지 버튼을 누른다.

그림 103 **맵센서에 프로브 연결**

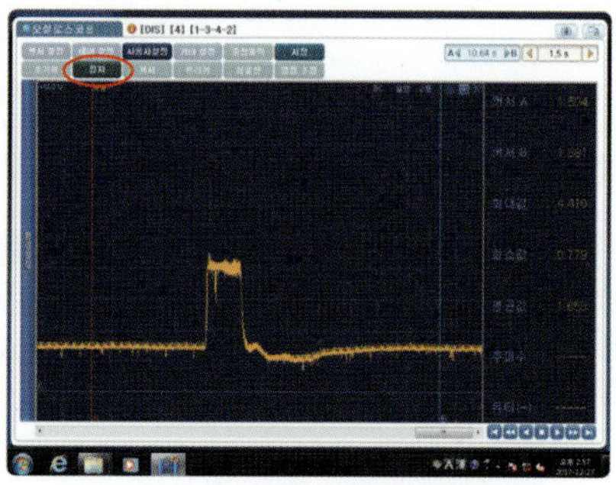

그림 104 **정지 버튼 클릭**

④ A 커서와 B 커서를 움직여 최소값과 최대값을 측정한다.

4 전기 · 전자회로의 분석 점검

(1) 3-Pin 릴레이를 측정하고 판정을 하시오.

자동차 번호 :		비번호 :	지도교수 확인	
항목		측정값	판정(□에 "✔"표)	득점
1번-3번 단자 사이 코일저항			□ 양호 □ 불량	
1번-3번 단자 사이 축전지를 연결할 때	연결음 유 · 무	□ 유 □ 무	□ 양호 □ 불량	
	1번-2번 단자간 도통 시험(저항)		□ 양호 □ 불량	
회로를 연결할 때	전구의 점등 유 · 무	□ 유 □ 무	□ 양호 □ 불량	
	전구에 흐르는 전류		□ 양호 □ 불량	
불량 판정일 때 불량 원인				

(2) 4-pin 릴레이를 측정하고 판정을 하시오.

자동차 번호 :		비번호 :	지도교수 확인	
항목		측정값	판정(□에 "✔"표)	득점
2번-4번 단자 간 코일의 저항			□ 양호 □ 불량	
2번-4번 단자 간 축전지를 연결할 때	연결음 유 · 무	□ 유 □ 무	□ 양호 □ 불량	
	1번-2번 단자 간 도통 시험(저항)		□ 양호 □ 불량	
회로를 연결할 때	전구의 점등 유 · 무	□ 유 □ 무	□ 양호 □ 불량	
	전구에 흐르는 전류		□ 양호 □ 불량	
불량 판정일 때 불량 원인				

(3) 컨트롤 릴레이를 측정하고 판정을 하시오.

<table>
<tr><td colspan="2">자동차 번호 :</td><td>비번호 :</td><td>지도교수 확인</td><td></td></tr>
<tr><td colspan="2">항목</td><td>측정값</td><td>판정(□에 “✔”표)</td><td>득점</td></tr>
<tr><td colspan="2">8번-4번 단자 사이 코일의 저항</td><td></td><td>□ 양호
□ 불량</td><td></td></tr>
<tr><td colspan="2">6번-4번 단자 사이 코일의 저항</td><td></td><td>□ 양호
□ 불량</td><td></td></tr>
<tr><td rowspan="2">8번-4번 단자 사이에 축전지를 연결할 때</td><td>7번-3번 단자 간 연결은 유무</td><td>□ 유
□ 무</td><td>□ 양호
□ 불량</td><td></td></tr>
<tr><td>1번-7번 단자 간 도통시험(저항)</td><td></td><td>□ 양호
□ 불량</td><td></td></tr>
<tr><td>6번-4번 단자 사이에 축전지를 연결할 때</td><td>연결음 유·무</td><td>□ 유
□ 무</td><td>□ 양호
□ 불량</td><td></td></tr>
<tr><td colspan="2">불량 판정일 때 불량 원인</td><td colspan="2"></td><td></td></tr>
</table>

(4) 다음에 주어진 항목의 역할에 대하여 기술하시오.

<table>
<tr><td>자동차 번호 :</td><td>비번호</td><td></td><td>지도교수 확인</td><td></td></tr>
<tr><td>항목</td><td colspan="3">역할</td><td>득점</td></tr>
<tr><td>릴레이</td><td colspan="3"></td><td></td></tr>
<tr><td>점화스위치의 IG1과 IG2 스위치</td><td colspan="3"></td><td></td></tr>
<tr><td>컨트롤 릴레이</td><td colspan="3"></td><td></td></tr>
</table>

(5) 저항계를 이용하여 정류 다이오드를 점검하여 이상 유무를 판단하시오(저항계의 배율은 순방향 측정 시 R×10, 역방향 측정 시 R×10kΩ에 놓고 측정한다).

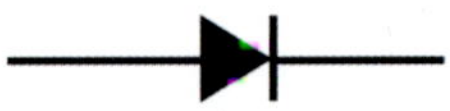

<table>
<tr><td colspan="3">자동차 번호 :</td><td>비번호</td><td></td><td>지도교수 확인</td><td></td></tr>
<tr><td rowspan="2">측정 항목</td><td colspan="2">① 측정(또는 점검)</td><td colspan="3">② 판정 및 정비(또는 조치)사항</td><td rowspan="2">득점</td></tr>
<tr><td>측정값</td><td>규정(정비한계)값</td><td colspan="2">판정(□에 “✔”표)</td><td>정비 및 조치할 사항</td></tr>
<tr><td>순방향</td><td></td><td></td><td colspan="2" rowspan="2">□ 양호
□ 불량</td><td rowspan="2"></td><td rowspan="2"></td></tr>
<tr><td>역방향</td><td></td><td></td></tr>
</table>

(6) 다음 [그림]과 같이 NPN, PNP 트랜지스터를 점검하여 이상 유무를 판단하시오(저항계의 배율은 순방향 측정 시 R×10, 역방향 측정 시 R×10㏀에 놓고 측정한다).

2SC 1741 AS
[SA(고주파) SB(저주파) : PNP, SC(고주파) SD(저주파) : NPN]

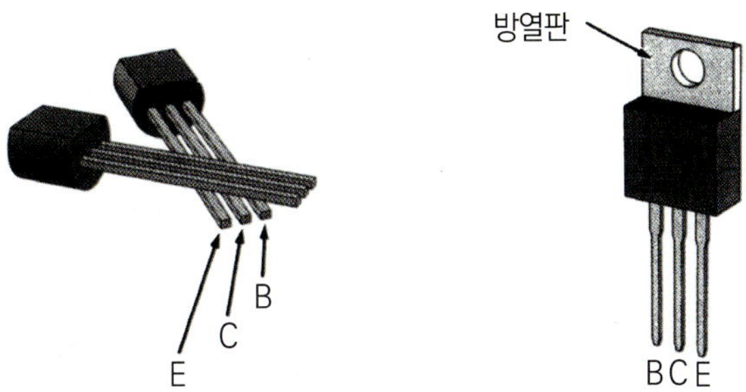

[트랜지스터 외관]

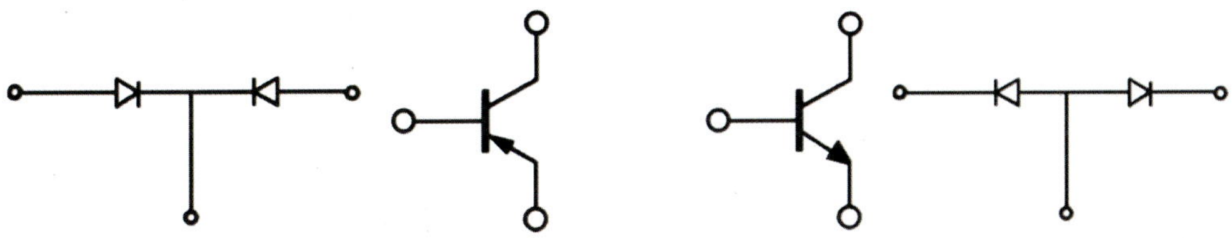

[PNP 트랜지스터] [NPN 트랜지스터]

자동차 번호 :				비번호	지도교수 확인	
측정항목		① 측정(또는 점검)		② 판정 및 정비(또는 조치)사항		득점
		측정값	규정(정비한계)값	판정(□에 "✔"표)	정비 및 조치할 사항	
E-B간 저항	순방향			□ 양호 □ 불량		
	역방향					
B-C간 저항	순방향					
	역방향					

(7) 다음 회로를 구성하고 A, B 지점의 전류를 측정하고, Tr의 동작원리를 기록하고 판정 및 정비(또는 조치)사항을 기록하시오.

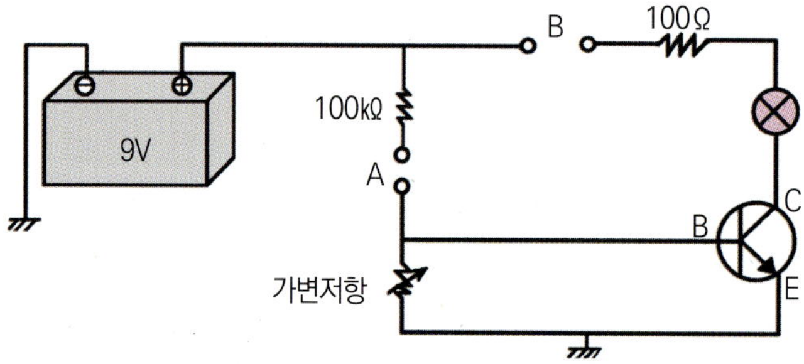

[트랜지스터 회로]

자동차 번호 :			비번호		지도교수 확인	
측정항목	① 측정(또는 점검)		② 판정 및 정비(또는 조치)사항			득점
	측정값	동작원리	판정(□에 "✔"표)	정비 및 조치할 사항		
A지점 전류			□ 양호 □ 불량			
B지점 전류						

(8) 다음 회로를 구성하고 A, B 지점의 전류를 측정하여 다링톤 Tr의 동작원리를 기록하고 판정 및 정비(또는 조치)사항을 기록하시오.

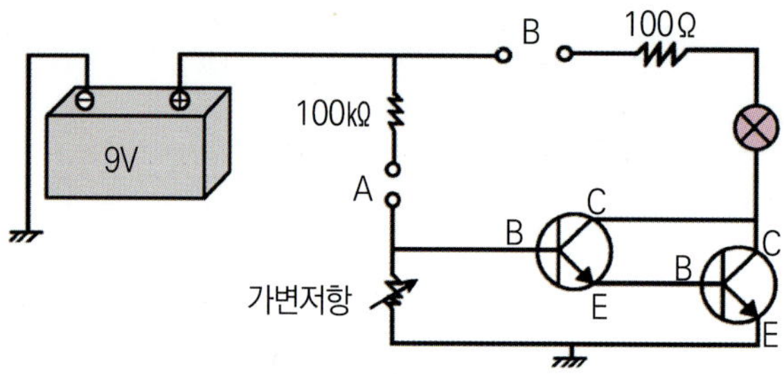

[다링돈 트랜지스터 회로]

자동차 번호 :			비번호		지도교수 확인	
측정항목	① 측정(또는 점검)		② 판정 및 정비(또는 조치)사항			득점
	측정값	동작원리	판정(□에 "✔"표)	정비 및 조치할 사항		
A지점 전류			□ 양호 □ 불량			
B지점 전류						

(9) 다음 회로를 구성하여 가변저항을 변화시키면서 제너 다이오드의 순방향 및 역방향 특성을 측정하고 판정 및 정비(또는 조치)사항을 기록하시오.

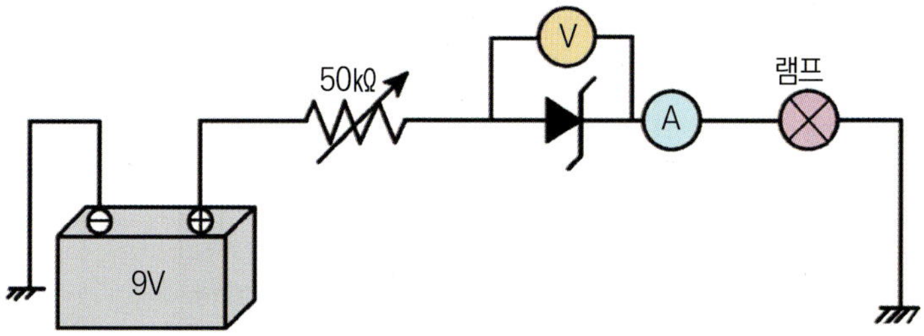

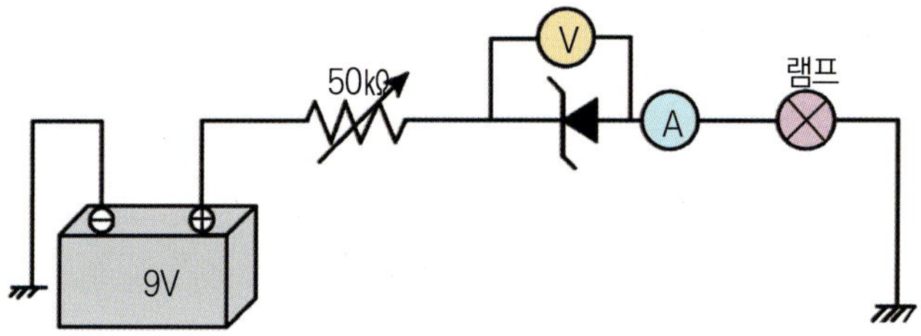

[제너 다이오드의 역방향 특성]

<table>
<tr><td colspan="3">자동차 번호 :</td><td>비번호</td><td></td><td>지도교수 확인</td><td></td></tr>
<tr><td rowspan="2">측정
항목</td><td colspan="2">① 측정(또는 점검)</td><td colspan="3">② 판정 및 정비(또는 조치)사항</td><td rowspan="2">득점</td></tr>
<tr><td>측정값</td><td>규정(정비한계)값</td><td>판정(□에 "✔"표)</td><td colspan="2">정비 및 조치할 사항</td></tr>
<tr><td>순방향</td><td></td><td></td><td rowspan="2">□ 양호
□ 불량</td><td colspan="2" rowspan="2"></td><td rowspan="2"></td></tr>
<tr><td>역방향</td><td></td><td></td></tr>
</table>

(10) 다음 회로를 구성하여 수조를 가열하면서 온도변화에 따른 A에서 전류를 측정하고, 판정 및 정비(또는 조치)사항을 기록하시오.

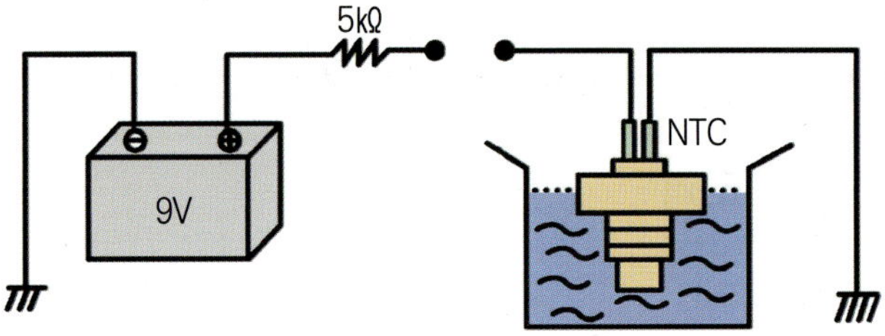

[NTC 서미스터 회로에서 전류측정]

자동차 번호 :			비번호		지도교수 확인	
측정 항목	① 측정(또는 점검)		② 판정 및 정비(또는 조치)사항			득점
	측정값	규정(정비한계)값	판정(□에 "✔"표)	정비 및 조치할 사항		
20℃			□ 양호 □ 불량			
40℃						
60℃						
80℃						
100℃						

MEMO

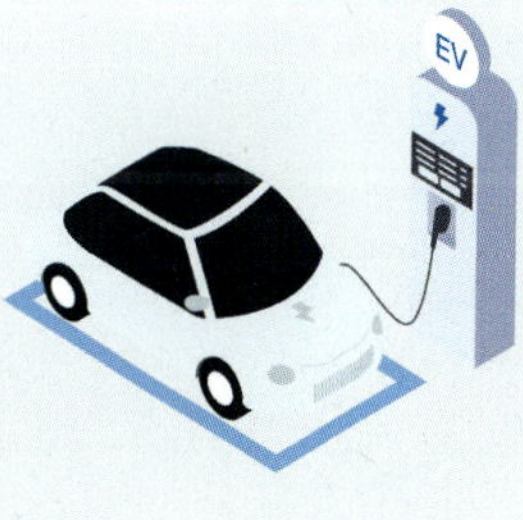

직류·교류 테스트

03

직류·교류 테스트
[Direct Current · Alternating Current Test]

03
CHAPTER

1 직류 테스트(Direct Current Test)

1.1 기본적인 DC회로와 전압, 전류, 저항측정

학습목표

① DC회로에서 사용되는 용어와 단위
② 단위와 함께 사용되는 표준 접두어(prefix)
③ 전압, 전류, 저항의 측정을 위한 멀티미터(Multimeter)의 사용법

필요한 장비

① D3000 1.1 DC Circuit-1 모듈의 Circuit #1
② 연결고리(shorting link)와 2~4mm 연결잭(adaptor)
③ DC 0~20V, 0~20mA, 0~200mA & 0~2KΩ의 범위를 가진 멀티미터(Multimeter)

[1] 기본 DC회로

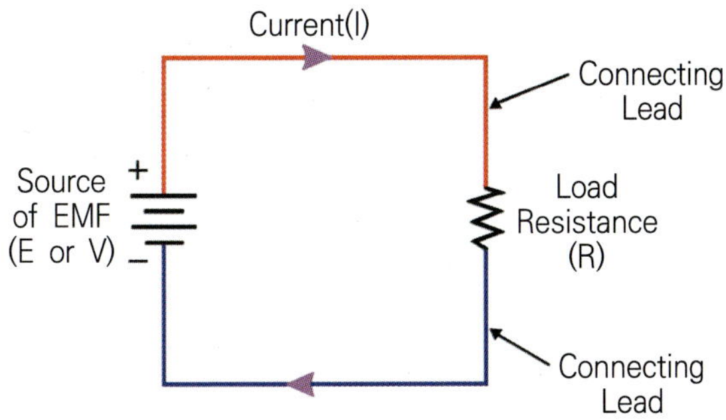

그림 1 기본적인 DC회로

그림 1은 기본적인 DC회로를 보여준다. 이 회로는 3개의 주요 부분으로 구성되어 있다.

① 기전력(EMF : electromotive force)의 발생원 – 전원

② 부하저항

③ 부하저항과 전원을 이어주는 전선

그림 1의 다이어그램은 그림 2의 간단한 회로로 구성할 수 있다.

구성된 회로에서 전류는 그림 2에 그려진 것과 같이 회로 주위를 흐른다.

① 전류는 전원의 양극(+)에서 나온다.

② 그리고 저항을 통해 흐른다.

③ 그런 뒤 전원의 음극(−)으로 돌아온다.

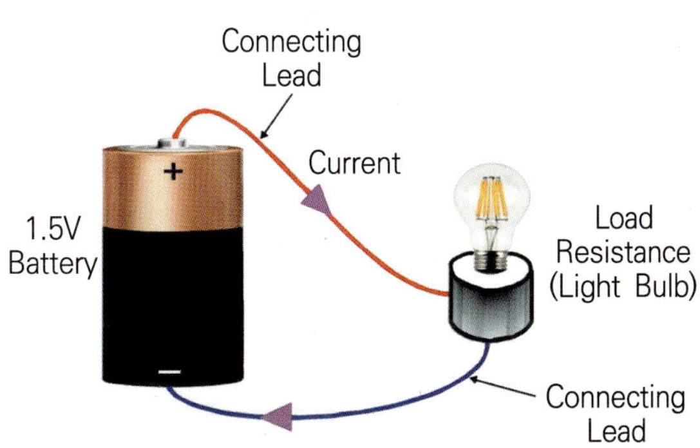

그림 2 DC회로 다이어그램

그림 1은 회로에서 통상적으로 전류가 흐르는 방향을 보여준다.
전원(EMF source)은 연결된 부하저항이 전류를 흐르게 한다.
전류는 부하저항을 통해 흐르고 저항의 전후에는 전위차(potential difference)가 생긴다.
발생되는 전위차의 크기는 기전력의 크기와 동일하다.
기전력(EMF)은 E 또는 V로 표시하고 단위는 V(volts)이다.
전류는 I로 나타내고 단위는 A(amperes)이다.
저항은 R로 나타내고 단위는 Ω(ohms)이다.
경우에 따라 단위를 소문자 또는 대문자로 나타낸다.
효율을 위해서 접두어(prefix)들이 사용되는데, 다음 표와 같다.

[표 1]

접두어	기호	의미
giga	G	$\times 1,000,000,000 = \times 10^9$
mega	M	$\times 1,000,000 = \times 10^6$
kilo	k	$\times 1,000 = \times 10^3$
milli	m	$\div 1,000 = \div 10^3$ or $\times 10^{-3}$
micro	μ	$\div 1,000,000 = \div 10^6$ or $\times 10^{-6}$
nano	n	$\div 1,000,000,000 = \div 10^9$ or $\times 10^{-9}$
pico	p	$\div 1,000,000,000,000 = \div 10^{12}$ or $\times 10^{-12}$

예를 들어,

1,500,000Ω = 1.5MΩ　　22,000Ω = 22kΩ
0.025A = 25mA　　0.000050A = 50μA

※ 주의 : 관습상 R, k 또는 M 등이 저항값을 표기할 때 다음과 같이 종종 사용된다.

470R = 470Ω, 2R7 = 2.7Ω, 2k7 = 2.7kΩ, 3M3 = 3.3MΩ

[2] 전압의 측정

전압은 전압계로 측정하는데 전압계는 그림 3에서 보는 것과 같이 회로 구성요소와 병렬로 연결하여 측정한다. 만약 아날로그 전압계라면, 극성에 따라 전압계를 정확하게 연결해야 한다. 극성을 정확하게 연결하지 않으면 지시바늘이 잘못된 방향으로 움직인다. 그리고 전압계에 문제가 생길 수도 있다. 디지털 전압계라면 전압의 극성이 화면에 + 또는 −의 기호로 표시될 것이다.

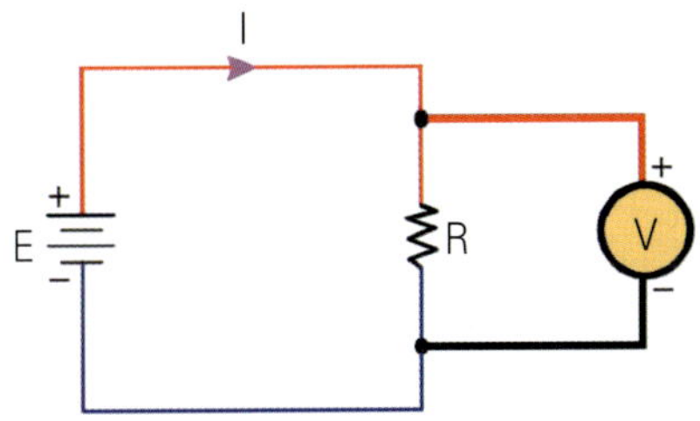

그림 3 전압의 측정

[3] 전류의 측정

전류는 전류계로 측정하는데, 전류계는 그림 4에서 보는 바와 같이 회로와 직렬로 연결한다. 따라서 회로의 전류는 전류계를 통과하여 흘러간다.

[4] 저항의 측정

저항은 저항계로 측정하는데, 그림 5와 같이 저항계를 저항의 양쪽에 연결하여 측정한다. 저항 측정에서는 극성이 문제가 되지 않는다. 그러나 되도록 저항을 회로와 분리해서 측정해야 한다. 회로에서 다른 구성요소와 연결된 상태에서 측정하면 저항의 값에 영향을 미칠 수 있기 때문이다. 측정의 잘못과 저항계의 손실을 막기 위해 반드시 연결된 전원을 off해야 한다.

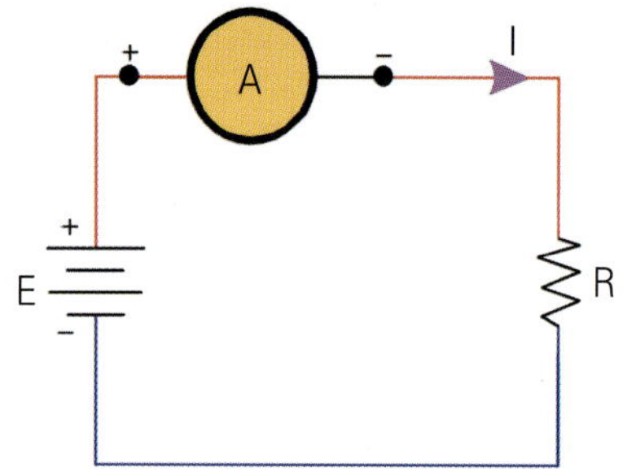

그림 4 전류의 측정

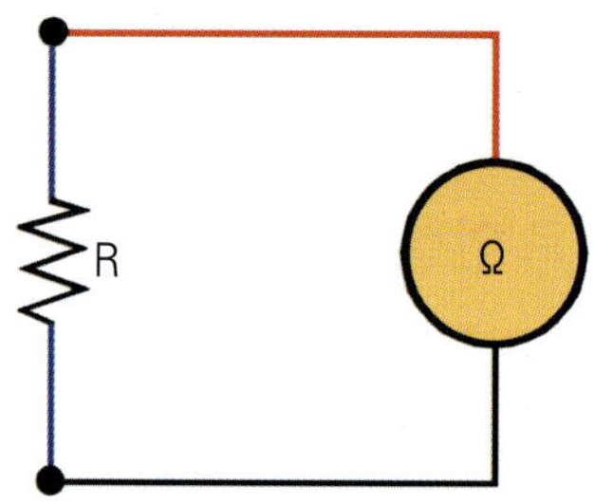

그림 5 저항의 측정

[5] 전압, 전류, 저항의 측정

① 모듈의 전원공급장치를 끄고, 그림 6과 같이 소켓 1.2와 1.3 사이에 그리고 소켓 1.4와 1.9 사이를 연결고리(shorting link)로 연결한다. 이는 저항 R1을 가변전원에 연결하기 위한 것이다.

② 전압계를 DC 20V 범위에 놓고, 전압계를 2~4mm 연결잭(adaptor)으로 소켓 1.5와 1.8에 연결한다. 전압계의 극성을 그림 6과 같이 연결해야 함을 주의한다.

③ 가변 DC 전압의 출력을 최소로 놓고, 모듈의 전원공급 장치를 ON으로 한다.

④ 출력 전압을 점차 증가시키면서 전압계의 값을 관찰한다. 그리고 전압계의 값이 10V가 되도록 출력전압을 맞춘다. 전원공급 장치(power supply)로부터 10V의 출력전압이 저항 R1에 가해진다.

⑤ 소켓 1.5와 1.8에서 전압계의 선을 분리한다.

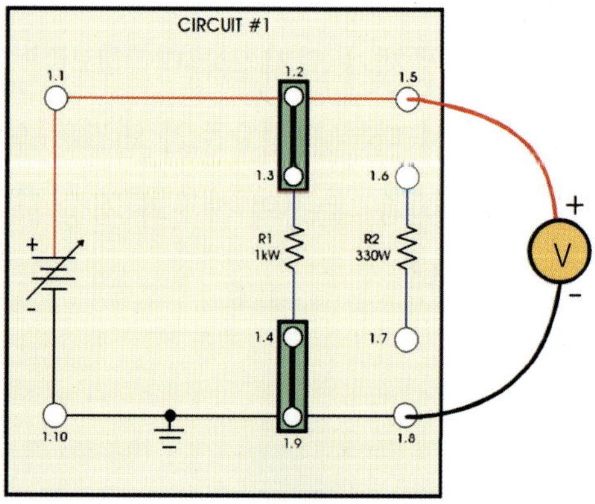

그림 6

⑥ 소켓 1.2와 1.3 사이에 연결된 연결고리(shorting link)를 분리한다.

⑦ 멀티미터의 범위를 DC 20mA 놓는다.

⑧ 그림 7과 같이 멀티미터를 소켓 1.2와 1.3 사이에 연결한다.

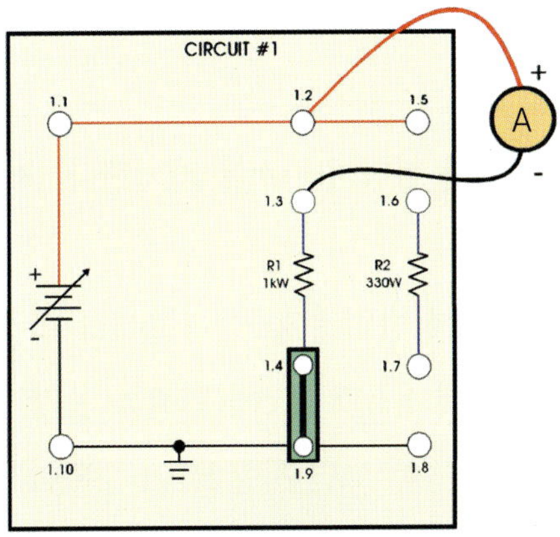

그림 7

⑨ 멀티미터는 10V의 전압이 주어진 1㏀의 저항에 흐르는 전류의 값을 나타낸다. 현재의 값을 다음 표의 적절한 위치에 기록하시오.

[표 2]

Resistor R1	Measured			Resistance Range for R1	
	Voltage	Current	Resistance		
Connections	1.5 & 1.8	1.2 & 1.3	1.3 & 1.4	Upper limit	Lower Limit
Values	10V				

⑩ 소켓 1.4와 1.9 사이에 연결된 연결고리(shorting link)를 제거하고 소켓 1.7과 1.8 사이에 연결한다.

⑪ 소켓 1.2와 1.3 사이에 연결된 멀티미터를 떼어내고, 범위를 DC 200mA에 맞춘 후 소켓 1.5와 1.6 사이에 연결한다. 그런 뒤 저항 R2에 통하는 전류를 측정한 뒤 그 값을 다음 표에 기록한다.

[표 3]

	Measured			Resistance Range for R2	
Resistor R2	Voltage	Current	Resistance		
Connections	1.5 & 1.8	1.5 & 1.6	1.6 & 1.7	Upper limit	Lower Limit
Values	10V			347W	313W

⑫ 연결고리(shorting link)와 멀티미터 선을 제거한다. 저항 R1과 R2를 가변 DC전원에서 분리한다.

⑬ 멀티미터의 범위를 2㏀ 저항범위에 놓고, 저항 R1 측정을 위해 소켓 1.3과 1.4, 저항 R2 측정을 위해 소켓 1.6과 1.7에 연결하여 각각 측정한다. 그런 뒤 위의 두 표에 각각 기록한다. 측정해 보면 저항 R1이 정확하게 1㏀이 아니며 저항 R2가 정확하게 330Ω 은 아닐 것이다. 그 이유는 정확한 값을 가진 저항을 만들 수 없기 때문이다. 그 대신 저항은 허용 오차범위를 넘지 않는 값을 가지도록 되어 있다.

⑭ 저항 R1이 표 2에 있는 허용범위를 넘지 않는지 점검한다. 그리고 저항 R2도 표 2에 있는 허용범위를 넘지 않는지 점검한다.

예제

1. 저항 R1에 흐르는 전류를 소수 첫 번째 자리까지 기록하시오.

2. 저항 R2에 흐르는 전류를 소수 첫 번째 자리까지 기록하시오.

어느 저항에서 더 높은 전류값을 가지는가?

3. R1이면 1을, R2면 2를 기록하시오.

이 실험은 여러분에게 DIGIAC 3000System의 사용법을 어느 정도 소개했다. 회로의 연결을 위해 연결고리(shorting link)의 사용과 전압, 전류, 저항의 측정을 위해 멀티미터를 사용하는 법을 배웠다. 또한 이상적인 저항값과 실제 저항 사이에는 어느 정도의 허용 오차범위가 있다는 것을 알았다.

1.2 옴의 법칙(Ohm's Law)의 확인

학습목표

옴의 법칙을 증명하기 위한 실험방법

필요한 장비

① D3000 1.1 DC Circuit-1 모듈의 Circuit #1

② 연결고리(shorting link)와 2~4mm 연결잭(adaptor)

③ DC 0~20V, 0~20mA, 0~200mA 그리고 0~2KΩ의 범위를 가진 멀티미터(Multimeter)

이 실험에서 저항이 있는 회로의 전압과 전류를 측정할 것이다.

① 먼저 전원공급 스위치를 OFF로 하고, 멀티미터의 범위를 DC 20V에 놓고 연결고리(shorting link)로 회로를 그림 8과 같이 연결한다.

② 전원공급 스위치를 ON으로 하고, 출력전압을 2V에 맞춘다.

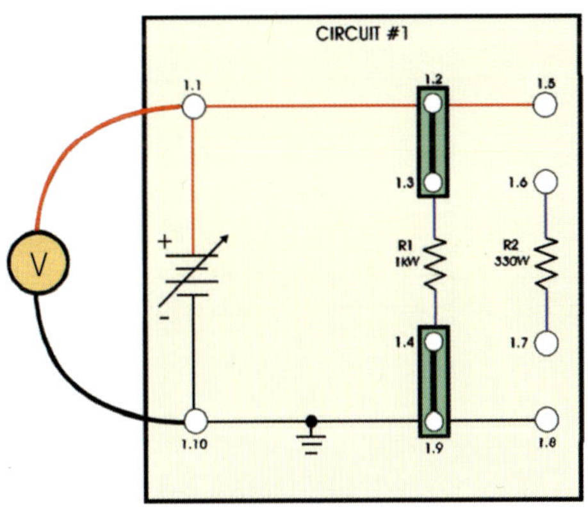

그림 8

③ 멀티미터의 선을 떼어낸 후, 범위를 DC 20mA로 놓고 그림 9와 같이 회로를 다시 연결한다.

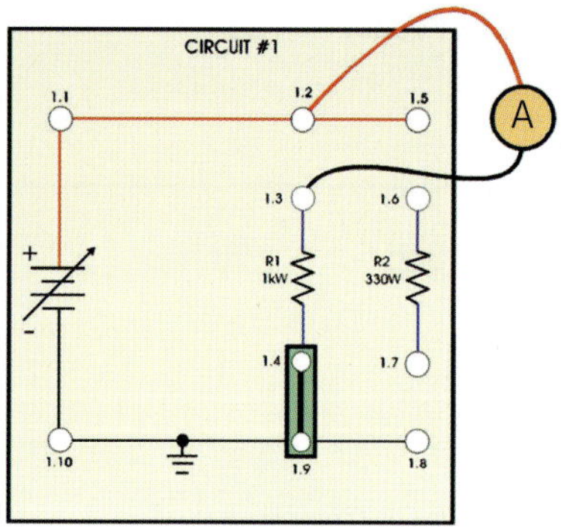

그림 9

④ 전류의 값을 읽고 표 3에 기록한다.

⑤ 공급전압을 각각 4V, 6V, 8V, 10V, 12V로 놓고 위의 전 과정을 반복한다. 각 단계의 전류를 관찰하고 그 값들을 표 4에 기록한다.

[표 4]

Supply Voltage (Volts) Connections 1.1 & 1.10	Current through R1(mA) Connections 1.2 & 1.3	Current through R2(mA) Connections 1.5 & 1.6
0		
2		
4		
6		
8		
10		
12		

⑥ 저항 R1 대신에 회로에 연결되어 있는 저항 R2를 사용해서 위의 과정을 반복한다. 필요에 따라 멀티미터의 범위를 바꾼다.

⑦ 저항 R1에서 얻은 전압에 대한 전류의 그래프를 그려본다.

점들을 연결하면 직선이 되는지 관찰한다. 이 그래프는 전류가 전압에 대해 정비례한다는 것을 보여준다.

[전류 · 전압 그래프]

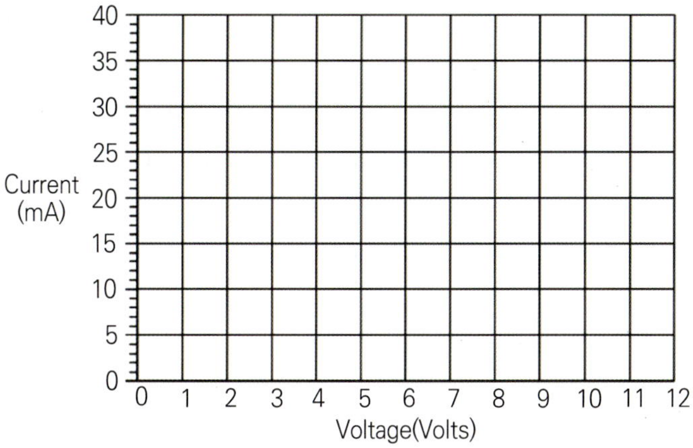

⑧ 같은 그래프 위에, 저항 R2에서 얻은 전압에 대한 전류의 값을 점으로 찍으시오.

다시 여러분은 여러분이 찍은 점을 따라 직선을 그릴 수 있어야 한다. R1에서 얻은 직선의 기울기와 R2에서 얻은 직선의 기울기를 비교하시오. 낮은 저항에서 얻은 직선의 기울기가 더 가파르다는 것을 발견할 수 있을 것이다. 이는 낮은 저항이 보다 많은 전류를 통과시킨다는 것을 알 수 있다.
여러분의 그래프에서 저항 R2에 7V의 전압을 공급할 때 흐르게 될 전류를 계산해 보시오. 힌트를 준다면 전압축 위에 있는 7V에서 수직으로 따라 올라가 R2의 그래프와 만나는 점에서 수평선상에 있는 전류 축의 값을 읽으면 된다. 이 값이 전압 7V에 대한 전류의 값이 된다.

예제

4. 전류의 값을 소수 첫 번째 자리까지 기록하시오.

우리는 이 실험에서 저항에 있어서 전압에 대한 전류의 그래프를 그림으로써 옴의 법칙(Ohm's Law)을 검증해 보았다. 그 그래프는 저항을 통해서 흐르는 전류는 공급된 전압에 정비례한다는 것을 보여주었다.

1.3 저항에서의 전력(Power)

학습목표

① 저항에서 소모되는 전력의 표현

② 저항에서 소모되는 전력에 일어나는 일

필요한 장비

① D3000 1.1 DC Circuit-1 모듈의 Circuit #1

② 연결고리(shorting link)와 2~4mm 연결잭(adaptor)

③ DC 0~20V, 0~20mA, 0~200mA 그리고 0~2KΩ의 범위를 가진 멀티미터(Multimeter)

[1] 저항이 있는 회로에서 전력의 표현

DC회로에서의 전력(power)은 전압×전류로 나타내고, 그 단위는 W(Watt)이다.

$$전력(P) = E \times I = (IR) \times I, \qquad P = I^2R$$

$$또는\ P = E \times I = E \times \frac{E}{R}, \qquad P = \frac{E^2}{R}$$

위의 표현에서 전압의 단위는 볼트(volt), 전류의 단위는 암페어(Ampere), 저항의 단위는 옴(ohm)이며, 그 결과인 전력의 단위는 와트(watt)이다.

예제

5. 50mA의 전류가 1kΩ의 저항을 통해 흐른다. 전압을 계산하고, 저항에서 소모되는 전력을 계산하시오.

정답 (1) 전압

$E = I \times R, \qquad E = 0.005 \times 1000 = 50V$

(2) 전력

$P = I^2R$, $P = 0.05^2 \times 1000 = 2.5watts$

또는 $P = E \times I$, $P = 50 \times 0.05 = 2.5watts$

6. 12V의 전압이 330Ω의 저항에 걸려있다. 소모되는 전력을 계산하시오.

정답 $P = \frac{E^2}{R} = \frac{12^2}{330} = 0.436watts$

저항에서 소모되는 전력은 열로 바뀐다. 저항을 통해서 흐르는 전류는 저항의 온도를 높인다. 이런 온도 상승은 제한되어야 하며 그렇지 않으면 저항이 손상된다. 모든 저항들은 넘어서는 안 되는 지정된 최대 정격전력을 가지고 있다. 저항에서 소모되는 전력이 최대 정격전력을 넘지 않기 위해서는 공급되는 전압과 회로의 전류가 안정된 수준을 넘지 않도록 제한하는 것이 중요하다.

저항의 정격전력은 제조사의 재료와 크기에 좌우된다.

CIRCUIT #2에 있는 저항 제품들은 1/4watt이며, 330Ω의 저항만이 1/2watt이다. 이 저항은 그림 10에 나타나 있다.

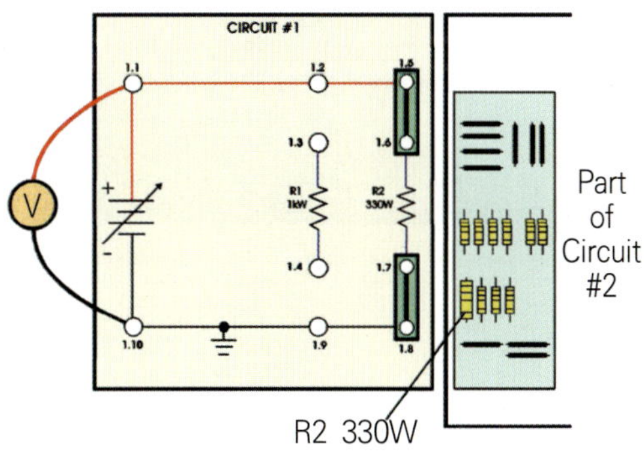

그림 10

[2] 저항에서 소모되는 전력

① 모듈에 공급되는 전원공급 스위치를 OFF로 놓고, 멀티미터의 범위를 20V DC로 맞춘 후 회로를 연결고리(shorting link)로 그림 10과 같이 연결한다.

② 모듈 전원공급 스위치를 ON으로 하고, 공급전압을 4V로 조절한다.

③ 회로에서 멀티미터를 분리한다.

④ 소켓 1.5와 1.6 사이에 연결된 연결고리(shorting link)를 분리하시오. 그런 후 멀티미터의 범위를 DC 200mA에 놓고 소켓 1.5와 1.6 사이에 연결한다(이때 양극의 선을 소켓 1.5에 연결한다). 전류의 흐름을 관찰한 후 그 값을 표 5에 기록한다.

⑤ 그림 10과 같이 다시 놓은 후 회로를 연결한 채 몇 분 동안 놓아둔다. 그런 후 저항 R2를 만져보고 온도가 올라갔는지 알아본다. 저항의 온도에 영향을 미칠 수 있기 때문에 계속 손가락을 저항에 대고 있지 않도록 한다.

⑥ 전압을 8V와 12V로 각각 놓고 위의 과정을 반복한다. 이때 저항의 온도변화를 감지해 본다. 절대 12V를 넘지 않도록 한다. 각 경우에 전류의 흐름을 관찰한 뒤 그 값을 표 5에 기록한다.

[표 5]

Voltage across R2(330W) (Volts) Connections 1.1 & 1.10	Current through R2(mA) Connections 1.5 & 1.6	Power in R2 (mW) Calculated
4		
8		
12		

※ 멀티미터의 용도를 전류측정에서 전압측정으로 바꾸려고 할 때 또는 그 반대일 때 다음에 항상 주의한다.
① 멀티미터를 회로에서 분리한다.
② 멀티미터의 범위를 새로 세팅한다.
③ 새로운 측정을 위해 멀티미터를 다시 연결한다.

⑦ 각 전압에서의 소모된 전력을 계산하고 표 4에 기록한다.

표의 결과를 관찰해 보면 저항을 통해 흐르는 전류가 클수록 소모되는 전력도 더 크다는 것을 알 수 있을 것이다. 실제로 소모되는 전력의 양은 전류의 제곱(I^2)에 비례해서 증가한다. 이는 식 $P = I^2R$에서 $P \propto I^2$이기 때문이다.

저항 R2의 정격전력은 1/2W(500mW)이다. 여러분은 12V의 전압이 이 저항에 공급되면 저항이 뜨거워지는 것을 볼 수 있는데, 이는 이 저항의 최대 정격전력에 가까워지고 있기 때문이다.

예제

7. 여러분의 결과표에서, 8V의 전압이 공급될 때 저항 R2에서 소모되는 전력을 기록하시오.

⑧ 여러분은 이제 저항 R1에 흐르는 전류를 측정해서 소모되는 전력을 측정할 것이다. 소켓 1.7과 1.8 사이에 있는 연결고리(shorting link)를 제거하고, 소켓 1.4와 1.9 사이에 연결한다.

⑨ 공급전압은 계속 12V에 놓아두고, 멀티미터를 회로에서 분리해서 범위를 DC 20mA에 놓고 소켓 1.2와 1.3 사이에 다시 연결한다. 저항 R1에 흐르는 전류를 측정하고 그 값을 표 6에 기록한다.

⑩ 12V가 공급될 때 저항 R1에 소모되는 전력을 계산하고, 그 값을 표 6에 기록한다.

[표 6]

Voltage across R1(1kW) (Volts) Connections 1.1 & 1.10	Current through R1(mA) Connections 1.2 & 1.3	Power in R1 (mW) Calculated
12		

전압 12V가 공급될 때 저항 R1과 R2에서 소모되는 전력의 양을 비교하시오. 여러분

은 더 낮은 저항값을 가진 저항에서 더 많은 전력이 소모되는 것을 볼 수 있을 것인데 이는 그 저항이 더 많은 양의 전류를 통과시키기 때문이다.

이 장에서 우리는 저항에서 소모되는 전력을 계산하는 실험을 해 보았다. 전력이 열로 소모되는 것도 관찰해 보았다. 그리고 전압이 일정할 때 더 낮은 값을 가진 저항이 더 많은 전력을 소모한다는 것을 알아보았다.

1.4 저전력(Low Power) 저항들을 위한 저항색 코드

학습목표

CIRCUIT #2에 있는 저항의 값들을 색 코드로 구별하고, 그 값들을 측정을 통해 확인

필요한 장비

① D3000 1.1 DC Circuit-1 모듈의 Circuit #1

② 200Ω, 2kΩ, 20kΩ, 200kΩ, 2MΩ의 저항범위를 가진 멀티미터(Multimeter)

[1] 색 코드를 보고 저항값을 읽고 측정을 통해 확인

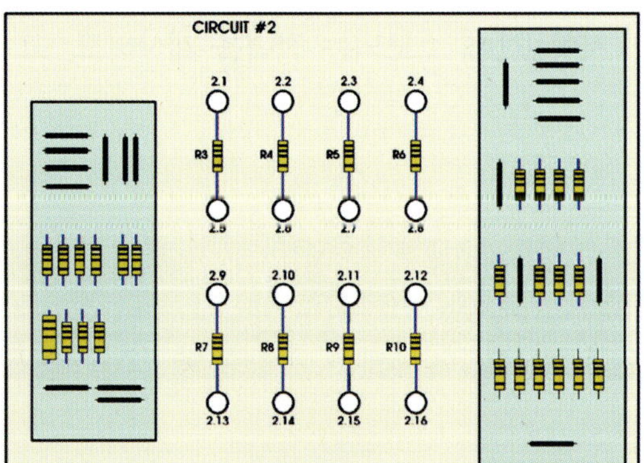

그림 11

① 저항 R3에서 R10까지의 4밴드의 색을 관찰하고, 그것들을 표 7에 기록하시오. 그리고 그들의 표시값과 허용오차를 판별하시오.

② 각 저항별로 저항 범위의 상한과 하한을 계산하고 이것을 표 7에 기록하시오.

[표 7]

Resistor & Connections	Band 1	Band 2	Band 3	Band 4	Resistance			
					Coded Value	Lower Limit	Upper Limit	Measured
R3 2.1 & 2.5								
R4 2.2 & 2.6								
R5 2.3 & 2.7								
R6 2.4 & 2.8								
R7 2.9 & 2.13								
R8 2.10 & 2.14								
R9 2.11 & 2.15								
R10 2.12 & 2.16								

③ 멀티미터를 적절한 저항범위에 놓고 각 저항의 값을 측정하시오. 그리고 그 값들을 표 7에 기록하시오.

색 코드에서 판별한 값과 측정값을 비교하시오. 각 저항이 그것의 지정된 허용오차 범위 안에 있는지 확인하시오(즉, 실제 측정한 저항값이 허용오차의 상한과 하한 사이에 있는지 확인하시오).

예제

8. 허용오차 범위 안에 있는 저항의 개수를 기록하시오.
9. 여러분의 결과 표중에 저항 R4의 색 코드값을 기록하시오.
10. 여러분의 결과 표중에 저항 R10의 색 코드값을 기록하시오.

이 장에서 여러분은 다양한 색 코드가 있는 저항들을 읽고 실제의 측정값과 비교하는 실험도 해보았다.

1.5 직렬로 연결된 저항

학습목표

① 직렬로 연결된 저항들의 총 저항값
② 키르히호프의 전압 법칙(Kirchoff's Voltage Law)
③ 전압의 분할을 위해 저항을 사용할 때 저항의 연결방법

필요한 장비

① D3000 1.1 DC Circuit-1 모듈의 Circuit #3
② 연결고리(shorting link)와 2~4mm 연결잭(adaptor)
③ DC 0~20V, 0~20mA의 DC 범위와 2kΩ과 20kΩ의 저항 범위를 가진 멀티미터(Multimeter)

[1] 직렬로 연결된 저항들의 등가저항

① 그림 12와 같이 연결고리(shorting link)를 연결한다.

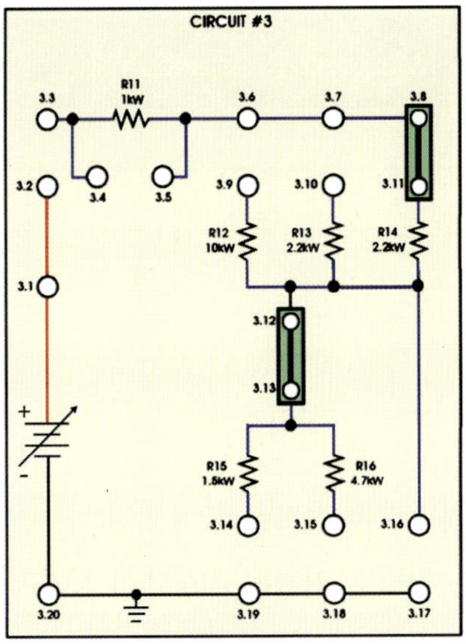

그림 12

② 저항 R11~R16의 저항값을 저항계를 적절한 소켓에 연결해 측정하시오. 그리고 그 값을 표 8에 기록하시오.

[표 8]

Resistor	R11	R12	R13	R14	R15	R16
Measured Resistance						

③ 직렬로 연결된 저항 R11과 R14의 값을 저항계를 소켓 3.3과 3.16에 연결해 측정해 표 9에 기록하시오. 표 9에 기록된 두 저항값을 이용해 예상 등가저항을 식 RT = R11 + R14를 이용해 계산하시오. 그 값을 표 9에 기록하시오.

④ 위의 과정을 표 9에 있는 저항들의 각 조합별로 위의 과정을 반복한다. 이때 저항계를 각 조합에 맞게 적절한 소켓에 연결해서 측정하시오. 또한 각 저항들의 조합의 합을 표 8에 있는 측정값을 이용해 계산하시오. 그리고 그 값을 표 9에 기록하시오.

[표 9]

Resistors in Series	Measured Resistance	Calculated Resistance from Table 5.1
R11, R14		
R13, R15		
R12, R16		
R11, R13, R15		
R11, R14, R16		

계산된 값과 측정된 값이 일치하는가?

만약 그렇다면, 여러분은 직렬로 연결된 저항에서 등가저항은 각각의 저항값들의 합이라는 것을 알게 되었다.

예제

11. 표 9의 마지막 줄에 있는 저항(R11, R14, R16)의 측정된 값을 소수 첫 번째 자리까지 입력하시오.

12. 표 9의 마지막 줄에 있는 저항(R11, R14, R16)의 계산된 값을 소수 첫 번째 자리까지 입력하시오.

[2] 직렬로 연결된 저항들을 이용한 전압의 분할

그림 13은 직렬로 연결된 3개의 저항을 보여준다. 전류 I는 각 저항을 통과할 때 동일한 값이며 전압은 R_1 을 통과할 때 V_1 만큼, R_2 를 통과할 때 V_2 만큼 R_2 를 통과할 때 V_3 만큼의 전압강하가 생긴다. 이 회로는 전위 분압기(potential divider)로서 작용한다. 이는 공급전압이 몇 개의 전위차 혹은 전압강하로 나누어지기 때문이다.

전위차(potential difference-pd)는 저항 양끝의 전위의 차이를 말한다.

$$V = V_1 + V_2 + V_3$$

전압강하의 총합은 공급전압 V와 같다.

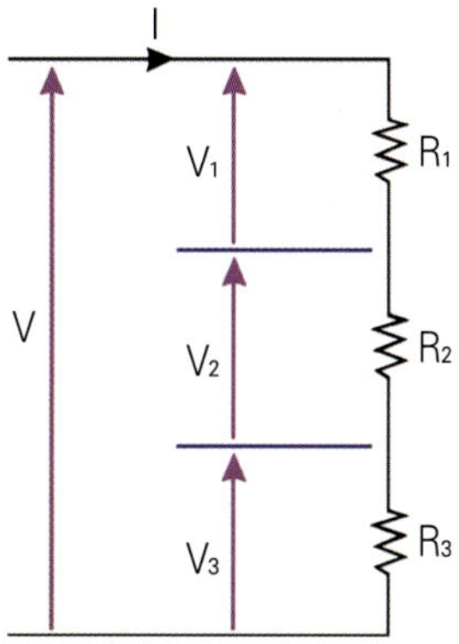

그림 13

[3] 키르히호프의 전압법칙(Kirchoff's Voltage Law)

"폐회로(closed circuit)에서 전압강하의 합은 인가된 전압과 같다."

직렬로 연결된 회로에서 각 저항에서 일어나는 전압강하를 계산할 수 있다. 또한 총 회로의 저항의 합은 다음과 같다.

$$R_T = R_1 + R_2 + R_3$$

그리고 공급전류 I는 각 저항에서 같다. 그러므로 옴의 법칙(Ohm's law)을 적용하여 다음과 같이 표현할 수 있다.

$$V = I \times R_T$$

$$V_1 = I \times R_1$$
$$V_2 = I \times R_2$$
$$V_3 = I \times R_3$$

[4] 직렬회로에서 전압과 전류

① 모듈의 전원 공급장치 스위치를 OFF로 하고, 그림 14와 같이 연결고리(shorting link)로 회로를 연결한다. 이는 저항 R11, R14, R15를 전원 공급장치에 직렬로 연결하는 것이다.

② 멀티미터의 범위를 DC 20V에 놓고 3.1과 3.20에 연결하시오.

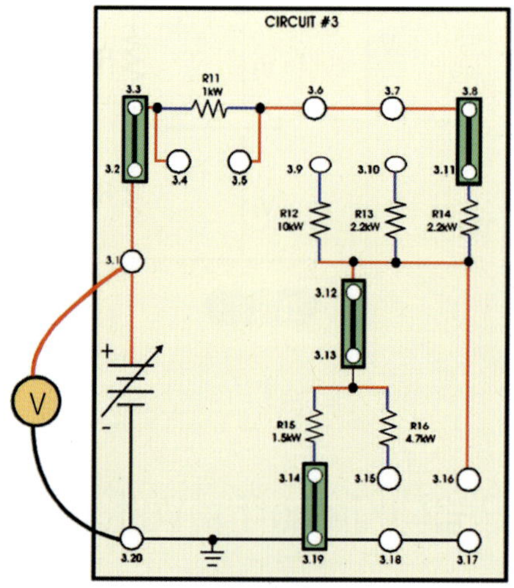

그림 14

여러분이 구성한 회로는 그림 15로 간략화할 수 있다.

③ 모듈의 전원 스위치를 ON으로 하고, 전압을 10V로 맞춘다.

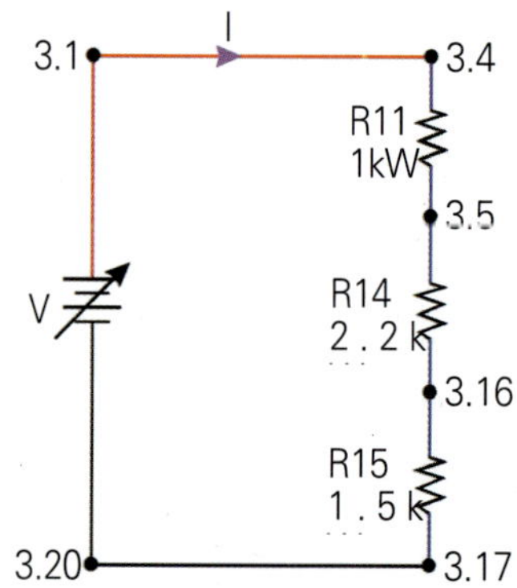

그림 15

(1) 전압측정

① 저항 R11, R14, R15에서 일어나는 전압강하를 측정하고 그 값을 표 10에 기록하시오.

[표 10]

Supply Voltage connections 3.1 & 3.20	Voltage drop across R15 connections 3.16 & 3.17	Voltage drop across R14 connections 3.5 & 3.16	Voltage drop across R11 connections 3.4 & 3.5	Sum of voltage drops R15, R14 R11
10V				

※ 위에 주어진 소켓의 번호는 단지 도움을 위한 것이다. 이 소켓과 연결된 어느 소켓이든지 전압 측정을 위해서 사용할 수 있다.

얻어진 결과를 주의해 살펴보시오. 공급전압의 분압은 회로의 각 저항값에 비례한다는 것을 알 수 있을 것이다. 저항값이 가장 큰 저항 R14에서 전압의 강하가 가장 크고, 저항값이 가장 적은 저항 R11에서 전압의 강하가 가장 적은 것을 볼 수 있다.

예제

13. 결과표에서 저항 R11에서의 전압강하를 소수 첫 번째 자리까지 기록하시오.

이 회로에서 전압강하의 합에 키르히호프의 법칙이 적용되었는지 확인하시오.

(2) 전류측정

① 소켓 3.2와 3.3 사이의 연결고리를 제거하시오.

② 멀티미터를 DC 20mA의 범위에 놓고 소켓 3.2와 3.3에 연결하시오. 이때 +극을 3.2에 연결한다. 멀티미터가 회로의 전류를 나타낼 것이다. 이 값을 표 11에 기록하시오.

③ 멀티미터를 제거하고, 다시 연결고리를 소켓 3.2와 3.3 사이에 연결하시오.

[표 11]

Current between sockets			
3.2 & 3.3 Supply	3.2 & 3.3	3.12 & 3.13	3.14 & 3.19

④ 나머지 세 개의 연결고리(shorting link)를 번갈아 가며 위의 과정을 반복하여 전류를 측정하시오. 그리고 그 값을 표 11에 기록하시오.

옴의 법칙(Ohm's Law)을 이용하여 다음에 따라 각 저항에서의 측정된 전압강하를 확인하시오.

(1) 저항 R15에서의 전압강하

V15 = I × R15 = ... × .... = V

(2) 저항 R14에서의 전압강하

V14 = I × R15 = ... × .... = V

(3) 저항 R11에서의 전압강하

V11 = I × R11 = ... × .... = V

여기에서 I는 공급전류이다.
이 계산된 값들이 표 11의 측정된 값과 일치하는가?
다음을 계산하시오

V11 + V14 + V15 = V

이 합계가 공급전압과 같아야 한다.

다음을 계산하시오.

$$R_T = R11 + R14 + R15 = k\Omega$$

위 값을 이용하여 다음을 계산하시오.

$$V = I\ R_T = V$$

여기서 I는 공급전류이다.

이 계산값과 공급전압이 일치하는가?

이 계산값과 공급전압이 같아야 한다.

이 장에서 여러분은 직렬로 연결된 총 저항은 개개의 저항들의 합과 같다는 것을 배웠다. 이것을 증명하기 위해 몇 개의 직렬로 연결된 저항들을 측정과 계산을 통해 실험을 해보았다. 또한 여러분은 이 장에서 직렬로 연결된 저항이 공급전압을 분할하게 된다는 것을 배웠다. 두 번째 실험은 공급전압을 몇 개의 전압으로 분압시키는 직렬 연결된 저항의 응용을 보여준다.

1.6 병렬로 연결된 저항

학습목표

① 병렬로 연결된 저항들의 총 저항값

② 키르히호프의 전류 법칙(Kirchoff's Current Law)

③ 병렬회로의 각 가지(branch)에 인가되는 상대전압

④ 병렬회로의 각 가지에 흐르는 전류들 사이의 관계

필요한 장비

① D3000 1.1 DC Circuit-1 모듈의 Circuit #3

② 연결고리(shorting link)와 2~4mm 연결잭(adaptor)

③ DC 0~20V, 0~20mA의 DC 범위와 2kΩ과 20kΩ의 저항범위를 가진 멀티미터(Multimeter)

[1] 병렬로 연결된 회로저항들의 등가저항

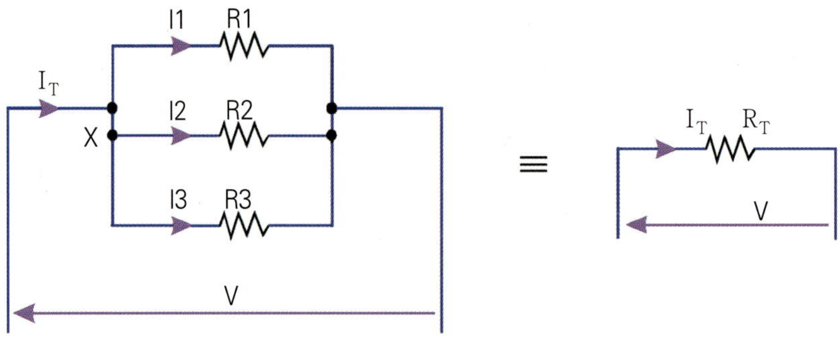

그림 16

그림 16은 세 개의 저항 R1, R2, R3가 병렬로 연결되어 있는 것을 보여준다. 그리고 이 세 저항과 같은 값을 가지는 등가저항을 저항 R_T로 나타내었다. 공급전류 I_T는 I1, I2, I3의 세 개의 전류로 나누어진다.

$$I_T = I1 + I2 + I3$$

위 식을 키르히호프의 전류법칙(Kirchoff's Current Law)이라고 한다.

[2] 키르히호프의 전류법칙(Kirchoff's Current Law)

"회로의 한 점으로 유입되는 전류의 합과 그 점에서 유출되는 전류의 합은 같다." 이 법칙은 그림 16에 X로 표기된 점을 살펴봄으로써 설명할 수 있다.

점 X로 유입되는 전류 = I_T

점 X에서 유출되는 전류 = I1 + I2 + I3

따라서 I_T = I1 + I2 + I3이다.

그림 16에서 세 저항 모두에 전압 V가 인가되고 있는 것을 알 수 있다. 따라서 위 식에 옴의 법칙(Ohm's Law)을 적용해 보면 다음과 같다.

$$\frac{V}{R_T} = \frac{V}{R1} = \frac{V}{R2} = \frac{V}{R3}$$

그러므로 병렬로 연결된 저항들의 총 저항은 다음과 같다.

$$\frac{1}{R_T} = \frac{1}{R1} = \frac{1}{R2} = \frac{1}{R3}$$

병렬로 연결된 저항이 두 개인 경우에는

$$\frac{1}{R_T} = \frac{1}{R1} + \frac{1}{R2} = \frac{R1 + R2}{R1 \times R2}$$

$$R_T = \frac{R1 \times R2}{R1 + R2}$$

이 방정식은 다음과 같이 표현할 수 있다.

$$R_T = \frac{\text{두저항의곱}}{\text{두저항의합}}$$

[3] 병렬회로 연결된 저항들의 등가저항

① 표 8에 기록되어 있는 저항 R12에서 R16까지의 값을 다시 살펴보고, 그 값을 표 12에 기록하시오. 필요한 경우 그 값들을 다시 측정하시오.

② 네 개의 연결고리(shorting link)를 그림 17과 같이 CIRCUIT #3에 연결하시오. 이것은 저항 R13과 R14, 저항 R15와 R16을 효과적으로 병렬로 연결하게 된다.

③ 저항계를 소켓 3.5와 3.16에 연결함으로써 병렬로 연결된 저항 R13과 R14의 저항을 측정하고, 소켓 3.13과 3.17에 연결해서 병렬로 연결된 저항 R15와 R16의 저항을 측정하시오. 그 값들을 표 12에 기록하시오.

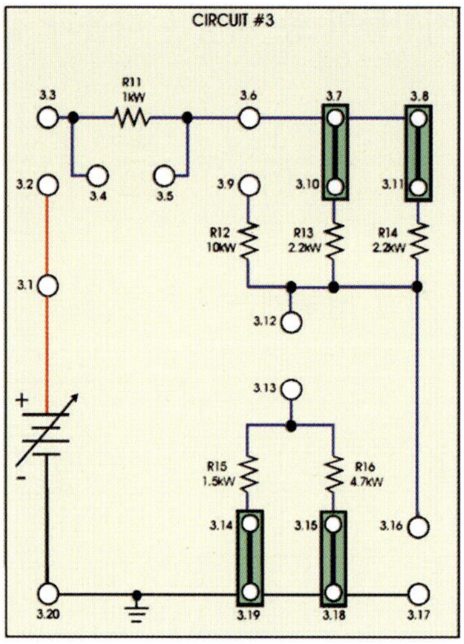

그림 17

[표 12]

Resistor	R12	R13	R14	R15	R16
Measured Resistance					

Resistors in Parallel	Measured Resistance	Calculated Resistance
R13, R14		
R15, R16		
R12, R13, R14		

④ 이제 소켓 3.6과 3.9 사이에 연결고리를 연결하시오. 이것은 저항 R12와 R13과 R14를 효과적으로 병렬로 연결할 것이다. 다시 소켓 3.5와 3.16 사이의 저항을 측정하고 이것을 표 12에 기록하시오.

⑤ 개별적으로 측정된 저항의 값들을 이용하여 등가저항을 계산해서 표 12에 기록하시오.

예제

14. 결과 테이블에서 병렬로 연결된 저항 R12, R13, R14의 측정 저항값을 기록하시오.

15. 결과 테이블에서 병렬로 연결된 저항 R12, R13, R14의 계산 저항값을 기록하시오.

여러분의 결과를 살펴보라. 병렬로 연결된 저항들의 측정된 저항값과 계산된 저항값이 같아야 한다. 같은 값을 가지는 두 개의 저항이 병렬로 연결되어 있다면 그것들의 등가저항 R_T는 항상 저항 하나의 절반이다.

[4] 병렬회로에서 전압과 전류의 관계

① 모듈의 전원공급 스위치를 OFF로 하고, 그림 18과 같이 회로를 연결하시오. 이 회로는 병렬로 연결된 저항 R12, R13, R14를 가변전원에 연결한 것이다.

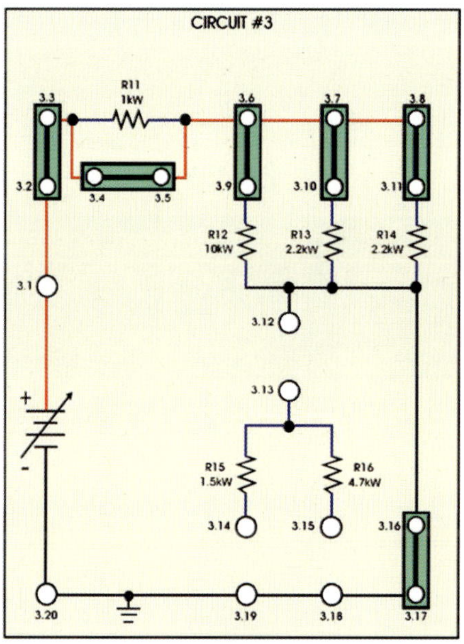

그림 18

그림 19는 간략히 다음과 같이 연결되어 있다.

② 멀티미터의 범위를 DC 20V에 놓고, 모듈의 전원공급 스위치를 ON으로 하고 공급 전압을 10V에 맞춘다.

③ 저항 R12, R13, R14 각각에 인가된 전압을 측정하시오. 각 경우의 전압이 공급전압과 같을 것이다.

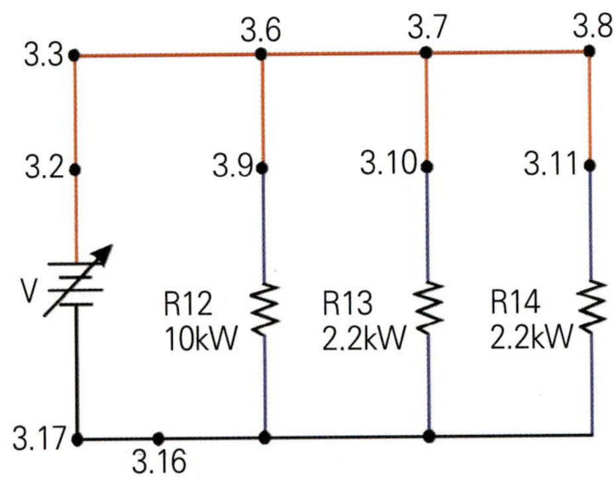

그림 19

④ 멀티미터의 범위를 20mA에 놓고, 한 번에 하나씩의 연결고리(shorting link)를 분리한 후 멀티미터를 연결하고 각 부분에 흐르는 전류를 측정하시오. 그 값들을 표 13에 기록하시오.

[표 13]

Voltages				Currents Between Sockets				Sum of currents through R12, R13 & R14
Supply (V)	Across R12	R13	R14	3.2 & 3.3 Supply	3.2 & 3.3 R12	3.2 & 3.3 R13	3.2 & 3.3 R14	
10V	10V	10V	10V					

예제

16. 표 13에서 저항 R13에 흐르는 전류를 소수 첫 번째 자리까지 기록하시오.

여러분의 결과를 관찰해 보라. 여러분은 모든 저항에 인가되는 전압이 공급전압과 같다는 것을 알 수 있을 것이다.

각 저항에 흐르는 전류들을 더하시오.

각 가지에 흐르는 전류의 합이 공급전류와 같아야 한다. – 이것이 키르히호프의 전류 법칙(Kirchoff's Current Law)이다.

옴의 법칙을 이용하여 각 저항에 흐르는 전류를 다음과 같이 계산하시오.

저항 R12에 흐르는 전류, $I12 = \dfrac{V}{R12} = \underline{\qquad\qquad} = mA$

저항 R13에 흐르는 전류, $I13 = \dfrac{V}{R13} = \underline{\qquad\qquad} = mA$

저항 R14에 흐르는 전류, $I14 = \dfrac{V}{R14} = \underline{\qquad\qquad} = mA$

이 값들을 측정된 값과 비교하시오.

이 장에서 여러분은 두 가지 실험을 해보았다.

첫 번째 실험에서는 병렬로 연결된 저항들의 등가저항을 계산하는 방법을 배웠다.

즉, $\dfrac{1}{R_T} = \dfrac{1}{R1} + \dfrac{1}{R2} + \dfrac{1}{R3}$

두 번째 실험에서는 저항들이 병렬로 연결된 회로의 특성에 대해 배웠다.

① 병렬로 연결된 저항들에서의 전압은 모두 같다.

② 분기된 전류들의 합은 공급전류와 같다.

병렬로 연결된 두 개의 저항값이 같으면, 두 저항에는 똑같은 전류가 흐른다. 같은 값이 아닌 저항이 병렬로 연결된 회로에서는, 가장 적은 값을 가진 저항에 가장 큰 전류가 흐른다.

1.7 직 · 병렬회로

학습목표

① 직 · 병렬회로에서의 전압, 전류, 저항의 계산

② 직 · 병렬회로에서 전압, 전류, 저항의 측정

필요한 장비

① D3000 1.1 DC Circuit-1 모듈의 Circuit #3

② 연결고리(shorting link)와 2~4mm 연결잭(adaptor)

③ DC 20V, 20mA의 범위와 2kΩ, 20kΩ의 저항범위를 가진 멀티미터(Multimeter)

[1] 직 · 병렬회로에서 전압, 전류, 저항의 관계를 측정

① 모듈의 전원공급 스위치를 OFF로 하고, 연결고리(shorting link)를 그림 20과 같이 회로에 연결하시오. 이는 저항 R11을 병렬로 조합된 R12, R13, R14와 직렬로 연결하고, 또 병렬로 조합된 R15, R16과도 직렬로 연결한 것이다.

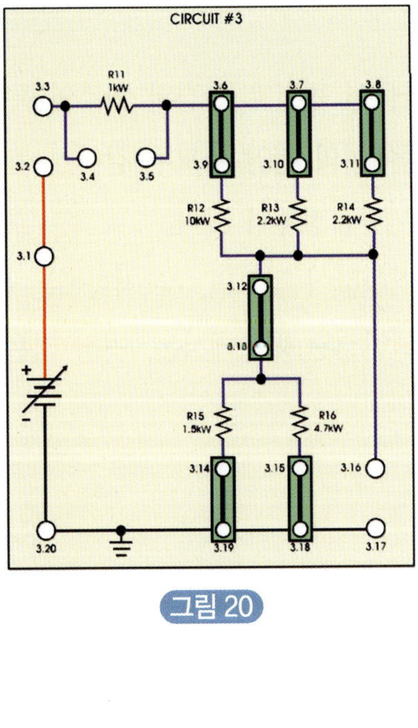

그림 20

② 멀티미터를 20kΩ의 저항범위에 놓고, 멀티미터를 소켓 3.3과 3.17에 연결해서 총 직병렬회로의 저항을 측정하시오. 또한 저항 R11, 병렬로 조합된 R12, R13, R14, 또 다른 병렬로 조합된 R15, R16을 측정하여 그 값을 표 14에 기록하시오 (이 값들을 앞의 실험에서 얻은 값을 사용하거나, 다시 측정하시오).

회로의 총 저항은 직렬로 연결된 3개의 부분(R11), (R12, R13, R14), (R15, R16)의 합과 같아야 한다.

[표 14]

RESISTANCES				
Complete circuit 3.3 &3.17	R11 3.3 &3.17	R12, R13, R14 3.3 &3.17	R15, R16 in parallel	Sum of series sections

③ 멀티미터를 회로에서 분리하시오.

④ 이제 연결고리(shorting link)를 소켓 3.2와 3.3 사이에 연결하시오. 회로가 가변 전원과 연결되었다. 그림 21은 이 회로의 다이어그램이다.

⑤ 모듈의 전원공급 스위치를 ON으로 하고, 가변전원의 전압을 10V로 맞춘다.

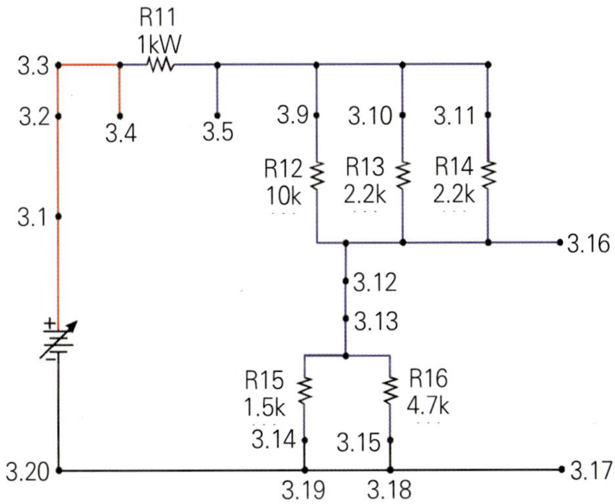

그림 21

⑥ 멀티미터를 DC 20mA의 범위에 놓고, 회로의 각 부분의 전류를 측정하고 그 값을 표 15에 기록하시오. 저항 R12, R13, R14를 통해 흐르는 전류들의 합을 계산하고, 그 값을 표 15에 기록하시오.

[표 15]

CURRENTS						
Supply & R11	R12	R13	R14	R15	R16	Sum of currents through R12, R13, R14
3.2 & 3.3	3.6 & 3.9	3.7 & 3.10	3.8 & 3.11	3.14 & 3.19	3.15 & 3.18	

예제

17. 결과 테이블에서 저항 R12, R13, R14를 통해 흐르는 전류들의 합을 기록하시오.

공급전류는 저항 R12, R13, R14를 통해 흐르는 전류들의 합과 같다.

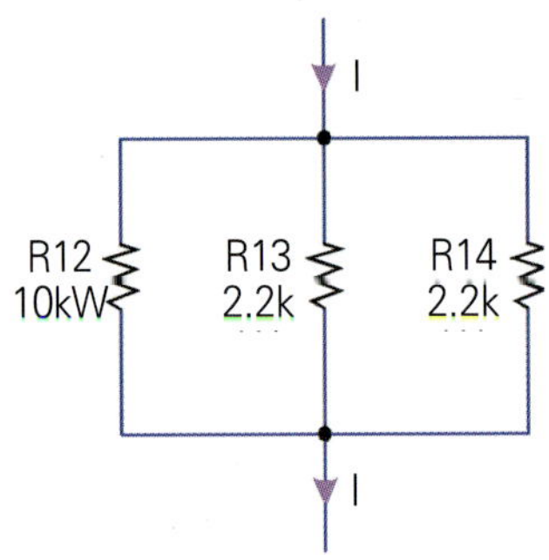

그림 22

그림 22의 회로를 살펴보시오. 공급전류가 세 개의 가지로 나누어진다. 1.6(병렬로

연결된 저항)에서 우리는 공급전류는 병렬회로를 통해 흐르는 각 전류들의 합과 같다고 배운 것을 기억하시오. 그림 22 공급전류가 병렬 연결된 가지들로 나누어진다. 공급전류는 저항 R15, R16을 통해 흐르는 전류들의 합과 같다.

결과가 그렇게 나왔는가?

공급전류가 병렬 연결된 가지들로 나누어진다는 면에서 이 진술은 그 전의 진술과 비교될 수 있다.

⑦ 회로의 각 부분의 전압을 측정하고 그 값을 표 16에 기록하시오.

[표 16]

VOLTAGES				
Supply	R11	R12, R13, R14	R15, R16	Sum of Volt Drops
3.1 & 3.20	3.4 & 3.5	3.5 & 3.16	3.16 & 3.17	

공급전압은 다른 세 전압의 합과 같다. 이것을 명확히 하기 위해 회로를 그림 23과 같이 간략히 할 수 있다. 세 개의 저항이 전원에 직렬로 연결된 등가회로로 구성할 수 있다.

그림 23에서 볼 때 공급전압은 표 16에 기록된 다른 세 전압의 합과 같다는 것을 명확히 알 수 있다. 표 15와 표 16의 값들을 이용해 다음 계산을 하시오.

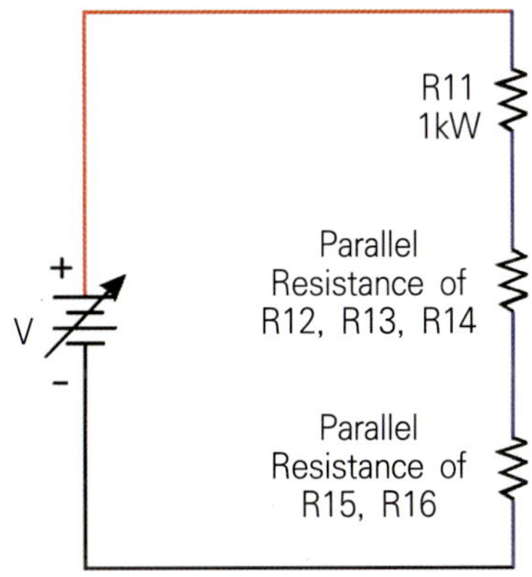

그림 23

$$회로의\ 총\ 저항 = \frac{공급전압}{공급전류} = \quad k\Omega$$

계산으로 구한 회로의 총 저항과 표 16에 있는 측정한 회로의 총 저항을 비교하시오. 이 두 값이 같아야 한다.

이 장에서는 직병렬회로를 조사하는 실험을 해보았다. 그리고 1.6(병렬로 연결된 저항)의 실험에서 배운 원칙들이 이 장에서 얻어진 결과를 검증하는데 사용되는 것을 보았다.

1.8 가변저항의 특성과 활용

학습목표

① 가변저항의 의미

② 선형성(linear)의 저항형과 대수성(logarithmic)의 저항형의 특성 차이

③ 가변 전압출력을 만들기 위해 전위차계(potentiometer)와 가변저항기(rheostat)를 연결하는 방법

④ 최대 출력전압을 제한하기 위한 직렬저항의 사용법

필요한 장비

① D3000 1.1 DC Circuit-1 모듈의 Circuit #4

② 연결고리(shorting link)와 2~4mm 연결잭(adaptor)

③ DC 20V의 범위와 2kΩ의 저항 범위를 가진 멀티미터(Multimeter)

[1] 가변저항

가변저항은 저항성 물질인 트랙(track)과 트랙과 연결되어 트랙의 전체 길이를 따라 움직일 수 있도록 되어 있는 슬라이더(slider)로 구성되어 있다. 슬라이더가 움직일

때 슬라이더와 트랙의 끝점 사이의 저항이 다양하게 변하게 되는 것이다.

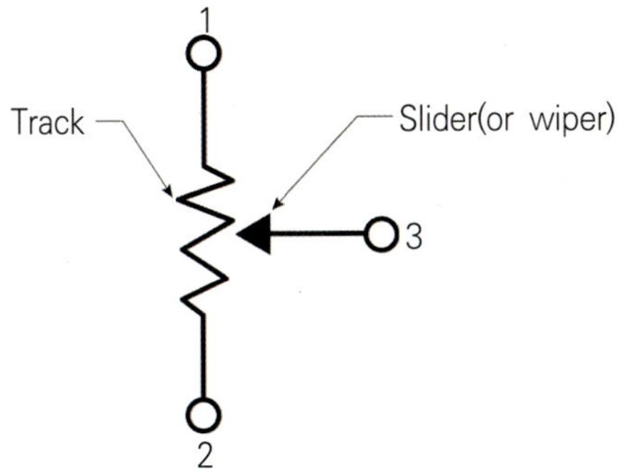

그림 24

그림 24에서 1과 2 사이에는 일정한 저항이 형성되어 있다. 슬라이더의 위치에 따라 1과 3, 2와 3 사이의 저항이 변하게 되는 것이다. 1과 3 사이의 저항이 증가하면 2와 3 사이의 저항은 그만큼 줄어들게 된다. 여기에는 두 가지 형(type)의 구조가 있다.

① 부채꼴 모양의 트랙을 가지고 있고, 슬라이더를 회전시키는 형이 있다. 이것은 CIRCUIT #4에서 사용되는 형이다.

② 직선형의 트랙을 가지고 있고, 슬라이더도 직선으로 움직이는 형이 있다. 또 두 가지 형의 트랙저항(track resistance)의 특성이 있다.

　㉠ 저항의 변화가 슬라이더의 움직임에 비례하는 선형(linear)의 트랙이 있다.

　㉡ 저항의 변화가 슬라이더의 움직임에 비례하지 않는 대수성(logarithmic)의 트랙이 있다.

대수적인 가변저항에서는 슬라이더가 반도 움직이지 않을 때 트랙저항이 반이 된다. 즉, 비선형적인 비율로 변한다.

(1) 가변저항에서 제어판의 위치변화를 통한 저항의 변화

① 가변저항기의 조절손잡이를 완전히 반시계방향으로 돌려놓는다.

② 소켓 4.5와 4.7, 소켓 4.5와 4.6, 소켓 4.6과 4.7 사이의 저항을 측정하고, 그 값들을 표 17에 기록하시오.

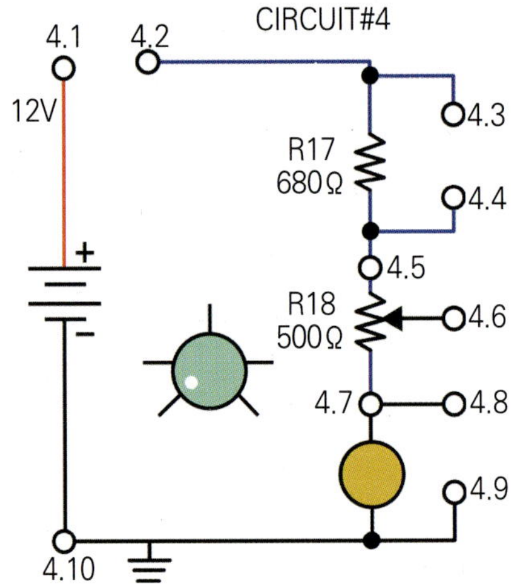

그림 25

[표 17]

Control setting	Resistance between sockets		
	4.5 & 4.7	4.5 & 4.6	4.6 & 4.7
Counter CW			
1/4			
1/2			
3/4			
Clockwise			

③ 가변저항기의 조절손잡이를 1/4, 1/2, 3/4 그리고 완전히 시계방향으로 돌렸을 경우에 따라 위의 과정을 반복하시오. 그리고 그 값들을 표 17에 기록하시오.

모든 경우에 소켓 4.5와 4.7 사이의 저항은 항상 같은 값을 가져야 한다. 이것이 총 트랙 저항으로서, 제조회사의 표기저항인 500Ω이어야 한다. 그러나 이 값과 측정한 값 사이에 적잖은 차이가 있다는 것을 발견할 것이다. 왜냐하면 가변저항의 허용오차가 ±20%이기 때문이다. 그리고 소켓 4.5와 4.6, 소켓 4.6과 4.7 사이의 저항값은 가변저항기의 조절손잡이를 움직임에 따라 변한다는 것을 알 수 있다.

④ 소켓 4.6과 4.7 사이를 측정한 값을, 가변저항기의 조절손잡이 위치에 대한 저항의 특성 그래프로 다음에 주어진 축 위에 나타내시오.

⑤ 같은 그래프 위에 이번에는 소켓 4.6과 4.7 사이를 측정한 값의 특성 그래프로 나타내시오.

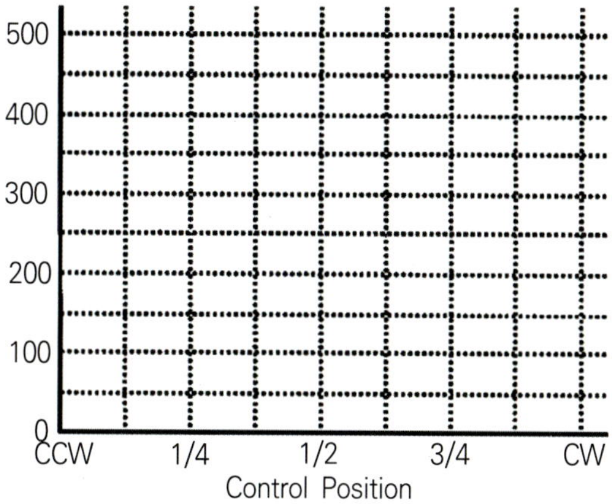

Resistance of a variable resistor against control position

두 번째 그래프는 첫 번째 그래프와 역으로 나타난다. 첫 번째 그래프가 제어판의 위치에 따라 저항이 증가하는 반면에, 두 번째 그래프는 같은 양만큼 줄어든다.
슬라이더(slider)는 트랙(track)저항을 나누는 역할을 한다.
그림 26에서

총 트랙저항 R = Ra + Rb

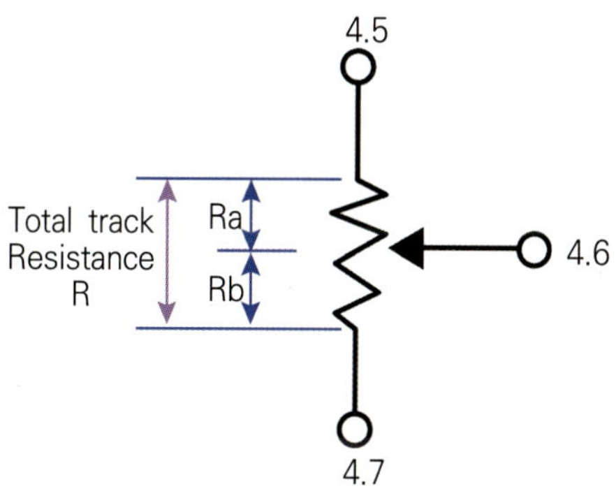

슬라이더가 트랙의 저항을 두 부분으로 나눈다.

그림 26

[2] 가변 전압출력을 만들기 위한 가변저항의 사용

그림 27(a)는 전위차계(potentiometer)의 연결을 보여준다. 출력전압은 0부터 입력 전압의 값까지 다양하게 변화될 수 있다. 그림 27(b)는 변항기(rheostat)의 연결을 보여준다.

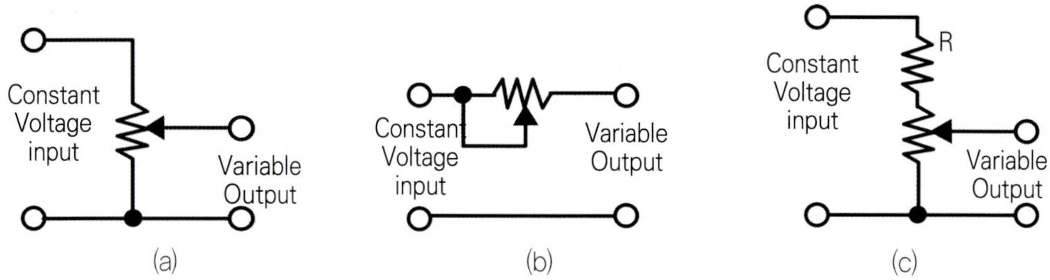

그림 27

출력전압은 특정한 최저값(이 값은 연결된 부하저항의 값과 가변저항의 값에 달려있다)부터 입력전압의 값까지 다양하게 변화될 수 있다. 그림 27(c)는 가변 출력전압의 최대값을 제한하기 위해 직렬로 연결된 저항 R의 사용을 보여준다.

(1) 전위차계(Potentiometer)를 이용한 가변 출력전압

① 모듈의 전원공급 스위치를 OFF로 하고, 연결고리(shorting link)와 멀티미터를 그림 28과 같이 연결하시오. 이때 저항의 제어판을 완전히 반시계방향으로 돌려놓고 멀티미터는 DC 20V의 범위에 맞춰야 한다.

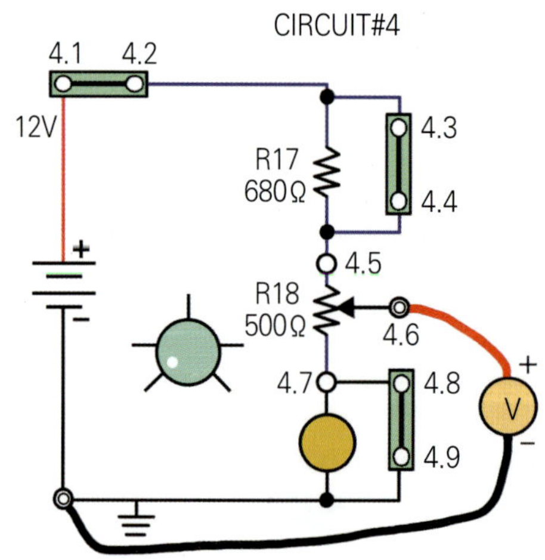

그림 28

② 모듈의 전원공급 스위치를 ON으로 하고, 소켓 4.6과 4.10 사이의 출력전압을 측정하여 표 18에 기록하시오.

③ 저항의 제어판을 각각 1/4, 1/2, 3/4 그리고 완전히 시계방향으로 돌렸을 때의 출력전압을 측정하여 표 18에 기록하시오.

[표 18]

Control setting	OUTPUT VOLTAGE(volts)	
	R17 shorted	R17 in circuit
Counter CW		
1/4		
1/2		
3/4		
Clockwise		

④ 이제 소켓 4.3과 4.4 사이의 연결고리를 제거하여 저항 R17과 가변저항 R18이 직렬로 연결되게 하시오.

⑤ 다시 위의 과정들을 반복하여 그 값들을 표 18에 기록하시오.

R17이 단락(short)되어 있는 회로에서는 출력전압은 입력전압의 범위 안에서 변화를 보인다. R17이 연결되어 있는 회로에서는 최대 출력전압이 제한된다.

예제

18. 결과 테이블 중에 R17이 연결되어 있는 회로에서 완전히 시계방향으로 돌렸을 때의 출력전압의 값을 소수 첫 번째 자리까지 기록하시오.

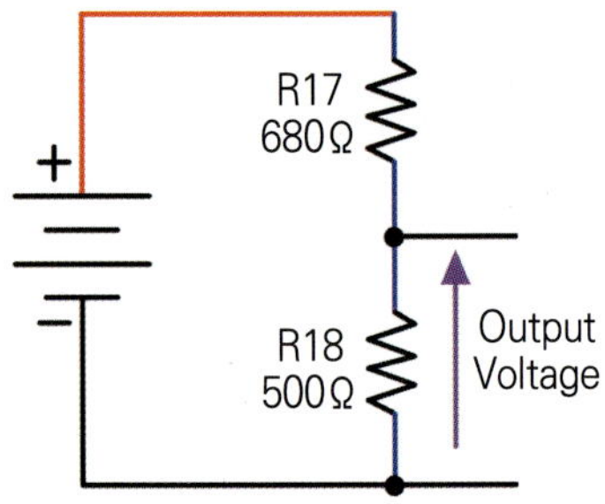

그림 29

그림 29는 저항의 제어판을 완전히 시계방향으로 돌렸을 때의 회로도를 보여준다. 그림 29 저항 R17이 연결되고 R18이 완전히 시계방향으로 돌려진 전위 분할기(potential divider) 저항 R17이 연결되어 있는 회로에서 예상되는 최대 출력전압을 계산하시오. 저항 R18의 총 저항값은 실험에서 얻은 값을 사용하시오.

예제

19. 계산한 최대 출력전압을 소수 첫 번째 자리까지 기록하시오.

계산으로 구한 최대 출력전압과 측정한 최대 출력전압(R17이 연결되어 있고, 완전히 시계방향으로 돌렸을 때)을 비교하시오.

이 장에서 여러분은 가변저항과 그것의 다양한 연결에 대해서 배웠다. 첫 번째 실험에서는 선형적인 가변저항의 특성을 알아보았다. 그리고 두 번째 실험에서는 직렬로 연결된 저항이 어떻게 최대 출력전압을 제한하는가에 대해서 배웠다.

1.9 가변저항을 활용한 램프(lamp)의 제어

학습목표

① 램프(lamp)의 특성

② 램프회로에서 소모되는 전력의 계산

③ 램프 밝기의 제어방법

필요한 장비

① D3000 1.1 DC Circuit-1 모듈의 Circuit #4

② 연결 고리(shorting link)와 2~4mm 연결잭(adaptor)

③ DC 20V 범위를 가진 멀티미터(Multimeter)

[1] 램프에서의 전류 · 전압의 특성

이 회로의 다이어그램은 그림 30과 같다.

① 모듈의 전원공급 스위치를 OFF로 하고, 연결고리(shorting link)와 멀티미터를 그림 30과 같이 연결하시오. 멀티미터를 DC 20V의 범위에 놓고 가변저항 R18의 손잡이를 완전히 반시계방향으로 돌려놓는다.

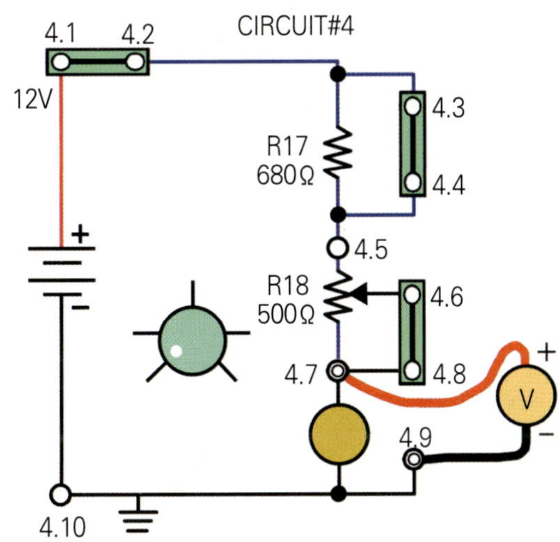

그림 30

② 모듈의 전원공급 스위치를 ON으로 하고, 전압계를 읽고 그 값을 표 19에 기록하시오. 이 값은 램프에 인가된 전압이다.

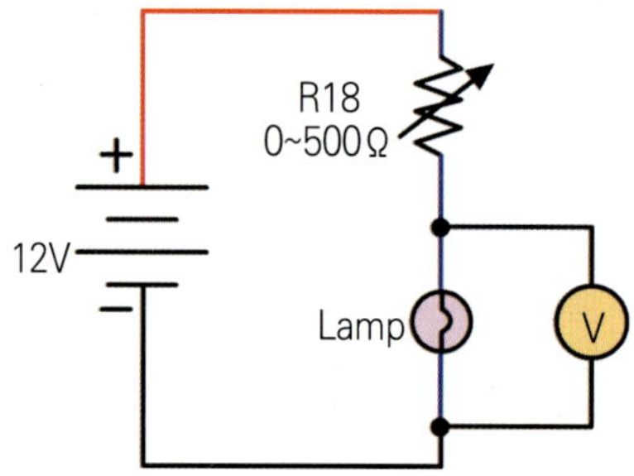

그림 31

③ 이제 저항의 제어판을 1/4, 1/2, 3/4 그리고 완전히 시계방향으로 돌렸을 때의 각 전압의 값을 읽고 표 19에 기록하시오.

④ 각 경우에 램프를 통해 흐르는 전류를 측정하고 기록하시오(소켓 4.1과 4.2에 전류계를 연결한다).

[표 19]

Control setting	Lamp Voltage	Lamp Current	Lamp Power
Counter CW			
1/4			
1/2			
3/4			
Clockwise			

제어판이 시계방향으로 회전될 때, 램프의 밝기도 증가하는 것을 볼 수 있을 것이다.

⑤ 램프 전압에 대한 램프 전류의 그래프를 표를 이용해서 다음에 주어진 축 위에 그리시오.

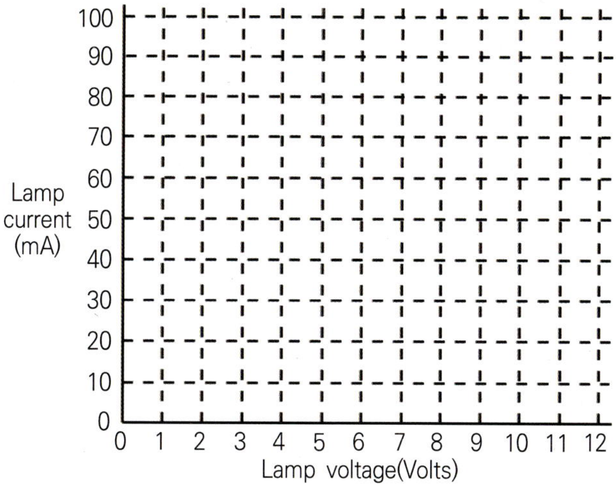

Lamp current/voltage graph

이 그래프는 비선형적(non linear)으로 그려진다. 즉, 연결한 점들이 직선이 되지 않는다. 여러분이 그린 그래프를 확인하시오. 전류가 전압에 비례하지 않기 때문인데, 이 사실은 램프의 저항이 일정하지 않고 전류의 흐름에 따라 변한다는 것을 보여준다.

⑥ 소켓 4.1과 4.2 사이의 연결고리를 제거하시오. 그런 뒤 램프의 열이 식도록 하시오. 이제 저항계를 소켓 4.7과 4.9에 연결하여 램프의 오프로드(off-load) 저항을 구하시오.

램프의 오프로드(off-load) 저항 = Ω

표 17에 기록된 완전히 시계방향으로 돌렸을 때의 전압과 전류의 측정값들을 이용하여 풀 로드(full-load) 저항을 구하시오.

$$\text{램프의 풀 로드(full-load) 저항} = \frac{V}{I}$$

램프의 풀 로드(full-load) 저항 = Ω

예제

20. 램프의 풀 로드 저항을 기록하시오.

오프로드 저항과 풀 로드 저항을 비교하시오.

두 값이 서로 다른데, 이것은 램프의 저항이 일정하지 않다는 사실을 확인시켜 준다. 결과에서 풀 로드 저항이 오프로드 저항보다 더 높다는 것을 알 수 있다.

⑦ 멀티미터를 회로에서 분리하고, 소켓 4.1과 4.2 사이에 연결고리를 다시 연결하시오.

[2] 램프회로에서 소모되는 전력

① 실험의 표 19에 있는 전압과 전류의 값을 이용하여, 램프에서 소모되는 전력을 가변저항 제어판의 각 위치마다 계산하시오. 그 값들을 표 19에 기록하시오.

램프 전력 = 램프 전압 × 램프 전류

예제

21. 가변저항기 손잡이의 위치가 1/2일 때, 램프 전력을 기록하시오.

램프 전력 = mW

가변저항의 제어판이 시계방향으로 회전하면 램프의 전력은 증가하고 램프는 더 밝아진다. 즉, 램프에서 소모되는 전력이 빛으로 바뀌는 것이다. 소모되는 전력이 빛으로만 바뀌는 것은 아니다. 램프는 또한 전력을 열로도 소모한다.

② 램프의 밝기가 최대가 되도록 가변저항의 제어판을 조정한다. 약 1분 후 램프를 만져보면 램프가 따뜻하다는 것을 알 수 있다. 이것은 램프에서 소모되는 전력 중의 일부가 열로서 소모되고 있는 것이다. 사실 소모되는 전력의 대부분이 열로서 소모된다. 따라서 이 램프는 빛을 내는 면에서는 별로 효율적이지는 못하다.

제어판의 위치를 1/2에 놓았을 때 전원에서의 전력을 계산하시오.

전원에서의 전력 = 전원 전압×램프 전류= 12V×램프 전류

제어판이 1/2일 때의 램프 전류는 표 19에 있다.

예제

22. 제어판의 위치가 1/2일 때, 계산으로 구한 전원에서의 전압을 기록하시오.

전원에서의 전력 = mW

제어판의 위치가 1/2일 때, 램프 전력과 계산으로 구한 전원에서의 전력을 비교하시오. 램프 전력이 전원에서의 전력보다 적다는 것을 알 수 있다. 이것은 가변저항에서도 전력을 소모하고 있기 때문이다.

총 전력 = 램프 전력 + 가변저항 전력
여기에서 가변저항 전력 = $I^2 \times R$

저항 R은 변항기(rheostat)로서 연결된 가변저항 R18이 1/2의 위치로 맞추어져 있을 때의 저항값이다.

③ 소켓 4.1과 4.2 사이의 연결고리를 제거하고 제어판을 1/2에 맞춘 후, 저항계를 소켓 4.5와 4.7에 연결하여 R18의 저항을 측정하시오.
④ 저항계를 분리하고 다시 연결고리를 소켓 4.1과 4.2 사이에 연결하시오.

표 19에 기록된 제어판을 1/2에 맞추었을 때의 저항값과 전류값을 이용하여, 가변저항에서 소모되는 전력을 계산하시오.

가변저항 전력 = mW

다음을 계산하시오.

총 전력 = 램프 전력 + 가변저항 전력

총 전력= mW

총 전력과 앞에서 구한 전원에서의 전력을 비교하시오. 두 값은 대충 같아야 한다. 이것은 전원에서의 전력은 저항에서 소모되는 전력과 램프에서 소모되는 전력의 합과 같다는 것을 보여준다.

이 장에서 우리는 램프의 밝기를 가변저항으로 제어할 수 있다는 것을 배웠다. 그리고 램프의 저항은 흐르는 전류에 따라 변한다는 것을 알았다. 또 램프는 전력을 빛과 열의 형태로 발산한다는 것도 알았다.

1.10 직·병렬회로의 연습

학습목표

① 직렬, 병렬회로에서 전압, 전류, 저항을 구하기 위한 옴의 법칙(Ohm's Law)의 적용

② 전원에서 전력과 그것의 소모를 계산

필요한 장비

① D3000 1.1 DC Circuit-1 모듈의 Circuit #5

② 연결고리(shorting link)와 2~4mm 연결잭(adaptor)

③ DC 20V, AC 20mA 범위를 가진 멀티미터(Multimeter)

[1] 전압과 전류의 측정과 옴의 법칙(Ohm's Law)을 적용해서 회로의 저항값을 결정하기

이 실험에서 우리는 저항 R19, R20, R21의 값을 결정하기 위해 전압과 전류를 측정하고 옴의 법칙(Ohm's Law)을 적용하는 방법을 배우게 된다.

① 모듈의 전원공급 스위치를 OFF로 하고, 연결고리(shorting link)와 멀티미터를 그림 32와 같이 연결하시오. 이때 멀티미터의 범위를 DC 20V에 놓는다.

② 모듈 전원공급 스위치를 ON으로 하고, 출력전압을 10V로 맞춘다.

③ 멀티미터를 이용하여 각 저항에 인가되는 전압의 값을 측정하여 표 20에 기록하시오.

④ 멀티미터를 회로에서 분리하시오.

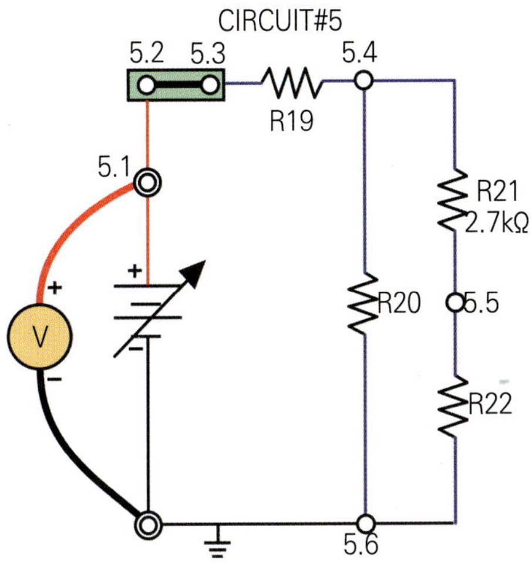

그림 32

⑤ 이제 소켓 5.2와 5.3 사이의 연결고리를 제거하고, 멀티미터의 범위를 DC 20mA의 범위에 맞추어 소켓 5.2와 5.3에 연결하시오(이때 멀티미터의 +를 소켓 5.2에 연결한다). 그런 뒤 전원에서 나오는 전류를 측정하고 그 값을 표 20에 기록하시오.

[표 20]

VOLTAGES					Supply Current
Supply	R19	R20	R21	R22	
5.1 & 5.7	5.1 & 5.4	5.4 & 5.6	5.4 & 5.5	5.5 & 5.6	5.2 & 5.3

(1) 저항 R19의 결정

저항 R19를 다음의 식으로 계산하시오.

$$R19 = \frac{R19의\ 전압}{전원\ 전류} = \frac{V}{mA}$$

$$R19 = \Omega$$

예제

23. 계산으로 구한 R19의 값을 기록하시오.

(2) 저항 R22의 결정

$$R22 = \frac{R22의\ 전압}{R22의\ 전류}$$

R22의 저항을 결정하기 위해서는 R22를 통해 흐르는 전류를 알아야 한다. R22를 통해 흐르는 전류는 R21를 통해 흐르는 전류와 같다. R21의 저항과 전압을 알고 있으므로 전류도 알 수 있다.

$$R22의\ 전류 = R21의\ 전류 = \frac{R21의\ 전압}{R21의\ 전류} = \frac{V}{2.7k\Omega}$$

$$R22의\ 전류 = mA$$

그러므로

$$R22 = \frac{R22의\ 전압}{R22의\ 전류} = \frac{V}{mA}$$

$$R22 = k\Omega$$

예제

24. 계산으로 구한 R22의 값을 소수 첫 번째 자리까지 기록하시오.

(3) 저항 R20의 결정

$$R20 = \frac{R20\text{의 전압}}{R20\text{의 전류}}$$

R20의 저항을 결정하기 위해서는 R20의 전류를 알아야 한다.

R20의 전류 = 전원 전류 − R21, R22의 전류

= ....mA − ....mA

R20의 전류 = mA

그러므로

$$R20 = \frac{R20\text{의 전압}}{R20\text{의 전류}} = \frac{V}{mA}$$

$$R20 = k\Omega$$

예제

25. 계산으로 구한 R20의 값을 소수 첫 번째 자리까지 기록하시오.

R19의 저항은 연결고리를 제거하고, 멀티미터를 2kΩ의 범위에 놓고 측정함으로써 알 수 있다. R20, R21, R22의 저항은 회로로부터 분리할 수 없기 때문에 회로에서 바로 측정할 수 없다. 다른 저항들이 이 값들에 영향을 미칠 수 있기 때문이다. 지금까지 얻은 결과들을 이용하여 전원에서 공급되는 전력과 각 저항에서 소모되는

전력을 구하시오. 그 값들을 표 21에 기록하시오.

[표 21]

POWER					
Delivered by Supply	R19	R20	R21	R22	Total in all resistors

전원에서 공급되는 전력 = 전원 전압 × 전원 전류

저항에서의 전력 = $VI = I^2R = V^2/R$

여기에서 : V, I, R은 각 저항에 결정된 값들이다.

각 저항에서 소모된 전력을 합하고, 그 값을 전원에서 공급되는 전력과 비교하시오. 이 값은 서로 거의 같아야 한다. 이는 각 저항에서 소모되는 전력의 합은 전원에서 공급되는 전력과 같다는 것을 보여준다.

이 실험은 직·병렬회로에서 옴의 법칙(Ohm's Law)을 적용하는 것을 보여주었다.

1.11 휘스톤 브리지(Wheatstone Bridge)와 저항 측정을 위한 활용

학습목표

① 휘스톤 브리지(Wheatstone Bridge)회로의 원리

② 평형된(balanced) 브리지

③ 평형된 브리지의 다른 값들을 통해 알려지지 않은 저항의 값을 계산

④ 알려지지 않은 저항의 값을 결정하기 위한 브리지회로의 사용

필요한 장비

① D3000 1.1 DC Circuit-1 모듈의 Circuit #6

② 연결고리(shorting link)와 2~4mm 연결잭(adaptor)

③ DC 20V, AC 2mA 범위를 가진 멀티미터(Multimeter)

[1] 휘스톤 브리지(Wheatstone Bridge)

그림 33의 회로 구성도는 네 개의 저항으로 이루어진 휘스톤 브리지회로의 구성을 보여준다. 브리지는 직렬로 연결된 두 개의 저항을 한 쌍으로 구성해 두 저항쌍을 병렬로 연결한다. DC 전원과 민감한 전류계(M)를 그림과 같이 연결한다. 저항들 중에 하나(여기에는 R3)는 가변저항이고, 값을 알 수 있도록 측정하여야 한다.

다른 두 저항들 R2, R4는 알고 있는 고정된 값을 가지고 있고, 다른 한 저항 R1은 알아내야 할 알려지지 않은 저항이다. 회로가 위와 같이 연결되어 있을 때 R3의 값은 전류계를 통해 전류가 흐르지 않도록 조정되어야 한다. 이 상태가 평형된(balanced) 상태라고 하고, 브리지가 평형되었다고 한다. 브리지회로가 평형이 되면 전류계의 양 끝에는 같은 전위(전압)가 걸려있는 것이다.

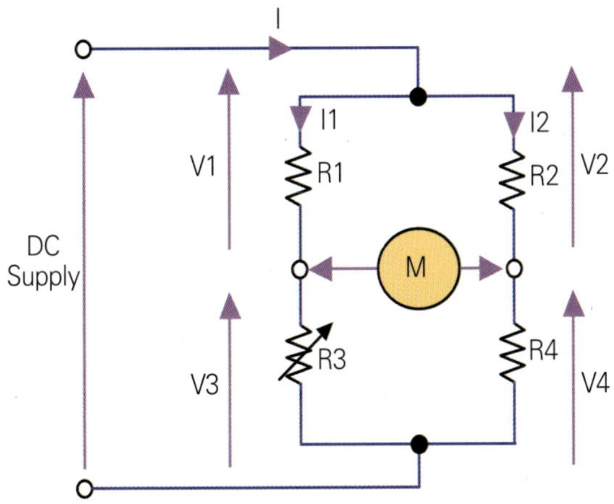

그림 33

평형된 상태에서는

① R1을 통해 흐르는 전류와 R3를 통해 흐르는 전류가 같고, R2를 통해 흐르는 전류와 R4를 통해 흐르는 전류가 같다.

② R1에 인가된 전압과 R2에 인가된 전압이 같고, R3에 인가된 전압과 R4에 인가된 전압이 같다.

$$V1 = V2, \qquad I1R1 = I2R2$$

그리고

$$V3 = V4, \qquad I1R3 = I2R4$$

그러므로

$$\frac{I1R1}{I1R3} = \frac{I2R2}{I2R4}$$

따라서

$$\frac{R1}{R3} = \frac{R2}{R4}$$

그리고

$$R1 = \frac{R2}{R4} \times R3$$

CIRCUIT #6에서는 R24가 R2를, R25가 R4를, R26이 R3을, Ra, Rb, Rc가 알려지지 않은 저항 R1을 나타낸다. 1kΩ 저항 R23은 브리지가 평형되지 않았을 때 전류계에 과전류가 흐르는 것을 막기 위한 것이다. CIRCUIT #6에서 알려지지 않은 저항을 결정하는 식은 다음과 같다.

$$\text{알려지지 않은 저항} = \frac{R24}{R25} \times R26$$

[2] 휘스톤 브리지(Wheatstone Bridge)를 이용한 저항 측정

① 모듈의 전원공급 스위치를 OFF로 하고, 연결고리(shorting link)를 그림 34와 같이 연결한다.

② 모듈의 전원공급 스위치를 ON으로 하고, 가변 전원을 10V로 맞춘다(멀티미터를 DC 20V 범위에 놓고 측정한다). 멀티미터를 회로로부터 분리한다.

③ 멀티미터의 범위를 DC 2mA의 범위에 맞추고 소켓 6.9와 6.11 사이에 연결한다. 지금 이 브리지는 저항 Ra의 값을 정하기 위해 배열되어 있다.

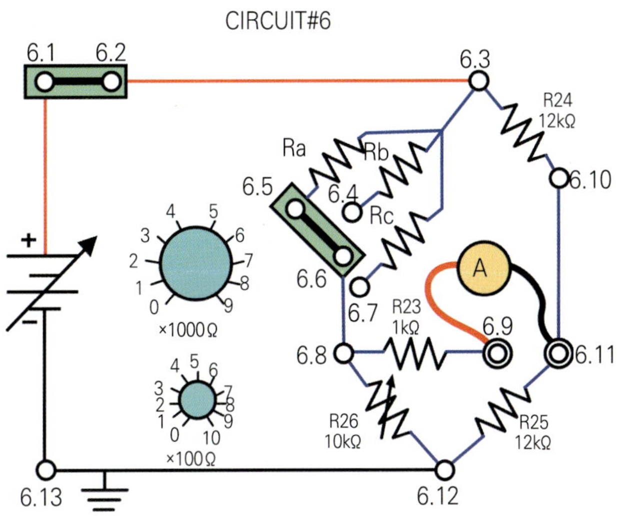

그림 34

④ 멀티미터의 값이 0이 되도록 저항 R26의 값을 조정하시오. 이때(평형상태)의 R26의 값을 표 22에 기록하시오.

참고

R26은 두 개의 가변저항으로 구성되어 있는데, 1000Ω의 단위로 조정할 수 있는 저항과 100Ω의 단위로 조정할 수 있는 정교한 저항으로 되어 있다.

⑤ 저항 Rb를 측정하기 위해, 소켓 6.5와 6.6 사이의 연결고리를 제거하고 6.4와 6.6 사이에 연결하시오. 위 과정을 반복한 뒤 평형상태에서의 저항 R26의 값을 표 22에 기록하시오.

⑥ Rc를 측정하기 위해 연결고리를 소켓 6.6과 6.7 사이에 연결하고, 위의 과정을 반복하시오.

[표 22]

Unknown Resistor	R24	R25	R26 at balance	Resistance
Ra	12kΩ	12kΩ		Ra =
Rb	12kΩ	12kΩ		Rb =
Rc	12kΩ	12kΩ		Rc =

이 식은 앞에서 나온 식과 같다.

$$\text{알려지지 않은 저항} = \frac{R24}{R25} \times R26$$

R24와 R25의 값은 일정하므로, 평형상태에서 R26의 값이 알려지지 않은 저항의 값을 결정하게 된다.

⑦ 표 22에 알려지지 않은 저항들 Ra, Rb, Rc의 값을 기록하시오.

예제

26. 결과 중에 Ra의 값을 소수 첫째 자리까지 기록하시오.

⑧ 연결고리와 멀티미터를 제거하시오. 그리고 멀티미터의 범위를 20kΩ에 맞추고 알려지지 않은 저항의 값들을 직접 측정하시오.

Ra - kΩ

Rb = kΩ

Rc = kΩ

이 값들이 휘스톤 브리지를 이용해 얻은 값과 같아야 한다. 여러분이 얻은 값들과 비교하시오.

이 장에서 우리는 휘스톤 브리지(Wheatstone Bridge)와 알려지지 않은 저항의 값을 결정하기 위한 그것의 활용에 대해서 배웠다. 그리고 알려지지 않은 저항의 값을 결정하기 위한 실험을 해보았다.

고장진단

(1) 준비된 오류코드를 입력한다. 그러면 다음의 회로에 문제가 발생하게 된다.

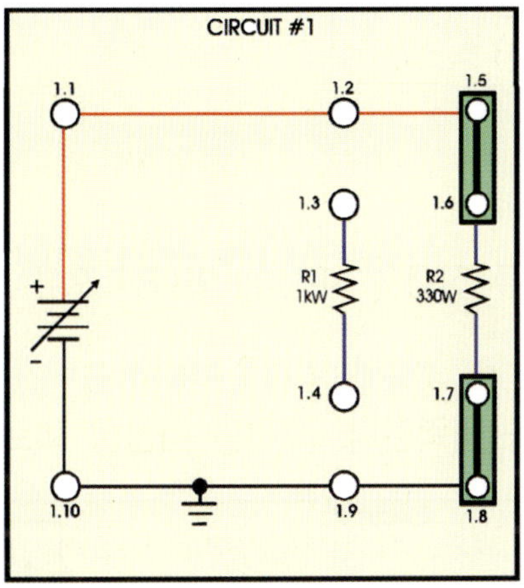

위와 같이 회로를 연결하시오. 모듈 전원공급장치(power supply)의 스위치를 ON으로 하고, 전원공급을 10V로 놓으시오(DC 0~20V 범위의 멀티미터를 이용한다).

① **회로검사**

저항 R2에서 측정되는 전압을 기록하시오.

㉠ 측정

㉮ 저항 R2에서는 전압이 측정되지 않는다. 그러나 공급전원에서는 전압이 측정된다(1.1과 1.10).

㉯ 측정의 결과에서 발생 가능한 오류의 상황을 기록하시오.

㉡ 오류 추측에서 발생 가능한 오류의 상황은 다음과 같다.

㉮ 전원공급장치와 R2(1.1과 1.5) 사이의 구간이 오픈회로(open circuit – o.c.)

㉯ 전원공급장치와 R2(1.8과 1.10) 사이의 구간이 오픈회로(open circuit – o.c.)

② 오류의 확인

- 모듈의 전원공급 스위치를 OFF로 하고, 오류를 확인하기 위해 저항을 측정한다 (멀티미터의 범위를 0 2kΩ 으로 놓고 사용한다).
- 저항의 측정을 행하는 이유는 위에 주어진 발생 가능한 오류의 상황을 점검해 보기 위한 것이다. 저항계로 전원공급 장치와 R2 사이의 오픈(단선)된 회로 구간을 찾는다(즉, 소켓 1.1과 1.2 사이의 구간). 따라서 이것이 현재의 오류상황이 된다.

③ 오류에 대한 결과

TP1.1 – 1.2 오픈회로(o.c.)

㉠ 지금 여러분은 오류 실험을 마쳤다. 입력한 오류 코드를 제거한다.

(2) 준비된 오류 코드를 입력한다. 그러면 다음의 회로에 문제가 발생하게 된다.

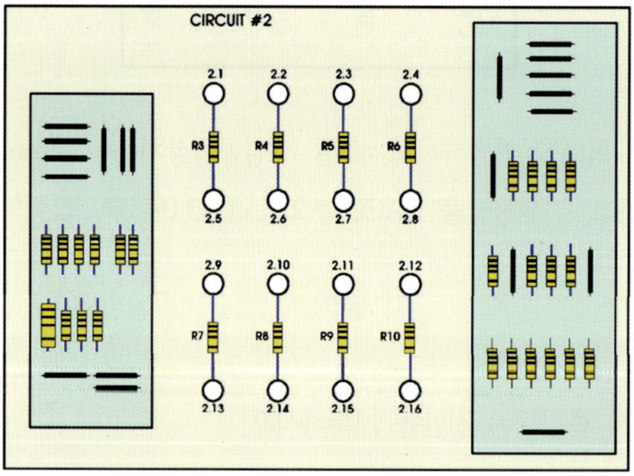

① 저항 R3에서 R10까지의 저항의 값을 측정하고 기록하시오.

㉠ 저항 색 코드에 표시된 값과 비교하시오.

㉡ 어떤 저항에 오류가 있는지 추측하시오.

② 오류에 대한 결과

오류 상황을 기록하시오.

㉠ 지금 여러분은 오류실험을 마쳤다. 그 오류들은 관리 컴퓨터(Management Computer)에 의해 제거될 것이다.

(3) 준비된 오류 코드를 입력한다. 그러면 다음의 회로에 문제가 발생하게 된다.

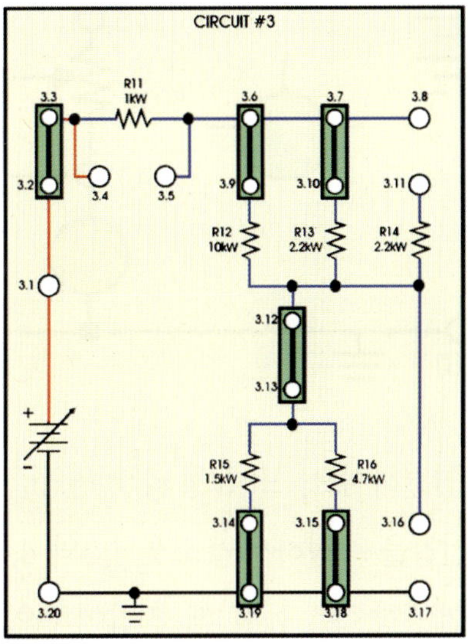

① 회로를 그림과 같이 연결하시오. 모듈의 전원공급 스위치를 ON으로 하고, 가변전원의 전압을 10V로 놓는다.

㉠ 회로의 각 부분에 인가되는 전압을 측정하고 기록하시오.

㉡ 회로의 각 가지에 흐르는 전류를 측정하고 기록하시오.

각 저항에서 옴의 법칙을 이용하여 전류 I = V 측정전압/R를 계산하고, 이것을 측정한 전류값과 비교하시오.

㉢ 여러분이 확인한 발생 가능한 오류의 원인을 나열하시오.

㉣ 모듈의 전원공급 스위치를 OFF로 하고, 저항을 측정하여 오류의 원인을 확인하시오.

② 오류에 대한 결과

오류의 원인을 기록하시오.

㉠ 지금 여러분은 오류 실험을 마쳤다. 입력한 오류 코드를 제거한다.

(4) 준비된 오류코드를 입력한다. 그러면 다음의 회로에 문제가 발생하게 된다.

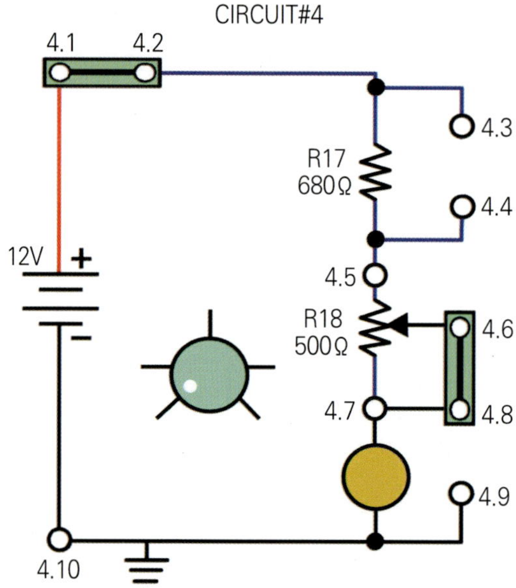

① 회로를 그림과 같이 연결하시오. 또 모듈의 전원공급 스위치를 ON으로 하시오.

㉠ R18에 인가되는 전압을 측정하시오(소켓 4.5와 4.7 사이). 그리고 가변저항의 조절 손잡이를 시계방향으로 돌릴 때 전압이 0으로 줄어드는지 검사하시오.

㉡ R18 = 500Ω을 완전히 반시계방향으로 돌려놓으시오. 그런 뒤 회로의 각 부분에 인가되는 전압을 측정하고 기록하시오.

㉢ 전원 전류를 측정하시오.

각 저항에서 옴의 법칙을 이용하여 전류 I = V 측정전압/R를 계산하고, 이것을 측정한 전류값과 비교하시오.

여러분이 확인한 발생 가능한 오류의 원인을 나열하시오.

㉣ 모듈의 전원공급 스위치를 OFF로 하고 저항을 측정하여 오류의 원인을 확인하시오.

② 오류에 대한 결과

오류의 원인을 기록하시오.

㉠ 지금 여러분은 오류 실험을 마쳤다. 입력한 오류 코드를 제거한다.

(5) 준비된 오류코드를 입력한다. 그러면 다음의 회로에 문제가 발생하게 된다.

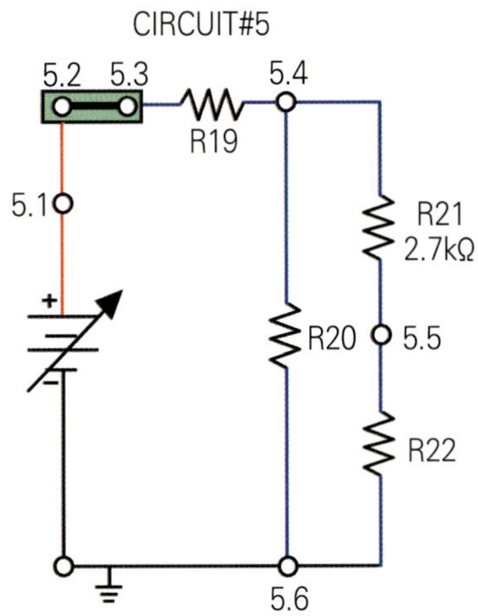

① 회로를 그림과 같이 연결하시오. 또 모듈의 전원공급 스위치를 ON으로 하고, 가변 전원을 10V로 맞춘다.

㉠ 회로의 각 부분의 전압을 측정하고 그 값들을 기록하시오.

㉡ 전원 전류를 측정하고 기록하시오.

㉢ 여기에서 측정한 값들과 이 장의 표 20에 기록된 값들을 비교하시오.

이 장의 고장진단 10에서 저항의 값들이 다음과 같다는 것을 알았을 것이다.

R19 = 680Ω

R20 = 2.7kΩ

R22 = 3.9kΩ

여러분이 확인한 발생 가능한 오류의 원인을 나열하시오.

㉣ 모듈의 전원공급 스위치를 OFF로 하고, 저항을 측정하여 오류의 원인을 확인하시오.

② 오류에 대한 결과

오류의 원인을 기록하시오.

㉠ 지금 여러분은 오류 실험을 마쳤다. 입력한 오류 코드를 제거한다.

(6) 준비된 오류 코드를 입력한다. 그러면 다음의 회로에 문제가 발생하게 된다.

① 회로를 그림과 같이 연결하시오. 또 모듈의 전원공급 스위치를 ON으로 하고, 가변 전원을 10V로 맞춘다.

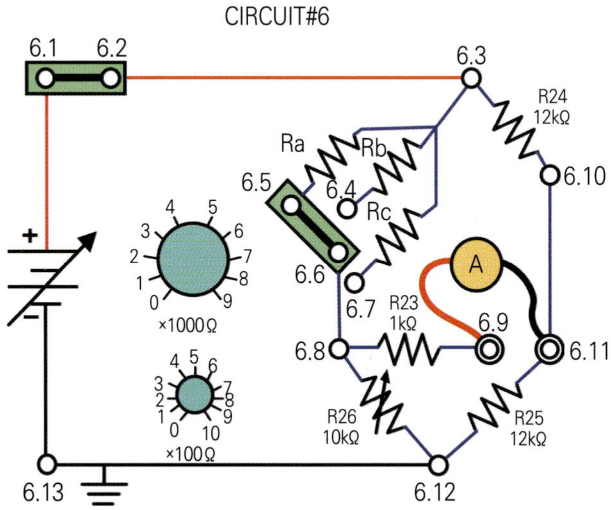

㉠ 멀티미터를 DC 20mA 범위에 맞추고 소켓 6.9와 6.11 사이에 연결하시오.

㉡ 브리지가 평형상태가 되도록 R26을 조정하시오.

- 브리지가 평형이 되면 Ra값을 계산하고 그 값을 이 장의 실험에서 계산한 값과 비교하시오. 회로에 오류가 있다면 Ra값에도 이상이 있을 것이다.

㉢ 평형상태에서의 전압들을 측정하고 기록하시오.
회로의 전압들을 보고, 회로가 정상일 때의 값들과 비교해 어떤 오류가 회로의 잘못을 일으켰는지 추측하시오.

㉣ 모듈의 전원공급 스위치를 OFF로 하고, 저항들의 값을 측정해 회로의 오류를 확인하시오.

- 브리지가 평형이 되지 않으면 전류계를 회로에서 분리하시오.
회로의 각 부분의 전압을 측정하고 기록하시오(가변저항 R26에서의 전압을 반드시 기록하시오). 측정한 전압값들에서 브리지가 평형이 되지 않도록 만드는 가능한 오류들을 열거하시오.

ⓜ 모듈의 전원공급 스위치를 OFF로 하고, 저항들의 값을 측정해 회로의 오류를 확인하시오.

② 오류에 대한 결과

오류의 원인을 기록하시오.

㉠ 지금 여러분은 오류 실험을 마쳤다. 입력한 오류 코드를 제거한다.

실력평가

01. 기전력(EMF)의 단위는?

㉮ Ampere　　㉯ Ohm

㉰ Volt　　㉱ Resistance

02. 전류의 단위는?

㉮ Volt　　㉯ Ampere

㉰ Ohm　　㉱ Resistance

03. Ohm은 다음의 무슨 단위로 사용되는가?

㉮ 전압　　㉯ 전류

㉰ 기전력　　㉱ 저항

04. 저항을 나타내는 기호는?

㉮ C　　㉯ R

㉰ I　　㉱ A

05. 다음의 설명 중 옳은 것은?

㉮ 전류는 저항계로 측정한다.

㉯ 전압은 전류계로 측정한다.

㉰ 저항은 전압계로 측정한다.

㉱ 전류는 전압계로 측정한다.

06. 470Ω과 같은 값은?

㉮ 4.7kΩ　　㉯ 0.47kΩ

㉰ 4.7kΩ　　㉱ 470kΩ

07. 0.025A와 같은 값은?

㉮ 250mA　　㉯ 25mA

㉰ 2.5mA　　㉱ 25mA

08. 150000Ω과 같은 값은?

㉮ 150kΩ　　㉯ 1.5mΩ

㉰ 1.5kΩ　　㉱ 1.5MΩ

09. 0.0000005V와 같은 값은?

㉮ 500μV　　㉯ 5mV

㉰ 0.5μV　　㉱ 5000μV

10. 50μV와 같은 값은?

㉮ 50×10^{3}kA　　㉯ 50×10^{-3}mV

㉰ 0.5×10^{-3}mA　　㉱ 0.5×10^{3}kV

11. 회로에서 전압을 측정하기 위해서는 어떻게 해야 하는가?

㉮ 회로에 전류계를 병렬로 연결한다.

㉯ 회로에 전압계를 병렬로 연결한다.

㉰ 회로에 전류계를 직렬로 연결한다.

㉱ 회로에 전압계를 직렬로 연결한다.

12. 전압 V, 전류 I, 저항 R을 이용해 옴의 법칙(Ohm's Law)을 나타내시오.

㉮ $I = \frac{R}{V}$ ㉯ $R = \frac{I}{V}$

㉰ $I = VR$ ㉱ $V = IR$

13. 전압 V, 전류 I, 저항 R을 이용해 옴의 법칙(Ohm's Law)을 나타내시오.

㉮ $I = \frac{R}{V}$ ㉯ $R = IV$

㉰ $V = \frac{I}{R}$ ㉱ $I = \frac{V}{R}$

14. 2700Ω의 저항을 통해 2mA의 전류가 흐른다. 전압은 얼마인가?

15. 30Ω의 저항에 1200V의 전압이 걸려있다. 전류는 얼마인가?

16. 20V의 전원이 공급되는 회로에 2000mA의 전류가 흐른다. 회로의 저항은 얼마인가?

17. 저항이 있는 회로에 50V의 전압을 공급했더니 0.5A의 전류가 흘렀다. 전압을 100V로 올리면 전류는 얼마가 될 것인가?

18. 저항에서 소모되는 전력 P를 바로 나타낸 것은?

㉮ $P = I^2/R$　　㉯ $P = IR$

㉰ $P = I^2R$　　㉱ $P = IR^2$

19. 저항에서 소모되는 전력 P를 바로 나타낸 것은?

㉮ $P = VR$　　㉯ $P = V^2/R$

㉰ $P = V^2R$　　㉱ $P = V/R$

20. 저항을 통해 흐르는 전류가 두 배가 될 때 전력은 어떻게 되는가?

㉮ 50% 증가된다.

㉯ 75% 증가된다.

㉰ 두 배가 된다.

㉱ 4배가 된다.

21. 400mA의 전류가 10kΩ의 저항에 흐르고 있다. 소모되는 전력은 얼마인가?

㉮ 2kW　　㉯ 4kW

㉰ 400mW　　㉱ 200W

22. 140V의 전압이 1kΩ의 저항에 공급되고 있다. 저항에 흐르는 전류는 얼마인가?

㉮ 120mW　　㉯ 120mA

㉰ 140mA　　㉱ 1.44mA

23. 70V의 전압이 공급되는 저항에 2.5A의 전류가 흐르고 있다. 이 저항에서 소모되는 전력은 얼마인가?

㉮ 1.28kW　　㉯ 128W

㉰ 175W　　㉱ 1.75kW

24. 4.7kΩ 저항의 정격 전력이 1/4Watt이다. 이 저항의 정격전력을 초과하지 않는 최대 전류는 얼마인가?

㉮ 7.3A ㉯ 23mA

㉰ 7.3mA ㉱ 1.18mA

25. 4색 코드로 된 저항에서 허용오차를 나타내는 밴드는 어떤 것인가?

㉮ 밴드 1 ㉯ 밴드 2

㉰ 밴드 4 ㉱ 밴드 3

26. 4색 코드로 된 저항에서 3번째 밴드가 나타내는 것은?

㉮ 안정성 ㉯ 두 번째 자릿수

㉰ 승수 ㉱ 정격 전력

27. 63kΩ ±5%의 저항이 4색 코드의 밴드로 표시되어 있다. 밴드 2의 색은?

㉮ 청색(Blue) ㉯ 등색(Orange)

㉰ 금색(Gold) ㉱ 회색(Grey)

28. 저항의 표시값과 허용오차가 다음과 같은 밴드로 표시되어 있을 때 맞는 저항값은?
밴드1 : 황색(Yellow). 밴드2 : 자색(Violet). 밴드3 : 등색(Orange). 밴드4 : 금색(Gold)

㉮ 27kΩ ±10% ㉯ 47kΩ ±5%

㉰ 47kΩ ±10% ㉱ 27kΩ ±5%

29. 저항의 표시값과 허용오차가 다음과 같은 밴드로 표시되어 있을 때, 맞는 저항값은?
밴드1 : 갈색(Brown). 밴드2 : 회색(Grey). 밴드3 : 적색(Red). 밴드4 : 금색(Gold)

㉮ 18kΩ ±5% ㉯ 1.8kΩ ±5%

㉰ 2.8kΩ ±5% ㉱ 1.8kΩ ±10%

30. 저항의 표시값과 허용오차가 다음과 같은 밴드로 표시되어 있을 때 맞는 저항값은?
밴드1 : 등색(Orange). 밴드2 : 백색(White). 밴드3 : 은색(Silver). 밴드4 : 은색(Silver)

가 3.9Ω ±10%
나 3.9Ω ±5%
다 0.39Ω ±5%
라 0.39Ω ±10%

31. 저항의 표시값과 허용오차가 다음과 같은 밴드로 표시되어 있을 때 맞는 저항값은?
밴드1 : 갈색(Brown). 밴드2 : 적색(Red). 밴드3 : 녹색(Green). 밴드4 : 금색(Gold)

가 1.2MΩ±5%
나 12kΩ ±5%
다 12MΩ±5%
라 120kΩ ±5%

32. 4-밴드 색 코드로 되어 있는 저항에서 3번째 밴드가 금색이다. 이것의 의미는?

가 × 0.01
나 × 0.1
다 허용오차 ±5%
라 × 0.5

33. 1kΩ ±5%의 저항이 4-밴드 색 코드로 표시되어 있다. 이 밴드들의 색은?

가 갈색, 흑색, 등색, 금색
나 갈색, 흑색, 적색, 은색
다 갈색, 흑색, 등색, 은색
라 갈색, 흑색, 적색, 금색

34. 5.6Ω ±5%의 저항이 4-밴드 색 코드로 표시되어 있다. 이 밴드들의 색은?

가 녹색, 청색, 금색, 은색
나 녹색, 청색, 금색, 금색
다 녹색, 청색, 은색, 금색
라 녹색, 청색, 은색, 은색

35. 2.7kΩ과 560Ω의 저항이 직렬로 연결되어 있다. 등가저항의 값은?

가 562.7Ω　　나 3260Ω

다 8300Ω　　라 2140Ω

36. 10kΩ과 4.7kΩ의 저항과 값을 알 수 없는 저항이 직렬로 연결되어 있다. 총 저항이 24.7kΩ일 때 값을 알 수 없는 저항의 값은?

가 10kΩ　　나 17kΩ

다 27.7kΩ　　라 10Ω

37. 저항들이 직렬로 연결되어 있을 때, 다음 중 옳은 설명은?

가 전류는 모든 저항에서 같다.

나 전압강하는 저항에 반비례한다.

다 전압강하는 모든 저항에서 같다.

라 전류는 모든 저항에서 같지 않다.

38. 이 회로에서 1kΩ의 저항에서의 전압강하값은?

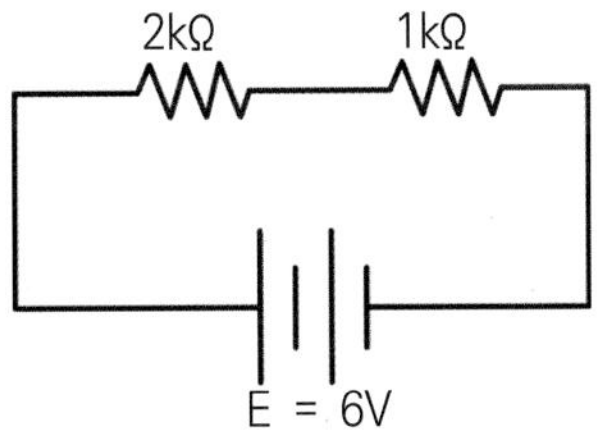

가 2V　　나 4V

다 5V　　라 1V

39. 10kΩ과 저항 R이 직렬로 30V의 전원에 연결되어 있다. 10kΩ에 20V의 전압이 측정된다면 저항 R의 값은?

가 10kΩ　　나 5kΩ

다 15kΩ　　라 20kΩ

40. 세 개의 저항 R1, R2, R3가 100V의 전원에 직렬로 연결되어 있다. R1에는 25V, R2에는 32V의 전압이 측정될 때 R3에서의 전압은?

㉮ 23V ㉯ 43V

㉰ 33V ㉱ 32V

41. 20kΩ, 32kΩ 두 개의 저항이 DC 전원공급 장치에 직렬로 연결되어 있다. 20kΩ에서 50V의 전압이 측정될 때 30kΩ 저항에서의 전압은?

㉮ 33V ㉯ 75V

㉰ 50V ㉱ 80

42. 아래 회로에서 5kΩ에 걸리는 전압이 20V이다. 공급전압 E는 얼마인가?

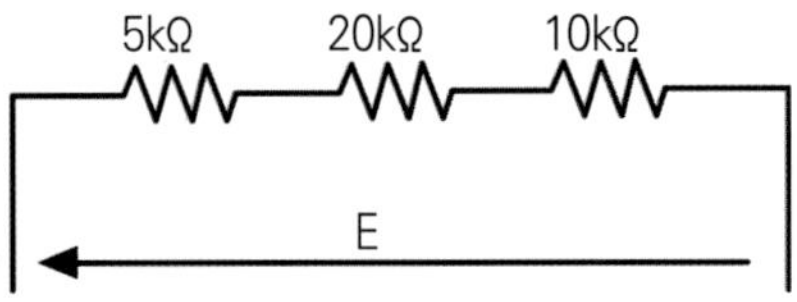

㉮ 140V ㉯ 120V

㉰ 35V ㉱ 60V

43. 48Ω과 48Ω의 저항이 병렬로 연결되어 있다. 등가저항의 값은?

㉮ 100Ω ㉯ 20Ω

㉰ 24Ω ㉱ 50Ω

44. 12Ω과 값을 알 수 없는 저항이 병렬로 연결되어 있다. 등가저항이 3.53Ω일 때 값을 알 수 없는 저항의 값은?

㉮ 2Ω ㉯ 5Ω

㉰ 6Ω ㉱ 8

45. 세 개의 저항 R1, R2, R3가 60mA의 전류가 흐르는 전원에 병렬로 연결되어 있다. R에는 15mA의 전류가, R2에는 10mA의 전류가 흐를 때, R3에 흐르는 전류의 값은?

㉮ 15mA ㉯ 25MA

㉰ 35mA ㉱ 25mA

46. 저항들이 병렬로 연결되어 있을 때 다음 중 옳은 설명은?

㉮ 전류는 모든 저항에서 같다.

㉯ 각 저항에 인가된 전압의 합은 공급전압과 같다.

㉰ 전압은 모든 저항에서 같다.

㉱ 각각 저항에 흐르는 전류는 공급전류와 같다.

47. 200Ω, 150Ω, 300Ω의 저항이 병렬로 DC 전원에 연결되어 있다. 30mA의 전류가 200Ω의 저항에 흐른다면 150Ω의 저항에 흐르는 전류의 값은?

㉮ 40mA ㉯ 30mA

㉰ 22.5mA ㉱ 45mA

48. 200Ω, 150Ω, 300Ω의 저항이 병렬로 DC 전원에 연결되어 있다. 30mA의 전류가 200Ω의 저항에 흐른다면 300Ω의 저항에 흐르는 전류의 값은?

㉮ 45mA ㉯ 20mA

㉰ 30mA ㉱ 25mA

49. 200Ω, 150Ω, 300Ω의 저항이 병렬로 DC 전원에 연결되어 있다. 30mA의 전류가 200Ω의 저항에 흐른다면 공급전류의 값은?

㉮ 100mA ㉯ 70mA

㉰ 90mA ㉱ 50mA

50. 10kΩ의 저항과 저항 R이 120V의 전원에 병렬로 연결되어 있다. 공급전류가 20mA 일 때 저항 R의 값은?

가 12kΩ　　나 15kΩ
다 10kΩ　　라 20kΩ

51. 100Ω의 저항이 병렬로 연결된 300Ω, 200Ω의 저항과 직렬로 연결되어 있다. 회로의 총 저항은 얼마인가?

가 600Ω　　나 350Ω
다 250Ω　　라 220Ω

52. 12kΩ과 6kΩ의 저항이 병렬로 연결되어 있고, 이 저항들에 직렬로 저항 R이 연결되어 있다. 총 저항이 8kΩ일 때 저항 R의 값은?

가 3kΩ　　나 4kΩ
다 5kΩ　　라 6kΩ

53. 회로의 등가저항은 얼마인가?

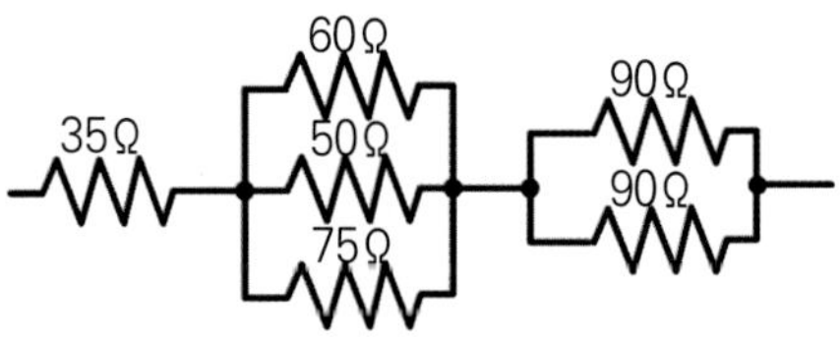

가 50Ω　　나 85Ω
다 100Ω　　라 120Ω

54. 아래 회로에서 V1 = V2일 때 저항 R의 값은?

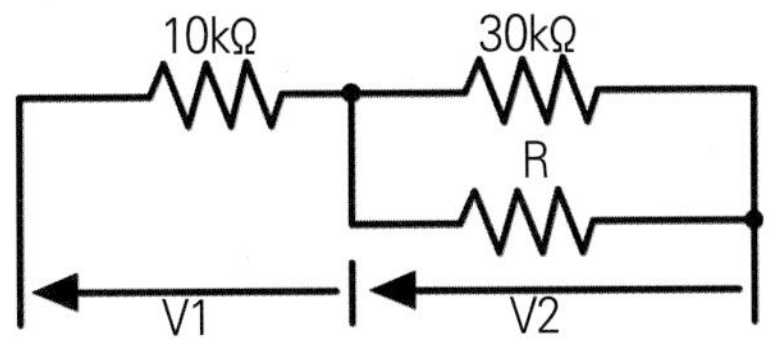

㉮ 30kΩ ㉯ 15kΩ
㉰ 10kΩ ㉱ 7.5kΩ

55. 다음의 회로에서 3mA의 전류가 10kΩ의 저항에 흐르고 있다. 6.8kΩ의 저항에 흐르는 전류는 얼마인가?

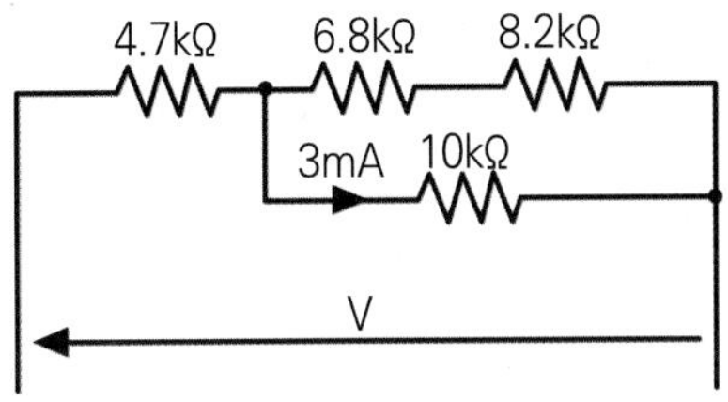

㉮ 2mA ㉯ 3mA
㉰ 4mA ㉱ 4.4mA

56. 문제 55번의 회로에서 4.7kΩ의 저항에 흐르는 전류는 얼마인가?

㉮ 1mA ㉯ 2mA
㉰ 3mA ㉱ 5mA

57. 문제 55번의 회로에서 공급전압 V는 얼마인가?

㉮ 23.5V ㉯ 30V
㉰ 53.5V ㉱ 83.5V

58. 가변저항에서 제어판의 위치에 대한 저항의 특성이 다음과 같다. 이 저항은?

㉮ 와이어운드(Wirewound)

㉯ 대수적(Logarithmic)이다.

㉰ 선형적(Linear)이다.

㉱ 일정하다(Constant).

59. 가변저항에서 제어판의 위치에 대한 저항의 특성이 다음과 같다. 이 저항은?

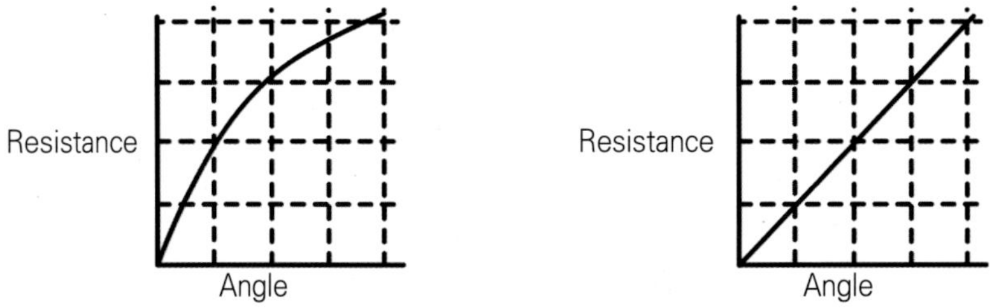

㉮ 비선형적(Non linear)이다.

㉯ 대수적(Logarithmic)이다.

㉰ 선형적(Linear)이다.

㉱ 일정하다(Constant).

60. 선형성(linear) 가변저항이 1Ω의 트랙저항을 가지고 있다. 저항의 제어판을 중앙에 놓고 슬라이더부터 트랙의 한쪽 끝까지의 저항을 측정할 때 저항의 값은?

㉮ 250Ω　　㉯ 300Ω

㉰ 750Ω　　㉱ 500Ω

61. 문제 60에서 슬라이더부터 트랙의 다른 한쪽 끝까지의 저항값은 얼마인가?

㉮ 250Ω　　㉯ 700Ω

㉰ 750Ω　　㉱ 500Ω

62. 이 회로들은 일정한 입력전압 V에서 가변 출력전압을 만들기 위해 연결된 가변저항을 보여준다. 어느 회로가 전위차계(potentiometer) 방법을 나타내는가?

㉮
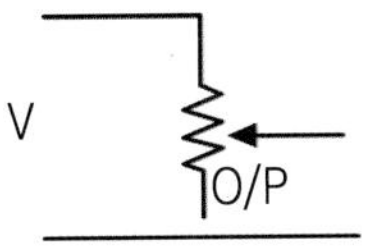

㉯
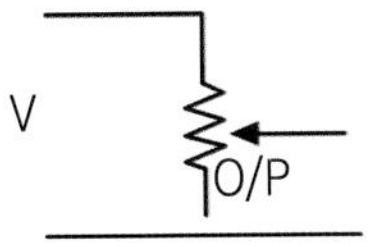

㉰
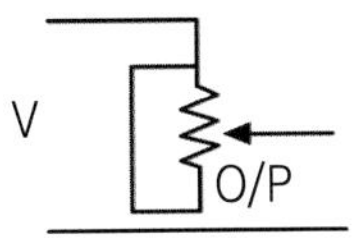

㉱
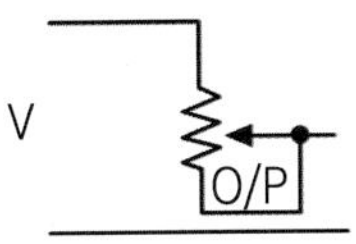

63. 10kΩ의 가변저항이 가변 출력전압을 만들기 위해 20V의 전원에 전위차계로서 연결되어 있다. 출력에 부하저항이 연결되어 있지 않을 때, 출력전압의 범위는 어떻게 되는가?

㉮ 0 – 10V　　㉯ 0 – 20V

㉰ 10 – 20V　　㉱ 20 – 20V

64. 회로가 그림과 같이 연결되어 있고 출력에 부하저항이 연결되어 있지 않을 때 출력전압의 범위는 어떻게 되는가?

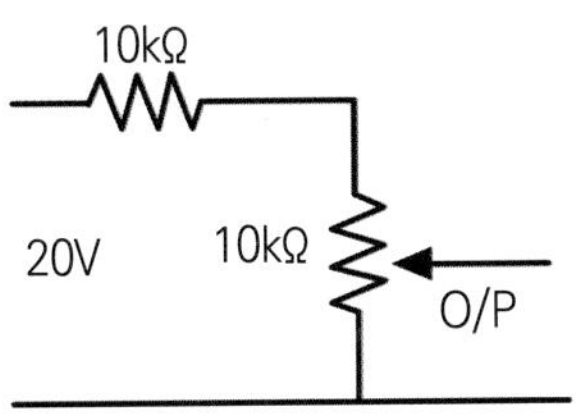

㉮ 0 – 10V　　㉯ 0 – 20V

㉰ 10 – 20V　　㉱ 20 – 20V

65. 가변 출력전압을 만들기 위해 10kΩ의 저항이 변항기(rheostat)로서 20V의 전원에 연결되어 있다. 출력에 부하저항이 연결되어 있지 않을 때, 출력전압의 범위는 어떻게 되는가?

㉮ 0 - 10V
㉯ 0 - 20V
㉰ 10 - 20V
㉱ 20 - 20V

66. 회로가 그림과 같이 연결되어 있고 출력에 부하저항이 연결되어 있지 않을 때 출력전압의 범위는 어떻게 되는가?

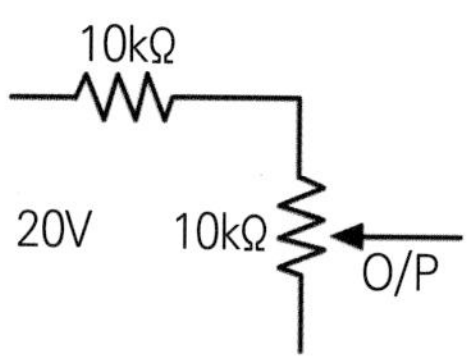

㉮ 0 - 10V
㉯ 0 - 20V
㉰ 10 - 20V
㉱ 20 - 20V

67. 램프에 전류가 흐를 때 램프의 저항은 ( ) 될 것이다.

㉮ 감소하게
㉯ 증가하게
㉰ 동일하게
㉱ 0으로 떨어지게

68. 다음 설명 중 옳은 설명은?

㉮ 램프에 인가되는 전압이 감소할 때, 램프의 밝기는 증가할 것이다.
㉯ 램프에 흐르는 전류가 증가할 때, 소모되는 전력은 떨어질 것이다.
㉰ 램프에 흐르는 전류가 증가할 때, 램프의 밝기도 증가할 것이다.
㉱ 램프에 인가되는 전압이 감소해도, 소모되는 전력은 같을 것이다.

69. 램프에서의 전력이 소모되는 형태로 옳은 것은?

㉮ 단지 빛으로만

㉯ 단지 열로만

㉰ 열과 빛으로

㉱ 빛과 소리로

70. 회로에서 램프에서의 전압강하는 얼마인가?

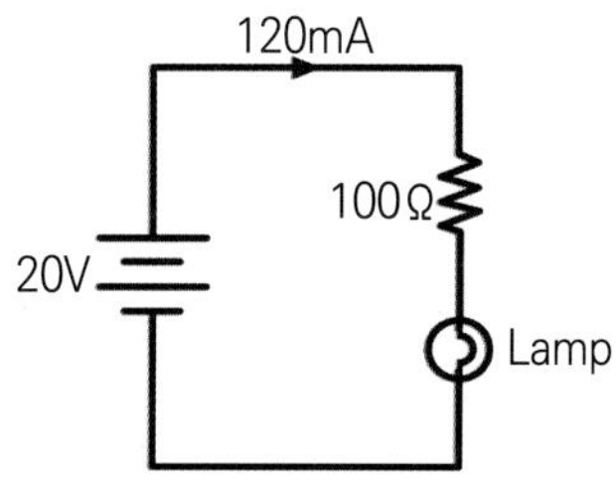

㉮ 2V　　㉯ 12V

㉰ 20V　　㉱ 8V

71. 문제 70의 회로에서 램프에서 소모되는 전력은 얼마인가?

㉮ 960mW　　㉯ 96mW

㉰ 2.4mW　　㉱ 1.2mW

72. 문제 70의 회로에서 전원에서의 전력은 얼마인가?

㉮ 960mW　　㉯ 240mW

㉰ 2.4W　　㉱ 1.2W

※ 문제 73~77번까지 아래 회로도를 보고 물음에 답하시오.

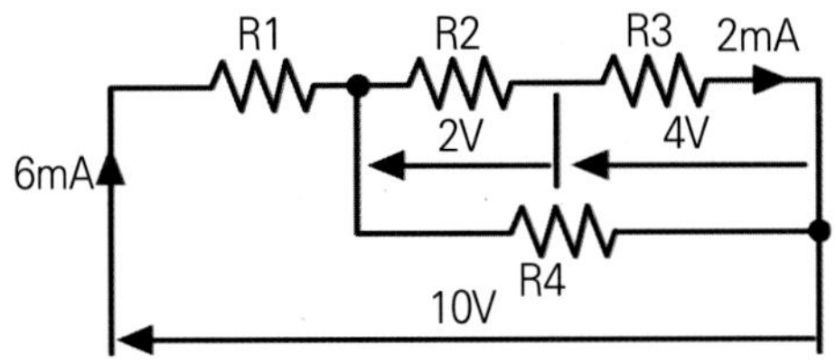

73. 저항 R2의 값은?

㉮ 1kΩ ㉯ 2kΩ
㉰ 2Ω ㉱ 4kΩ

74. 저항 R3의 값은?

㉮ 1kΩ ㉯ 2kΩ
㉰ 2Ω ㉱ 4kΩ

75. 저항 R1의 값은?

㉮ 1kΩ ㉯ 667Ω
㉰ 1.667kΩ ㉱ 2kΩ

76. 저항 R4를 통해 흐르는 전류는 얼마인가?

㉮ 2mA ㉯ 6mA
㉯ 3mA ㉱ 4mA

77. 저항 R4의 값은?

㉮ 1kΩ ㉯ 3kΩ
㉰ 1.5kΩ ㉱ 2kΩ

※ 문제 78~85번까지 아래 회로도를 보고 물음에 답하시오.

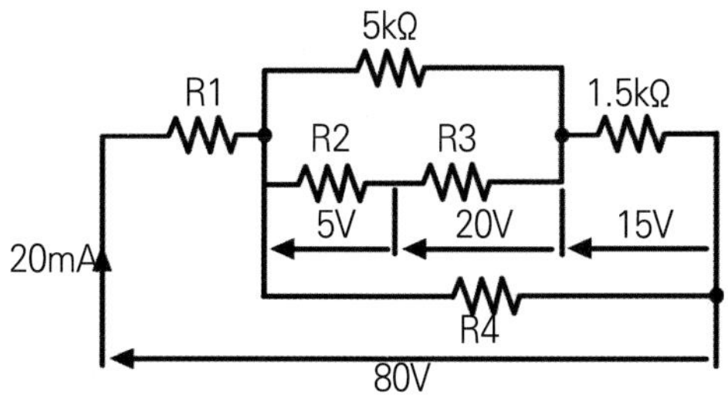

78. 저항 R1의 값은?

㉮ 1kΩ ㉯ 2kΩ

㉰ 4kΩ ㉱ 5kΩ

79. 1.5kΩ의 저항에 흐르는 전류는 얼마인가?

㉮ 5mA ㉯ 10mA

㉰ 15mA ㉱ 20mA

80. 5kΩ의 저항에 흐르는 전류는 얼마인가?

㉮ 2mA ㉯ 4mA

㉰ 5mA ㉱ 10mA

81. 저항 R2를 통해 흐르는 전류는 얼마인가?

㉮ 2mA ㉯ 4mA

㉰ 5mA ㉱ 10mA

82. 저항 R2의 값은?

㉮ 1kΩ ㉯ 2kΩ

㉰ 4kΩ ㉱ 5kΩ

83. 저항 R3의 값은?

㉮ 1kΩ　　㉯ 2kΩ

㉰ 4kΩ　　㉱ 5kΩ

84. 저항 R4를 통해 흐르는 전류는 얼마인가?

㉮ 2mA　　㉯ 4mA

㉰ 5mA　　㉱ 10mA

85. 저항 R4의 값은?

㉮ 1kΩ　　㉯ 2kΩ

㉰ 4kΩ　　㉱ 5kΩ

※ 문제 86~95까지 다음에 나오는 문제들은 아래의 회로와 관계되어 있다.

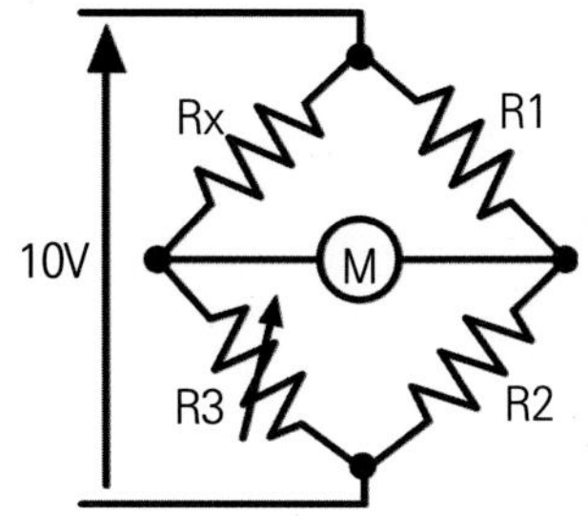

86. 위 회로의 이름은?

㉮ 맥스웰 브리지(Maxwell Bridge)

㉯ 오웬 브리지(Owen Bridge)

㉰ 휘스톤 브리지(Wheatstone Bridge)

㉱ 앤더슨 브리지(Anderson Bridge)

87. 이 브리지회로는 어떤 때 평형이 되었다고 하는가?

㉮ R3가 최대일 때

㉯ 전류계 M에 전류가 흐르지 않을 때

㉰ R3 = R2일 때

㉱ Rx와 R2에 인가되는 전압이 같을 때

88. 브리지가 평형일 때 다음 진술 중 옳은 것은?

㉮ Rx R1 = R3 R2

㉯ Rx + R3 = R1 + R2

㉰ Rx R2 = R1 R3

㉱ Rx + R1 = R3 + R2

89. 브리지가 평형일 때 Rx를 구하는 식은?

㉮ Rx = (R1/R2) × R3

㉯ Rx = (R2/R3) × R1

㉰ Rx = (R2/R1) × R3

㉱ Rx = (R1/R3) × R2

90. 브리지가 평형상태이고 Rx-R3 접합부분에서의 전위가 4V일 때 R1-R2 접합 부분에서의 전위는?

㉮ 2V ㉯ 4V

㉰ 5V ㉱ 6V

91. 브리지가 평형상태이고 Rx에서의 전류가 2mA일 때 R3에서의 전류는?

㉮ 0mA ㉯ 1mA

㉰ 2mA ㉱ 4mA

92. 브리지가 평형상태이고 R1에서의 전압이 4V일 때 R3에서의 전압은?

㉮ 2V ㉯ 4V

㉰ 5V ㉱ 6V

93. R1 = 10kΩ, R2 = 10kΩ, R3 = 2.7kΩ이고 브리지가 평형상태에 있을 때 Rx의 값은?

㉮ 27kΩ ㉯ 270Ω

㉰ 2.7kΩ ㉱ 270kΩ

94. R1 = 1kΩ, R2 = 10kΩ, R3 = 6.8kΩ이고 브리지가 평형상태에 있을 때 Rx의 값은?

㉮ 680Ω ㉯ 6.8kΩ

㉰ 68kΩ ㉱ 680kΩ

95. R1 = 1kΩ, R2 = 100kΩ, R3 = 4.53kΩ이고 브리지가 평형상태에 있을 때 Rx의 값은?

㉮ 45.3Ω ㉯ 453Ω

㉰ 4.53kΩ ㉱ 453kΩ

2 교류 테스트(Alternating Current Test)

2.1 교류 정현파

학습목표

① 정현파의 주파수와 주기를 측정

② 교류파형에 대한 RMS 피크값과의 관계

③ 파형에 대한 주기와 주파수 계산

④ RMS를 기반으로 한 피크와 피크-피크값 계산 수행

필요한 장비

① DIGIAC 3000 교류회로-1 모듈의 회로 #1

② 신호발생기

③ 멀티미터

④ 오실로스코프

⑤ 연결 링크

⑥ 연결선

[1] 교류 정현파와 관련 용어

그림 35는 교류 정현파를 나타내고, 사용되는 용어들을 보여준다. 이 파형은 양과 음의 최대값 사이를 시간에 따라 같은 크기로 변한다.

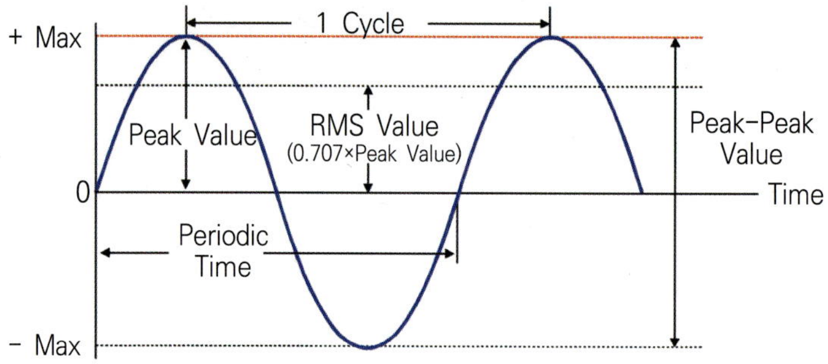

그림 35

[2] 사용된 용어

① 피크값 : 양 또는 음의 최고값

② 피크-피크값 : 양과 음의 최고값 사이의 값(2×피크값)

③ RMS값 : 0.707 × 피크값

④ 사이클 : 파형 한 번의 완전한 변량(또는 사이클)

⑤ 주기(T) : 파형의 한 사이클을 완료하는데 소요되는 시간

⑥ 주파수(f) : 1초에 완료된 사이클의 수

⑦ 단위 : 헤르쯔(Hz)

$$주파수 = \frac{1}{주기}, \qquad f = \frac{1}{T}$$

[3] 정현파

① 그림 36에 나타난 대로 회로 #1에 연결 링크를 배치하시오.

② 다음과 같이 측정 장비를 설치하시오.

- 오실로스코프
  채널 1과 채널 2는 1V/div
  시간 축은 1ms/div으로 조정

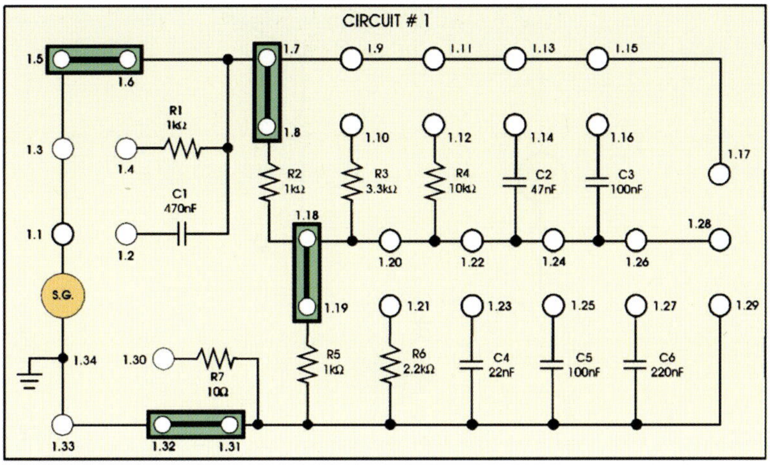

그림 36

③ 다음과 같이 연결하시오.

- 신호발생기 출력 : 베이스 유니트 BNC 입력소켓
- 오실로스코프 : 소켓 1.17에 채널 1

오실로스코프 연결은 다음에 나타난 바와 같이 오실로스코프 프로브 연결 블록을 사용하여 연결할 수 있다.

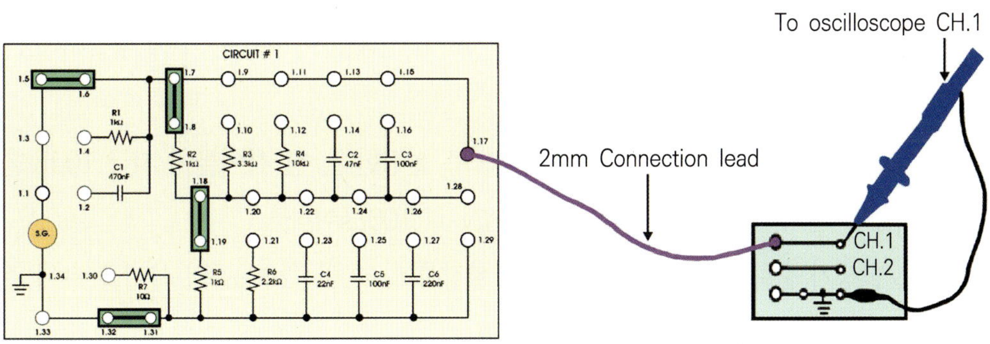

그림 37

형성된 회로는 그림 38에 나타나 있다.

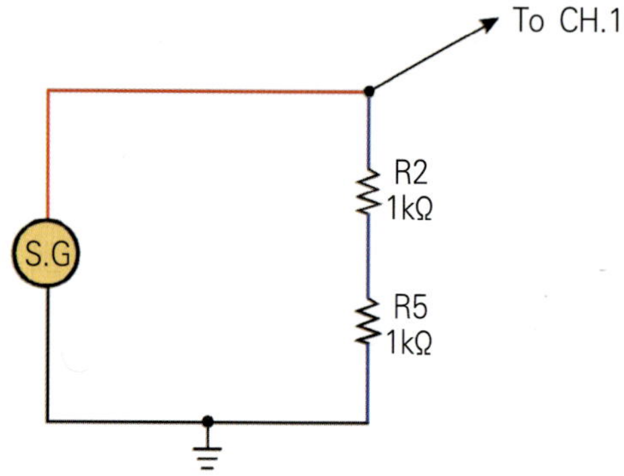

그림 38

④ 오실로스코프 시간 축과 채널 1, 채널 2를 교정위치에 맞추었는지 확인하시오.

⑤ 신호 발생기 출력 주파수를 약 100Hz로 맞추고, 채널 1에서 얻어진 결과가 6Vpp (즉, 피크-피크 6div) 정현파가 되도록 진폭을 조정하시오.

⑥ 채널 1의 결과 한 사이클이 10div을 차지하도록 신호 발생기 출력 주파수를 조절하시오. 파형의 주기는 그러면 10ms가 된다(10div×1ms/div = 10ms).

⑦ 1kHz로 신호발생기 출력 주파수를 조절하고, 이제 10ms로 완료된 사이클의 수에 주목하시오. 완료된 수는 10이어야 한다.

⑧ 오실로스코프 시간축 조절을 0.1ms/div으로 설정하시오. 한 사이클은 지금 10div을 차지해야 한다. 주기는 10div×0.1ms/div = 1ms이다.

⑨ 신호발생기 출력 주파수를 10kHz로 설정하고, 10div의 사이클 수에 주목하시오. 완료된 수는 10이어야 한다.

⑩ 오실로스코프 시간축 조정을 10μs/div으로 설정한다. 한 사이클이 지금 10div을 차지해야 한다. 주기는 10div×10μs/div = 100μs이다.

⑪ 신호 발생기 출력 주파수를 100kHz로 설정하고, 10div(100μs)의 사이클 수에 주목하시오. 완료된 수는 10이어야 한다.

⑫ 오실로스코프 시간축 조정을 1μs/div으로 설정한다. 한 사이클은 10div을 차지해야 한다. 주기는 10div×1μs/div = 10μs이다.

⑬ 신호 발생기 출력을 10kHz로 설정한다. 오실로스코프 시간 축 조정을 10μs/div으로 설정한다. 파형 한 사이클이 8div을 차지하도록 신호 발생기 주파수를 조정하시오.

⑭ 파형의 주기, t를 계산하시오.

t =

예제

27. 주기를 기록하시오.

⑮ 파형의 주파수, f를 측정하시오.

예제

28. 주파수값을 기록하시오.

신호발생기 설정은 계산치와 거의 같은 주파수를 나타내야 한다.

⑯ 신호발생기 출력 주파수를 100㎐로 설정하고 오실로스코프 시간 축 조정을 2ms/div으로 설정하시오. 정현파의 두 사이클이 나타나야 한다.

⑰ 신호발생기 출력을 삼각파와 그리고 나서 구형파로 설정하고 얻어진 궤적을 주목하시오. 이들 파형의 두 사이클이 나타나야 한다.

⑱ 오실로스코프 시간 축 조정을 2ms/div으로 유지하면서 신호발생기를 정현파와 주파수 0.2Hz로 조정하시오.

한 사이클에 소요된 시간, 즉 양의 최대값에서 다음 최대값까지 한 번의 변량을 완료하는 데 걸리는 시간이라는 것에 주목하시오.

한 사이클에 소요된 시간(주기) =

예제

29. 주기를 기록하시오.

그리고 나서 파형의 주파수를 계산하시오.

예제

30. 주파수 값을 기록하시오.

⑲ 각 파형에 대한 궤적의 움직임의 비율과 주기에 주목하면서 삼각과 구형 출력파형의 과정을 반복하시오. 주기는 정현파형에서의 값과 같다.

[4] 정현파에 대한 피크와 RMS값 사이의 관계

① 그림 39에 나타난 대로 회로 #1에 연결 링크를 배치하시오.

② 다음과 같은 측정 장비를 설치하시오.

- 오실로스코프
  채널 1과 채널 2는 0.5V/div으로 조정
  시긴 축은 0.1ms/div으로 조정
- 멀티미터 : 20V 교류영역

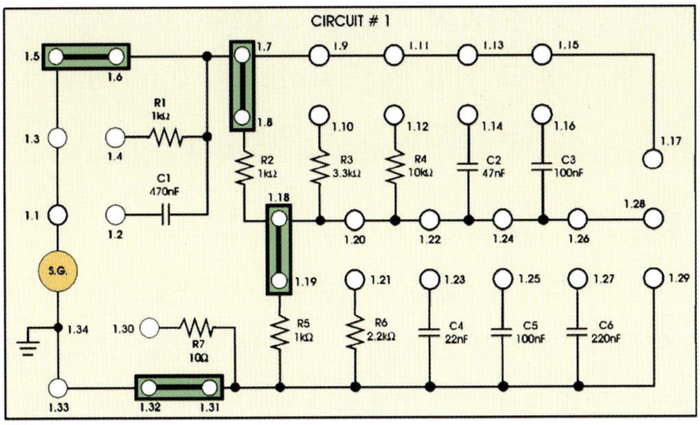

그림 39

③ 다음과 같이 연결하시오.

- 신호발생기 출력 : 베이스 유닛 BNC 입력 소켓
- 오실로스코프 : 소켓 1.17에 채널 1
- 멀티미터 : 소켓 1.29와 1.15

형성된 회로는 그림 40에 나타나 있다.

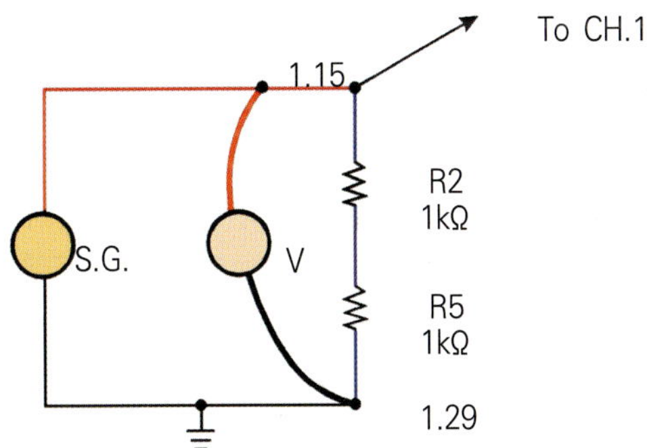

그림 40

④ 주파수 1KHz의 정현 출력으로 신호발생기를 설정하고, 전압계가 1.0V를 나타내도록 하기 위해 진폭 조절을 맞추시오. 오실로스코프 궤적의 피크-피크값에 주목하시오.

궤적의 피크-피크값 = div

피크-피크 전압 계산 = div × 0.5V/div =

피크 전압(0.5 × 피크-피크) =

전압계는 정현파의 RMS값을 나타내고, 궤적으로부터 결정된 피크값은 1V의 RMS값을 가진 전압의 피크값을 보여준다. 표 23에 값을 넣으시오.

⑤ 오실로스코프 채널 1 조절을 2V/div으로 설정하고 2V, 그리고 나서 4V의 전압계 지시에 대하여 신호발생기 출력 진폭을 조정하고 각 설정에 대하여 얻어진 오실로스코프 궤적의 피크전압값에 주목하시오. 값을 표 23에 적으시오.

[표 23]

Multimeter(RMS voltage)	1V	2V	4V
Oscilloscope(Peak voltage)	V	V	V

표 23에서 얻어진 값들을 연구해보면 관계식은 대략 다음과 같아야 한다.

피크값 = 1.4×RMS값

RMS값 = 0.7×피크값

⑥ 오실로스코프 채널 1 조절을 2V/div으로 설정하고, 궤적 12V 피크-피크(p-p 6div)에 대한 신호발생기 출력 진폭을 설정하시오. 전압계 지시값에 주목하시오.

전압계 측정값 = 볼트

예제

31. 전압계에서 읽은 값의 범위를 기록하시오.

㉮ 2.9 - 3.7V　　㉯ 3.8 - 4.7V

㉰ 4.8 - 5.6V　　㉱ 5.7 - 6.5V

⑦ 채널 1 조정을 2V/div으로 설정하고, 전압계에 나타난 3V에 대한 신호 발생기 출력을 설정하시오. 오실로스코프 궤적의 피크값에 주목하시오.

피크값 = 볼트

예제

32. 피크값은 다음 범위 내에 있다.

가 2.9 - 3.7V　　나 3.8 - 4.7V

다 4.8 - 5.6V　　라 5.7 - 6.5V

⑧ 신호발생기 출력 진폭을 12V 피크-피크(p-p 6div)의 궤적에 대하여 설정하시오. 각 파형에 대한 12V 피크-피크의 궤적을 유지하기 위해 필요한 출력 진폭을 조정하면서 (a) 정현파, (b) 삼각파, (c) 구형파에 대한 파형 설정과 함께 전압계가 지시하는 값에 주목하시오.

전압계 읽은 값
정현 파형 =
삼각 파형 =
구형 파형 =

전압계 읽은 값은 파형에 따라 변함을 알 수 있을 것이다.
전압계는 정현 파형에 대한 RMS값을 알려주기 위해서 측정되었고, 다른 파형에 대한 판독은 정확하지 않을 것이다.

예제

33. 전압계로 정현파 입력신호의 진폭이 전압계 표시의 RMS 전압의 확실한 판독을 얻기 위해 설정되었다. 똑같은 피크-피크값의 삼각과 구형 입력파형에 대해 읽은 값은 다음과 같을 것이다.

가 변화 없다

나 삼각과 구형 양쪽 모두 더 높다

다 삼각파형에서 더 높고 구형파형에서 더 낮다

라 삼각파형에서 더 낮고 구형파형에서 더 높다.

2.2 교류와 저항

학습목표

① 교류회로에서 옴의 법칙 관찰

② 저항회로에 대한 위상각 확인

③ 직렬 교류저항 회로에서 전압 강하 결정

④ 병렬 교류저항 회로에서 전류 측정 및 계산

필요한 장비

① DIGIAC 3000 교류회로-1 모듈의 회로 #1

② 신호발생기

③ 멀디미디(20V 전압범위와 전류범위 20mA)

④ 오실로스코프

⑤ 연결 링크

⑥ 연결선

순수저항을 포함하는 교류회로에서 옴의 법칙이 다음과 같이 적용된다.

$$V = IR$$

RMS값인 V와 I 또는 피크값인 V와 I 또는 피크–피크값인 V와 I로 전류는 전압과 같은 위상에 있다. 전류는 주파수에 의존하지 않는다.

[1] 직렬에서의 저항기

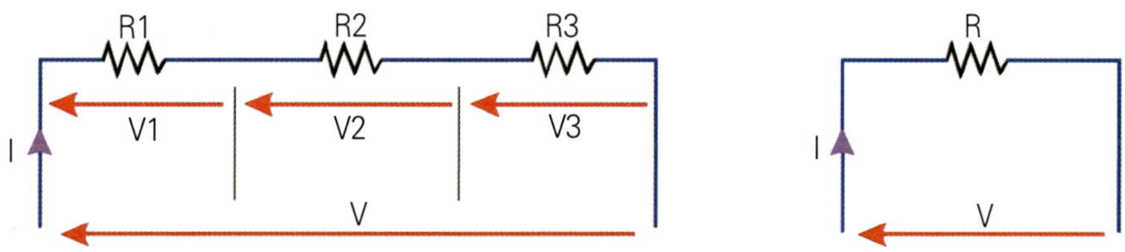

그림 41

전체저항 = 각 저항기의 총계

$$R = R1+R2+R3$$

공급전압 = 각 전압의 총계

$$V = V1+V2+V3$$

[2] 병렬에서의 저항기

$$\frac{1}{R} = \frac{1}{R1}+\frac{1}{R2}+\frac{1}{R3}$$

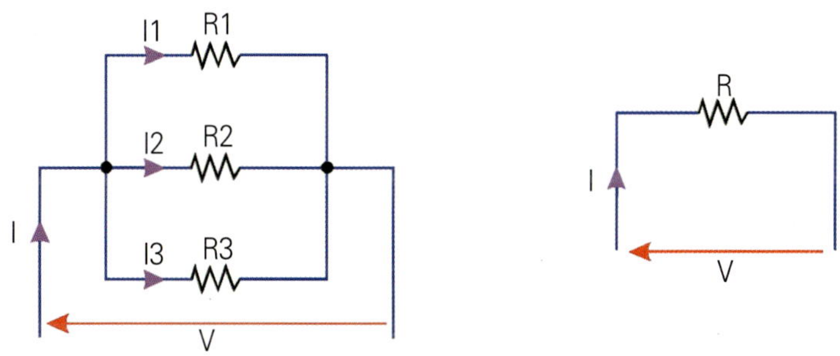

그림 42

전원 전류 = 각 전류의 총합

I = I1 + I2 + I3

[3] 정현파 교류전원에서의 저항

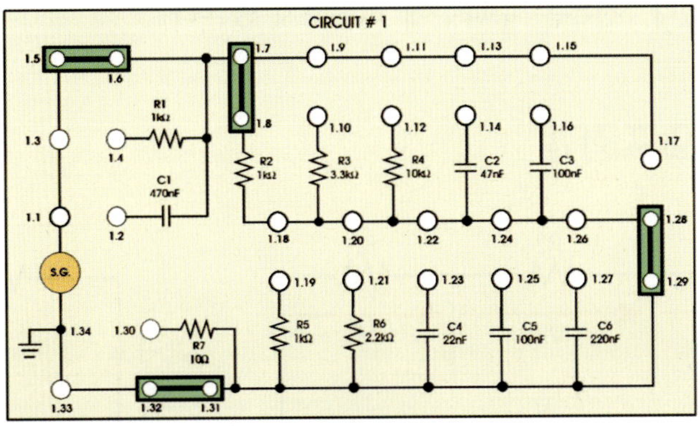

그림 43

(1) 전압계를 사용한 측정

① 그림 43에서 나타난 바와 같이 연결 링크를 배치하시오.

② 멀티미터를 20V 교류범위로 설정하시오.

③ 다음과 같이 연결하시오.

- 신호 발생기 출력 : 베이스 유닛 BNC 입력 소켓
- 전압계 : 소켓 1.3과 1.33

형성된 회로는 아래에 나타나 있다.

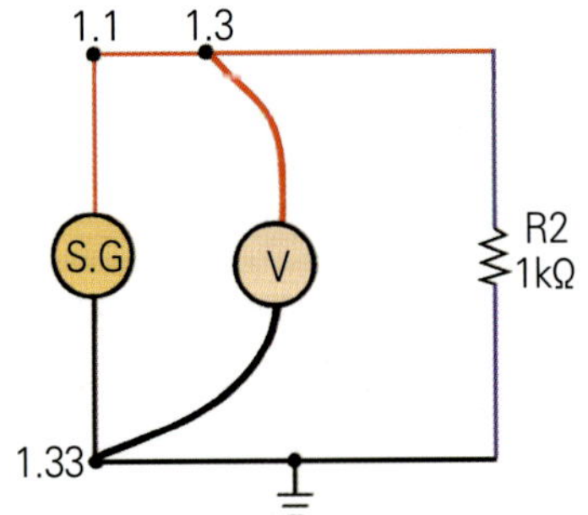

그림 44

④ 신호 발생기를 1kHz로 설정하고, 전압계가 4V를 나타내도록 그것의 출력 진폭을 조정하시오.

⑤ 소켓 1.5와 1.6 사이의 연결을 제거하시오.

⑥ 전압계 연결을 제거하고, 회로 내에서 이어지는 전류를 측정하기 위해 소켓 1.5와 1.6 사이에 그 범위를 20mA 교류로 설정하고, 전류계를 다시 연결한다. 표 24의 윗줄에 값을 적으시오.

[표 24]

Resistance in Circuit	Voltage	Current	Calculated Resistance
1kΩ	4V	mA	kΩ
3.3㏀	4V	mA	kΩ
10㏀	4V	mA	kΩ

⑦ 전류계를 제거하고, 20V 교류로 전압계를 다시 설정하고 소켓 1.1과 1.33 사이에 연결하시오. 소켓 1.5와 1.6 사이의 링크를 교체하시오.

⑧ 소켓 1.7과 1.8 사이에 연결을 제거하고, 회로에 R3을 연결시키기 위해 소켓 1.9와 1.10 사이에 넣으시오. 전압계에 4V 값이 되도록 신호발생기를 조절하시오.

⑨ 소켓 1.5와 1.6 사이에 연결을 제거하시오. 회로에 흐르는 전류를 측정하기 위해 전압계 연결을 제거하고, 20mA 교류 범위로 전류계를 설정하여 다시 연결하고, 소켓 1.5와 1.6 사이에 넣으시오. 표 24의 둘째 줄에 그 값을 적어 넣으시오.

⑩ 전류계를 제거하고, 전압계를 20V 교류로 다시 설정하고 소켓 1.1과 1.33 사이에 연결하시오. 소켓 1.5와 1.6 사이의 링크를 교체하시오.

⑪ 회로에서 R4를 연결하기 위해 소켓 1.9와 1.10 사이에 연결을 제거하고 소켓 1.11과 1.12 사이에 넣으시오. 전압계의 읽은 값이 4V가 되도록 신호발생기 출력을 조정하시오.

⑫ 소켓 1.5와 1.6 사이의 연결을 제거하고, 이전 과정에 따라서 회로 내의 전류를 측정하고, 표 24의 셋째 줄에 그 값을 적어 넣으시오. 표 24에서 측정값을 연구하시오. 그것들은 교류전원에서 전압과 전류가 RMS값으로 저항기에 옴의 법칙이

적용된다는 것을 입증한다.

예제

34. 일정 입력전압을 갖는 회로가 10mA의 전류가 흐른다. 만약 회로 저항이 두 배로 되면 전류는 다음과 같이 될 것이다.

㉮ 5mA ㉯ 7.5mA

㉰ 10mA ㉱ 20mA

⑬ 신호발생기에 연결된 5.5kΩ의 저항으로 구성된 회로 #1을 사용하여 회로를 형성하고, 적용된 4V의 전압에 대한 회로에서의 전류를 측정하시오.

전류 = mA

예제

35. 측정된 전류는 이러한 범위 내에 있다.

㉮ 0.48 – 0.63mA ㉯ 70.64 – 0.79mA

㉰ 0.80 – 0.95mA ㉱ 0.96 – 1.11mA

(2) 우실루스코프를 사용한 측정

① 현재 회로 #1에 연결된 모든 링크를 제거하시오.

② 소켓 1.5와 1.6, 1.7과 1.8, 1.28과 1.29, 1.30과 1.32 사이에 링크를 삽입함으로써 회로에 1kΩ 저항기인 R2와 10Ω 저항기인 R7을 연결하시오.

③ 오실로스코프를 다음과 같이 연결하시오.

- 채널 1은 2V/div으로 조정
- 채널 2는 50mV/div으로 조정
- 시간 축은 0.1ms/div으로 조정

④ 다음과 같이 오실로스코프를 연결하시오.

- 채널 1은 소켓 1.7
- 채널 2는 소켓 1.31

형성된 회로는 그림 45에 나타나 있다. 오실로스코프 채널 2는 10Ω 저항기 R7에서의 전압강하를 모니터한다, 이것은 회로 전류에 비례한다.

⑤ 1kHz의 신호 발생기 주파수로 12V 피크-피크(p-p 6div) 진폭의 채널 1 궤적에 대한 출력 진폭을 설정하고, 피크-피크 div에서 채널 2궤적 진폭을 주목하시오.

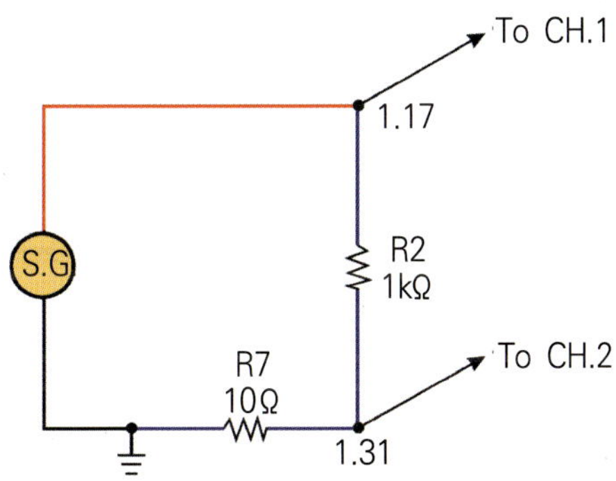

그림 45

⑥ 표 25의 "p-pdiv" 제목 아래의 첫째 줄에 그 값을 적으시오. 채널 2 p-p값을(스코프 div에서) mVp-p와 mAp-p로 전환하시오.

$$\text{mVp-p} = \text{p-pdiv} \times 50\text{mV/div}$$

$$\text{mAp-p} = \frac{\text{mVp-p}}{10}(\text{R7} = 10\Omega\text{이므로})$$

이들 값을 표 25의 첫째 줄 "mVp-p"와 "mAp-p"에 각각 적어 넣으시오.

⑦ 회로에 연결된 저항기 R3에 대한 과정을 표 25의 다른 줄에 값을 적어 넣으면서 반복하시오.

[표 25]

Circuit	CH.1 Voltage	CH.2 Trace		
		Div p-p	㎷ p-p	mA p-p
1k	12V p-p			
3.3k	12V p-p			

⑧ 표 25에 나타난 것을 연구하시오. p-p값은 옴의 법칙을 또한 입증해야 한다.

⑨ 2.2kΩ 저항회로를 형성하고, 전류가 채널 2 궤적이 가리키는 대로 5mAp-p가 되도록 하게 하기 위해서 신호발생기 출력을 조정한다. 채널 1 궤적에 의해 지시한 대로 적용된 전압에 주목하시오.

적용된 전압 p-p =

예제

36. 적용된 전압 p-p값은 다음 범위에 있다.

㉮ 7.7 – 9.8V

㉯ 9.9 – 12.1V

㉰ 12.2 – 14.3V

㉱ 14.4 – 16.5V

[4] 정현 교류 전원공급에서 저항에 대한 전압과 전류의 위상 관계

① 그림 46에 나타난 대로 연결 링크를 넣으시오.

② 다음과 같이 측정 장비를 설정하시오.

- 오실로스코프
  채널 1을 2V/Div에 조정
  채널 2를 50mV/Div에 조정
  시간축을 0.1ms/Div에 조정

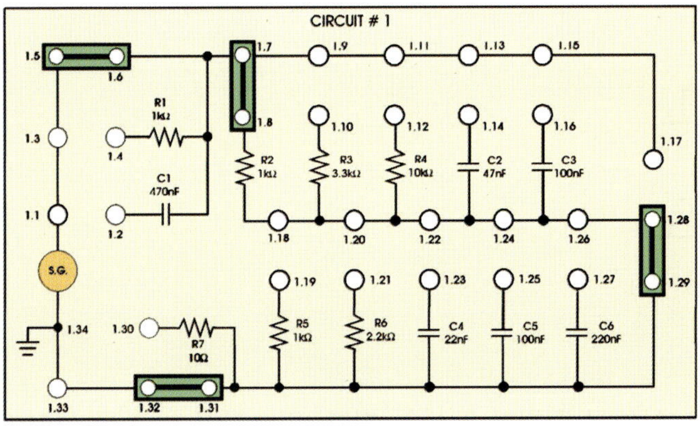

그림 46

③ 다음과 같이 연결하시오.

- 신호 발생기 출력 : 베이스 유닛 BNC 입력 소켓
- 오실로스코프 : 채널 1을 소켓 1.17

채널 2를 소켓 1.31 형성된 회로는 그림 47에 나타나 있다.

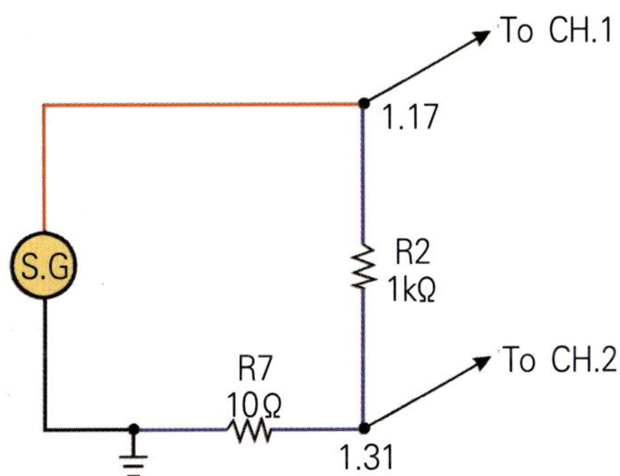

그림 47

실력평가

01. 교류 정현 파형을 알아내시오.

㉮ 

㉯ 

㉰ 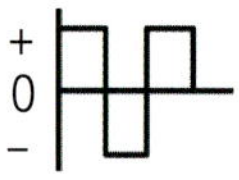

㉱ 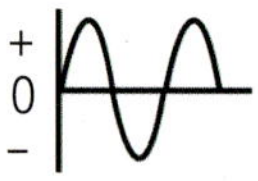

02. 오실로스코프 상에서 정현파 궤적의 피크-피크값이 Y 조정 설정 2V/div으로 수직 6간을 차지하고 있다. 파의 피크값은 다음과 같다.

㉮ 2V　　㉯ 3V

㉰ 6V　　㉱ 12V

03. 오실로스코프 상에서 정현파 궤적의 피크-피크값이 Y조정 설정 5V/div으로 수직 5.4div을 차지하고 있다. 파의 피크값은 다음과 같다.

㉮ 12.5V　　㉯ 13.5V

㉰ 25V　　㉱ 27V

04. 오실로스코프 상에서 정현파 궤적의 두 개의 사이클이 X 조정설정 5μs/div으로 수평 10div을 차지하고 있다. 파의 주기는 다음과 같다.

㉮ 10μs　　㉯ 12.5μs

㉰ 25μs　　㉱ 50μs

05. <u>오실로스코프</u> 상에서 정현파 궤적의 두 개의 사이클이 X조정 설정 0.1㎲/div으로 수평 8div을 차지하고 있다. 파의 주파수는 다음과 같다.

㉮ 1.25KHz　　㉯ 2.5ms
㉰ 5ms　　㉱ 7.5ms

06. 정현 전압 전압계 <u>오실로스코프</u>에 적용된다. 전압계에서 읽은 전압값이 3.5div이다. <u>오실로스코프</u> Y 조정 설정 2V/div에서 p-p 궤적값은 대략 다음과 같다.

㉮ 2.5div　　㉯ 3.0div
㉰ 5.0div　　㉱ 10div

07. 정현파의 피크 – 피크값은 282V이다. 이것의 RMS값은 다음과 같다.

㉮ 100V　　㉯ 120V
㉰ 141V　　㉱ 200V

08. 교류정현파의 피크값이 6A이다. 이것의 RMS값은 다음과 같다.

㉮ 3.84A　　㉯ 4.05A
㉰ 4.24A　　㉱ 8.48A

09. sine파의 주기는 1ms이다. 그것의 주파수는 다음과 같다.

㉮ 100㎐　　㉯ 500ms
㉰ 1ms　　㉱ 2ms

10. 교류 정현파 전압의 주파수는 4kHz이다. 한 사이클의 시간은 다음과 같다.

㉮ 25㎲　　㉯ 0.25ms
㉰ 2.5ms　　㉱ 25ms

반도체 테스트

04

반도체 테스트
[Semiconductor Test]

04 CHAPTER

1 P-N 접합 다이오드

학습목표

① PN 접합 다이오드의 순방향 특성 그래프
② 순 바이어스(forward biased)된 다이오드의 비선형 응답
③ 역 바이어스된 다이오드에서의 누설전류
④ 저항 측정을 통한 다이오드의 측정
⑤ 저항 측정을 통한 두 다이오드의 오류 찾기

필요한 장비

① D3000 2.1 Semiconductors-1 모듈의 Circuit #1
② 단락용 연결 고리(shorting link)와 2~4mm 연결잭(adaptor)
③ 멀티미터(Multimeter) 2개

1.1 다이오드의 순방향 특성

반도체 접합에 의한 물리적인 성질은 순(방향) 바이어스와 역(방향) 바이어스 경우 모두에서 전류 흐름을 방해한다(단, 다른 특성을 갖는다).
순 바이어스 상태에서 전류가 흐르기 위해서는 먼저 전위장벽(barrier potential)을 극복해야 한다(실리콘, Si 0.6–0.7V/게르마늄 Ge 0.3V).
역 바이어스 상태에서는 일반적으로 거의 전류가 흐르지 않는다(미약한 역방향 전류 제외).

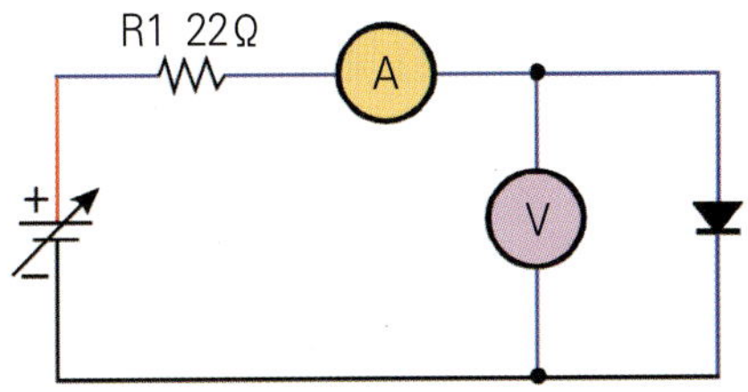

그림 1

순방향에 대한 특성 그래프를 그릴 때 필요한 측정을 할 회로연결은 그림 1과 같다.

참고

다이오드에 흐르는 전류뿐만 아니라 전압계에 흐르는 전류도 전류계에 나타나게 된다. 따라서 전압계로 흘러들 전류를 최소로 유지하기 위해서 높은 임피던스의 전압계가 필요하다(측정오차를 줄이기 위해).

다이오드의 순 바이어스 상태의 특성 그래프를 그리기 위해 특별히 사용될 전원 공급장치(power supply)는 Circuit #6의 오른쪽 위의 오실로스코프 연결 패널의 바로 밑의 패널에 탑재되어 있다. 0–2V DC SUPPLY라고 표시된 것이 그것이다.

* 다음 페이지에 •가 앞에 붙은 문장들은 "지시사항"으로 그대로 따라하면 된다.

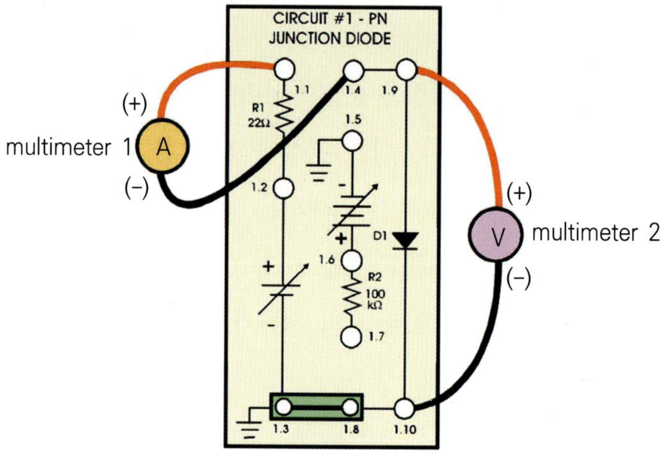

그림 2

- 0–2V DC 전원 공급장치의 조절기를 반시계 방향으로 돌려 최소로 맞추시오.
- 링크(shorting links)를 그림 2와 같이 소켓 1.3과 1.8 사이에 연결하시오.
- 전류측정 준비 : 멀티미터를 DC 전류 측정범위에 맞추고 소켓 1.1 (+)과 1.4 (–) 사이에 연결하시오(측정범위 ~50μA DC).
- 전압측정 준비 : 멀티미터를 DC 전압 측정범위에 맞추고 소켓 1.9 (+)과 1.10 (–) 사이에 연결하시오(측정범위 ~2V DC).
- 모듈의 0–12V 가변 DC 전원 공급장치 스위치를 ON으로 하시오(“0”으로 세팅).
- 0–2V DC 전원 공급장치를 조정하여 다이오드에 100mV가 인가되도록 하시오.
- 멀티미터에 나타나는 값을 표 1에 기록하시오.
- 전압이 200mV가 인가되도록 하고 전류를 다시 측정하시오.
- 표 1에 나와 있는 전압들이 인가되도록 하고 전류의 값들을 차례로 측정 기록하시오. 전류가 급하게 증가하기 시작할 때부터는 전압을 50mV씩 증가시킨다는데 주의하시오. 이때 전류계의 범위를 필요에 따라 조정하시오. 바뀌게 될 값들을 미리 예측하여 멀티미터가 손상되지 않도록 하시오.

참고

전류계의 범위를 바꿀 때 전압을 다시 조정하는 것이 필요하다(전류계의 범위를 높게 바꾸면 전류계의 저항이 감소되어 다이오드에 인가되는 전압을 증가시킬 것이다).

[표 1]

Voltage(mV)	Current
100	μA
200	μA
300	μA
400	μA
500	μA
550	μA
600	μA
650	μA
700	μA
750	μA
800	μA
850	μA

- 다이오드의 순방향 특성 그래프를 주어진 축 위에 그리시오(표 1의 값을 이용).

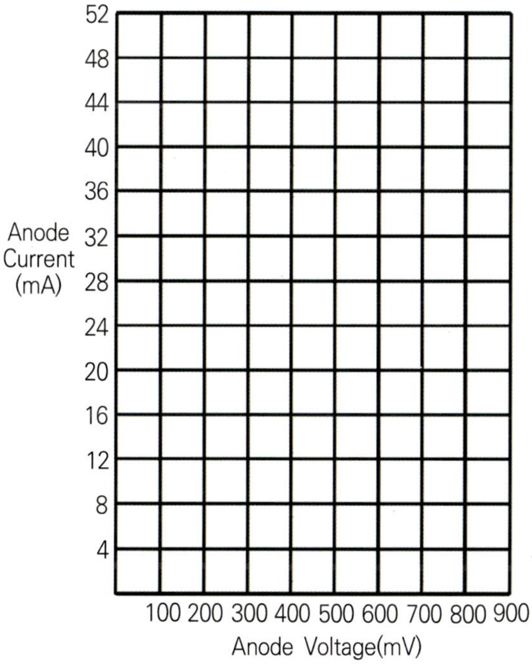

그래프 1

전압에 대한 전류의 그래프가 선형적(linear)이지 않다는 것을 볼 수 있을 것이다. 즉, 다이오드는 옴의 법칙(Ohm's Law)을 따르지 않는다.

예제

1. 그래프에서 애노드(anode) 전류가 12mA일 때 다이오드에서의 전압강하값을 기록하시오(mV).

1.2 다이오드의 역방향 특성

다이오드의 역 바이어스 전류(누설전류)가 어느 정도의 값을 갖는지 알아둘 필요가 있다. 실제 사용에서는 이 누설전류를 무시할 수 있다. 이것은 실험의 첫 번째 부분에서 확인된다.

그러나 p-n 접합의 누설전류(leakage current)는 다른 용도의 다이오드에서는 중요할 수도 있다. 그래서 이 전류를 보다 신중하게 살펴보는 것도 가치가 있다.

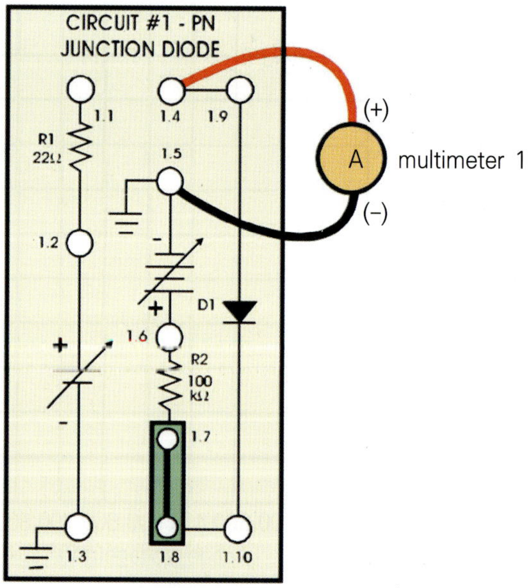

그림 3

- 링크를 소켓 1.7과 1.8 사이에 연결하시오.
- 전류측정 준비 : 멀티미터 1을 DC 전류 측정범위에 맞추고 1.5 (−)과 1.4 (+)로 연결한다.
- 모듈의 0−12V 가변 DC 전원공급장치를 MIN(0V)에 맞추고 모듈의 전원공급 스위치를 ON으로 하시오.

참고

모듈의 0–12V 가변 DC 전원공급장치의 음극이 접지에 연결되어 있는 것에 주목하시오. 이렇게 함으로써 다이오드는 링크를 이용하여 편리하게 역 바이어스가 될 수 있다.

- 모듈의 0−12V 가변 DC 전원공급장치을 최대까지 증가시키면서 멀티미터 1에 나타나는 전류값을 관찰하시오.

전류가 무시할 만큼 적은 양이기 때문에 전류계에는 별다른 응답이 없다는 것을 알 수 있다. 그러나 우리는 Circuit #8에 있는 R16(1MΩ)의 저항을 Circuit #1 회로에 이용하여 R16의 전압 강하값을 관찰하는 것으로, 작은 양의 소수 캐리어 전류가 있다는 것을 알 수 있고, 그 양(누설 전류값)을 계산할 수 있다.

- 멀티미터 1을 회로에서 제거하고, 링크를 소켓 1.5(양극)와 1.4(공통) 사이에 연결하시오.
- 1.7과 1.8 소켓 사이에 링크를 제거하고 1.7과 8.14를 리드선으로 연결하고, 8.15와 1.8 역시 리드선을 연결하시오.
- DC 전압을 측정하기 위해 멀티미터 2를 1.9(양극)과 1.10(공통)에 연결하시오.

모듈의 0−12V 가변 DC 전원공급장치의 전압을 멀티미터 2에서 측정되는 다이오드 D1의 애노드 전압이 −1.0V가 될 때까지 맞추시오.

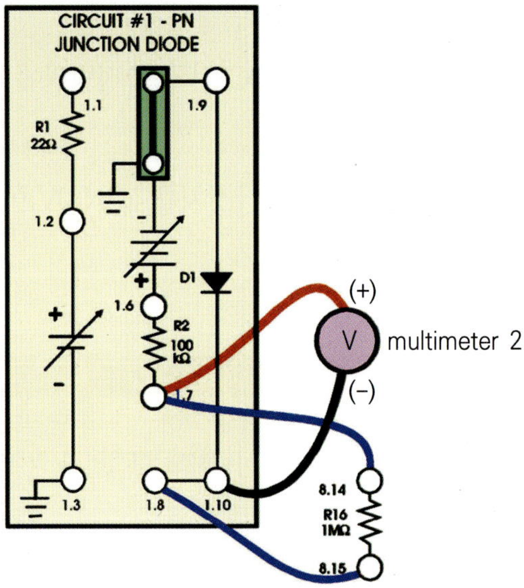

그림 4

- 그림 4처럼 멀티미터 2(DC 전압 레인지)의 양극(적색) 리드선을 소켓 1.7로 이동시키시오.

참고

한 번에 두 개의 멀티미터를 사용할 수 없다는 점을 주의하시오. 다이오드에 분로(다른 경로)를 만들게 되고 틀린 값을 읽게 한다.

- R16에서의 전위차를 mV 단위로 표 2에 기록하시오.
- 다이오드 D1의 애노드 전압이 각각 −2V, −3V..... −11V일 때에 대해 앞의 단계를 반복하시오.

R16에서의 전위차가 매우 적기 때문에 멀티미터 2에서 안정된 전압을 읽는 것이 매우 어려울 것이다. 이럴 경우에는 최고값과 최저값의 평균을 취해서 그 값을 기록하시오.

[표 2]

Anode Voltage	Voltage across R16	Leakage Current
−1V	mV	nA
−2V	mV	nA
−3V	mV	nA
−4V	mV	nA
−5V	mV	nA
−6V	mV	nA
−7V	mV	nA
−8V	mVmV	nA
−9V	mV	nA
−10V	mV	nA
−11V	mV	nA

이제 R16에서의 전위차를 R16의 저항값(1MΩ)으로 나누면 누설전류의 값을 알 수 있다.

- 각 경우의 누설전류를 계산하고 표 2에 기록하시오.

예제

2. 전압이 −10V일 때 누설 전류값을 입력하시오(nA).

적은 변화량 때문에 누설전류를 그래프의 형태로 나타내기가 어렵다는 것을 알 수 있을 것이다. 이 다이오드(1N4148)의 피크 역전압(PIV : Peak Inverse Voltage)을 그려 보기에는 다이오드의 역 항복전압(reverse breakdown voltage)이 너무 높다. 피크 역전압은 항복이 일어나기 전에 다이오드에 인가될 수 있는 최고 역전압을 의미한다. 그래서 정상 동작에서는 피크 역전압을 넘어서지 않도록 다이오드를 선택해야 한다.

1.3 다이오드 테스트

다이오드에서 발생할 수 있는 문제들은 다음과 같다.

① 양방향 단락회로(short circuit)

② 양방향 오픈회로(open circuit)

③ 역 바이어스에서 누설전류의 증가 : 누설하기 쉬운 상태(Leaky)

이 밖의 다른 경우는 누군가 다이오드를 회로에 잘못된 방향으로 연결했을 경우이다(물론 여러분은 아니겠지만). 이런 상황이 자주 발생하는데, 이는 작은 다이오드에서는 애노드(양극)와 캐소드(음극)의 구별이 쉽지 않고 확실한 표시가 되어있지 않기 때문이다. 대부분의 경우에는 다이오드 몸체와 캐소드(cathode)의 끝부분이 만나는 곳에 밴드(band)나 링 모양 표시가 있다. 투명 캡슐의 경우에는 검은색으로, 몸체가 검은색으로 되어있을 경우에는 은색으로 표시되어 있다. 모듈의 회로에 있는 다이오드를 관찰해 보라.

위에 언급된 모든 오류 조건들에 대해 다이오드를 테스트할 때 디지털 멀티미터를 사용하는 것이 가장 편리하다. 테스트 시 세 번의 측정을 하게 될 것이다. – 두 번은 다이오드 테스트 레인지를 사용하고 한 번은 높은 저항 레인지를 사용한다. 다음 세 가지 측정법에서 무엇보다 중요한 것은 다이오드를 테스트하기 전에 전원이 회로상에 off 상태여야 한다는 것이다.

[1] 순방향 및 역방향 바이어스 상태 측정

순방향과 역방향 바이어스 상태를 측정하기 위해서 디지털 미터에서의 다이오드 테스트의 사용법을 알아야 할 것이다. 멀티미터 레인지 스위치를 다이오드 테스터 쪽으로 향하게 하시오. 다이오드 테스터 레인지는 심볼(→|—)에 의해 표시된다.

[2] 다이오드의 순방향 바이어스 조건

접합의 p–영역(다이오드의 애노드)이 n–영역(다이오드의 캐소드)에 대해 양일 때 반도체 접합은 순 바이어스 상태가 된다. 다이오드가 순방향 바이어스가 되기 위해서는 멀티미터의 양극(+)은 적색, 즉 애노드로 연결하고, 공통(−)은 흑색, 캐소드로 연결되어야 한다(그림 5(a) 참조).

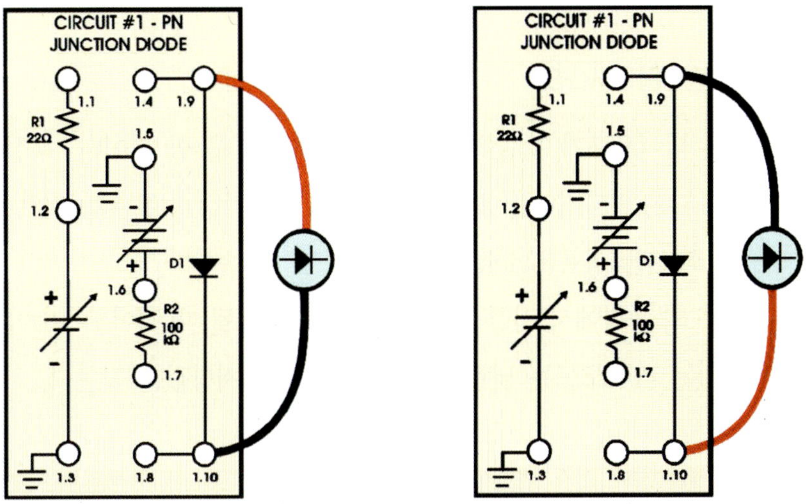

(a) (b)

그림 5

다이오드 테스터 레인지를 선택했다면 미터기는 순방향 바이어스된 다이오드의 값을 보여 줄 것이다. 사용하는 멀티미터의 모델에 따라서 약간씩 해석하는 차이가 생길 수 있다. 전형적인 순(방향) 바이어스된 다이오드의 전형적인 측정값은 600−700mV가 된다.

그러나 다이오드 테스터 레인지가 저항 레인지 측정과 같이 쓰는 장비라면 저항값으로 읽어야 한다. 전형적인 순방향 다이오드 저항치는 kΩ 단위가 된다. 어느 테스터기를 사용하더라도 원하는 측정값을 찾을 수 있어야 한다.

역방향 바이어스 조건 역시 다이오드 테스터 레인지에서 측정이 가능하다. 역방향 바이어스 다이오드 측정은 캐소드에 양극(red, +)을 연결하고, 애노드에 공통(black, −)을 연결하면 된다(그림 5(b) 참조). 역 바이어스의 경우 다이오드 테스터 레인지를 선택했다면 측정범위 초과(out-of-range)가 될 수 있다.

다이오드 테스터 화면이 mV이거나 혹은 kΩ이거나 간에 이런 경우는 있을 수 있다. 이러한 측정값들은 다이오드 주위에 회로가 어떻게 구성되어 있는지에 따라 정해진다. 순방향 바이어스 다이오드는 때에 따라서 600mV로도, kΩ 으로도 나타내주지만, 역방향 바이어스는 측정 레인지 범위를 넘어버릴 수 있다.

[3] 다이오드 누설 테스트

세 번째 측정은 다이오드가 누설이 되는지 아닌지 확인을 할 것이다. 누설 다이오드 테스트 측정을 위해 멀티미터를 20MΩ으로 맞추거나, 가장 높은 레인지로 놓고 양극(red, +)에 캐소드를, 공통(black, −)에 애노드를 접속한다.
실리콘 다이오드의 동작에서 저항값은 역방향 바이어스될 때 적어도 5MΩ이 된다. 단, 누설 문제가 있는 다이오드는 낮은 역방향 바이어스 저항값을 갖는다.

참고

Semiconductor-1 회로 보드에서의 모든 다이오드들은 매우 높은 역방향 저항값을 갖는 실리콘 다이오드들이다(고장을 방지하기 위해서).

이제부터 다음과 같은 내용으로 다이오드 테스트에 관한 실험을 할 것이다.

- Circuit #1의 모든 연결고리를 제거하고, 모듈의 전원공급 스위치를 OFF로 하시오. 저항측정을 할 때는 항상 회로의 전원을 꺼야 한다.
- Circuit #1의 다이오드의 저항을 다이오드 테스터 레인지로 세팅한 디지털 멀티미터를 사용하여 소켓 1.9 & 1.10 사이에서 순 바이어스나 역 바이어스 경우를 모두 측정해서 표 3에 기록하시오.

참고

멀티미터의 측정 위치에 따라서 저항이나 전압값의 변화하는 크기를 주의 깊게 살펴 기록하시오.

[표 3]

다이오드 테스터 레인지	순방향 바이어스(전압)	(V)
	역방향 바이어스(전압)	(V)
저항 측정	역방향 저항측정(저항)	(Ω)

- 역방향 바이어스 저항값을 측정한다. 멀티미터를 20MΩ으로 레인지값을 리셋하고, Circuit #1에 공통(com) 리드선을 소켓 1.9에 연결하고, 양극(red) 리드선은 소켓 1.10에 연결하시오.

실제의 저항은 선택하는 레인지 범위에 따라서 변한다는 것을 알 것이다. 이것은 큰 값은 아니지만 여러분은 여러분 자신의 측정기에서 측정될 값에 익숙해야 한다. 이론상으로 정확한 값이 무엇인지를 아는 것보다 자신의 측정기로 실제 어떤 값을 얻게 될 것인가를 아는 것이 더 중요하다. 이런 방법으로 반도체 접합을 측정하는 것은 오류 진단이나 고장점검에서 매우 중요하다.

예제

3. 디지털 멀티미터의 레인지를 다이오드 테스트에 두고 다이오드에 연결한다. 멀티미터에 측정값이 out-of-range(측정범위 초과)가 나타난다면 이것은 다음 중 무엇을 뜻하나?

가 다이오드의 누설

나 다이오드 역 바이어스

다 다이오드 단락

라 다이오드 순 바이어스

2 반파 정류기(Half-Wave Rectifier)

학습목표

① 교류(AC)에서 Vp-p값 계산 및 측정
② 반파정류 출력에서 Vp와 Vave값 측정
③ 반파정류에서 축전기(캐패시터, 콘덴서) 전압 측정
④ 정류출력 방향에 따른 Vave 계산 및 측정
⑤ 반파정류 회로에서 Vp 및 Vave값 계산
⑥ 축전기 기능 인식
⑦ 반파 정류회로 오류 분석

필요한 장비

① D3000 2.1 Semiconductors-1 모듈의 Circuit #2
② 단락용 연결고리(shorting link)와 2~4mm 연결잭(adaptor)
③ 10/20V의 교류, 직류 범위를 가진 멀티미터(Multimeter)
④ 신호발생기(Signal Generator)
⑤ 오실로스코프(Oscilloscope)

2.1 반파 정류기(Half-Wave Rectifier)

다이오드는 전류를 한 방향으로만 흐르게 한다. 만약 교류전압이 다이오드를 가지고 있는 회로에 인가된다면, 전류는 다이오드 기호의 화살표 모양의 머리 방향으로만 흐를 것이다. 따라서 전류는 한 방향을 갖는 직류(DC)가 된다. 직류(DC) 흐름의 값은 인가되는 교류전압의 피크(peak)값에 비례하고, 인가 교류전압 피크(peak)값은 RMS 값에 비례한다.

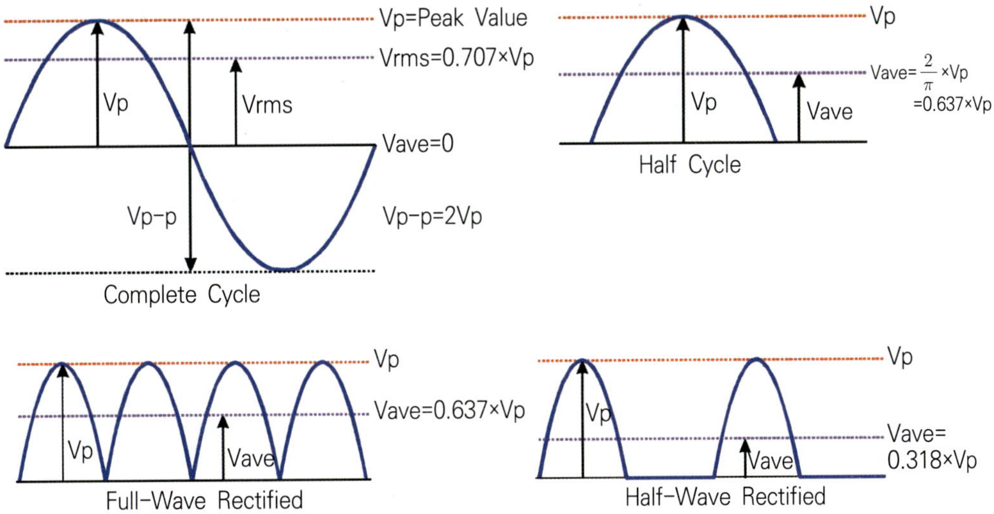

그림 6

교류(AC) 전압값들 사이의 관계와 용어를 요약하면 다음과 같다.

$$\text{Peak Voltage} = \text{Vp}$$

$$\text{Root mean square Voltage} = \text{Vrms}$$

$$\text{Average Voltage} = \text{Vave}$$

$$\text{Peak-to-Peak Voltage} = \text{Vp-p}$$

$$\text{Vp-p} = 2 \times \text{Vp}$$

$$\text{Vrms} = \frac{V_p}{\sqrt{2}} = 0.707 \times \text{Vp}$$

$$\text{Vave(전파정류)} = 0.637 \times \text{Vp}$$

$$\text{Vave(반파정류)} = 0.318 \times \text{Vp}$$

교류에 있어서 완전한 한 사이클의 평균값은 "0"임에 주의하시오. 멀티미터의 직류(DC) 측정범위로 한 사이클의 교류량을 측정하려면 "0"이 나올 것이다.

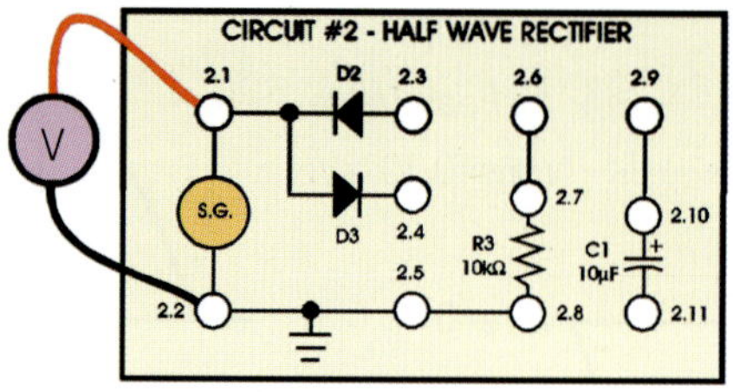

그림 7

- 멀티미터를 교류(AC) 측정범위에 맞추고 멀티미터의 (+)리드선과 (−)리드선을 각각 소켓 2.1과 2.2에 연결하시오(Vrms값 측정).
- 신호발생기(Signal Generator)의 주파수를 주 전원 주파수(60㎐)에 맞추시오. 그리고 회로에 5Vrms가 인가되도록 신호발생기의 출력 진폭을 조정하시오.

예제

4. 앞 페이지에 주어진 관계식을 이용해서 5Vrms에 상응하는 Vp-p값은 얼마인지 계산하여 입력하시오(계산과정을 간단하게 아래에 쓸 것)

- 오실로스코프를 다음과 같이 설정하시오.

> 시간축을 5mS/div로
> 이중선(Dual trace) 설정
> ALT/CHOP 설정을 CHOP으로
> Trace를 스크린의 중앙에 오도록
> CH.1 Y 증폭기의 게인(Gain)을 2V/div, DC 입력으로
> CH.2 Y 증폭기의 게인(Gain)을 2V/div, DC 입력으로

- 소켓 2.1에서 멀티미터의 (+)리드선을 제거하고, 오실로스코프의 CH.1을 2mm 연결선을 통해 소켓 2.1과 오실로스코프 연결 패널 위의 CH.1 연결부분에 연결하시오(멀티미터의 (−)리드선을 접지(소켓 2.2)에 계속 연결해 두시오). 오실로스코

프의 접지는 PCB 내부에 자동으로 연결되어 있다.

- 오실로스코프를 사용하여 Vp-p를 측정하고 아래에 쓰시오.
  Peak-to-peak voltage input(Vp-p) = Vat 소켓 2.1 2.1a에서 계산한 이론적인 값과 비교하시오.

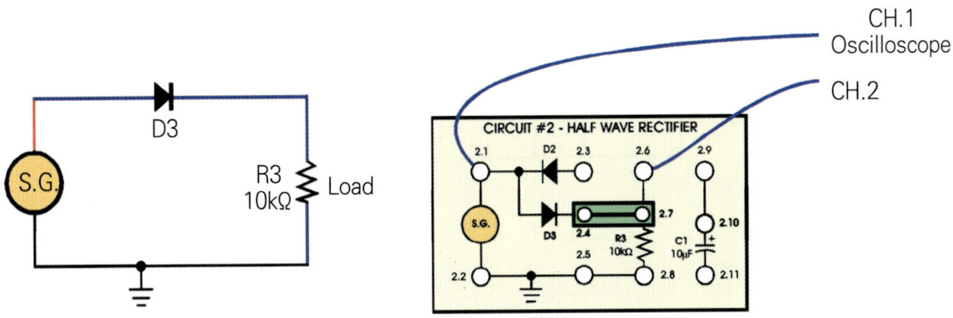

(a) Schematic (b) Connection Diagram

그림 8

- 연결링크를 소켓 2.4와 2.7 사이에 연결하시오. 그리고 오실로스코프의 CH.2를 소켓 2.6에 연결하시오. 오실로스코프의 스크린에 CH.1과 CH.2의 차이는 다이오드로 인한 0.6~0.7V 전압강하(전위장벽)에 기인한다(CH.2가 낮게 나온다).
- 오실로스코프에 나타난 화면을 다음의 격자선 위에 그리시오. 전압(Y축)과 시간(X축)을 축으로 할 것.

예제

5. 다음 그림의 오실로스코프 화면의 CH.2로부터 반파정류 전압의 Vp값을 읽어서 아래에 쓰고, 컴퓨터에도 입력하시오.

Peak voltage output(Vp) = V at 소켓 2.6

- 이것은 입력 교류전압의 Vp보다 약 0.7V 더 적다. 이것은 전류가 흐를 때 다이오드에서 전압강하가 생기기 때문이다.

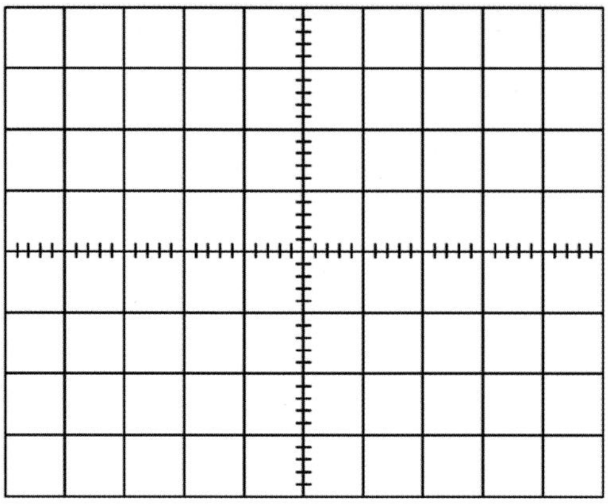

- 소켓 2.6에서 오실로스코프의 CH.2 연결부분을 제거하고, 직류(DC) 측정범위에 맞춰진 멀티미터의 (+)리드선과 (−)리드선을 각각 소켓 2.6과 2.5에 연결하시오.
- 멀티미터를 관찰하여 평균 전압값(Vave)을 아래에 쓰시오.

Average voltage = V at 소켓 2.6 & 2.5

2.2 Reservoir Capacitor

교류전압을 인가하면 반 사이클마다 출발할 때와 끝날 때 순간값이 0으로 떨어진다. 이것은 직류전류 공급장치로는 만족스럽지 못한 상태이다. 전하를 저장하고 내보내는 커패시터의 기능이 이것을 극복할 수 있다. 다이오드에 전류가 흐르지 않을 때(역 바이어스되었을 때) 커패시터는 방전을 하는데, 이때는 부하에 공급되는 전압의 변화가 적다.

그리고 인가전압이 최고인 동안에 다이오드에 전류가 흘러 커패시터에 전하가 저장된다. 이때에는 전압이 다시 빨리 증가한다. 이것을 리플전압(ripple voltage)이라고 하는데, 이것의 진폭은 부하전류와 함께 증가하고, 부하전압의 평균값에 감소를 가져온다.

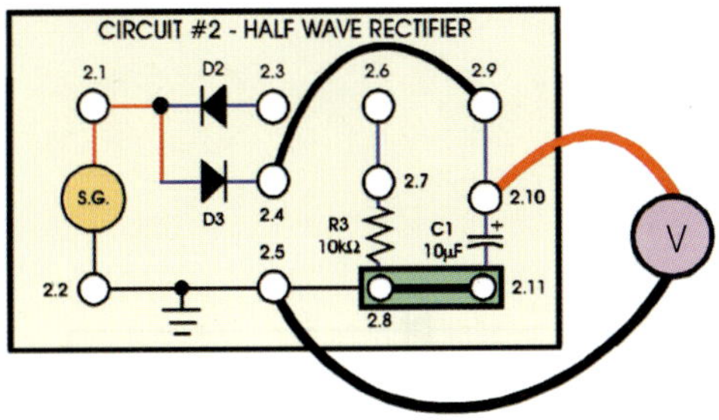

그림 9

- 신호발생기가 주 전원 주파수(60Hz)와 5Vrms로 조정되어 있는지 확인하고, 저장 커패시터 C1에 인가되는 직류전압을 측정하시오(확인용, 이미 앞에서 설정했음).
- 연결선을 소켓 2.4에서 2.9로 연결하고, 연결고리를 소켓 2.8과 2.11에 연결하시오.
- 멀티미터를 직류(DC) 측정범위에 맞추고 (+)리드선과 (−)리드선을 각각 소켓 2.10과 2.5에 연결하시오.

예제

6. C1(캐패시터)에서의 전압 강하값을 입력하시오.

예제 5에서 얻은 정류된 사인파의 Vp값과 이 값을 비교하시오.

참고

저항 R3(10kΩ)가 부하 역할을 한다. 지금까지는 이 저항이 연결되어 있지 않아서 저장 커패시터로부터 전류를 끌지 않는다. 그러므로 커패시터에 인가되는 전압은 다이오드로부터의 Full Peak 전압(Vp)이 된다.

- 소켓 2.4와 2.9에서 연결선을 제거하고, 소켓 2.4와 2.7, 2.6과 2.9, 2.8과 2.11 사이를 그림 10과 같이 연결링크로 연결하시오.
- 오실로스코프를 다음과 같이 설정하시오.

시간축을 5mS/div로

트리거를 AC로
이중선(Dual trace) 설정
ALT/CHOP 설정을 CHOP으로

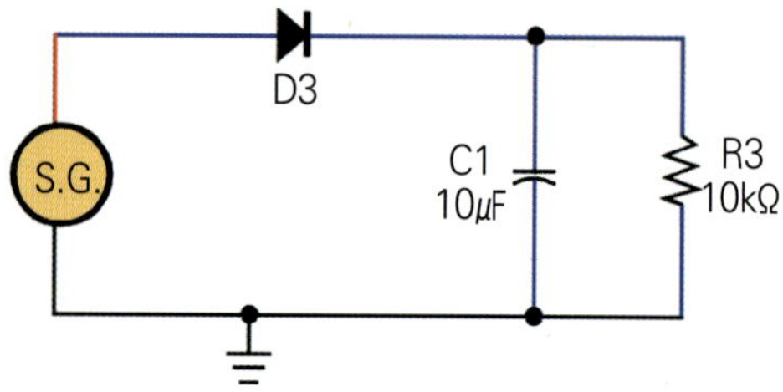

(a) Schematic Diagram

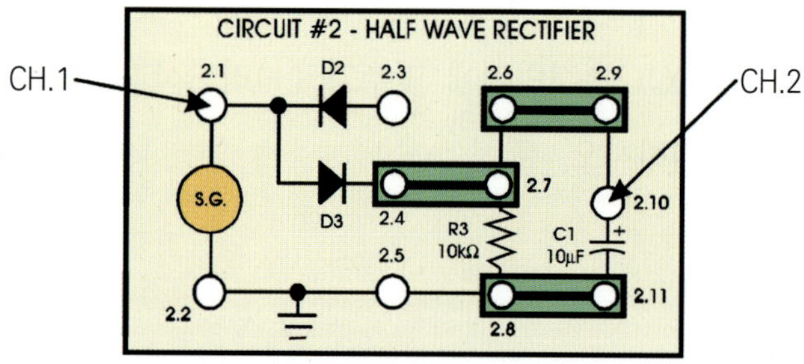

(b) Connection Diagram

그림 10

Trace를 스크린의 중앙에 오도록
CH.1 Y 증폭기의 게인(Gain)을 2V/div, DC 입력으로
CH.2 Y 증폭기의 게인(Gain)을 2V/div, DC 입력으로

- 멀티미터를 교류(AC) 측정범위에 맞추고 (+)리드선과 (−)리드선을 각각 소켓 2.1과 2.2에 연결하시오. 그리고 오실로스코프의 CH.1을 소켓 2.1에 연결하고 신호발생기가 주 전원 주파수(60Hz)와 5Vrms 입력을 유지하고 있는지 점검한다(확인용).
- 오실로스코프의 CH.2를 소켓 2.10에 연결한다.
- 오실로스코프의 스크린에 정확한 파형이 나오도록 맞추고, 아래에 전압과 시간의 축척에 맞게 그리시오.

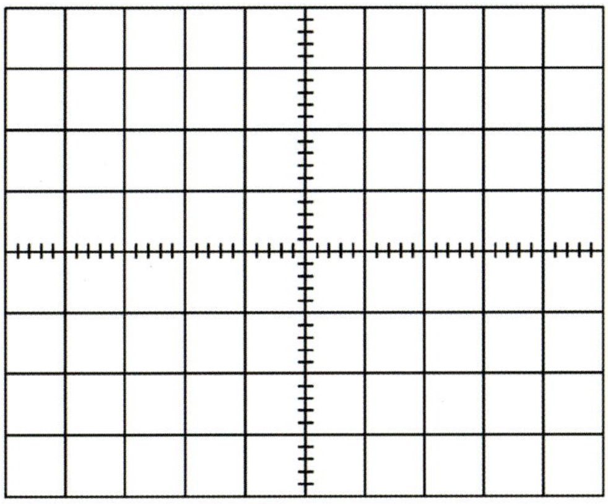

예제

7. CH.2 파형의 Vp값을 구하여 아래에 쓰고 입력한다.

   Peak voltage of the waveform = V(Vp or VPEAK)

저장 커패시터가 부하에 전류를 공급하기 위해서 방전할 때 출력전압은 떨어진다. 그리고 다이오드가 부하에 전류를 흘리고 저장 커패시터를 다시 충전시킬 때 전압은 상승한다. 이 출력전압의 변화를 리플(ripple)이라고 한다.

예제

8. 위에 파형으로부터 리플전압의 peak–to–peak(VR)값을 구하여 아래에 쓰고 입력하시오.

   Ripple voltage(peak–to–peak) = V(VR)

예제

9. 부하에 인가되는 평균값을 계산하여 아래에 쓰고 입력하시오.

공식, $V_{ave} = V_P - \frac{V_R}{2}$(계산에 필요한 값은 예제 7와 8에서 구했다)

Average load voltage(계산값) = V(V_{AVE})

10. 멀티미터의 (+)리드선을 소켓 2.1에서 제거하고 범위를 직류(DC) 측정범위에 맞추시오. 멀티미터의 (+)리드선을 오실로스코프의 연결부분에 있는 소켓 2.10에 연결하시오. 멀티미터에 나타나는 평균전압(V_{ave})을 읽고 입력하시오.
   이 값과 앞(6)에서 계산한 값과 비교해 보시오.

2.3 Negative Power Supply

다이오드의 연결방향을 바꾸는 것은 회로에 흐르는 전류의 방향을 바꿀 것이다. 그림 11(a)의 다이오드 기호의 방향을 확인하시오.

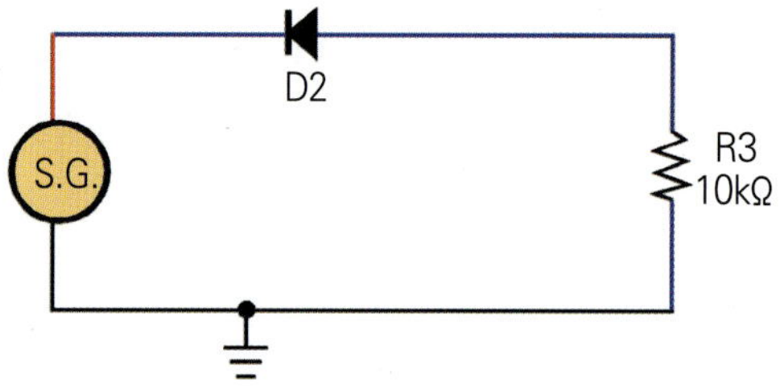

(a) Schematic Diagram

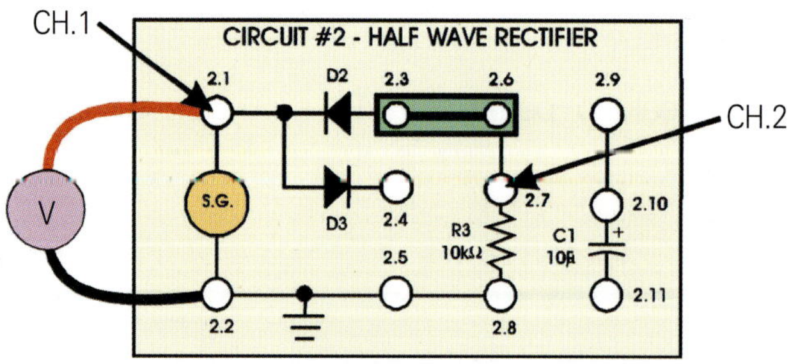

(b) Connection Diagram

그림 11

- 연결링크를 소켓 2.3과 2.6 사이에 연결하시오.
- 멀티미터를 교류(AC) 측정범위에 맞추고 (+)리드선과 (−)리드선을 각각 소켓 2.1과 2.2에 연결하시오. 그리고 신호발생기의 주파수를 주 전원 주파수(60Hz)에 맞추고, 회로에 5Vrms 입력이 가해지도록 출력 진폭을 조절하시오(확인용).
- 멀티미터의 (+)리드선을 소켓 2.1에서 제거하시오.
- 오실로스코프를 다음과 같이 설정하시오.

시간축을 5ms/div로
트리거를 AC로
이중선(Dual trace) 설정
ALT/CHOP 설정을 CHOP으로
Trace를 스크린의 중앙에 오도록
CH.1 Y 증폭기의 게인(Gain)을 2V/div, DC 입력으로
CH.2 Y 증폭기의 게인(Gain)을 2V/div, DC 입력으로

- 오실로스코프의 CH.1을 소켓 2.1에 CH.2를 소켓 2.7에 연결하시오.
- 오실로스코프의 파형을 아래의 격자선 위에 그리시오.

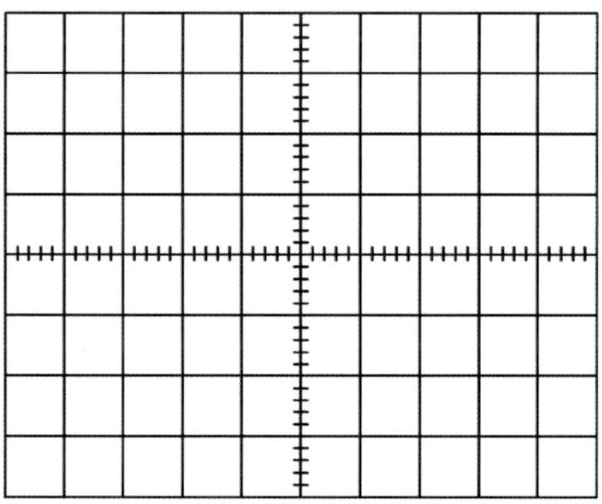

- 소켓 2.7로부터 CH.2의 연결선을 제거하고, 멀티미터를 직류(DC) 측정범위로 하여 (+)리드선과 (−)리드선을 각각 소켓 2.2와 2.7에 연결하시오.

예제

11. 멀티미터에 표시되는 평균 부하전압을 아래에 쓰고 입력하시오.

Average load voltage = (–) V (V_{AVE})

이 값과 2.1의 평균 부하전압과 비교해 보시오.

3 브리지(전파) 정류기(Full-Wave Rectifier)

학습목표

① 전파 브리지 정류기의 파형
② 저장 커패시터(reservoir capacitor)를 반파 정류기에 더했을 때의 효과
③ 반파와 전파 정류기에서의 저장 커패시터의 효율성 비교
④ 전파 브리지 정류회로에서의 오류의 진단

필요한 장비

① D3000 2.1 Semiconductors-1 모듈의 Circuit #3
② 단락용 연결고리(shorting link)와 2~4mm 연결잭(adaptor)
③ 신호발생기(Signal Generator)
④ 오실로스코프(Oscilloscope)

3.1 브리지 정류기

전파 정류는 공급측(입력)의 양이나 음의 (반)사이클에 상관없이 부하에 전류가 흐르

도록 하고 부하측에 항상 같은 방향으로 전류가 흐르게 한다.

참고

부하측(CIRCUIT#3의 R4)에서 볼 때는 일정 방향으로 흐르는 직류 공급(아직 크기는 일정치 않다)이 이루어진다.

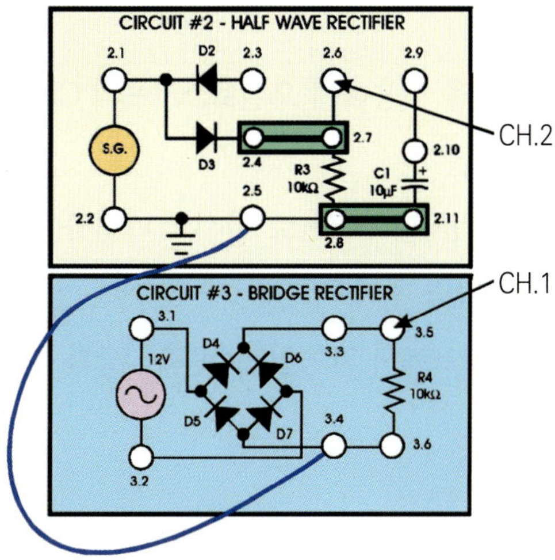

그림 12

Circuit #2와 #3은 가까이에 위치하고 있어 반파 정류기 회로와 전파 정류기 회로의 비교를 용이하게 해준다.

- Circuit #2에 있는 소켓 2.4와 2.7, 2.8과 2.11 사이를 연결링크로 연결하시오. 소켓 2.5와 3.4를 연결하여 Circuit #2와 #3 사이의 접지선이 연결되도록 하시오.

참고

공통 접지선이 Circuit #3의 정확한 소켓에 연결되었는지 다시 한 번 확인하시오(소켓 2.5와 3.4의 연결).

- 오실로스코프를 다음과 같이 설정하시오.

시간축을 5ms/div로
트리거를 AC로

이중선(Dual trace) 설정
ALT/CHOP 설정을 CHOP으로
CH.1 파형을 스크린의 중앙에 오도록 하고, CH.2 파형을 화면 바닥 쪽에 위치시키시오.
CH.1 Y 증폭기의 게인(Gain)을 5V/div, DC 입력으로
CH.2 Y 증폭기의 게인(Gain)을 2V/div, DC 입력으로

- 2mm 연결선(파란선)을 이용하여 오실로스코프의 CH.1을 소켓 3.5에 CH.2를 소켓 2.6에 연결하시오.
- 모듈의 전원공급 스위치를 ON으로 하시오(파워서플라이).
- 신호발생기를 주 전원의 주파수(60㎐)에 맞추고, 신호발생기 출력전압을 6Vp로 맞추시오. 오실로스코프에서 파형이 잘 관측되도록 주파수나 출력전압을 정밀 조정하시오.

참고

브리지 회로의 다이오드 중 하나를 단락시키는 접지선 때문에 신호발생기나 주전원을 두 회로에 모두 공급하는 것은 불가능하다.

- 오실로스코프에 나타난 각각의 파형들을 아래의 격자선 위에 그리고, 전압과 시간의 축척을 표시하시오.

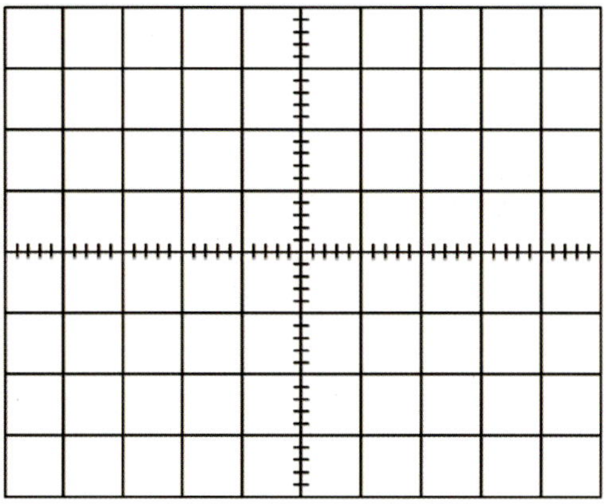

3.2 (저장)커패시터의 효과

캐패시터는 앞에 3.1에서 관찰한 정류파형에서 양(positive)의 반 사이클들 사이를 메우는 역할을 한다. 즉, 출력값을 평활하게 한다(양의 반 사이클들 사이에서 계속 충·방전을 반복한다).

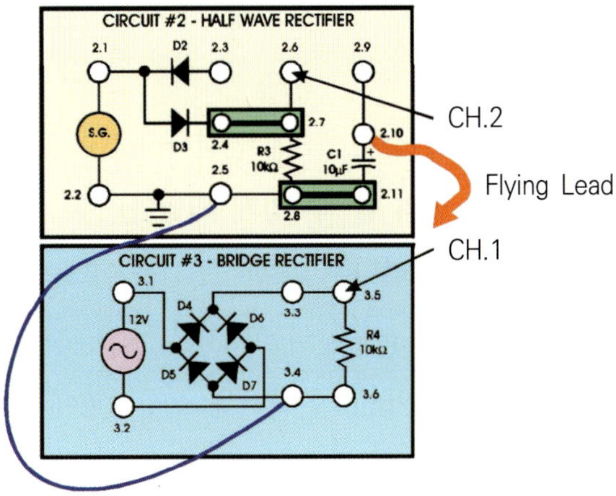

그림 13

- Circuit #2에 있는 소켓 2.4와 2.7, 2.8과 2.11 사이를 연결링크로 연결하시오. 소켓 2.5와 3.4를 연결하여 Circuit #2와 #3 사이의 접지선이 연결되도록 하시오.
- 오실로스코프를 다음과 같이 설정하시오.

> 시간축을 5ms/div로
> 트리거를 AC로
> 이중선(Dual trace) 설정
> ALT/CHOP 설정을 CHOP으로
> CH.1 파형을 스크린의 중앙에 오도록 하고 CH.2 파형을 화면 바닥 쪽에 위치 시키시오.
> CH.1 Y 증폭기의 게인(Gain)을 5V/div, DC 입력으로
> CH.2 Y 증폭기의 게인(Gain)을 2V/div, DC 입력으로

- 2mm 연결선을 이용하여 오실로스코프의 CH.1을 소켓 3.5에 CH.2를 소켓 2.6에 연결하시오.
- 모듈의 전원공급 스위치를 ON으로 하시오.
- 신호발생기를 주 전원의 주파수(60㎐)에 맞추고, 신호발생기 출력전압을 6Vp로 맞추시오.
- 2mm 연결선의 한쪽을 소켓 2.10에 연결하시오(연결선의 다른 쪽은 연결하지 말고 대기).
- 위의 연결선의 다른 쪽을 소켓 3.3에 연결하시오(이렇게 해서 Circuit #2의 캐패시터를 Circuit #3에서 빌려 쓸 수 있게 되었다).
- 오실로스코프의 상단에 나타나는 파형(CH.1)을 아래에 그리고, 전압과 시간의 축척을 표시하시오.
- 오실로스코프의 CH.2의 2mm 연결선을 소켓 2.6에서 2.9로 옮기고, 소켓 3.3에 연결되어 있는(움직일 수 있는) 선을 소켓 2.6에 연결하시오.
- 오실로스코프의 하단에 나타나는 파형(CH.2)을 그리시오.

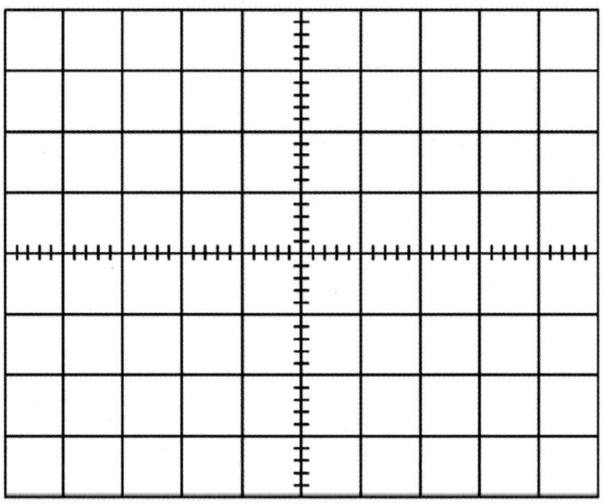

4 트랜지스터의 특성(Transistor Characteristics)

학습목표

① Recognize bipolar junction transistor(BJT)

② Determine transistor current gain

③ Recognize how a BJT can be tested

④ Troubleshoot a BJT device

필요한 장비

① D3000 2.1 Semiconductors-1 모듈의 Circuit #7

② 단락용 연결고리(shorting link)와 2~4mm 연결잭(adaptor)

③ 멀티미터(Multimeter) 2개

4.1 전류 이득(Gain)

정적 순방향 전류 전달비(static forward current transfer ratio − β 또는 hFE, 또는 전류이득)는 다음의 비로 계산된다.

$$\text{전력이득} = \frac{\text{컬렉터 전류}(I_c)}{\text{베이스 전류}(I_b)}$$

동적 순방향 전류 전달비(β 또는 hfe)는 베이스와 컬렉터 전류의 변화에서 얻어진다. 이것은 계속적인 변화값을 고려하기 때문에 교류나 신호 전류의 영향을 고려할 때 보다 유용하다. 기호 β 가 두 가지 경우 모두에 쓰이는데 주의하시오. 그러나 "h 파라미터"를 이용할 때는 동적비(dynamic ratio)에서는 소문자 첨자(hfe)를, 정적비(static ratio)에서는 대문자 첨자(hFE)를 사용한다.

예를 들어, 베이스 전류가 I_{b_1} 일 때 컬렉터 전류가 I_{c_1} 이고, 베이스 전류가 I_{b_2} 로 변할 때 컬렉터 전류가 I_{c_2} 가 된다면, 동적 순방향 전류이득(전달비)의 값은 $\frac{I_{c_2} - I_{c_1}}{I_{b_2} - I_{b_1}}$ 이 된다.

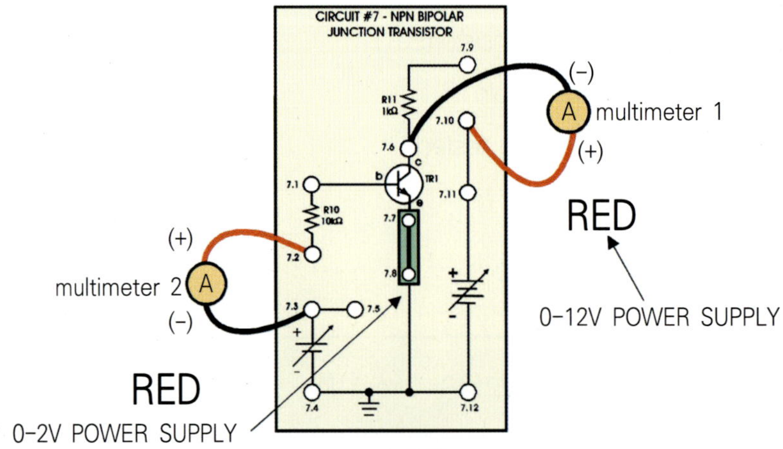

그림 14

- 0–2V DC 전원공급장치(모듈의 오른쪽 위)를 MIN(최소)으로 맞추시오.
- Circuit #7의 소켓 7.7과 7.8 사이를 연결링크로 연결하시오.
- 0–12V 가변 DC 전원공급장치를 5V로 맞추시오.
- 멀티미터 2를 DC 전류측정으로 준비하여 (+)리드선과 (–)리드선을 각각 소켓 7.3과 7.2에 연결하시오.
- 멀티미터 1을 DC 전류측정으로 준비하여 (+)리드선과 (–)리드선을 각각 소켓 7.10과 7.6에 연결하시오.
- 베이스 전류(멀티미터 2)에 10μA의 전류가 흐르도록 0–2V DC 전원을 조절하시오.
- 컬렉터의 전류의 값(멀티미터 1에서)을 측정하고 표 4에 기록하시오.

[표 4]

Base Current	Collector Current	Base Current	Collector Current
10μA	mA	50μA	mA
20μA	mA	60μA	mA
30μA	mA	70μA	mA
40μA	mA	80μA	mA

- 베이스 전류에 20μA의 전류가 흐르도록 0–2V 전원을 조절하시오. 그리고 컬렉터 전류의 값을 표 4에 기록하시오.
- 10μA씩 증가시키면서 80μA까지 베이스 전류가 변화할 때 각 컬렉터 전류값들을 표 4에 기록하시오(멀티미터 2의 측정범위를 조절해가며 측정한다).
- I_b = 50μA일 때 정적 순방향 전류이득(전달 비) $h_{fe}(\beta)$의 값은 아래 식을 이용하여 계산할 수 있다

$$\frac{\text{컬렉터 전류}}{\text{베이스 전류}}$$

예제

12. 위에서 계산한(I_b = 50μA일 때) 정적 순방향 전류이득의 값을 컴퓨터에 기록하시오.

- 위의 표에서 구한 컬렉터 전류/베이스 전류의 관계, 즉 전달특성의 그래프를 다음 그림에 완성하시오.

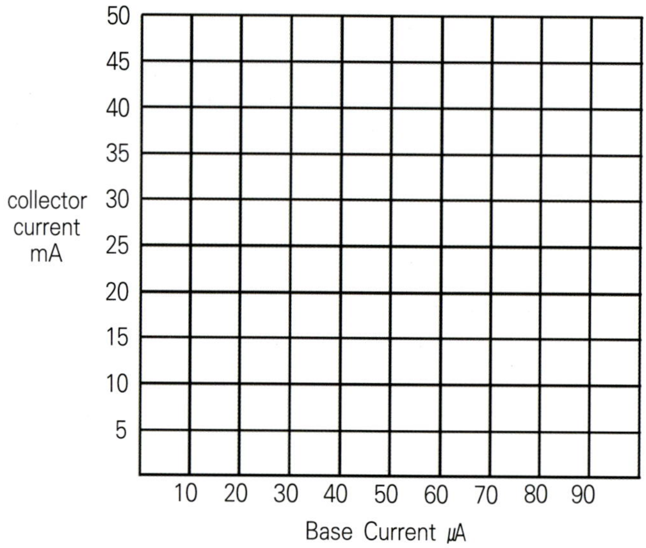

직선이 그려지는 것을 볼 수 있을 것이다. 이 전류범위에서는 두 전류가 선형적인(직선적) 관계를 보인다.

- I_b = 20μA에서 70μA까지를 예로 들어보자. 베이스 전류 변화는 (70μA−20μA) = 50μA(△I)이다. 그리고 표와 그래프에서 해당 베이스 전류 때의 컬렉터 전류 Ic를 취해서 △Ic를 구할 수 있다.

동적 순방향 전류이득 $h_{fe}(\beta)$는 다음과 같이 구한다.

$$\frac{\text{컬렉터 전류의 변화}}{\text{베이스 전류의 변화}}\left(\frac{\Delta I_c}{\Delta I_b}\right)$$

예제

13. I_b가 20μA에서 70μA로 변화할 때의 동적 순방향 전류이득 β (h_{fe})를 구하고 컴퓨터에 기록하시오.

4.2 트랜지스터 테스트

여러분들은 트랜지스터에서의 생길 수 있는 문제를 검사할 일이 종종 생기게 된다. 검사방법은 앞의 장들(1장)에 나왔던 다이오드에서와 비슷하다. 주의할 점은 다이오드와 비교해서 접합층(레이어)이 하나 더 있다는 것 정도이다.

- 모든 연결고리를 제거하고, 모듈의 전원공급(0-12V 가변 DC 전원공급 장치) 스위치를 OFF로 하시오.

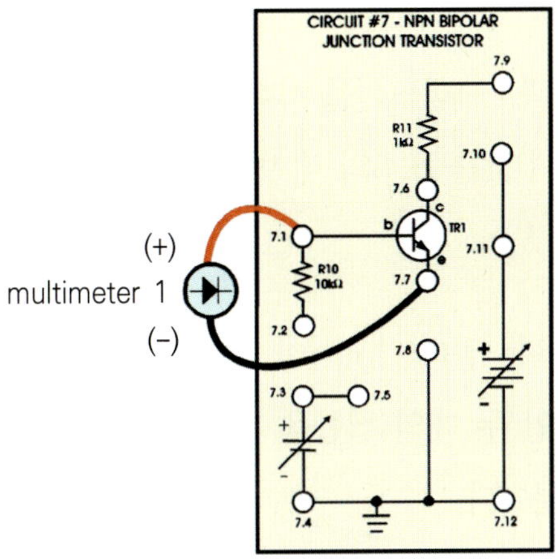

그림 15

[1] NPN 트랜지스터

- 멀티미터 1을 다이오드측정 범위(→⊢)로 설정하고 (+)리드선과 (−)리드선을 각각 소켓 7.1과 소켓 7.7에 연결한다.
- 이제, 베이스-이미터 접합부를 검사하게 된다(저항값을 측정하는 방식도 사용 가능하다).
- 베이스와 이미터 접합부의 검사값을, 표 5의 첫 번째 열에 기록하시오.

열의 상단에는 순방향 바이어스 검사값을, 아래는 역방향 바이어스 검사값을 기록한다(역방향 바이어스는 멀티미터 리드선의 위치만 서로 바꾸면 된다).

[표 5]

(Forward : 순방향 바이어스, Reverse : 역방향 바이어스)

구분	Base–Emitter 베이스–이미터	Base–Collector 베이스–컬렉터	Collector–Emitter 컬렉터–이미터
Forward(순방향)			
Reverse(역방향)			

- 멀티미터 1의 (–)리드선을 소켓 7.6으로 옮기고 베이스–컬렉터 접합부를 검사하고, 값을 표 5의 두 번째 열에 기록하시오(각각 순방향, 역방향에 대해).
- 멀티미터 1의 (+)리드선과 (–)리드선을 각각 소켓 7.6과 7.7에 연결하여 컬렉터–이미터 접합부를 검사하여 값을 표 5의 세 번째 열에 기록하시오(각각 순방향, 역방향에 대해).

컬렉터–이미터 검사의 경우는 멀티미터 선이 어느 방향으로 연결되어도 결과에는 차이가 없다. 이것은 연속적인 두 개의 접합을 가지고 있으므로, 둘 중에 하나는 항상 역 바이어스되어 있기 때문이다.

예제

14. 불량이 아닌 NPN 트랜지스터를 다이오드 테스트 범위로 설정하고 검사했을 때 (낮은)값이 나왔다면 멀티미터의 리드선이 어디에 연결된 것일 수 있나?(컴퓨터의 보기를 보고 답을 입력하시오.)

4.3 트랜지스터 출력특성

컬렉터 전류가 컬렉터 전압에 완전히 독립적이라면 전압이 변해도 전류는 변하지 않는다. 그 특성 그래프는 수평선들로 이루어질 것이다.
실제로는 다음 두 가지 이유 때문에 위와 같지는 않다.

① 입력(베이스)전류의 값이 높으면 출력전압에 대한 전류의 값이 증가한다.

② 컬렉터 전압(Vc)이 낮으면 컬렉터는 더 이상 베이스 영역에 있는 자유전자 캐리어를 끌어당기지 않는다. 그래서 컬렉터 전류는 매우 빠르게 떨어진다.

그림 16

[1] 절차

이 실험에는 세 개의 변수가 나온다. 하나의 변수를 일정하게 유지하고 두 번째의 변수를 변화시키면서 세 번째 변수의 값을 측정하게 된다. 그런 뒤 첫 번째 변수를 변화시키고 위 과정을 다시 반복한다.

컬렉터 전압을 일정하게 유지하고 베이스 전류를 정해진 값으로 변화시키고 컬렉터 전류를 측정하는 것이 가장 쉬운 방법이라는 것을 알게 될 것이다. 그런 뒤 컬렉터 전압을 변화시키고 다시 반복한다.

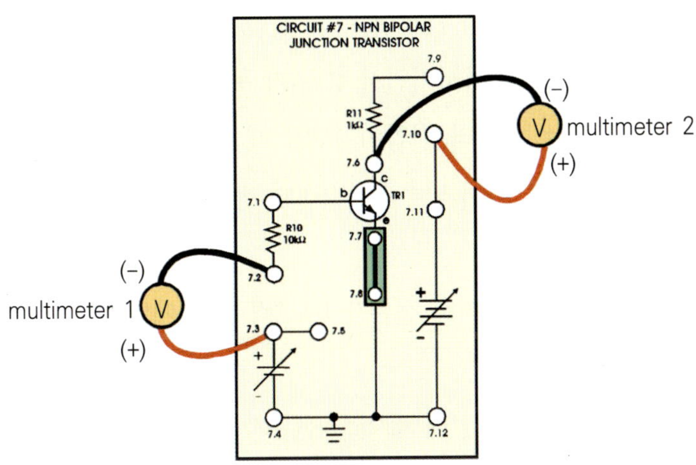

그림 17

- 연결링크를 Circuit #7의 소켓 7.7과 7.8 사이에 연결하시오.
- 멀티미터 2를 DC 전류측정으로 준비하여 (+)리드선과 (-)리드선을 각각 소켓 7.3과 7.2에 연결하시오(베이스 전류측정).
- 멀티미터 1을 DC 전류측정으로 준비하여 (+)리드선과 (-)리드선을 각각 소켓 .10과 7.6에 연결하시오(컬렉터 전류측정).
- 0-12V 가변 DC 전원공급장치를 1V에 맞추시오.
- 베이스 전류(멀티미터 2 측정값)가 10㎂가 되도록 0-2V DC 전원을 조정하시오.
- 1V의 컬렉터 전압과 10㎂의 베이스 전류일 때 컬렉터 전류의 값을 측정하고 다음 표 6에 기록하시오.

[표 6]

Base Current	Collettor Voltage			
	1V	4V	7V	10V
10㎂				
20㎂				
30㎂				
40㎂				
50㎂				

- 베이스 전류가 20㎂가 되도록 0-2V 전원을 조정하시오. 그리고 컬렉터 전류를 측정하고 표에 기록하시오. 아직 컬렉터 전압은 1V이다.
- 베이스 전류를 10㎂씩 증가시키면서 40㎂가 될 때까지 위의 과정을 반복하시오. 각 값들을 표에 있는 컬렉터 전압이 1V일 때의 해당란에 기록하시오.
- 베이스 전류를 10㎂로 다시 낮추고, 컬렉터 전압을 4V(0-12V 가변 DC전원)로 변화시키시오.
- 컬렉터 전압이 4V일 때 베이스 전류가 10㎂씩 변할 때의 컬렉터 전류를 측정하고 표에 기록하시오.
- 컬렉터 전압이 7V와 10V일 때 베이스 전류가 10㎂씩 변할 때의 컬렉터 전류를 측정하고 표에 기록하시오.

참고

① 가장 높은 설정에서는 컬렉터 전류의 값이 살짝 올라가는 것을 알 수 있을 것이다. 이것은 높은 온도에서의 공유결합의 파괴 때문이다. 온도가 높아지는 것은 트랜지스터에서 전력의 소모가 열의 형태로 나타나는 것이다.

② 측정은 빠르게 실시하고 마치면 0-12V 가변 DC 전원공급장치와 0-2V DC 전원을 모두 최소로 하시오. 위와 같은 높은 전압과 전류로 놓아두면 트랜지스터가 과열될 수도 있기 때문이다.

베이스 전류가 30μA일 때 낮은 전압에서의 특성 그래프를 확인하는 것도 가치가 있을 것이다.

- 0–2V 가변 DC전원을 이용해 베이스 전류가 30μA가 되도록 하시오.
- 컬렉터 전압이 0.2V가 되게 하시오(0–12V 가변 DC 전원공급장치 이용).
- 컬렉터 전류의 값을 측정하고 아래의 표에 기록하시오.
- 컬렉터 전압을 0.2V씩 증가시키면서 1.0V가 될 때까지 위의 과정을 반복하시오. 그 결과를 표에 기록하시오.

[표 7]

Collector Voltage	0.2V	0.4V	0.6V	0.8V	1.0V
Collector Current	mA	mA	mA	mA	mA

- 각 베이스 전류에 대해 하나씩, 컬렉터 전압에 대한 컬렉터 전류의 출력 특성 그래프를 그리시오.

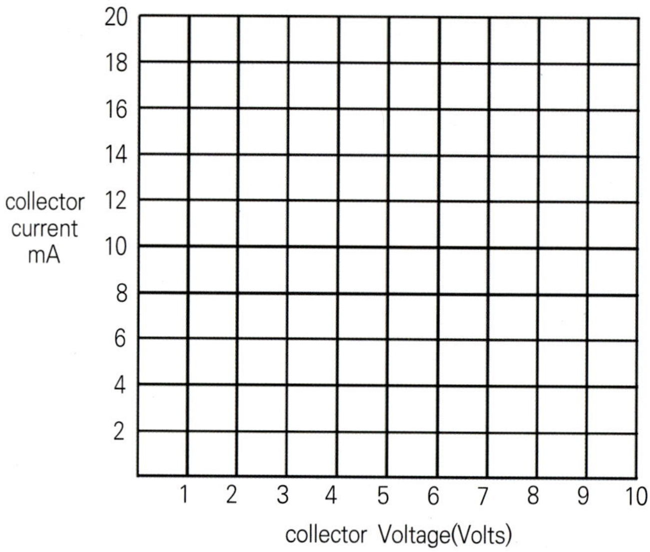

예제

15. 위의 그래프를 이용해서 다음 조건에서 컬렉터 전류를 알아내시오.

㉮ Ib = 20μA, Vc = 5V　　　Ic = 　　mA

㉯ Ib = 40μA, Vc = 9V　　　Ic = 　　mA

㉰ Ib = 30μA, Vc = 0.3V　　Ic = 　　mA

고장진단

1. 오류코드 #E

* 오류코드 #E를 입력한다. *

이렇게 하여 Circuit #1의 다이오드는 오류가 있는 것처럼 작동한다.

1.3에 설명된 방법을 이용하여 다이오드를 테스트해 보시오.

- Circuit #1의 모든 연결고리와 선을 제거하고, 모듈의 전원공급 스위치를 OFF로 하시오.

- Circuit #1의 다이오드의 순방향과 역방향 바이어스 상태를 소켓 1.9와 1.10 사이에 멀티미터를 이용하여 측정하시오.
- 다이오드의 역 바이어스 저항값도 측정하시오.
- 오류를 추측하고 기록하시오.

(1) 보고

회로	오류 부품	오류의 종류	진단의 근거
#1	D1		

① 오류에 대한 결과 : 오류의 원인을 기록하시오.

(2) 원인

나중을 위해서 여러분 자신이 진단한 원인을 기록해 두시오.

* 지금 여러분은 오류 실험을 마쳤다. 오류코드를 제거한다. !*

2. 오류코드 #2

* 오류코드 #2를 입력한다. *

이렇게 하여 Circuit #1의 다이오드에 오류가 있는 것처럼 작동한다.

1.3에 설명된 방법을 이용하여 다이오드를 테스트해 보시오.

- Circuit #1의 모든 연결고리와 선을 제거하고, 모듈의 전원공급 스위치를 OFF로 하시오.
- Circuit #1의 다이오드의 순방향과 역방향 바이어스 상태를 소켓 1.9와 1.10 사이에 멀티미터를 이용하여 측정하시오.
- 다이오드의 역 바이어스 저항값도 측정하시오.
- 오류를 추측하고 기록하시오.

(1) 보고

회로	오류 부품	오류의 종류	진단의 근거
#1	D1		

① 오류에 대한 결과 : 오류의 원인을 기록하시오.

(2) 원인

나중을 위해서 여러분 자신이 진단한 원인을 기록해 두시오.

* 지금 여러분은 오류 실험을 마쳤다. 오류코드를 제거한다. !*

3. 오류코드 #4

* 오류코드 #4를 입력한다. *

이제 Circuit #2는 오류가 있는 것처럼 작동한다.

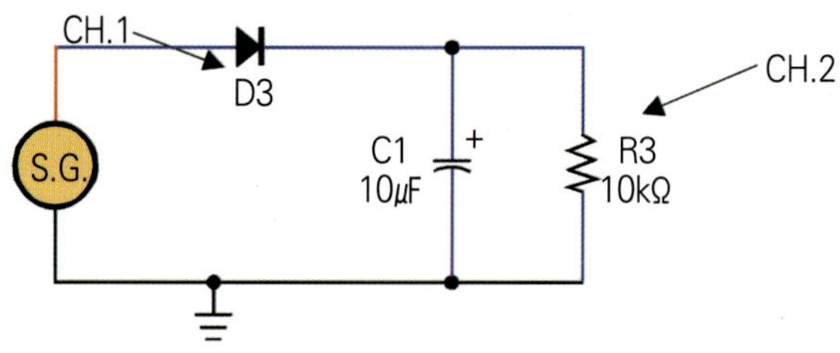

그림 18

- 회로를 그림 18과 같이 연결하시오. 이 회로는 예제 5번 그림에서 사용된 것과 같다.
- 신호발생기로부터 5Vrms와 주 전원 주파수(60Hz)와 같은 주파수를 입력하시오(확인용).
- 전압 측정을 위한 멀티미터와 파형 관찰을 위한 오실로스코프를 사용하여 부하 R3에서의 출력을 검사하시오.
- 결과를 기록하고 분석하여 오류를 추측하시오.

  점검하여 다른 모든 오류의 가능성들을 제외시켜 나갔다면 남은 하나가 오류의 원인이 되는 것이다.

※ 힌트 – 전류는 부하 R3를 분리하여서만 측정할 수 있다. 이것은 저장 커패시터를 정류 다이오드에 연결하기 위해 2mm 연결선을 소켓 2.4와 2.10 사이에 연결하고, 부하 R3를 전류계를 통해(전류계를 소켓 2.9와 2.6에 연결) 전원에 연결함으로써 가능해진다.

이 측정은 필수적인 것은 아니지만, 오류를 찾는데 어려움이 있다면 도움이 될 것이다.

회로	오류 요소, 소자	오류의 종류(상황, 상태)	진단의 근거
#2	D1		

- 지금 여러분은 오류 실험을 마쳤다. 오류들을 제거하시오!
  컴퓨터로 돌아가서 물음에 답하시오!

4. 오류코드 #1

오류코드 #1을 입력한다.

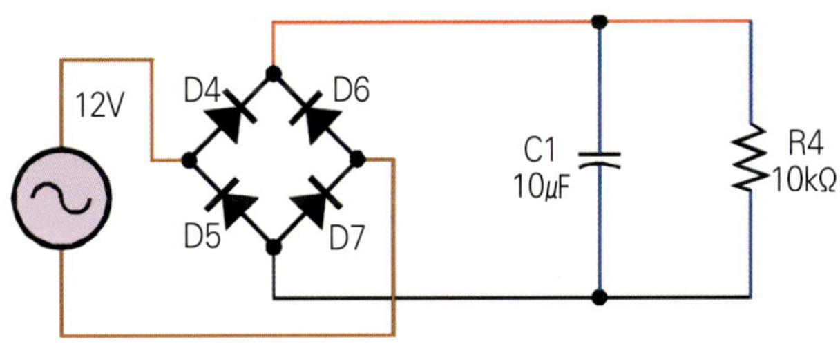

그림 19

- Circuit #2와 #3 양쪽에 있는 회로성분들을 이용하여 회로를 그림 19와 같이 연결하시오(앞 페이지의 세팅을 참조할 것!).
  접지선을 연결하는 것을 잊지 말라. 소켓 2.5와 3.4를 2mm 연결선을 이용하여 연결하는 것을 권한다. 그러면 C1은 연결링크를 이용해 접지될 수 있고, 2mm 연결선을 소켓 2.9와 3.3에 연결함으로써 Circuit #3에 연결할 수 있다.

- 모듈의 전원공급 스위치를 ON으로 하시오.
- 부하저항 R4에 연결된 오실로스코프의 파형을 관찰하시오.
- 오류를 추측하고, 필요하다면 개개의 회로성분에 보다 자세한 측정들을 해보시오.

※ 주의 - 저항계로 저항측정을 하려면 저항계를 연결하기 전에 전원을 OFF해야 한다.

(1) 기록

실습회로	오류 요소	오류의 현상	진단의 근거
#3			

① 오류에 대한 결과 : 오류의 원인을 기록하시오.

(2) 원인

지금 여러분은 오류 실험을 마쳤다. 입력된 오류를 제거한다.

5. 오류코드 #8

오류코드 #8을 입력하시오.

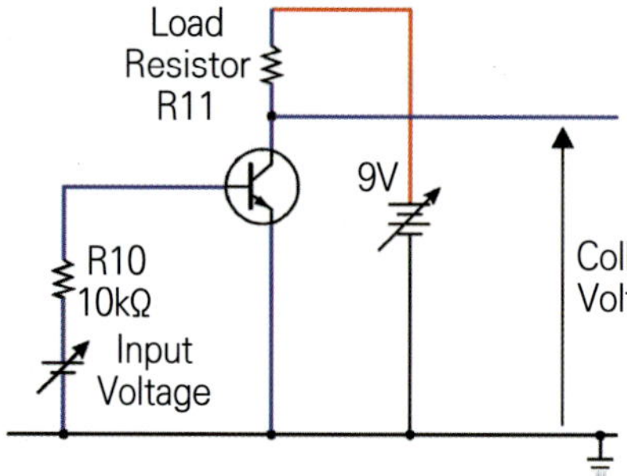

그림 20

- Circuit #7의 회로요소들을 이용하여 위의 회로를 구성하시오.
- 모듈의 전원공급 스위치(0~12V)를 ON으로 하시오.
- 0-12V 가변 DC전원을 9V에 맞추시오.

- 트랜지스터를 포화시키기 위해 0-2V DC전원을 최대전압으로 조정하시오.
- 접지선에 대한 컬렉터의 전압을 측정하시오.

컬렉터 전압 = V

- 오류를 추측하시오.
- 확인을 위해 저항측정을 해보고, 결과를 표에 있는 값들과 비교해 보시오.

(1) 기록

회로	오류 요소(부품)	오류의 현상	진단의 근거
#7	TR1		이곳을 쓰지말 것!

오류에 대한 결과 : 오류의 원인을 컴퓨터에 기록하시오.

실력평가

01. 역 바이어스되었을 때는 PN접합 다이오드에 큰 전류가 흐르지 않는다. 그 이유는?

㉮ 공핍층(depletion layer)이 전위장벽을 형성하기 때문에

㉯ 소수 캐리어가 존재하지 않기 때문에

㉰ 낮은 온도에서는 실리콘은 좋은 절연체가 아니기 때문에

㉱ 높은 온도에서는 실리콘은 좋은 절연체가 아니기 때문에

02. PN접합 다이오드가 역 바이어스되었을 때 매우 적은 전류가 흐르는데, 이것을 무엇이라고 하는가?

㉮ 장벽전류(barrier current)

㉯ 누설전류(leakage current)

㉰ 다수전류(majority current)

㉱ 공핍전류(depletion current)

03. 순 바이어스된 실리콘 다이오드에서 전류가 흐르려면 전압은 얼마 이상 되어야 하는가?

㉮ 600mV ㉯ 피크 역전압(PIV)

㉰ 400mV ㉱ 200mV

04. 실리콘 접합 다이오드가 역 바이어스되었을 때 흐르는 누설전류는 보통 얼마인가?

㉮ 12mA ㉯ 5

㉰ 10nA ㉱ 0.2A

05. 순 바이어스되어 있는 실리콘 다이오드를 측정할 때 저항은 얼마 정도인가?

㉮ 무한대(infinity) ㉯ 10kΩ

㉰ 디지털 저항계에는 낮은 값이 나온다. ㉱ 1kΩ

06. 역 바이어스되어 있는 실리콘 다이오드는 표준 멀티미터로 측정될 수 없다. 그 이유는?

㉮ 교류전류이므로

㉯ 전류 범위가 충분히 낮지 않으므로

㉰ 멀티미터의 저항이 너무 높으므로

㉱ 멀티미터가 홀(hole) 전류에 반응하지 않으므로

07. 사인파에서 반주기의 평균값은?

㉮ 2 × 피크값 ㉯ 0.318 × 피크값

㉰ 0.707 × 피크값 ㉱ 0.637 × 피크값

08. 10V의 RMS값을 가지고 있는 사인파의 피크전압은?

㉮ 14.14V ㉯ 7.07V

㉰ 6.37V ㉱ 28.28V

09. 그림의 다이어그램 중 커패시터가 없을 때 반파 정류된 교류 사인파 전압은 어떤 것인가?

[가] 

[나] 

[다] 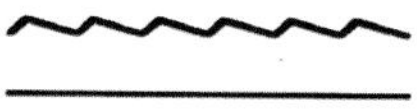

[라] 

10. 정류된 사인파가 10V의 피크값을 가지고 있고, 부하전류에 의해 발생한 리플이 2Vp-p이다. 출력의 평균값은 얼마인가?

[가] 9V

[나] 12V

[다] 8V

[라] 10V

11. 반파 정류기에 20V 교류가 흐르고 있다. 출력의 피크값은 얼마인가?

[가] 20V

[나] 27.6V

[다] 28.3V

[라] 56.6V

12. 전파 정류는 무엇을 의미하는가?

[가] 전원의 음과 양 두 반 사이클을 모두 막는다.

[나] 입력의 모든 반 사이클을 양(positive)의 사이클로 부하에 보낸다.

[다] 음(negative)의 반 사이클과 양(positive)의 반 사이클 모두를 통과시킨다.

[라] 양의 반 사이클은 음으로, 음의 반 사이클은 양으로 변화시킨다.

13. 전파 정류와 반파 정류를 비교하면?

[가] 리플전압과 평균 출력전압이 모두 전파 정류에서보다 작다.

[나] 리플 주파수가 반파 정류에서의 두 배이다.

[다] 반파 정류가 출력전압에 있어서 더 효과적이다.

[라] 전파 정류일 때 출력전압이 더 크고 리플 주파수도 두 배이다.

14. 다음 중 반파 정류기와 비교할 때 전파 정류기의 장점이 아닌 것은?

㉮ 줄어든 리플전압의 크기

㉯ 낮은 다이오드 피크 역전압(PIV)

㉰ 높은 다이오드 전류비

㉱ 증가된 평균 출력전압

15. 다이오드 브리지의 한쪽이 접지되어 있다면 오실로스코프를 연결할 때 주의해야 하는데, 그것은 무엇을 막기 위한 것인가?

㉮ 다이오드 중 하나의 단락

㉯ 뒤집어진 파형을 얻는 것

㉰ 출력전압을 너무 낮게 측정하는 것

㉱ 전기 충격(shock)을 받는 것

16. 브리지 정류 회로에서?

㉮ 모든 다이오드의 캐소드(cathode)는 전원의 접지에 연결되어 있다.

㉯ 두 개의 다이오드의 캐소드가 부하의 한쪽 끝에 연결되어 있고, 두 개의 애노드(anode)는 다른 쪽 끝에 연결되어 있다.

㉰ 모든 다이오드의 애노드가 부하에 연결되어 있다.

㉱ 모든 다이오드의 애노드가 전원에 연결되어 있다.

17. 트랜지스터의 출력 특성 그래프의 모양은?

㉮ 유용한 범위에서는 거의 선형적이다.

㉯ 여러 개의 수평선에 가까운 모양이다.

㉰ 0.6V 이후에서는 급격히 증가한다.

㉱ 자승곡선(square law curve)을 보인다.

18. 트랜지스터의 출력 특성에서 컬렉터-이미터 전압 Vce이 1V 이하로 감소할 때 어떤 현상이 일어나는가?

㉮ 베이스-이미터 접합이 순 바이어스되는 것을 멈춘다.

㉯ 컬렉터-이미터 접합이 순 바이어스된다.

㉰ 컬렉터 전류가 급속히 0으로 떨어진다.

㉱ 컬렉터-이미터 저항이 낮은 값으로 떨어진다.

19. 아날로그 멀티미터를 이용해 트랜지스터의 접합부를 측정할 때, 낮은 저항값은 어떤 경우에 얻어지는가?

㉮ 베이스-이미터가 역 바이어스되었을 때

㉯ 베이스-컬렉터가 역 바이어스되었을 때

㉰ 베이스-이미터가 순 바이어스되었을 때

㉱ 이미터가 컬렉터에 연결되어 있을 때

20. 트랜지스터의 베이스-이미터 접합이 오픈(open)되어 있다면?

㉮ 컬렉터 전류는 흐르지만, 이미터 전류는 없다.

㉯ 컬렉터, 이미터 전류 모두 흐른다.

㉰ 이미터로부터 적은 전류가 흐르지만, 컬렉터 전류는 없다.

㉱ 트랜지스터를 통해 전혀 전류가 흐르지 않는다.

21. 트랜지스터의 베이스-이미터 접합이 단락(short)되어 있다면?

㉮ 컬렉터 전류는 흐르지만, 이미터 전류는 없다.

㉯ 컬렉터, 이미터 전류 모두 계속 흐른다.

㉰ 이미터로부터 적은 전류가 흐르지만, 컬렉터 전류는 없다.

㉱ 트랜지스터를 통해 전혀 전류가 흐르지 않는다.

오류 찾기

05

오류 찾기
[Fault Finding]

05
CHAPTER

1 오류의 종류

학습목표

① 기본적인 전기적 오류와 증상
② 오류 찾기를 시작하기 전의 사전 검사
③ 오류 찾기의 기본 로직

전기적인 오류에는 크게 세 가지의 오류가 있다.

① 단락 회로

② 개방(단선) 회로

③ 저항이상 회로

각 오류들은 선이나 연결 또는 회로의 구성부품에서 일어날 수 있다.

1.1 단락(short, 합선)회로

전류가 목적된 회로가 아닌 다른 곳을 통하여 흐르는 경우이다. 예를 들면, 목적된 도체의 절연이 파괴되거나 의도되지 않은 도체 표면에 접촉된 경우에 단락회로(short circuit)가 형성될 수 있다. 이로 인해서 과도한 전류가 흐를 때 결국 퓨즈가 융단된다. 단락은 내부저항 없이 선이 이어져 있어 도통하는 경우이며 저항측정기로 저항을 측정할 경우 저항이 거의 없는 "0"의 값을 가지게 된다. 즉, 전류는 무한대가 흐르게 된다.

단락이나 합선을 Short(쇼트)라고 하는 이유는 원래 전선에서 어느 부분이 합선이 되면 합선된 부분을 통하여 전기가 흐르게 되고, 나머지 부분은 전기를 흐르지 않게 된다. 그러니까 합선이 되면 전기적으로는 흐르는 길이가 짧아져서 이것을 Short가 되었다고 한다.

단락회로는 대부분 다음이 원인이 된다.

- 절연되지 않은 단자들끼리 서로 연결되거나 금속 차체에 접촉
  이것은 차량진동에 의해 단자들이 점차 움직여서 일어날 수 있다. 또는 차량 작업자가 부주의하여 뜻하지 않게 단자들끼리 서로 연결될 수 있다.

참고

① 접촉을 막기 위해 제조자들은 단자에 플라스틱이나 고무 부츠(boots)를 씌운다. 이 부츠들은 절대 빼면 안 되고, 손상되었을 때는 새것으로 교체해 주어야 한다.

② 만약에 단자의 선을 새로 교체하거나 부품에 전력을 공급하기 위해 새로운 선을 연결할 때, 모든 단자에 절연 부츠를 씌워야 한다.

- 케이블의 절연은 선이 차체에 닿음으로써 닳거나 끊어질 수 있다. 이것은 절연물이 다른 부분에 마찰됨으로써 발생할 수 있다. 따라서 이것들은 차체 패널의 구멍 속으로 통과시키거나, 함께 묶여 있어야 한다.

그림 1은 두 선이 서로 접촉되어서 단락이 되는 예를 보여준다.

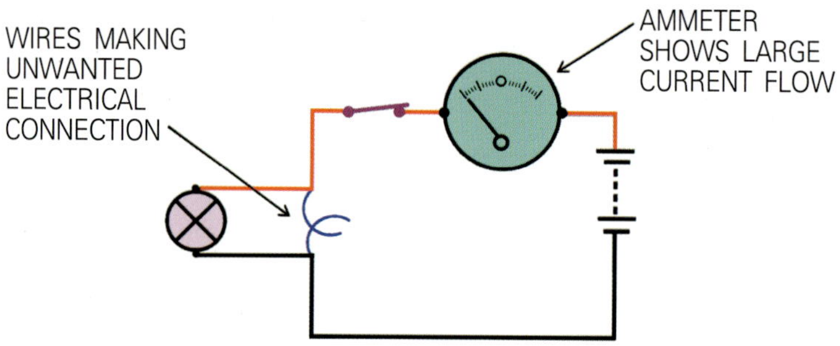

그림 1

모든 선들, 전기적인 접촉 그리고 단자들은 약간의 저항을 가지고 있다. 그래서 오류가 없더라도 선을 통해 흐르는 전류는 약간의 열을 발생한다.

단락이 생기면 배터리에서 나오는 전류는 엄청나게 증가한다. 높은 전류는 선이 과열되게 하고, 만약 전류가 빨리 차단되지 않으면 절연물이 녹아버릴 수 있다. 그래서 노출된 선들이 추가적으로 연결되거나 차체에 불이 날 수 있다. 이런 일은 절대로 일어나서는 안 되기 때문에, 전류를 자동으로 차단시켜 주는 회로 보호장치가 장착되어야 한다. 자동차의 전기 회로들은 일반적으로 퓨즈로 보호된다.

[1] 단락 찾기

앞의 정의로부터 단락이 된 곳을 찾는다는 의미는 두 점 사이가 원하지 않게 직접 연결된 곳을 찾는다는 것이다. 아래와 같은 후방 열선유리(HRW : Heated Rear Window) 회로의 어딘가에 단락이 생겼다고 가정하고 오류를 찾는 과정을 살펴보자.

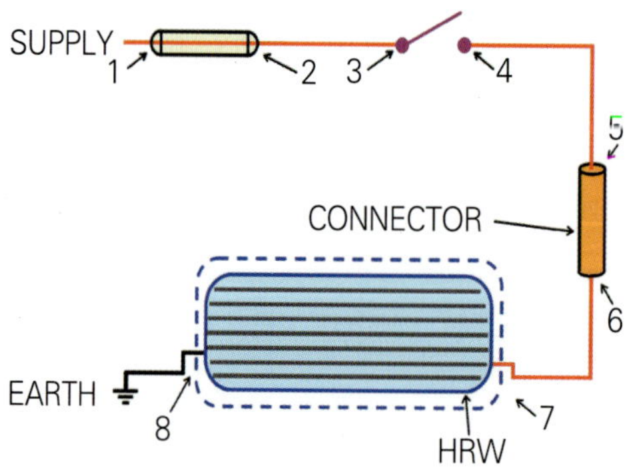

그림 2

- 회로 스위치를 OFF하고, 퓨즈를 새로 교체하시오. 퓨즈가 바로 끊어진다면 2와 3 사이에 단락이 있다.
- 커넥터(connector)와 7의 연결을 끊으시오.
- 2, 3, 4, 5, 6을 분리하여서 회로를 그림 3과 같이 나누시오.

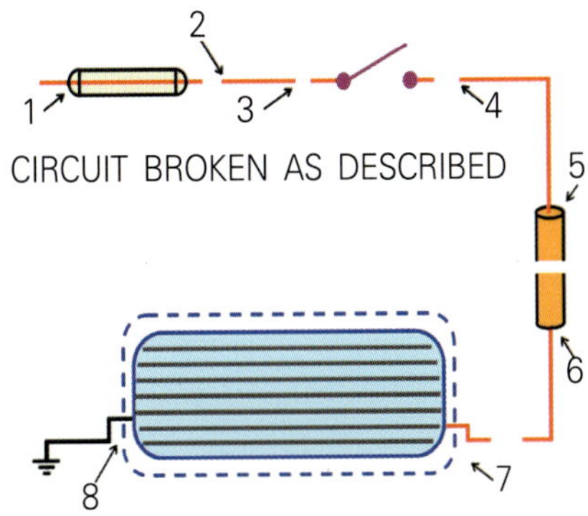

그림 3

회로의 각 부분을 검사하시오.

- 앞의 단계에서 퓨즈를 새로 교체할 때 2와 3 사이는 확인했다.
- 각 부분을 검사하기 위해서는 그 부분과 접지 사이의 연속성을 검사하시오.
- 단락된 부분을 찾았으면 원하지 않게 연결된 곳을 찾기 위해 그 부분을 살펴보시오. 절연체나 커넥터가 손상되어 있는 것을 발견할 수 있을 것이다.

(1) 요약

① 이상이 있는 회로를 찾으시오.

② 부하를 분리하시오.

③ 회로를 몇 개의 부분으로 나누시오.

④ 각 부분이 접지에 대한 연속성이 있는지 검사하시오.

[2] 접지 측 스위치

몇 개의 스위치는 그림 4 회로와 같이 부하의 접지측에 연결되어 있다.

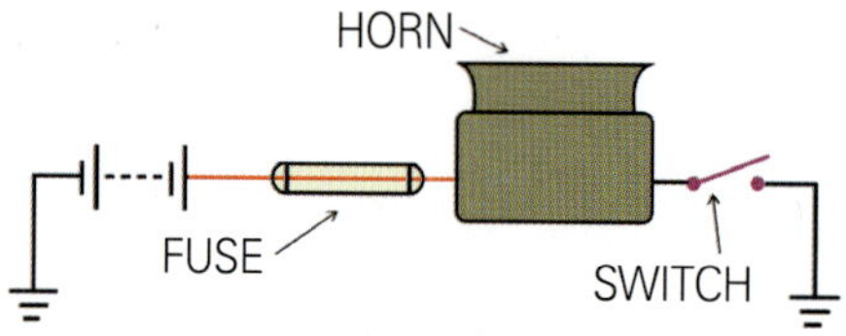

그림 4

이 회로에서 혼과 스위치 사이가 단락되어 있으면 혼이 계속 울리게 된다. 이런 경우에는 퓨즈가 끊어지지 않는다. 단락된 구간을 찾기 위해서는 혼과 스위치 사이 부분을 검사해야 한다.

1.2 개방(open, 단선)회로

개방회로(open circuit)란 와이어(wire)가 절단되어 커넥터(connector)의 결합이 해제되어 구성회로가 끊어져 있거나 공간이 생겨서 전류의 흐름을 막아 전기가 흐를 수 없는 상태가 되는 경우이며, 이 경우 전체 회로의 저항은 무한대가 된다.

예를 들면, 퓨즈 용단(fusing), 필라멘트 용단, 커플러(coupler)의 빠짐 등이며, 이것은 회로에서 전류를 공급받지 못해 부하(장치)가 작동하지 않는다는 것을 의미한다.

자동차의 전기회로에서 일부분을 단선시키고 측정 장비를 사용하여 단선 부위를 체크하고 단선 시 각 부위별 발생하는 현상을 체크한다.

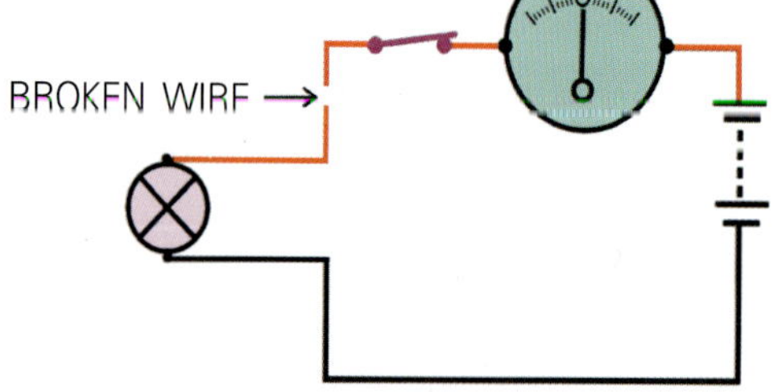

그림 5

개방은 다음에 의해 일어날 수 있다.

- 끊어진, 분리된 선
- 스위치, 릴레이가 접촉을 하는데 실패

[1] 개방(단선)회로에서 오류 찾기

개방은 회로 내부에서 단선을 말한다. 다양한 지점을 체크하여 전류공급이 사라지게 한 곳을 찾는 것이다. 예를 들어, 그림 6의 회로에서 끊어진 개방 부분을 찾을 것이다.

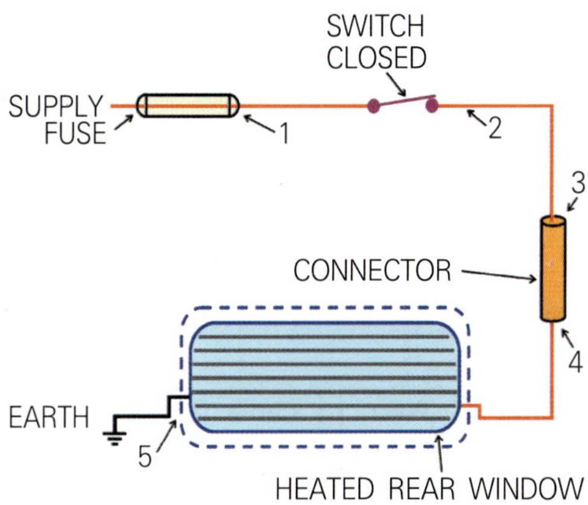

그림 6

[2] 연속성(continuity)

개방되지 않은 – 즉, 전류가 흐를 수 있고 정상적으로 부하에 전력이 공급되는 – 회로는 연속성을 가지고 있다고 한다.

멀티미터(전압계)를 이용해 그리고 다음의 순서도에 나와 있는 측정을 하는 것으로 회로의 끊어진 부분은 쉽게 찾을 수 있다.

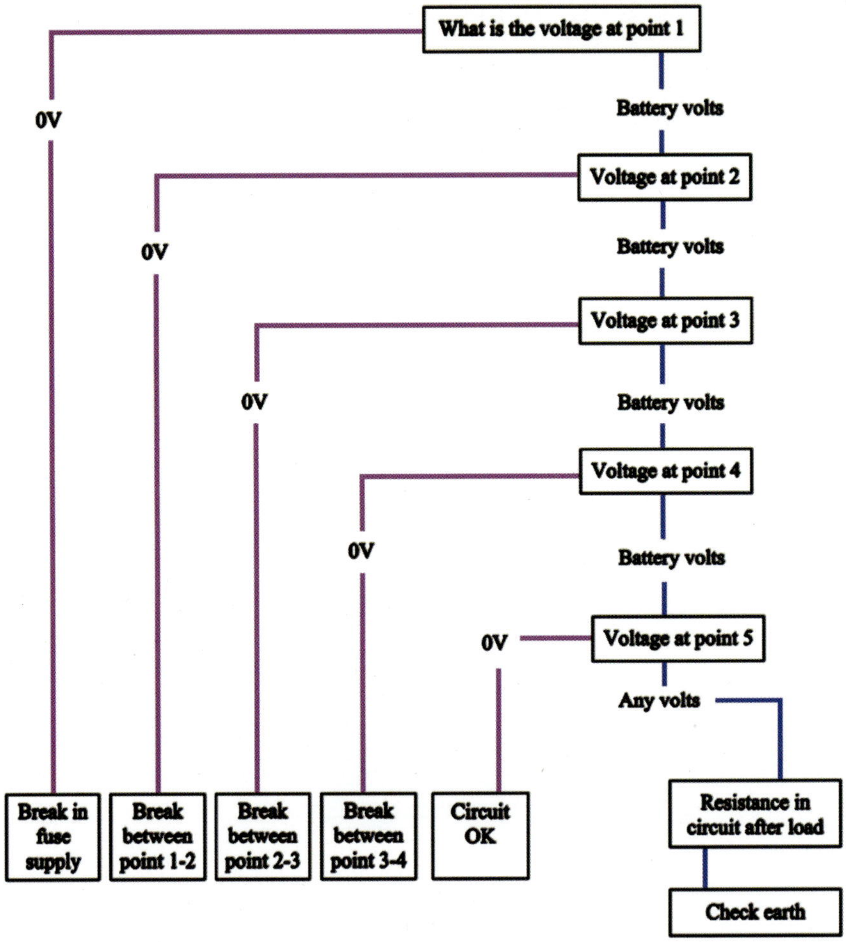

그림 7

[3] 회로에서 빠르게 작업하는 방법

만약에 자동차의 이쪽 끝에서 저쪽 끝까지 연결되어 있는 회로의 오류를 찾는다면 그림 7이 순서도에 나와 있는 것 같이 전체 회로를 검사하는데 시간이 걸릴 것이다. 특히 끊어진 부분이 시작한 곳의 반대쪽 끝에 있다면 매우 긴 시간이 걸릴 것이다. 개방의 경우에는 먼저 전원과 접지를 검사함으로써 오류를 찾는 속도를 높일 수 있다. 그런 뒤 회로의 중간 지점에서 전압을 측정한다. 그러면 측정한 결과에서 어느 방향으로 다음 측정을 해야 할지를 결정할 수 있다. 이런 방법으로 검사해야 할 회로의 부분과 길이를 줄일 수 있다.

참고 요약

① 분명하고 빠르게 측정점 파악
② 회로를 부분(구역)으로 구별하시오.
③ 회로의 단선을 찾고 있다면 전류공급이 중단된 지점을 찾으시오.
④ 중단된 지점은 직전에 전압이 측정된 지점(활선)과 0V가 측정된 지점(사선) 사이이다.

1.3 저항이상회로

저항이상은 부하의 앞 또는 뒤에 원하지 않는 여분의 저항이 있을 때 발생한다(그림 8).

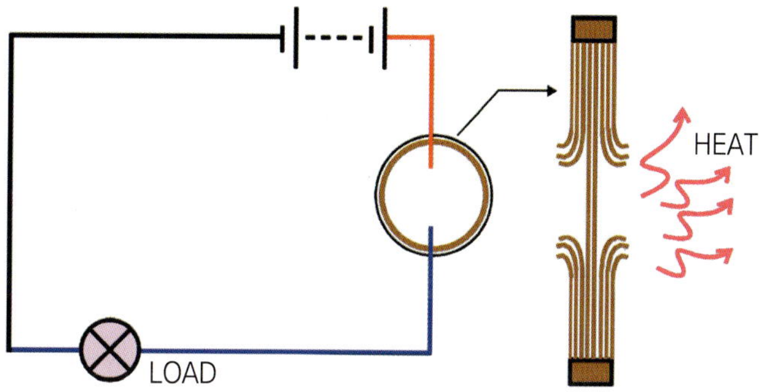

그림 8

저항이상회로는 다음에 의해 발생될 수 있다.

- 부식되거나 느슨해진 연결
- 스위치의 접점이 타버린 경우
- 부분적으로 끊어져 가늘어진 선

회로에서 저항이 증가되면 부하측 일의 양이 줄어든다.

저항 이상은 전압계를 이용해 측정된다. 측정의 목적은 어디에서 전압강하가 생기는가이다.

측정을 하는 동안 모든 플러그는 연결되어 있고 부하는 on으로 되어 있어야 한다.

회로에서 어떤 부하의 전원측의 전압은 배터리의 전압이 될 것이다(그렇지 않으면 낮은 전압에서 작동하도록 회로가 설계되어 있는 경우이다).

부하의 접지측은 0V가 될 것이다. 따라서 회로의 원하지 않는 저항이상(증가)을 진단하는 원리는 간단하다.

- 부하에 공급되는 전압이 예상보다 작다면 전원 측에 원하지 않는 저항이 생긴 것이다.
- 부하의 접지측의 전압이 0보다 크다면, 부하의 접지측에 원하지 않는 저항이 생긴 것이다.

[1] 검사 예

전구와 3개의 커넥터를 가진 간단한 회로를 예로 사용할 것이다.

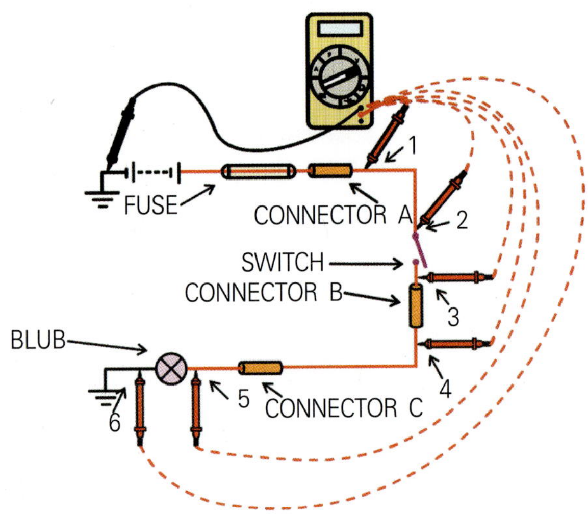

그림 9

- 멀티미터(전압계)의 (–)프로브를 접지에 연결하시오.
- 지점 1에서 커넥터 A를 측정하시오. – 12V이면 OK
- 지점 4에서 커넥터 B를 측정하시오. – 12V보다 작으면 1과 4 사이에 원하지 않는 저항이 생긴 것이다.
- 지점 2에서 스위치를 측정하시오. – 12V이면 OK

- 지점 3에서 스위치를 측정하시오. – 12V보다 작으면 스위치에 원하지 않는 저항이 생긴 것이다. 예를 들면, 접점 부분의 오염.

위 회로를 측정했다면 1에서 5까지의 각 점에서 모두 12V라는 것을 알았을 것이다. 그리고 마지막 측정점은 전구와 접지가 연결된 지점 6이었을 것이다. 여기서의 전압은 0V가 나와야 한다. 만약에 0V보다 큰 값이 나왔다면 불충분한 또는 느슨한 또는 오염된 접지 연결 때문에 여분의 저항이 발생된 것이다. 특히 접지의 연결은 깨끗하고 꽉 조이게 배터리에서 차체까지 아주 튼튼하게 연결해야 한다.

참고 **저항이상(증가)**

① 회로가 작동하기는 하지만 예상보다 저조하게 작동한다.
② 원하지 않은 전압강하를 일으킨다.
③ 전압계로 점검할 수 있다.

2 오류 찾기 절차

만약 간단하고 논리적인 절차를 한 단계씩 따라간다면, 가능한 빠른 시간에 오류를 발견할 수 있을 것이다.

참고

현대의 자동차 전기·전자시스템의 복잡성 때문에, 대부분의 제조업자들은 그들만의 특별한 테스트 절차를 가지고 있어서, 안전하고 빠른 오류 찾기를 위해 주로 특별한 테스트 도구들의 사용을 권장하고 있다. 그러므로 다음에 나오는 설명들은 오류 찾기에서 기본적이며 논리적인 가장 일반적인 안내이다.

2.1 진단검사

전기적인 오류 찾기 과정을 시작할 때마다, 항상 해야 하는 세 가지 증상 검사가 있다.

2.2 오류 찾기 단계

[1] 단계의 종류

(1) 검사 1단계

어떤 회로가 동작하지 않는지 찾는다.

① 운전자에게 어떤 증상을 느꼈는지 물어본다.

② 회로와 스위치를 조작해 본다. 운전자가 인지하지 못한 증상들도 있을 것이다.

(2) 검사 2단계

배선도를 본다.

① 배선도로 검사 1단계의 증상을 확인한다.

② 조사하는 회로의 퓨즈를 파악한다.

③ 측정을 할 수 있는 커넥터의 위치를 파악하시오.

(3) 검사 3단계

배선도를 보는 것과 어떤 회로들이 퓨즈를 같이 공유하고 있는가를 확인하는 것은 오류를 찾는 속도를 높일 수 있다. 예를 들어, 그림 10은 하나의 퓨즈가 HRW 회로와 시거잭 회로와 연결되어 있다.

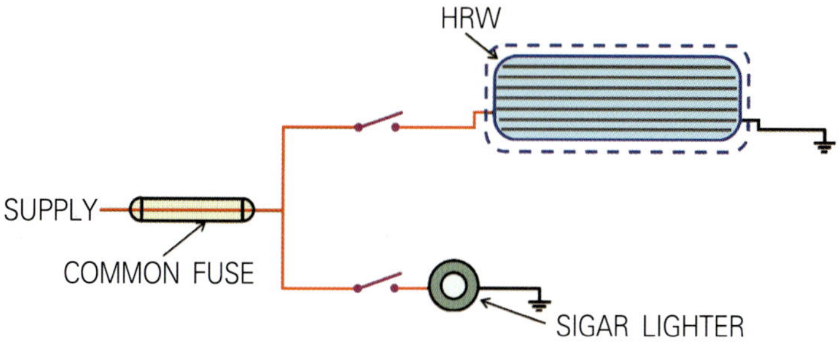

그림 10

두 회로가 모두 오류가 있다면 전원(supply)에서 퓨즈까지 또는 퓨즈 자체에 문제가 있을 수 있다.
만약 하나의 회로에만 오류가 있다면 전원에서 퓨즈까지와 퓨즈 자체에는 이상이 없고, 오류는 퓨즈 이후의 한 회로에 있을 것이다. 다음에 나오는 검사 순서도와 오류 찾기 단계를 숙지해두면 많은 도움이 된다.

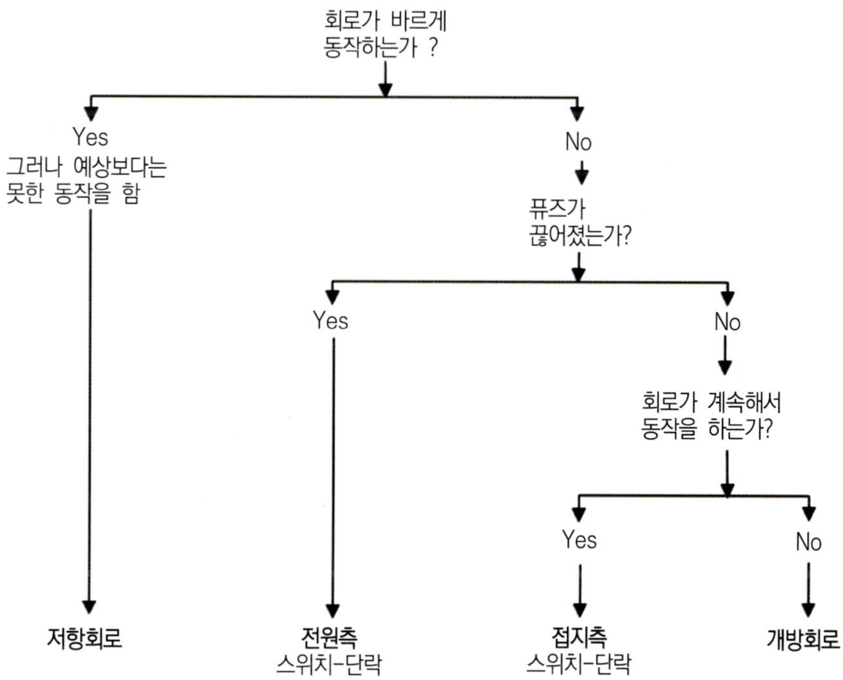

[2] 오류 찾기 단계

(1) 진단 단계

① 1단계 : 어떤 회로가 동작하지 않는가를 찾는다.

② 2단계 : 이 회로를 배선도에서 찾는다.

③ 3단계 : 퓨즈가 끊어지지 않았는지 확인한다.

(2) 개방회로

① 1단계 : 회로의 단선을 찾고 있다면 전류공급이 중단된 지점을 찾는다.

② 2단계 : 단선은 활선과 사선 사이에 있다.

③ 3단계 : 회로점검 구역을 나눔으로써 측정하는 횟수와 시간을 줄일 수 있다.

(3) 단락회로

① 1단계 : 오류가 있는 회로를 찾는다.

② 2단계 : 부하를 분리(isolation)한다.

③ 3단계 : 회로를 몇 부분으로 분리(isolation)한다.

④ 4단계 : 각 부분을 측정해 원하지 않는 직접적인 전기적 연결이 있는지 검사한다.

(4) 저항이상회로

① 1단계 : 회로를 on이 되게 한다. 이것은 전원에서 부하로 전류를 공급하기 위한 것이다.

② 2단계 : 12V를 측정하도록 멀티미터 측정범위를 조정한다.

③ 3단계 : 배선도에서 측정을 쉽게 진행하기 위해 회로의 중앙에 가까운 커넥터를 선택한다.

④ 4단계 : 멀티미터에서 깨끗한 접지로 음극(−)선을 연결한다.

⑤ 5단계 : 양극(+)선으로 커넥터에서의 전압을 측정한다. 만약에 12V보다 작은 값이 나오면 전원(supply) 쪽으로 측정을 해나가야 한다. 12V가 나오면 부하 쪽으로 측정을 해나가야 한다.

참고 누전(절연불량)

절연물의 균열, 물, 오물 등에 의해 절연이 파괴되는 현상을 누전(漏電)이라 말하며, 이때 전류가 누설된다. 스파크플러그 케이블의 절연 파손 등을 예로 들 수 있다.

[전기적인 고장]

구분	전류	전압	전체저항	동일용어
단선	없음	없음	무한대	개회로
단락	증가	증가	감소	합선, Short
누전	증가	증가	감소	절연불량
접촉 불량	감소	감소	증가	
※ 전기적 고장 발생 앞부분의 저항을 기준으로 표시함				

3 도구와 기술

다음의 과정을 마쳤다면 다음과 같다.

① 오류 회로 파악

② 배선도에서 그 회로를 찾기

③ 오류의 종류(단락, 개방, 저항이상)를 결정

이제 실제로 오류를 찾을 수 있다.

이 간단한 측정을 위해서 멀티미터가 필요하다.

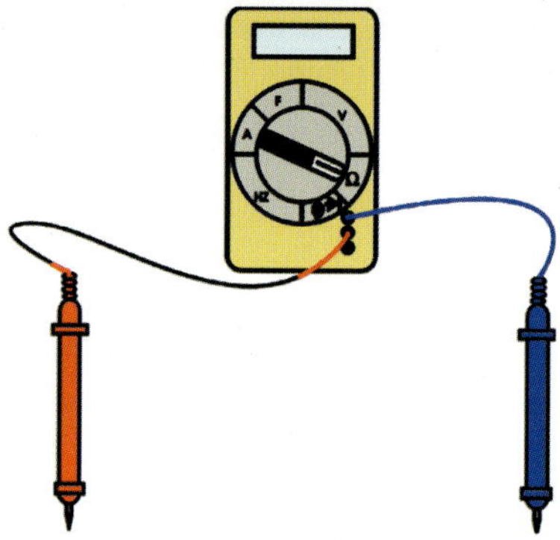

그림 11

그림 11은 일반적인 멀티미터를 보여준다. 자동차의 전기 · 전자시스템 대부분의 오류는 멀티미터를 이용해서 진단할 수 있다

3.1 멀티웨이(Multiway) 플러그

멀티웨이 플러그는 몇 개의 분리된 회로를 편리하게 연결할 때 이용한다. 그림 12는 전형적인 플러그를 보여준다.

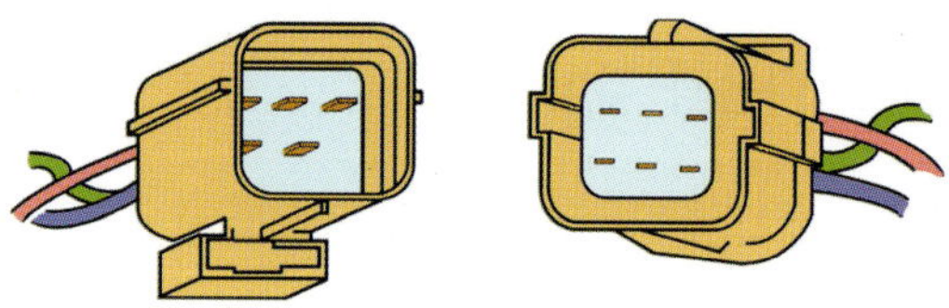

그림 12

이것들은 여러 모양, 여러 크기를 가지고 있으며, 많은 조합을 만들 수 있고 핀의 수도 다양하다. 핀들은 플러그 앞쪽의 새겨진 핀 번호로 구분을 한다.

3.2 멀티웨이 플러그 측정

접속 핀과 소켓의 손상을 막기 위해서 멀티웨이 플러그는 항상 그림 13과 같이 선이 들어가는 뒤쪽을 측정해야 한다.

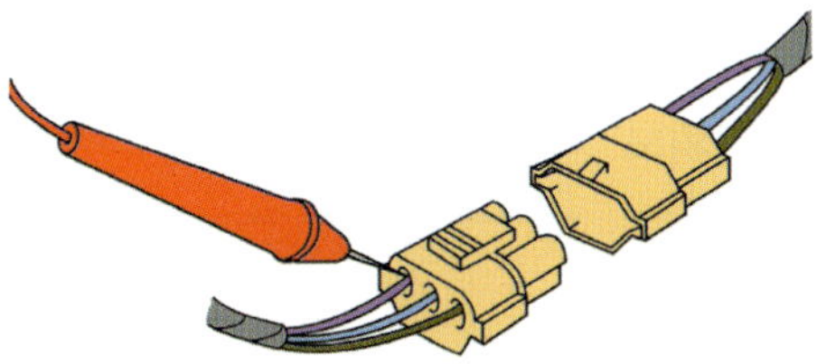

그림 13

많은 측정들은 멀티웨이 플러그가 서로 연결되어 있을 때 해야 한다. 이는 접속 핀과 소켓에 프로브를 직접 접촉할 수 없다는 뜻이다.

참고

플러그의 뒤쪽으로 측정할 때, 핀 소켓의 위치를 뒤집어서 생각하는 것이 필요하다. 핀과 소켓의 뒤쪽을 보고 있다는 상상을 하는 것이 유용할 것이다.

그림 14는 한 예를 보여준다.

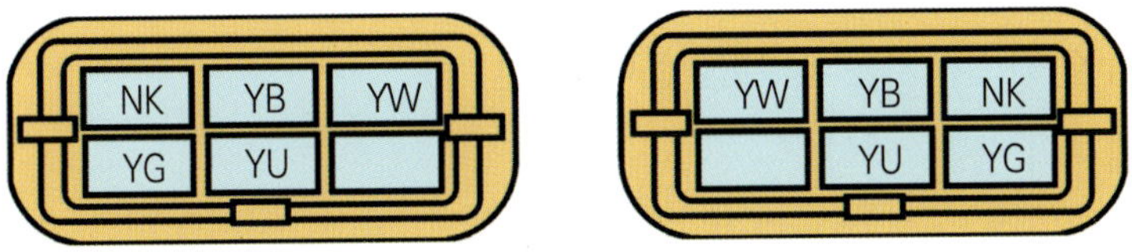

그림 14

참고

멀티웨이 플러그는 많게는 30개의 핀과 소켓을 가지고 있으나, 회로에 연결되는 핀·소켓 중 한 번에 하나만을 측정하게 될 것이다.

실력평가

01. 기본적인 전기적 오류의 주 원인은 무엇인가?

㉮ 퓨즈의 끊김

㉯ 낮은 전압

㉰ 단락, 개방, 저항이상회로

㉱ 잘못된 스위치

02. 단락은 무엇에 의해 일어나는가?

㉮ 연속성을 단절시키는 끊어진/분리된 선

㉯ 회로의 두 점 사이가 원하지 않게 직접 연결되었을 때

㉰ 회로에서의 높은 저항

㉱ 회로에서의 낮은 저항

03. 회로의 개방은 무엇에 의해 일어나는가?

㉮ 회로에서의 낮은 저항

㉯ 잘못된 값의 퓨즈가 연결되어 있을 때

㉰ 연속성을 단절시키는 끊어진/분리된 선

㉱ 회로에서의 높은 저항

04. 개방회로가 되었을 때는 부하(예를 들어, 전구 또는 모터)는 어떻게 되는가?

㉮ 동작하지 않는다.

㉯ 예상보다 더 잘 작동한다.

㉰ 작동은 하지만, 예상보다 못하다.

㉱ 정상적으로 작동한다.

05. 저항이상회로는 무엇에 의해 일어나는가?

㉮ 원하지 않는 선이나 단자의 접촉

㉯ 끊어지거나 분리된 선

㉰ 회로에서의 낮은 저항

㉱ 회로에서의 예기치 않은 저항 증가

06. 회로에서의 예기치 않은 저항은 무엇에 의해 생기는가?

㉮ 부식되거나 느슨해진 접촉 또는 부분적으로 끊어진 선

㉯ 스위치의 접점이 서로 붙어서

㉰ 끊어진 퓨즈

㉱ 끊어진 전구

07. 회로에서 예기치 않은 저항이 있을 때, 부하(예를 들어, 전구나 모터)는 어떻게 될 것인가?

㉮ 정상적으로 동작한다.

㉯ 전혀 동작하지 않는다.

㉰ 작동은 하지만, 예상보다 못하다.

㉱ 예상보다 더 잘 작동한다.

08. 어떤 부품과 접지측 사이에 스위치가 있을 때, 그 부품과 접지 사이에 단락이 생기면 무슨 일이 일어나는가?

㉮ 계속적으로 부품이 동작한다.

㉯ 간헐적으로 부품이 동작한다.

㉰ 부품이 동작하지 않는다.

㉱ 부품이 동작하나, 예상보다는 못하다.

09. 하나의 퓨즈가 두 개의 회로를 보호하고 있을 때, 하나의 회로는 동작하고 다른 하나는 동작하지 않는다. 오류는 어디에 있는가?

가 퓨즈의 앞쪽이나 퓨즈에

나 퓨즈 뒤의 한 회로에

다 퓨즈 앞의 스위치에

라 배터리에

10. 개방회로가 되게 하는 끊어진 점을 찾기 위해서는 회로의 어떤 곳을 찾아야 하는가?

가 전압강하가 생기는 곳

나 절연물이 닳아 없어진 곳

다 저항이 증가하는 곳

라 측정전압이 0V이 되는 지점

11. 회로에서 단락된 곳을 찾기 위해서는 회로의 어떤 곳을 찾아야 하는가?

가 예상치 않은 직접적인 전기적 접촉이 있는 곳

나 회로의 연결부 중 전압강하가 생기는 곳

다 회로의 선들 중 끊어진 곳

라 퓨즈가 있는 곳

12. 회로에서 예기치 않은 저항이 생긴 곳을 찾기 위해서는 회로의 어떤 곳을 찾아야 하는가?

가 선의 끊어진 곳

나 퓨즈가 있는 곳

다 배터리에서 접지로 연결된 곳

라 전압강하가 생기는 곳

MEMO

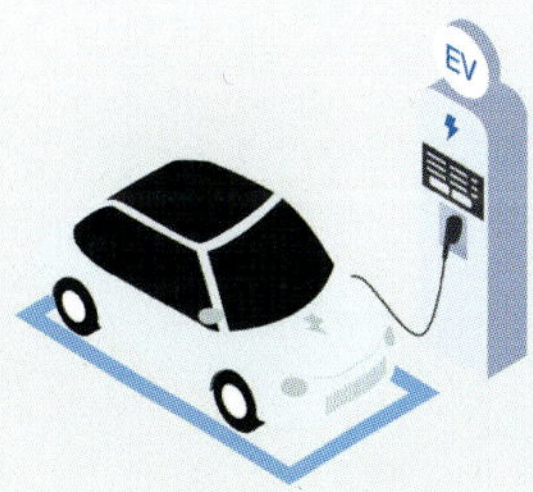

배터리와 퓨즈

06

배터리와 퓨즈
[Battery and Fuses]

06
CHAPTER

1 배터리

학습목표

① 배터리 작동과 구조 그리고 회로에 어떻게 연결되는가
② 배터리를 이용할 때 주의할 점
③ 전기회로에 왜 퓨즈가 있는가
④ 퓨즈의 여러 가지 종류

1.1 배터리의 개요

[1] 소개

배터리는 전기적 에너지를 화학적인 형태로 저장하는 장치이다. 회로가 완전하게 스

위치로 연결될 때 전력으로 움직이는 부품이 배터리로부터 에너지를 끌어당기게 된다.

[2] 기호

배선도에서 배터리를 나타내는 기호는 사용하는 표준에 따라 여러 가지이다. 두 가지의 일반적인 기호가 그림 1에 나와 있다.

① 좀 더 긴 수직선이 양극(+)을 나타낸다.

② 배터리에는 기본적으로 두 가지 종류가 있다.

㉠ 1차 배터리(Primary battery)

㉡ 2차 배터리(Secondary battery)

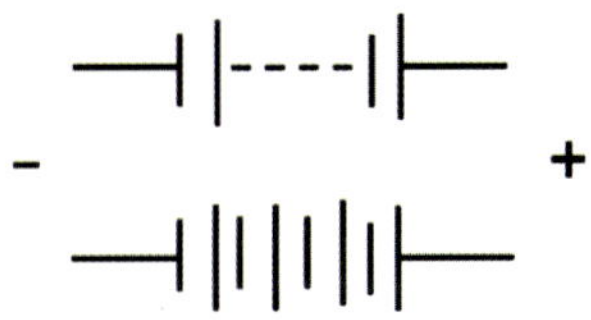

그림 1

(1) 1차 배터리(Primary Battery)

이것은 플래시(flashlight)나 라디오, 시계 등에 전력을 공급하기 위해 사용되는 배터리이다. 정해진 시간이 흐르고 한 번 방전되면 이 배터리는 다시 충전할 수 없고 새로 교체해야 한다.

(2) 2차 배터리(Secondary Battery)

2차 배터리는 재충전할 수 있고, 1차 배터리보다 더 긴 수명을 가지고 있다. 모든 자동차의 배터리는 2차 배터리이고, 거기에는 몇 가지 종류가 있다. 플레이트(plate)로 어떤 금속이 사용되었는가와 용액에 따라 몇 가지로 나눈다. 자동차용으로는 대부분 다음의 두 가지를 사용한다.

① 납산(lead-acid)

② 니켈 알칼라인(nickel alkaline)

납산 배터리(납축전지)가 가장 많이 사용되고 있으므로, 여기에서는 이 종류만을 다룬다.

1.2 배터리의 작동원리

전기의 역사는 간단한 셀(cell)로 시작하였다.

두 개의 다른 금속판(plate)을 –예를 들어, 구리와 아연판을 산성용액에 담그고 전선으로 연결하면 작은 전류가 회로를 통해 흐른다는 것을 발견했다. 이 기본원리는 오늘날 모든 배터리에서 사용된다.

그러나 금속판의 재료는 다르다. 따라서 배터리를 전기화학(electro–chemical)장치라고 부를 수 있다. 배터리가 충전될 때는 발전기에서 공급되는 전기적인 에너지가 화학적인 에너지로 바뀐다.

방전될 때는 저장된 화학에너지가 전기적인 에너지로 바뀌어서 전력을 소비하는 부품에 의해 빠져나간다. 이제 배터리에서 일어나는 화학적 반응을 알아보자. 그러나 이것을 알아보기 전에 반응을 일으키는 물질들의 구성을 알아야 한다.

[1] 활성물질(Active Materials)

활성물질은 산화납과 물 및 황산으로 이루어진 반죽(paste)과 같다. 산이 납 산화물과 반응해 황산납(lead sulfate)을 형성한다. 이 반죽이 그리드(grid)로 퍼지는데, 이 그리드를 플레이트(plate)라고 부른다. 황산납은 플레이트를 더 굳고 다루기 쉽게 만드는 결합 물질로서 작용한다.

같은 기본 물질이 양극과 음극 플레이트 모두에 사용된다. 그러나 황산바륨과 탄소 같은 비활성물질이 음극 플레이트를 위해 첨가된다. 이 물질들은 배터리의 성능을 향상시키고, 특히 낮은 온도에서 이 반죽이 굳어지는 것을 막는다. 이것이 굳어지면 배터리의 용량이 줄어들게 된다. 이 플레이트는 묽은 황산 용액 속에 위치해서 전류는 이 용액을 통해 흐른다. 양극 플레이트(납 과산화물 – PbO_2)는 초콜릿색으로 변한다.

[2] 화학반응

그림 2는 셀이 방전상태에서 충전되고 있는 것을 보여준다.

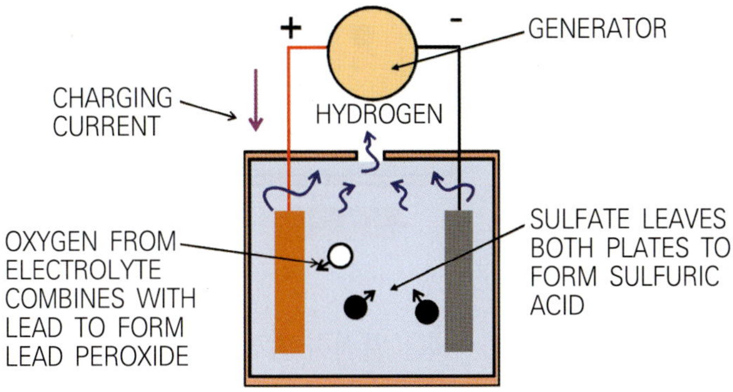

그림 2

플레이트는 액체 용액 속에 잠겨있다. 이 용액은 도체와 같이 전하의 이동이 가능한데, 이를 전해액(electrolyte)이라 한다.

납축전지에서는 전해액은 황산과 물의 혼합물로서, 필요한 전해액의 강도를 만들기 위해서 정해진 비율로 조심스럽게 혼합된다. 완전한 회로를 구성하기 위해서는 플레이트가 발전기를 통해 연결되어야 함에 주의한다.

발전기에 의해 셀로 들어가는 전류는 전해액이 산소를 발생하게 한다. 이 산소는 양극 플레이트의 납과 결합해서 과산화납(lead peroxide)을 형성한다. 이 과정에서 전해액으로부터 수소도 생겨난다. 두 플레이트는 전해액 속에 황산을 형성하는 황산염을 만든다. 음극 플레이트는 해면상납(spongy lead)으로 변한다. 이제 두 플레이트는 화학적으로 바뀌었고 성격도 서로 다르다.

황산의 형성은 농도를 증가시킨다. 이것은 충전상태가 증가할 때 전해액의 상대밀도 또는 비중이 증가한다는 의미이다. 그러므로 전해액의 상대밀도를 측정함으로써 배터리의 충전 상태를 알 수 있다. 뒤에 나오는 "측정" 부분에서 이것을 다룰 것이다.

그림 3은 방전되고 있는 셀을 보여주고 있다. 전기 에너지를 당기는 부하(여기서는 전구)가 연결되어야 회로가 완성된다. 이제 전류가 흐름으로 인해 용액에서 황산염이 나오게 하고, 이것이 양극과 음극 플레이트와 결합된다.

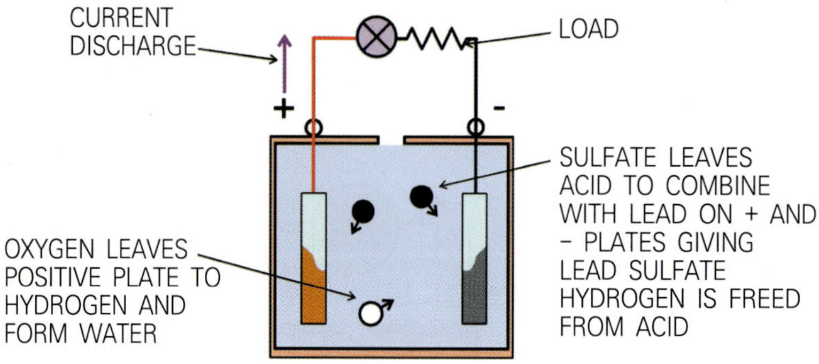

그림 3

잠시 뒤 이 작용이 끝나게 된다. 셀은 완전히 방전되고, 두 플레이트는 비활성 상태로 바뀌고 황산납이 된다. 거기다가 산소가 양극 플레이트를 떠나 전해액에서 물을 형성한다. 이제 전해액은 희석되어서 상대밀도가 감소하게 된다. 이 점진적인 희석은 셀을 빠져나가는 전기에너지의 양에 정비례한다.

[3] 전류 흐름

오랫동안 배터리의 초기 개발단계에도 전기의 흐름이 높은 전위의 양극에서 낮은 전위의 음극으로 흐르는 것으로 생각했다. 나중에야 전자라고 부르는 작은 전하가 음극에서 양극으로 움직이는 것을 발견하였다.
그러나 그때까지 많은 전기 법칙에서 양에서 음으로 흐르는 것이 확립되어 왔기 때문에, 오늘날 양에서 음으로 흐르는 것을 통상적인 흐름으로 규정하게 되었다. 이것을 일반적인 전류의 흐름으로 일컬어진다. 음에서 양으로의 실제의 흐름을 전자 흐름이라고 부른다.

[4] 용량(capacity)

배터리가 저장할 수 있는 에너지 양을 용량(capacity)이라고 부르고 다음의 세 개의 다른 등급으로 나타낼 수 있다:

① 암페어 시간 등급(ampere-hour rating)

② 콜드 스타트 등급(cold start rating)

③ 예비 용량 등급(reserve capacity rating)

(1) 암페어 시간 등급(ampere-hour rating)

이것은 암페어 시간 단위(Ah)로 측정되는 에너지의 양을 나타낸다. 이 양은 배터리가 셀당 전압이 1.8V(12V 배터리에는 10.8V이다)로 떨어질 때까지 제공하는 에너지의 양을 말한다. 이것은 일반적으로 10시간 또는 20시간을 기준으로 한다. 예를 들어, 25℃의 온도에서 완전히 충전된 50Ah 배터리는 단자 전압이 10.8V로 떨어질 때까지 50시간 동안 1A의 전류를 내거나, 20시간 동안 2.5A의 전류를 또는 5시간 동안 10A의 전류를 낸다.

그러나 실제로 높은 전류에서는 이론상의 시간보다 방전시간이 더 줄어들게 된다. 20시간 비(rate)에 기초한 용량이 10시간에서의 용량보다 10~20% 정도 높다. 이것은 20시간 비에는 낮은 방전 전류가 이용되기 때문이다. 방전비의 영향은 그림 4와 같다.

높은 전류로는 방전이 훨씬 빨라진다는 것에 주목하시오. 또한 온도가 감소하면 용량이 줄어든다는 것에 주의하시오. 따라서 낮은 온도용으로 배터리를 고를 때는 이 점을 중요시해야 한다.

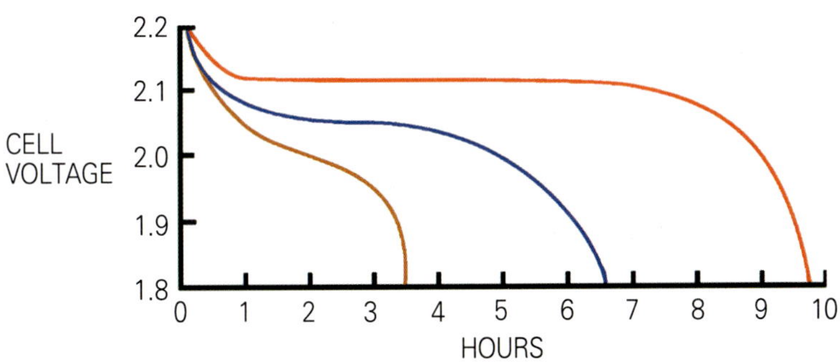

그림 4

(2) 콜드 스타트 등급(Cold Start Rating)

이것은 −18℃의 온도에서 종지 전압(end voltage)에 이를 때까지 일정한 시간 동안 배터리가 줄 수 있는 전류를 측정하는 것이다. 여러 가지 표준이 각각 다른 값들을 사용한다.

[표 1]

표준	지속시간	12V 배터리에서 종지 전압(end voltage)
BS	60초	8.4V
DIN	30초	9.0V
SAE	30초	7.2V

(3) 예비 용량 등급(Reserve Capacitor Rating)

이것이 보다 더 많이 사용되는 등급이다. 이것은 셀의 전압이 1.75V로 떨어질 때까지 25℃에서 배터리가 25A의 전류를 내는 시간을 분 단위로 나타낸다. 25A가 사용되는 이유는 이것이 자동차에서 평균 방전 전류이기 때문이다.

그러므로 이 등급은 얼마나 오래 배터리가 자동차를 평균전류 방출로 작동하게 유지하느냐를 나타낸다. 45Ah 배터리의 전형적인 예비 용량은 45분이다.

1.3 배터리의 구조

배터리의 주요 구성은 다음과 같다.

① 플레이트(plates)

② 격리판(separators)

③ 케이스(case)

[1] 플레이트(Plates)

앞에서 본 것과 같이 플레이트는 그리드(grids)와 반죽 혼합물(paste mixture)로 만들어진다. 그리드는 다음 두 가지 작용을 한다.

① 반죽 사이의 전류를 통하게 한다.

② 반죽을 지지하고 위치를 유지하게 한다.

그리드는 보다 정확하고 쉬운 주조를 위해 강화제가 첨가된 납으로 만들어진다. 강화제로 안티몬(antimony)을 사용할 수도 있으나, 이것은 많은 가스를 발생시키고 전해액의 손실을 가져온다. 칼슘이 적은 가스를 발생하므로, 유지관리가 거의 필요 없는 배터리(zero or low maintenance battery)용으로 일반적으로 많이 사용된다.
양극 그리드가 일반적으로 음극 그리드보다 두껍다. 표준 자동차 배터리의 그리드는 다음과 같다.

① 양극 : 2.03mm

② 음극 : 1.78mm

고효율 배터리의 그리드는 두께가 6.35mm에 이르는 것도 있다.

[2] 격리판(Separators)

배터리를 제작할 때 플레이트들의 사이가 매우 가깝게 된다. 그래서 플레이트들이 접촉되어 단락이 되는 것을 막기 위해서 격리판이 플레이트 사이에 놓이게 된다.
화학작용이 일어나게 하기 위해 격리판에는 미세한 구멍들이 나 있다. 구멍의 개수와 크기는 임계값을 가지고 있다. 이것들이 너무 많거나 크면 단락의 위험이 있다. 이것들이 너무 작거나 충분하지 않으면 절연판의 저항이 너무 높아져서 전압이 감소하는 결과를 낳게 된다.
초기의 배터리에서 절연판은 나무나 삼투성의 고무 또는 송진을 붙인 섬유소 등으로 만들었다. 현대의 절연판의 재료는 종이 혼합물을 기본으로 하고 있다. 대체품으로는 유리 섬유판을 가지거나 가지고 있지 않는 다양한 PVC 혼합물이 있다.

(1) 플레이트 그룹(Plate Groups)

셀당 하나의 양극 플레이트와 하나의 음극 플레이트만으로는 저장용량이 충분하지 못해 어떤 목적으로도 사용할 수가 없다.

현대의 배터리는 그림 5에 있는 것과 같이 절연판이 사이에 끼워진 몇 개의 양극과 몇 개의 음극 플레이트를 가지고 있다. 플레이트는 교대로 함께 연결되어 있다(1, 3, 5, 7과 2, 4, 6, 8 등과 같이). 저장될 수 있는 에너지의 양은 플레이트의 표면적에 달려있다.

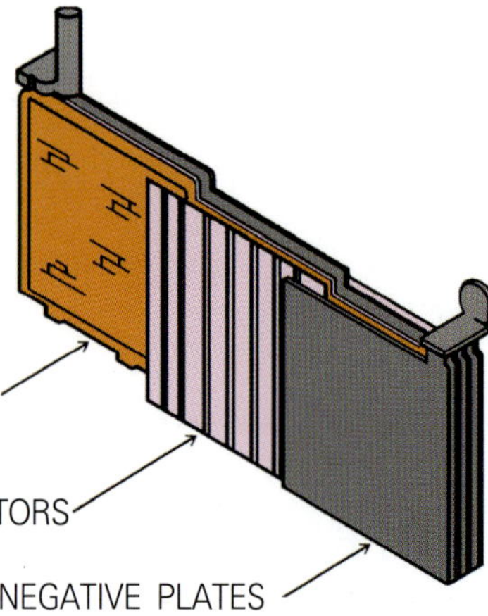

그림 5

그러므로 플레이트가 더 많거나 더 크다는 것은 더 많은 에너지를 저장할 수 있다는 것을 의미한다. 보통 플레이트의 면적은 한 면당 200mm도 되지 않는다. 플레이트의 최소 개수는 보통 7이다. 그러나 고효율 배터리용으로는 9, 11, 13이 사용된다. 플레이트와 절연판의 그룹을 셀이라 부른다. 각각 셀은 약 2V의 전압을 생산하므로 6V 배터리를 위해서는 3개의 셀이 필요하다. 그리고 12V 배터리를 위해서는 6개의 셀이 필요하다. 셀들은 케이스의 위쪽 아래에 꼽혀 있는 튼튼한 돌기에 직렬로 연결되어 있다.

그러므로 그림 6에서 보는 것과 같이 단자전압은 각 셀의 전압의 합과 같다. 양극 플레이트 주위에서는 보다 많은 화학적인 반응이 있기 때문에, 음극 플레이트 주위의 줄어든 반응을 보상하기 위해 대부분의 배터리는 양극 플레이트보다 하나 많은 음극 플레이트를 사용해 왔다.

그러나 음극 플레이트보다 하나 더 많은 양극 플레이트를 사용하면 보다 많은 전류를 배출한다는 것이 밝혀진 뒤에는, 대부분의 현대의 배터리들은 이와 같이 방식을 취하고 있다.

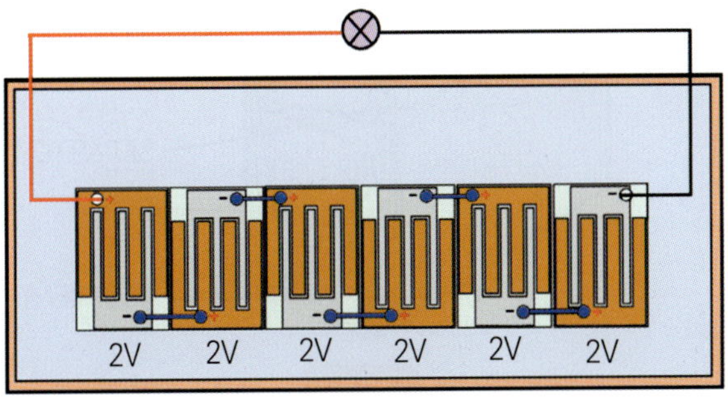

그림 6

[3] 케이스(Case)

그림 7과 같이 오늘날의 배터리 케이스는 딱딱한 검은 고무 합성물로 되어 있거나 반투명 합성수지(더 많이 사용)로 되어있다. 이 물질은 가볍고 튼튼하고, 또 얇게 주조할 수가 있다. 사용되는 셀의 개수에 따라 케이스는 구멍으로 나눠진다. 플레이트를 받치도록 뼈대가 연속으로 바닥 위에 주조된다. 플레이트가 점점 나빠질 때, 플레이트에서 떨어지는 물질들을 모으기 위해 공간이 형성되어 있다. 또 이 공간은 플레이트가 단락되거나 연결되는 것을 막는다.

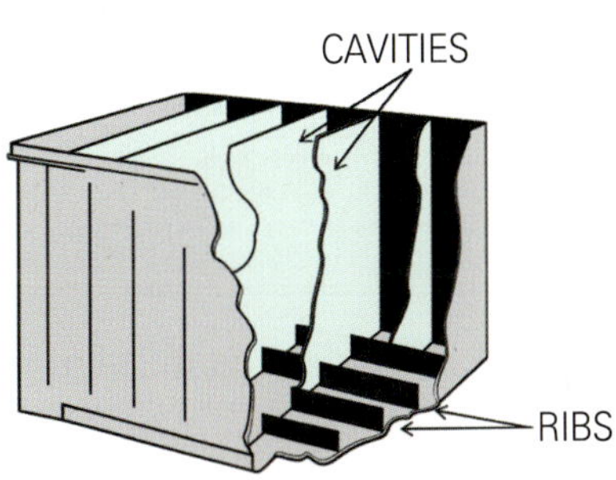

그림 7

주조된 덮개는 셀 위에 씌워진다. 만약에 배터리가 유지보수가 필요 없는 타입이 아니라면, 전해액을 추가할 수 있도록 각 셀 위에 나사형의 플러그가 고정되어 있다. 그림 8은 탑업(top-up) 플러그를 가진 전형적인 배터리 조립을 보여준다.

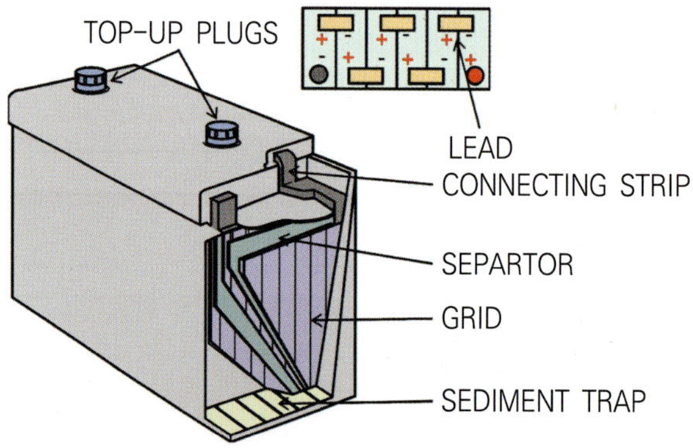

그림 8

(1) 연결 단자(Connection Terminals)

돌기(lugs)나 포스트(post)라고 부르기도 하는 이 단자는, 자동차의 전기시스템에 케이블을 통해 전력을 공급하기 위해 음극 단자와 양극 단자가 케이스 밖으로 나와 있다. 그림 9와 같이 세 가지의 일반적인 종류가 있다.

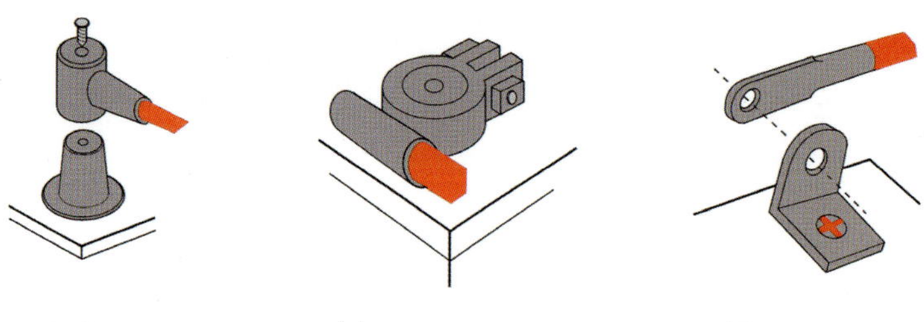

(a) DIE-CAST HELMET (b) SMMT CLAMP (c) FLAT LUG

그림 9

① 나사로 고정된 다이캐스트 헬멧(die-cast helmet)

② SMMT 클램프(clamp)

③ 평면 돌기(flat lug)

예전에는 다이캐스트 헬멧이 인기가 있었으나, 최근에는 대부분의 단자가 SMMT 클램프나 평면 돌기이다.

1.4 배터리의 연결 및 위치

무거운 트럭이나 버스와 같은 고효율의 응용을 위해서 보다 높은 전압이나 큰 용량을 공급하기 위해 하나 이상의 배터리가 필요하다.

[1] 직렬연결

그림 10은 두 개의 배터리 A와 B가 직렬로 연결되어 있는 것을 보여준다.

① A의 음극 단자가 B의 양극 단자로 연결되는 것에 주의한다.

② x에서 y까지의 총 전압은 두 배터리 전압의 합이다. 즉, 24V가 된다.

③ 용량은 변하지 않고 그대로 40Ah인 것에 주의한다.

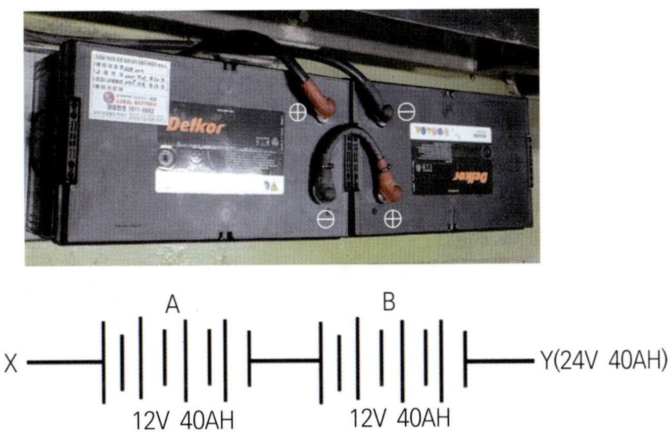

그림 10

[2] 병렬연결

그림 11은 두 배터리가 병렬로 연결되어 있는 것을 보여준다. 두 개의 양극단자가 함

께 연결되어 있고, 두 개의 음극 단자가 함께 연결되어 있는 것에 주목한다. x에서 y까지의 총 전압은 분리된 하나의 배터리의 전압과 같다. 즉, 12V이다. 아무리 많은 배터리가 병렬로 연결되어도 전압은 같다. 그러나 용량은 하나로 분리되어 있을 때의 두 배가 된다. 즉, 80Ah이다.

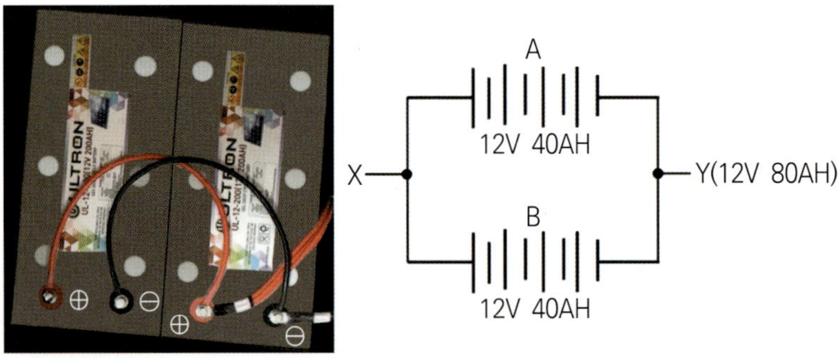

그림 11

[3] 배터리의 위치

배터리 전력의 대부분은 시동모터에서 소모된다. 엔진이 크랭크하는 동안에 200A 이상의 전류가 짧은 순간에 흐르게 된다. 저항과 전압강하를 최소화하기 위해서 이 전류를 전달할 때 매우 두꺼운 케이블이 필요하다.

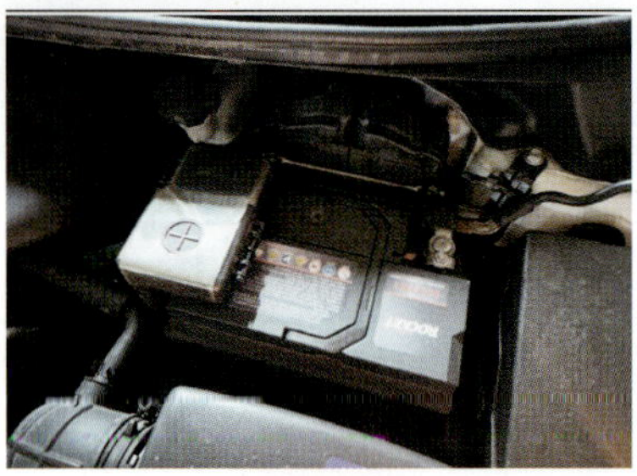

그림 12

케이블을 짧게 유지하기 위해서(비용을 줄이고 배선을 쉽게 하기 위해) 배터리와 시동모터는 가까워야 할 필요가 있다. 이것은 자동차에서 배터리의 위치는 그림 12와 같이 보통 엔진룸에 있어야 한다는 의미이다. 이 밖에 배터리의 위치에서 고려해야 할 점들은 다음과 같다.

(1) 안전

어떤 상태에서 배터리는 산소와 수소 화합물을 방출할 수도 있다. 이것은 폭발성이 있고, 가스를 마시면 사람에게 해로울 수 있다. 따라서 배터리와 사람 사이에 칸막이가 필요하다.

(2) 접근성

배터리는 관리와 테스트를 위해서 쉽게 접근할 수 있어야 한다.

(3) 공간

어떤 차들은 엔진부의 공간이 매우 좁다. 따라서 배터리를 다른 곳에 놓아야 한다. 예를 들어, 짐칸의 바닥 등.

(4) 중량 분배

현대의 배터리는 예전의 배터리만큼 무겁지는 않다. 그러나 때로는 그 무게를 고려해야 할 때도 있다.
무거운 트럭이나 버스에서는 몇 개의 무거운 배터리를 필요로 한다. 그것들은 자동차의 측면부에 붙은 받침대나, 차량의 앞이나 뒤에 뺄 수 있는 상자에 넣어 장착될 수도 있다. 아주 가벼운 차량에는 두 개의 배터리가 사용되기도 하는데, 이것은 배터리 총중량을 차량에 골고루 분포시키기 위한 것이다.

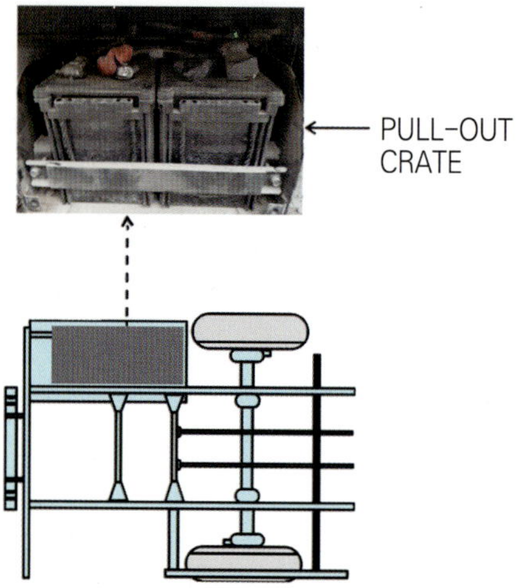

그림 13

1.5 배터리의 관리(Maintenance)

[1] 안전

모든 일어날 수 있는 위험을 예측하는 것은 불가능하다. 그러므로 아래에 나오는 리스트는 모든 것을 포함하지는 않는다. 상식과 그리고 모든 주의, 안전 예방조치를 취해야 한다. 모든 행동과 진행을 안전하게 하여 자신을 안전하게 보호해야 한다. 그리고 절대 자신과 타인을 위험에 처하게 하지 말아야 한다.
정상적인 상태에서의 정확한 주의와 관리가 있어야 배터리가 안전할 수 있다. 그러나 배터리를 가지고 또는 가까이에서 일을 할 때는 특별히 주의가 필요하다. 보다 중요한 것들은 다음과 같다.

(1) 경고 문구를 읽는다.

배터리에 있는 경고 문구에 주목한다.

① 개인적인 안전

㉠ 배터리와 함께 일을 할 때는 보호할 수 있는 옷을 입는다. 전해액을 다룰 때는

보호안경과 장갑이 특히 중요하다.

㉡ 배터리에 기대거나 발생 가스를 들이마시지 않는다.

㉢ 배터리의 케이블을 연결할 때나 분리하기 전에 모든 전기부하의 스위치를 off로 한다.

㉣ 불꽃, 스파크, 담배 등을 배터리나 배터리 충전 지역에서 멀리 한다.

② 연결과 분리

음극(접지)선을 먼저 분리하고, 제일 나중에 연결한다.

(2) 전해액을 주의한다.

① 전해액이 피부나 눈, 차량의 다른 부분에 닿지 않게 한다.

② 오염된 부분을 물로 즉시 그리고 완전하게 씻어낸다. 눈에 닿았거나, 피부에 닿은 부분이 넓다면 치료를 받도록 한다.

③ 정확하게 어떻게 하는가를 지시받지 않았다면 전해액을 섞지 않는다.

④ 만약에 전해액을 섞어야만 한다면 유리용기나 세라믹 용기만을 사용한다.

⑤ 항상 산(Acid)을 물(Water)에 매우 천천히 붓는다. 그리고 유리나 나무 막대기로 젓는다.

⑥ 주의 A(산)와 W(물)는 알파벳 순서이다.

⑦ 절대 물을 산에 붓지 않는다. 이것은 격렬한 반응을 일으킨다.

⑧ 섞음으로써 전해액이 뜨거워진다는 것에 주의한다.

(3) 단락을 피한다.

① 배터리로 작업을 하기 전에 반지나 금속 제품을 제거한다. 이렇게 함으로써 단락이 되는 위험을 줄일 수 있다.

② 금속성 도구들로 인해 배터리의 단자나 케이블이 단락되지 않도록 한다. 가능하면 절연이 된 도구를 이용한다.

(4) 안전하게 충전한다.

① 차량에서 떨어져서 충전을 하고, 충전하는 곳이 환기가 잘되게 한다.

② 점프(jump)를 위해 충전기나 케이블을 연결할 때나 분리할 때 주의한다.

③ 절연된 충전기, 점프 케이블, 커넥터를 이용한다.

④ 커넥터가 배터리 단자와 잘 접촉되어 있는지 확인한다. 그리고 사용 중에 움직이지 않도록 한다.

⑤ 충전기의 스위치가 켜져 있을 때 케이블을 연결하거나 분리하지 않는다.

⑥ 충전 후에는 배터리를 차량에 다시 연결하기 전이나 방전 테스트를 하기 전에 15분 이상 그 자리에 놓아둔다.

(5) 얼어붙은 배터리를 주의한다.

① 얼어붙은 배터리로 차량에 시동을 걸려고 하지 않는다. 배터리가 부서지거나 폭발할 수도 있다.

② 배터리를 녹이고 다시 충전한다.

[2] 정기적인 관리

수명과 성능을 최대로 유지하기 위해서 모든 배터리는 정기적인 관리가 필요하다. 다음의 표는 정기적인 관리가 필요한 부분을 보여준다.

[표 2]

케이스와 캐리어	항상 깨끗하고 마른 상태를 유지한다.
단자	청소를 게을리 하면, 가루 모양의 희고 녹색의 산화물이 단자 위에 생긴다. 이런 것이 생기면 단자를 분리하고, 물과 탄산음료의 혼합액으로 단자를 깨끗이 한다. 심각한 경우에는 와이어브러시나 사포로 깨끗이 할 필요가 있다. 다시 연결하기 전에 광유(바셀린)로 케이블 단자와 배터리의 단자를 닦는다. 두 부분이 완전히 접촉이 되도록 하고, 너트와 볼트 또는 나사로 단단하게 조인다.

안전	진동 때문에 플레이트로부터 나오는 활성물질이 넘칠 수도 있다. 진동을 최소화하기 위해서 배터리는 캐리어에 안전하게 고정되어 있어야 한다. 조임 나사나 너트를 배터리가 움직이지 않도록 단단하게 조여야 한다. 그러나 너무 조여서 배터리의 케이스가 부서지지 않도록 한다.

(1) 관리가 줄어든 배터리(Reduced Maintenance Batteries)

설계와 제조기술의 발달은 현대의 배터리를 관리할 필요를 많이 줄였다. 다음의 두 가지 이유로 인해서 예전의 배터리 전해액은 가스를 많이 방출했다.

① 그리드를 납・안티몬 합금으로 만들었다.

② 충전전압이 잘 조절되지 않아서 종종 과잉전압이 생겼다.

그 결과 전해액 속의 물이 너무 빨리 증발하였다. 이것을 유지하기 위해서 여름에는 일주일에 한 번씩 전해액을 보충해주어야 했고, 겨울에는 한 달에 한 번씩 전해액을 보충해주어야 했다.

그리드를 위한 납・칼슘 합금의 사용과 충전전압의 더 나은 조절을 통해 전해액을 보충해야 할 필요를 줄이거나 없앴다.

(2) 적은 관리 배터리(Low Maintenance Batteries)

이 배터리는 앞에서 나온 것과 비슷하다. 그림 14는 이런 전형적인 배터리의 하나를 보여준다. 이 배터리는 탑업 플러그(top-up plug)를 가지고 있으나, 그리드가 납/칼슘 합금으로 만들어져 있기 때문에, 전해액의 보충은 1년에 한 번 또는 80,000km에 한 번이면 된다. 증류되거나 이온이 제거된 물만 배터리의 보충을 위해 사용되어야 한다.

정확한 높이는 플레이트의 제일 위이다. 이보다 많으면 배터리가 열을 받을 때 전해액이 뚜껑의 구멍으로 흘러나올 수 있다.

참고
전해액 보충이 자주 필요하다면 아마 배터리가 과충전되어 있을 것이다.

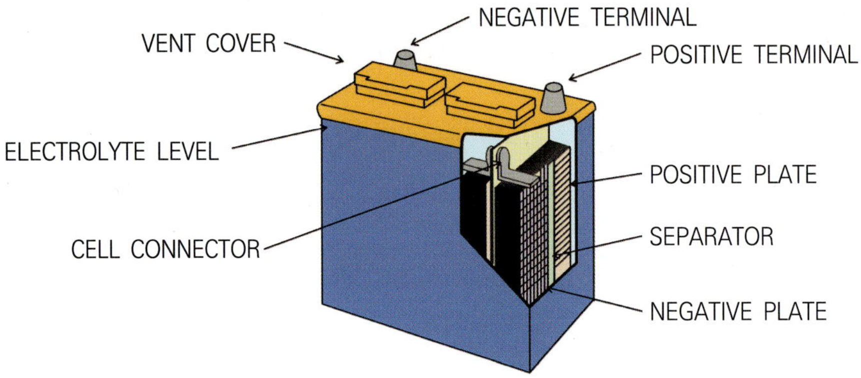

그림 14

(3) 관리가 필요 없는 배터리(Maintenance Free Batteries)

이런 배터리의 특징은 배터리가 영구적으로 봉해져 있어서 보충을 필요로 하지 않는 것이다. 그림 15는 전형적인 한 예를 보여준다.

상당히 줄어들었다고는 하지만 아직도 약간의 가스는 생긴다. 이것을 수용하기 위해 케이스 안에 증발된 용액을 모으는 저장고를 가지고 있다. 시간이 지나 냉각되면 이것은 주저장고로 돌아간다.

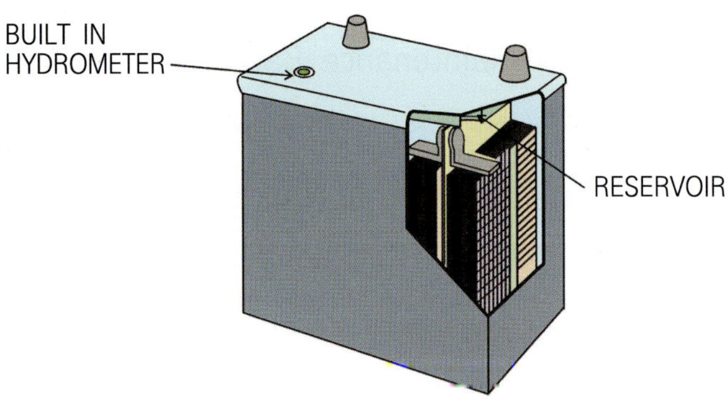

그림 15

앞에 나온 배터리는 비중과 전해액의 높이를 나타내는 지시계를 내장하고 있다. 이것은 그림 16에 나와 있다. 플라스틱 튜브 안의 색이 녹색이면 비중 때문에 볼이 위로 뜬다. 그래서 배터리는 완전히 충전이 되었고 전해액의 높이도 정확하다는 것을 알 수 있다. 검은색이거나 어두운 색이면 볼이 뜨지 않는다. 이것은 비중이 충분히 높지 않기 때문이다. 즉, 배터리가 65% 이하로 충전되어 있다는 것을 나타낸다.

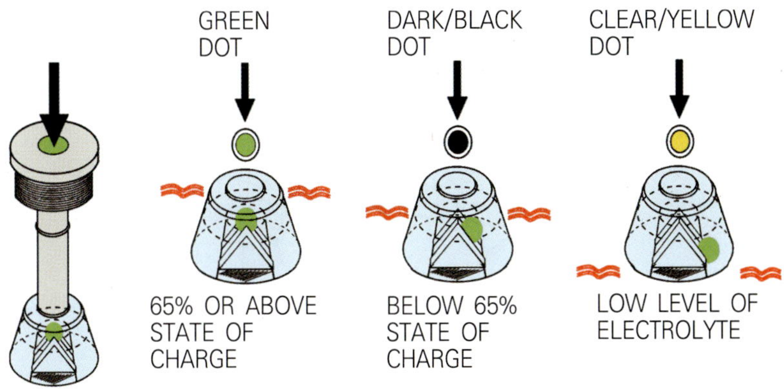

그림 16

투명하거나 노란색은 전해액의 높이가 너무 낮다는 것을 나타낸다. 이 상태에서 배터리는 충전하거나 테스트되어서는 안 되고, 새로 교체해야 한다. 관리가 필요 없는 배터리보다 더 발전한 상태를 재조합 전해액(RE : recombination electrolyte)이라 한다. 이런 종류의 배터리는 유리산(free acid)의 저장고가 필요 없다. 각각의 플레이트는 모든 전해액을 흡수하는 유리 극소 섬유(glass micro-fiber)에 쌓여 있다.

완전히 충전된 상태가 되면 양극 플레이트에서 나오는 산소는 구멍을 통해 음극 플레이트로 흘러간다. 황산납(lead sulfate)을 형성하는 첫 번째 반응 후에 플레이트는 납으로 변한다. 결과로서 음극 플레이트는 수소를 발생하는 전위에 도달하지 못한다. 그래서 물이 형성되지 않는다.

자유 산소나 수소가 생산되지 않으므로 비상 압력 제거 밸브를 제외하고는 배터리는 완전히 밀폐되어 있다. RE 배터리는 더 효율적이어서 동급의 다른 배터리보다 20% 이상의 전력을 더 공급할 수 있다. 또한 무게도 더 가볍고 진동에도 더 잘 견딘다.

(4) 드라이브 벨트의 장력(Tension)

발전기가 최대의 충전 전력을 전달하기 위해서는 정확한 속도로 작동하는 것이 필요하다. 이것을 확실히 하기 위해서 드라이브 벨트(drive belt)는 항상 정확한 장력을 유지해야 한다. 차량의 서비스 매뉴얼에 이것이 얼마이어야 한다는 것이 지정되어 있을 것이다.

벨트의 일반적인 장력은 벨트의 가운데를 밀거나 당길 때 약 10mm 정도 휘어지면 정상적인 상태에 있는 것이다(그림 17).

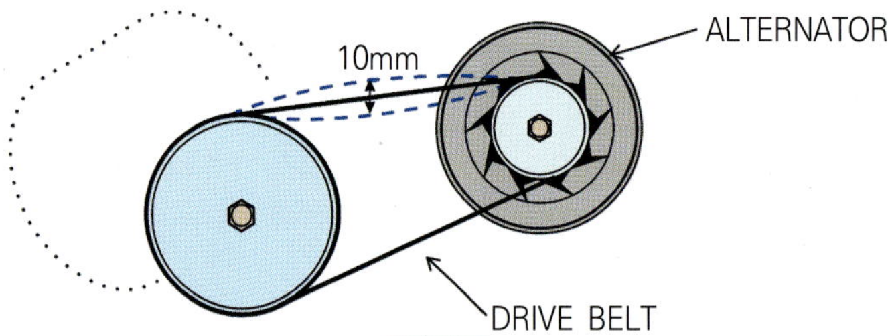

그림 17

(5) 충전시스템

현대의 차량의 많은 전기 부품에 전력을 공급하기 위해서는 크고 다양한 양의 전기에너지가 필요하다. 엔진이 움직이고 있을 때 충전시스템이 이 에너지를 공급한다. 연결된 부하에 따라서 짧은 시간 동안에는 배터리가 에너지를 공급할 수도 있다. 그러나 결국에는 고갈되어서 전기시스템이 동작을 멈출 것이다. 이런 일이 일어나지 않기 위해서는 차량에서 배터리를 계속 재충전하는 방법이 필요하다. 이 방법이 엔진동력을 이용한 발전기(engine driven generator)이다.

예전의 발전기는 발생한 교류를 배터리에 필요한 직류로 바꿔주는 정류기를 가진 발전기였다. 현대의 모든 차량은 보다 효율적인 교류 발전기를 가지고 있고, 교류를 직류로 바꾸기 위해 전자 부품을 사용한다.

교류발전기의 주요한 이점 중의 하나는 낮은 엔진의 속도에서도 높은 전력을 공급할 수 있다는 것이다. 대부분의 배터리를 12V 배터리라고 호명하지만, 이것은 명목상의 값이다. 사실 12V 배터리가 완전히 충전되었을 때의 전압은 약 14V에서 14.5V 사이이다. 그러므로 교류발전기의 출력은 이 범위 안에 있어야 하고, 주로 약 14.2V±0.2V로 조절된다.

조절기(regulator)는 교류발전기의 속도뿐만 아니라 배터리의 충전 상태에 따라 출력을 조절한다. 이는 배터리의 충전상태가 낮으면 높은 충전 출력을 내도록 한다. 배터리가 완전 충전 상태에 가까워지면 교류발전기의 출력이 배터리로 전류가 흐르지 않을 때(배터리의 전위차가 교류발전기의 전위차와 같을 때)까지 점점 줄어든다.

(6) 방전

다음 경우가 되면 배터리가 방전되기 시작할 것이다.

① 배터리가 충전된 상태를 유지할 만큼의 전력을 교류발전기가 공급하지 못할 때

② 배터리가 몇 주 동안 사용되지 않을 때 – 자기방전(self-discharge)이라고 부른다.

자기방전은 내부의 화학적 작용 때문이다. 그리고 습기나 먼지가 배터리의 상부 표면에 있을 때 두 단자 사이에 약한 전류가 흐름으로 외부 누설이 생기는 것이다. 정상적인 자기방전은 하루에 Ah 용량의 약 1% 정도이다. 만약 이 값보다 크다면 내부에 문제가 있는 것이다.

플레이트가 납·칼슘 합금으로 만들어져 있기 때문에, 관리가 필요 없는 배터리는 매우 적은 가스를 방출한다. 그래서 외부 표면은 깨끗하고 마른 상태로 남아있게 된다. 이는 자기방전율을 낮게 유지하게 되고, 배터리를 사용하지 않고도 오래 충전상태를 유지할 수 있다는 것을 의미한다.

(7) 설페이션(Sulfation)

정상 방전 상태에서는 황산납의 미세한 결정이 플레이트 위에 형성되고, 재충전에 의해 이것들은 또다시 전환된다. 그러나 배터리가 완전 방전 상태로 오래 방치되면 이 결정들이 커져서 다시 쉽게 전환이 되지 않는다.

① 설페이션의 영향은

㉠ 배터리의 Ah 용량의 감소.

㉡ 재충전 과정에서 전류의 흐름을 방해한다.

가벼운 설페이션 상태에서는 낮은 전류로 오래 충전을 하면 이것을 개선할 수 있다. 그러나 심각한 경우에는 배터리는 완전히 재충전될 수가 없고, 새로 교체해야 한다.

1.6 배터리 테스트

다음 세 가지의 기본적인 검사가 있다.

① 시각검사

② 비중검사

③ 전기 부하(고속 방전 테스트)

[1] 시각검사

관리 절에서 설명된 단자를 검사하고 깨끗하게 한다. 케이스에서 부풀어 오르거나 찌그러진 부분이 있는지 확인한다. 이것은 플레이트가 무겁게 설페이션되어 변형되었는지를 나타낸다.

[2] 상대밀도(비중)검사

시각 검사에 문제가 없으면 전해액의 상대밀도를 검사한다. 관리가 필요 없는 배터리에서는 앞에서 설명한 내장된 지시계를 통해서 확인할 수 있다. 물의 밀도에 대한 전해액의 밀도를 나타내는 비중계를 이용해 상대밀도를 측정한다.

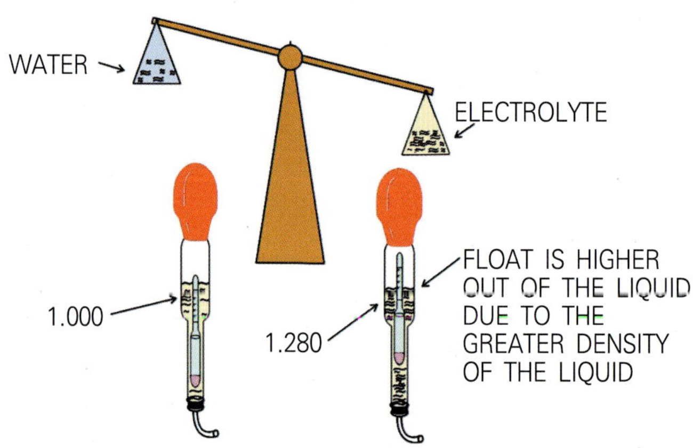

그림 18

(1) 순서

참고

절대로 전해액 보충(top-up) 바로 뒤에 상대밀도를 측정하지 않도록 한다. 잠시동안 차량을 운전하거나 전해액이 섞이도록 몇 시간 놓아둔 뒤에 측정해야 한다.

벌브(bulb)를 누르고 비중계의 튜브를 전해액에 담근다. 벌브를 느슨하게 하고 용액을 빨아올린다. 부표(float)가 밀도에 따라 용액의 어느 높이에서 멈출 것이다. 비중계를 수직으로 잡고 부표가 멈춘 곳의 눈금을 기록한다(그림 19).

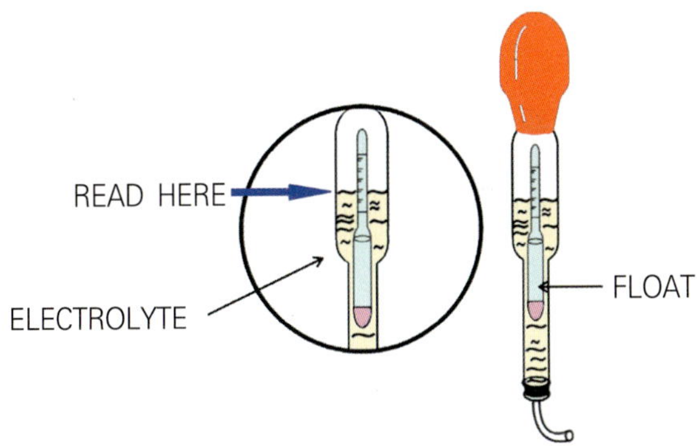

그림 19

(2) 비중계 읽기

액체의 부피와 밀도는 온도에 따라 변한다는 것에 주의해야 한다. 아래 표의 결과는 온도가 15℃일 때의 결과이다.

[표 3]

값	변화량	결론
1.250에서 1.290	0.050보다 작다	배터리가 좋은 상태이고 완전히 충전이 되어 있다. 고속 방전 테스트로 확인한다.
1.230에서 1.250	0.050보다 작다	배터리가 70% 충전되었으므로, 12시간 동안 재충전 후 다시 측정한다.
1.110에서 1.130	0.050보다 작다	배터리가 방전되었으므로 재충전한다.
어떤 셀들은 1.200보다 작다.	0.100보다 크다	배터리를 교체해야 한다.

용액의 온도가 15℃가 아니라면 다음의 설명을 이용해 값을 보정하시오.

① 15℃ 아래로 10℃씩 떨어질 때마다 측정값에서 0.007을 빼시오.

② 15℃ 위로 10℃씩 증가할 때마다 측정값에서 0.007을 더하시오.

[3] 전압계로 충전상태 측정

내장된 지시계가 없는 관리가 필요 없는 배터리(MFB)는 충전상태를 측정하기 위해 전압계를 사용할 수 있다.

(1) 순서

① 헤드램프를 30초 동안 켜서 표면 전하를 제거하시오.

② 모든 전기 부하를 off로 하시오.

③ 그림 20과 같이 회로시험기의 셀렉터를 DC 20V로 선정한 후 배터리(+)단자에 리드선의 적색 프로브를, (−)단자에 흑색 프로브를 연결한 후 배터리의 전압을 측정하시오.

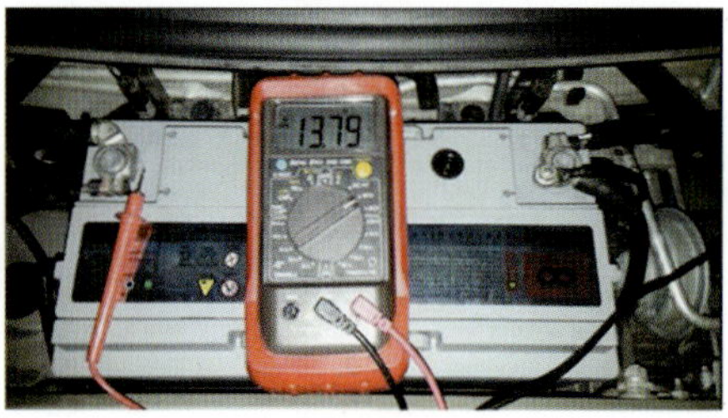

그림 20

대표적인 전압은 다음과 같다.

[표 4]

전압계 값	배터리 상태
12.0V보다 작다.	완전방전되었다.
12.2V~12.5V	부분적으로 방전되었다.
12.5V보다 크다.	완전 충전되었다.

[4] 고속 방전(High Rate Discharge) 테스트

참고

셀 연결부가 노출될 수 있다면 개개의 셀 위에서 이 테스트를 수행할 수 있다. 그렇지 않으면 배터리 단자에 연결해 모든 셀들을 함께 테스트한다.

이 테스트는 겨울 환경에서 엔진이 움직이기 시작할 때, 배터리에 부하가 연결되어 있는 것 같이 된다. 이것은 매우 격렬한 테스트이므로, 완전히 충전된 배터리에서만 해야 하고 단 15초 동안만 해야 한다. 전형적인 테스터는 그림 21과 같다. 이것은 전압계와 배터리에 연결되는 낮은 저항 조각으로 구성되어 있다. 저항, 즉 전류 부하는 다양한 배터리에 따라 조절할 수 있다. 인가되는 부하는 배터리의 Ah 용량의 약 3배가 되어야 한다. 예를 들어, 100Ah 배터리는 300A의 부하가 필요하다.

전압계는 배터리가 높은 전류를 공급하고 있을 때의 전압을 나타내고, 이 값은 배터리의 용량과 온도에 따라 변한다.

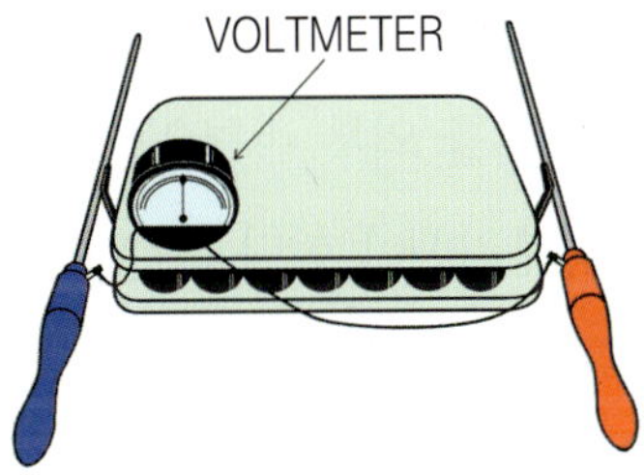

그림 21

(1) 진행순서

① 탐침(probes)의 간격을 조절하여 배터리의 단자(lugs)에 접촉할 수 있게 하시오.

② 인가되는 부하를 조절하시오. 단 15초 동안 탐침을 배터리의 돌기에 접촉하고 전압을 읽으시오.

③ 좋은 배터리는 다음의 결과를 나타낼 것이다.

[표 5]

배터리 용량(Ah)	15초 동안 지속된 전압
50	9±1
68	10±1
110	11±1

④ 온도의 감소는 다음 값만큼 감소시킬 것이다. 예를 들어, 온도가 20℃에서 -20℃로 감소했다면 전압은 1V 줄어든다.

⑤ 테스트하는 동안 전해액이 셀에서 끓는다거나 배터리가 표시된 전압을 유지하지 못한다면 배터리를 교체해야 한다.

1.7 배터리 재충전

방전이 어떤 수준에 도달하면 교류발전기에서 나오는 출력으로 전하를 저장하기에 충분하지 않게 된다. 그래서 배터리를 외부 전원으로 재충전해 주어야 한다. 이때 안전을 위해서 배터리를 차량에서 분리해야 한다. 그것이 불가능하다면 다음의 예방조치를 취한다.

① 배터리를 차량의 전기회로와 분리한다.

② 충전기에서 나오는 케이블을 정확한 단자에 연결한다. 이때 양극(빨강)은 양극으로, 음극(검정)은 음극으로 연결해야 한다.

③ 클립이나 단자가 배터리 단자나 다른 금속 부분에 단락되지 않도록 한다.

④ 배터리에 주입 플러그(filler plugs)가 있다면 충전하는 동안 증가할 수 있는 압력이 빠져나가도록 주입 플러그를 느슨하게 한다.

[1] 저속 충전

배터리가 과충전되거나 손상을 입는 것을 막기 위해 낮은 전류로 오랜 시간동안 천천히 충전하는 것이 빠르게 충전하는 것보다 좋다.

가정용 배터리 충전기는 느린 충전용으로 설계되었고, 완전 방전된 배터리에 처음 연결되었을 때 최대 10A의 전류를 공급할 수 있다. 전류는 보통 조절하지 못하게 되어 있고, 완전 충전이 가까워지면 전류가 자동적으로 줄어든다.

전류가 조절되도록 되어 있다면 배터리 Ah 용량의 약 1/10으로 맞춰야 한다. 예를 들어, 40Ah 용량이면 충전전류는 4A에 맞춰져야 한다.

① 케이블을 연결해 충전기에 접속하고, 스위치를 켠다.

② 배터리가 충전되도록 약 10~12시간 정도를 놓아둔다.

③ 케이블을 분리하기 전에 항상 스위치를 끄고 충전기를 뽑는다.

④ 주입 플러그를 다시 맞추고, 배터리를 청소하고 물기가 없도록 한다.

[2] 고속 충전

정비공장에는 보통 고효율의 고속 충전기가 있어서 배터리를 빠르게 충전하거나 엔진에 시동을 걸기 위해 사용한다. 고속 충전은 반드시 긴급할 때만 사용해야 한다. 충전할 때 배터리의 온도가 올라가게 되는데, 반드시 43℃ 이하로 온도를 유지해야 한다. 온도 측정기가 있는 고속 충전기의 경우 배터리에 주입 플러그가 있다면 온도 측정기를 셀에 삽입해야 한다. 충전하는 동안 충전전류가 자동적으로 감소하고 온도가 제어된다면 배터리는 안전하게 완전충전의 70~80%까지 충전될 수 있다. 온도와 방전상태에 따라 고속 충전 시간은 30~60분 정도 걸릴 것이다. 앞에서 나왔던 예방조치와 충전기에 나와 있는 지시사항을 따라야 한다.

[3] 새로운 배터리

배터리는 다음 세 가지 상태로 있을 수 있다.

① 마르고(dry) 충전된 배터리

② 마르고 충전되지 않은 배터리

③ 충전되고 전해액이 채워져 사용할 수 있는 배터리

(1) 마르고 충전된 배터리

이런 배터리는 플레이트는 충전되어 있지만 전해액이 없다. 따라서 전해액을 조심스럽게 혼합하고 채워야 한다.

순서는 다음과 같다. 황산(sulfuric acid)은 보통 비중 1.840의 농축용액 상태로 공급된다. 이 비중을 낮추기 위해 물을 첨가하여 희석시켜야 한다. 정확한 비중은 배터리의 종류나 주위 환경의 평균 온도에 따라 다르다. 모든 새 배터리에는 섞고 주입하는 방법이 배터리에 붙은 레이블에 나와 있다. 처음 비중 1.840에서부터 정확한 비중을 얻기 위한 일반적인 방법은 다음과 같다.

① 평균 주위 온도가 26℃ 이상일 때

전해액 비중은 1.210으로 한다.

㉠ 이 비중은 다음의 비율로 산과 물을 섞으므로 얻어진다.

㉡ 산 1을 물 4.3에 더한다.

② 평균 주위 온도가 26℃ 이하일 때

전해액 비중은 1.260으로 한다.

㉠ 이 비중은 다음의 비율로 산과 물을 섞음으로 얻어진다.

㉡ 산 1을 물 3.2에 더한다.

참고

언제나 산을 물에 더해야 한다. 절대 물을 산에 더하면 안 된다.

그림 22

① 실내온도에서 배터리의 각 셀에 희석된 산을 표시된 높이까지 채운다.
② 각 셀의 온도와 비중을 측정하시오.
③ 배터리를 20분 동안 놓아둔다.
④ 다시 각 셀의 온도와 비중을 측정하시오.
⑤ 온도가 6℃ 이상 올라가지 않고 비중이 0.010 이상 떨어지지 않았다면 배터리를 사용해도 좋다.

위의 범위를 벗어난다면 배터리를 저속으로 충전하시오.

(2) 마르고 충전되지 않은 배터리

채우는 동안 과열을 방지하기 위해 대부분의 마르고 충전되지 않은 배터리는 두 단계로 채워야 한다.

① 실내온도에서 배터리의 각 셀을 희석된 산으로 반만 채운다.
② 배터리를 6~12시간 정도 놓아둔다.
③ 희석된 산을 표시된 높이까지 채운다.
④ 4시간 동안 놓아둔다.
⑤ 권장하는 속도로 충전한다. – 보통 정상 충전 속도의 약 2/3 정도
⑥ 최소 48시간 후에 배터리의 전압과 비중을 측정하시오. 매 시간 다섯 번씩 전압과 비중을 측정하여 다섯 번 동안 이 값들이 더 이상 증가하지 않을 때까지 하시오. 충전기를 끄고 분리하시오.
⑦ 필요하다면 약간의 전해액을 빼내고 증류수나 산과 물의 혼합액을 넣어 비중을 조절하시오.

(3) 충전되고 채워져 사용할 수 있는 배터리

이런 배터리는 고정하고 연결하기만 하면 된다. 배터리가 바르게 놓이도록 하고, 연결부위를 깨끗하게 하고 꽉 조인다.

1.8 일반적인 증상과 장애

배터리 문제의 첫 번째 증상은 시동모터가 느리게 동작하고 엔진 시동에 실패하는 것이다. 낮은 온도가 배터리의 용량을 감소시키고 엔진오일이 진해지는 겨울철에 흔하게 일어나는 증상이다. 다음의 표는 가장 일반적인 증상들과 원인을 보여준다.

[표 6]

증상	원인	결론
시동모터의 느린 동작	발전기로부터의 출력이 없거나 충분하지 않음.	드라이브 벨트의 장력을 검사 출력 전압을 검사 교류발전기/조절기를 수리/교체
	단자의 부식	단자를 청소
	배터리 내부 고장 - 설페이션/내부단락	배터리 검사를 수행 배터리 교체
전해액의 과잉 사용/지나친 가스 발생	너무 높은 전압으로 충전됨	출력전압을 검사 교류발전기/조절기를 수리/교체
	배터리 내부 고장 - 설페이션/내부단락	배터리 검사를 수행 배터리 교체

1.9 IBS(Intelligent Battery Sensor)센서 초기화

IBS는 배터리의 (−)단자에 장착되어 있는데, IBS 용도는 마이너스 선에 흐르는 전류량을 IBS센서가 전압으로 감지하여 발전기(알터네이터)의 동작여부를 결정하는 장치로 자동차에는 알터네이터(발전기) 동작을 조절하는 두 가지 방식, 즉 "전압제어방식과 전류제어방식"이 있다.

① 전압제어방식 : 주로 예전에 나온 승용차와 버스·트럭 등에 사용되는 방식으로 시동이 걸리면 알터네이터가 지속적으로 전기를 만드는 방식이다. 장점으로는 전류제어방식에 비해 전압이 일정하여 배터리전압이 안정적이라는 것이고, 단점으로는 지속적인 알터네이터 동작으로 전류제어방식에 비해 연비가 떨어진다.

② 전류제어방식 : 배터리 마이너스 선으로 흐르는 전류량을 IBS 기능이 전압으로 감지하여 ECU로 보내면 ECU가 이 신호를 가지고 알터네이터의 동작 여부를 결정짓는 방식이다. 장점으로는 연비를 개선하기 위함이고, 단점은 전압변동이 잦아 배터리 수명이 단축되며, 배터리 성능이 떨어지면 알터네이터가 지속적으로 동작을 하게 되므로 ISB 기능이 무용지물이 되어 버린다. 따라서 "ISB 기능의 절대적인 조건은 무엇보다 배터리 성능이 좋아야"한다는 전제가 깔려 있으므로 이론보다는 실제적인 효과는 전압제어방식보다 못하다.

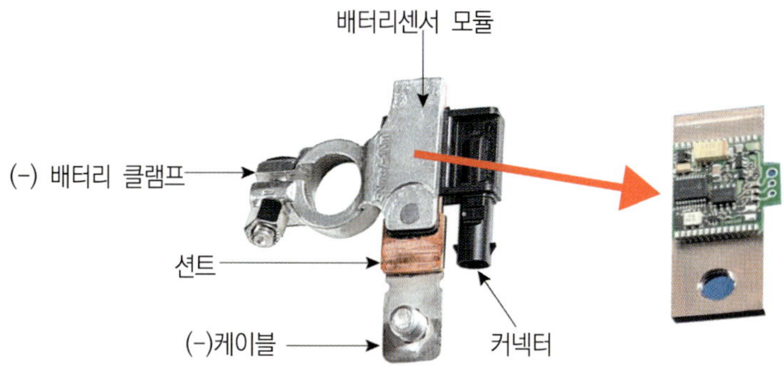

그림 23 IBS센서

IBS센서는 배터리 초기 설정값과 전류 변화량을 적분한 값을 더하여 충전 상태를 계산한다. 슬립모드가 일정 시간 유지된 후 일반모드로 전환되었을 때 배터리 무부하 상태 전압을 초기로 설정하여 비교한다. 이 무부하 상태는 암전류 상태 인근으로 대략 제조사별로 50~200mA까지 다양하다. 이러한 암전류 상태를 알아야 배터리의 현재 상태를 계산할 수 있다. 배터리 교체를 하면 배터리 센서 초기화는 필수적이다.

배터리 센서의 비활성화를 위해서는 붙어있는 센서의 전원 커넥터를 분리하고 (-)단자에서 재장착하면 배터리 센서가 비활성화된다. 배터리 센서 비활성화로 인하여 ISG 기능이 제한됨에 따른 경고등이 점멸할 수 있으므로 만일 위와 같은 행위 이후에는 배터리 센서 활성화 조건을 참조하여 반드시 활성화시켜야 한다.

일반적으로 알려진 배터리 센서 초기화 방법은 다음과 같다.

① 자동차 (-)극에 있는 배터리 센서를 커넥터에서 분리하고 2~5분 대기 후 커넥터 조립한다.

② 본넷을 닫고 자동차에서 떨어져 스타트 리모컨을 이용해 [문 열기] 누른다. 그리고 기다렸다가 차가 자동으로 문을 잠그게 기다려야 한다. 그리고 이 상태로 4시간 정도 차량을 세워둔다. 이때 리모컨 조작 등 전자기기를 사용하는 어떠한 행동도 하지 말아야 한다.

③ 4시간 경과 후 리모컨으로 도어를 열고, 브레이크를 밟지 않은 상태에서 ACC, 키 ON, 키 OFF를 3번 반복하고 시동을 걸어준다.

이렇게 하면서 유의할 점은 연결해두었던 블랙박스를 포함한 모든 전자기기를 빼야 한다. 그리고 ③번까지 한 후에 전장품을 다시 연결하면 된다.

2 퓨즈

2.1 퓨즈의 개요

앞선 장에서 단락 발생으로 전기 시스템에 발생할 수 있는 영향을 퓨즈로 대비해야 한다는 것을 배웠다. 모든 퓨즈들은 같은 방식으로 동작한다. 퓨즈는 회로 사이에 있어서 다리와 같은 역할을 한다.

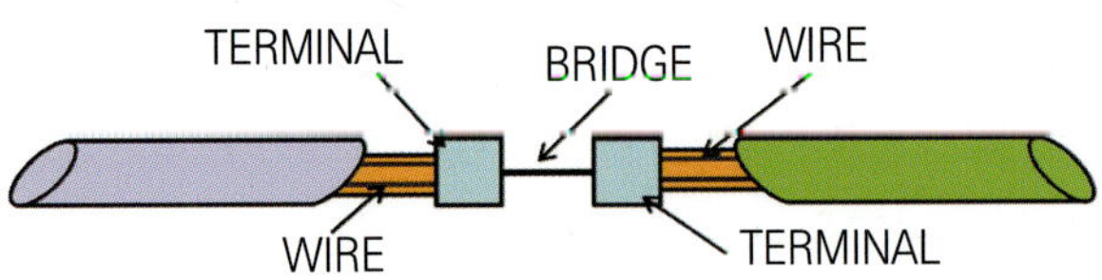

그림 24

퓨즈는 얇은 한 가닥의 선이나 금속 조각으로 되어있다. 퓨즈가 흘릴 수 있는 전류는 정해져 있고, 이 한계를 넘어서면 퓨즈는 녹거나 끊어지게 되어있다. 그러므로 퓨즈는 더 많은 피해가 발생하기 전에 끊어지게 되는 약하게 연결하고 있는 것이다. 녹는점에 도달하면 퓨즈는 즉시 끊어져서 연결이 파괴되고 전류가 흐르지 않게 되는 것이다. 퓨즈는 일회용으로 한 번 끊어지면 새로 교체해야 한다. 그림 25는 끊어진 퓨즈와 끊어지지 않은 퓨즈를 보여준다.

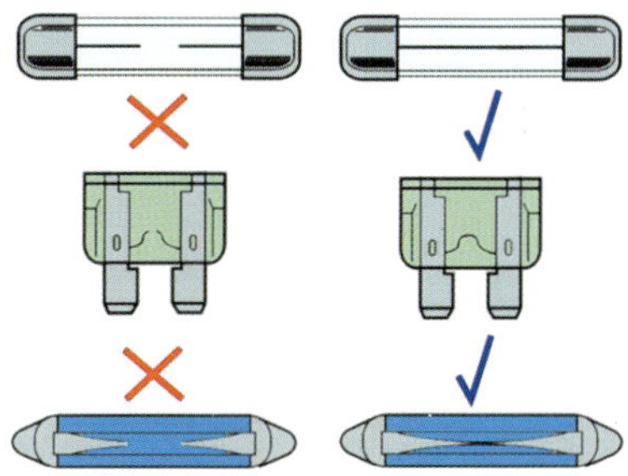

그림 25

[1] 퓨즈 기호

배선도에서 퓨즈는 다음의 기호로 나타낸다.

그림 26은 이 기호의 배선도에서의 활용을 보여준다.

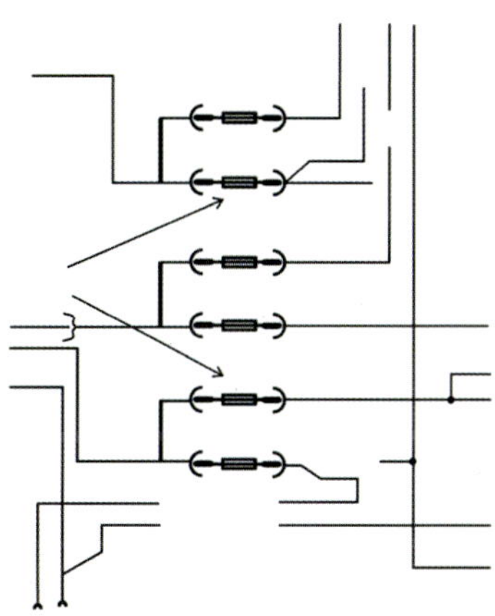

그림 26

2.2 퓨즈의 종류

자동차의 퓨즈에는 일반적으로 네 개의 종류가 있다.

[1] 유리 카트리지(Glass Cartridge)

이것은 가장 오래된 퓨즈의 종류이다. 몸체가 투명한 유리로 되어있으며, 금속 캡을 연결하는 선을 볼 수가 있다. 그림 27에서 보듯이 끝의 캡은 납작하거나 원추형으로 되어있다.

그림 27

표 7은 퓨즈의 용량 또는 값(rating or value)을 보여준다. 이것은 유리 내부의 종이 색깔로 식별한다. 이것은 또한 한쪽 캡에 찍혀 있을 수도 있다. 퓨즈의 이 값은 녹는 값 – fusing rating을 나타낸다. 이 뜻은 예를 들어, 붉은(RED) 종이 – 값 5A –를 가지는 퓨즈는 전류가 5A를 넘자마자 끊어진다.

[표 7]

Identification	Lucas Ratings	Identification	Lucas Ratings
Length 25.4mm (1inch) Cone End	Amps	Length 29.4mm($1\frac{5}{32}$inch) Cone End	Amps
Blue	3	Red on Blue	2.0
Yellow	4.5	Red	5.0
Nut Brown	8.0	Blue on Green	8.0
Red on Green	10.0	Black on Blue	10.0
White	35.0	Light Brown	15.0
		Blue on Yellow	20.0
		Pink	25.0
		White	35.0
		Yellow	50.0

[2] 세라믹 퓨즈(Ceramic Fuse)

이것은 원추형 캡을 가진 유리 카트리지 퓨즈와 비슷하다. 그러나 몸체가 세라믹 물질로 만들어져 있고, 몸체의 바깥 홈에 금속선이 있다. 그림 28은 세라믹 퓨즈와 몸체의 색깔로 식별하는 값을 보여준다. 이 퓨즈의 값(rating)은 연속(continuous)값이다. 예를 들면, 노란색을 가진 퓨즈는 5A를 계속해서 전달할 수 있고, 그것의 2배의 전류를 짧은 시간동안 견딜 수 있다.

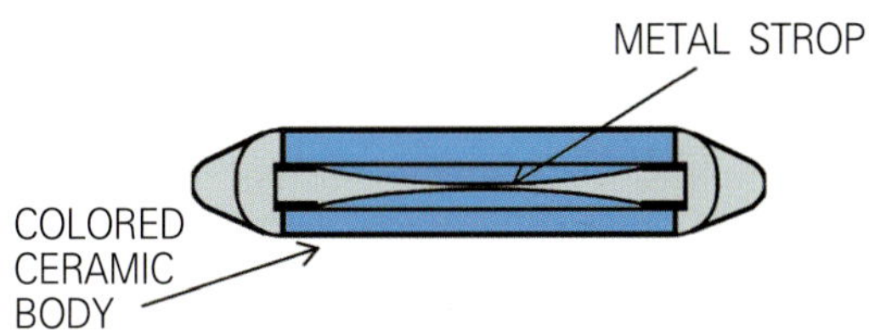

그림 28

[표 8]

Identification	BSS Ratings
Length 25mm	AMP
Yellow	5
White	8
Red	16
Blue	25

[3] 플랫 블레이드 퓨즈(Flat Blade Fuse)

그림 29에 나와 있는 이 퓨즈는 가장 흔하게 사용되는 퓨즈이다. 몸체는 색이 있는 플라스틱으로 만들어져 있고, 홈에 삽입되어 있는 퓨즈선이 두 날을 연결하고 있다.

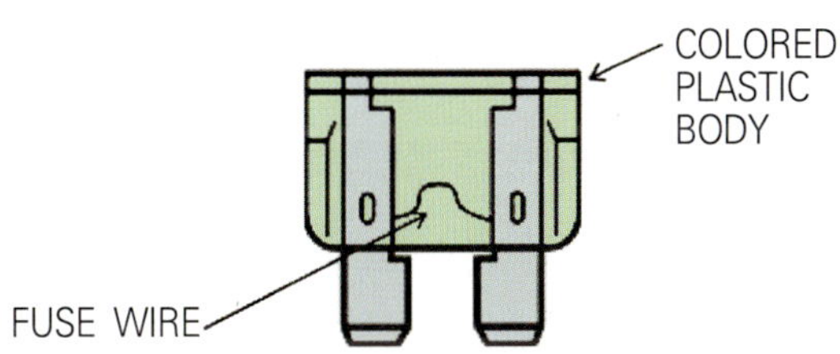

그림 29

[표 9]

Identification	BSS Ratings
Length 25mm	AMP
Yellow	5
White	8
Red	16
Blue	25

[4] 인라인 퓨즈(In-line Fuse)

그림 30에 있는 이 퓨즈는 제품 뒤에 연결된 부속품이나 전기 부품을 보호하기 위해 사용된다. 두 개의 플라스틱 홀더가 보호해야 할 부품 가까이에 유리 카트리지 퓨즈를 직렬(in-line)로 지니고 있다.

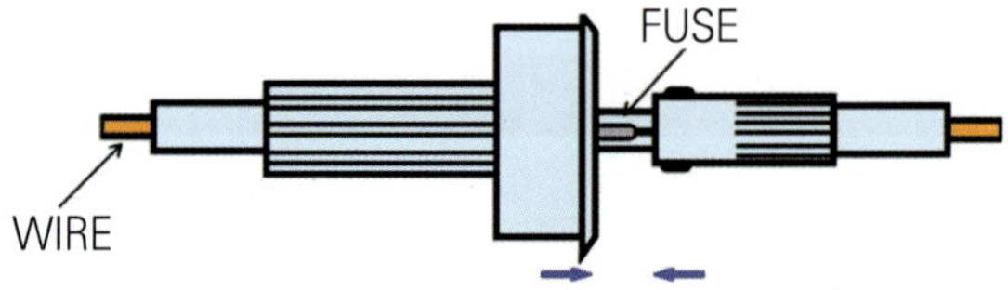

그림 30

[5] 퓨저블 링크(Fusible Link)

이것은 회로에서 높은 전류를 전달하는 튼튼한 퓨즈이다.

예를 들어,

- 시동 릴레이
- 교류 발전기
- 전동 윈도우/루프/시트

퓨저블 링크는 또한 배터리에서 나오는 주 출력 케이블에 연결될 수도 있다. 차량의 충돌은 많은 선들을 끊을 수 있는데, 충돌로 생기는 화재를 막기 위해 이것을 사용한다. 어떤 퓨저블 링크들은 쉽게 교체할 수 있게 되어있으나, 그렇지 않은 것들은 케이블에 납땜이 되어있다. 퓨저블 링크의 예는 그림 33에 나와 있다.

[6] 서모서킷 차단기(Thermal Circuit Breaker)

이것은 램프 회로를 보호하기 위해 사용된다. 이 퓨즈는 두 점을 연결하는 바이메탈(bi-metal) 선으로 되어 있다. 전류의 과부하가 열을 발생하고, 일시적으로 선이 굽어져서 접점이 떨어져 회로가 끊기게 된다. 열이 식으면 선이 다시 원상태가 되어 회로가 연결된다. 과부하의 원인을 발견하고 수리될 때까지 이 과정이 빠른 속도로 계속된다. 램프를 반복적으로 on하고 off하기 위해 이런 종류의 회로 보호기가 사용된다. 따라서 운전자는 안전하게 차량을 멈출 수 있다. 일반적인 차단기는 25A의 전류를 통과시키나, 전류가 33A가 되면 30~180초 안에 차단이 된다.

[7] 퓨즈 홀더(Fuse Holders)

현대의 자동차에서는 대부분의 퓨즈가 퓨즈 보드나 홀더 위에 함께 놓여있다. 홀더는 주로 차량의 내부에 있는데, 대시보드 주위에 아래로 내리는 뚜껑이나 밖으로 뺄 수 있는 함의 형태로 되어 있다. 이 홀더는 퓨즈를 잡고 있는 소켓 위의 몇 개의 클립 쌍을 가지고 있다. 그림 31은 전형적인 홀더를 보여준다.

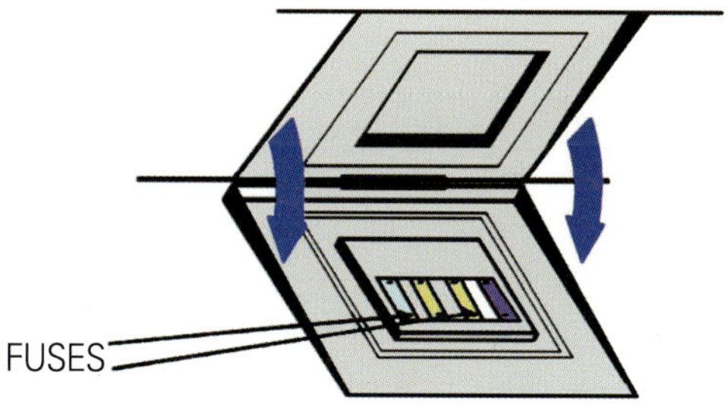

그림 31

트럭이나 버스에서는 퓨즈들은 주로 전기 배선 보드(junction board) 중에 있다.

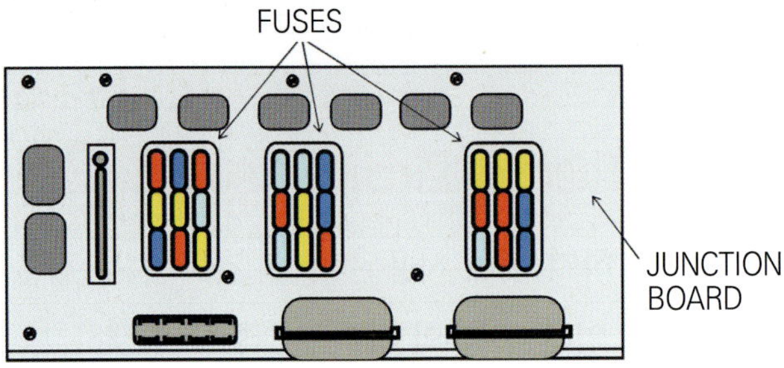

그림 32

그림 33은 현대의 차량에서 퓨즈 홀더의 일반적인 위치를 보여준다.

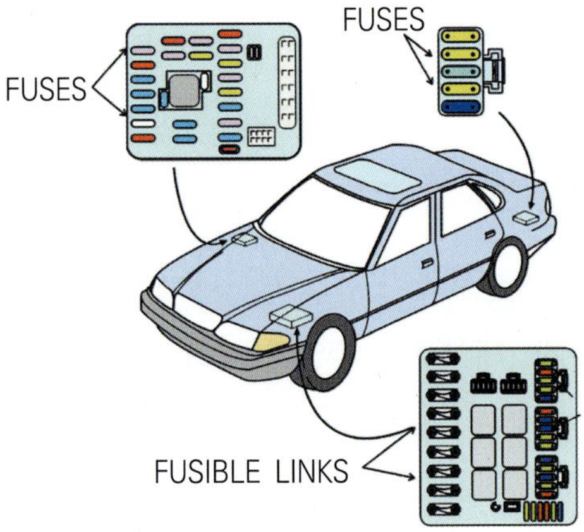

그림 33

퓨즈 홀더에는 스페어 퓨즈들도 있다.

[8] 퓨즈 용량

필요한 각 퓨즈의 값은 퓨즈에 의해 보호되는 회로에 흐르는 정상 전류값에 달려있다. 뚜렷한 이유 없이 퓨즈가 우연히 끊길 수 있다. 그러나 퓨즈가 계속 끊어지면 회로에 이상이 있는 것이므로 원인을 발견해서 수리해야 한다.

정규값보다 높은 퓨즈를 사용해서 퓨즈가 끊어지지 않도록 한다.

단락일 때뿐만 아니라 회로에 과부하가 걸릴 때도 퓨즈는 끊어지게 된다.

다음 표 10은 여러 회로에서의 전형적인 값들을 보여준다.

[표 10]

	Amperage
Fuel pump, Electronic engine controls	25
Central locking, Hazard warning lights, Head lamp flasher	25
Electrically operated front seats	30
Brake lights	15
Glove compartment light, Radio, Courtesy lighting, Boot light, Electrical aerial, Door open warning lights	15
Fog lights	15
Electrically operated window winders	30
Fasten seat belt light, Direction indicators, Electric cooling fan, Shift lock	15
Heated rear window, heated door mirrors, Power sunroof	30
Tank pump, Heated Lambada sensor	15
Tail lights, Overdrive, Cruise control, Bulb failure sensor	15
Constant idle speed system(CIS)	15
Power door mirrors, Cigar lighter, Tailgate wiper/washer	15
Horn, Windscreen/Head lamp wash/wipe	25
Heater fan	30
Left main beam	15
Right main beam, Fog lights	15
Left dipped beam	15
Right dipped beam	15
Left parking light front and rear, Number plate light, Light ashtray, heater control panel, heated rear window and power sunroof switches	15
Light for seat belt lock, Right parking lights front and rear, Fog light relay, Right hand drive vehicles instrument illumination and switch to right of steering wheel illumination of heated front seats switch, gear position indicator	15
Electrically heated front seats	15
Dim-dip lights	15
Audio	15

3 실험

학습목표

① 전압의 공급과 스위치의 동작을 추적하여 회로도를 그림
② 점화와 시동엔진에서의 배터리와 단자
③ 지정된 단자에서의 낮은 전압공급을 식별

필요한 장비

① D3000 7.1 Board
② 디지털 멀티미터

멀티미터를 이용하여 회로 보드에서 측정을 하고 다음 질문에 답하시오.

(1) Enter↵

컴퓨터에 여러분의 답을 입력하시오.

① 여러분은 전압값을 읽고 입력해야 한다.
값을 입력하기 전에 책에 나와 있는 지시사항을 읽어야 하고, 정확한 답을 어디에서 얻을 수 있는가를 알아야 한다.

② 보드에 연결된 모든 링크를 제거하시오.

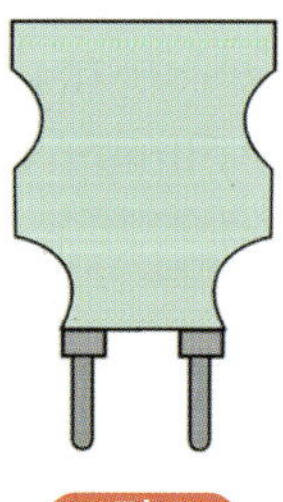

그림 34

③ Base Unit의 모듈 전원공급장치(Module Power Supply)를 ON으로 하시오.

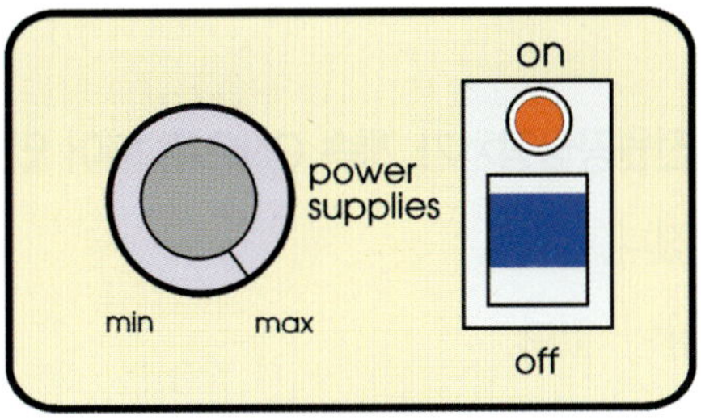

그림 35

④ 보드의 circuit #9에 있는 모든 계기반(dashboard) 스위치를 조작하시오. 모든 회로가 비활성화되어 있어야 한다.

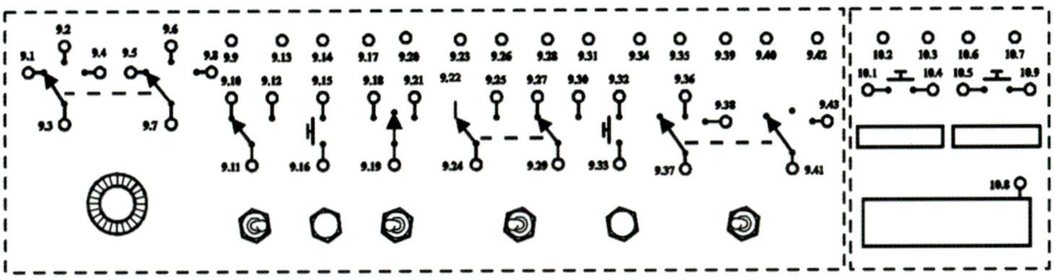

그림 36

(2) Enter↵

멀티미터를 이용하여 D3000 7.1 보드의 전압을 측정하고 다음 질문들에 답하시오. 여러분의 답을 컴퓨터에 입력하시오.

예제

01. circuit #5에 있는 배터리의 전압은 얼마인가?

풀이 여러분의 답을 기록하시오.

02. 어느 측정점(test point)에 멀티미터의 붉은(+)선을 연결하였는가?

풀이 여러분의 답을 기록하시오.

03. 측정점 TP5.3에서의 전압은 얼마인가?

풀이 여러분의 답을 기록하시오.

04. TP5.3에서의 전압(전원공급장치가 계속 ON으로 되어 있을 때)은 무엇을 말하는가?

가 점화장치가 켜졌다.

나 퓨즈(f1)가 이상이 없다.

다 퓨즈가 전압을 감소시킨다.

라 퓨즈가 끊어졌다.

05. TP9.37에서의 전압은 배터리 전압과 같은가?

YES 또는 NO

06. TP9.41에서의 전압은 배터리 전압과 같은가?

YES 또는 NO

07. 예제 05와 06의 답은 무엇을 말하는가?

가 점화 스위치로부터의 전압은 일정하다.

나 점화 스위치의 공급전압은 배터리 전압과 같다.

다 점화 스위치에는 배터리 전압보다 낮은 전압이 공급된다.

라 점화 스위치에는 배터리 전압보다 높은 전압이 공급된다.

08. 계전반의 모든 스위치를 작동하시오. 이때 TP9.3의 전압은 배터리이 전압과 같은가?

YES 또는 NO

09. 예제 08의 답은 무엇을 나타내는가?

㉮ 라이트(light) 스위치로의 공급전압이 일정하지 않다.

㉯ 혼(horn)으로의 공급전압은 일정하나, 배터리 전압보다는 낮다.

㉰ 라이트 스위치에서의 출력이 일정하다.

㉱ 라이트 스위치로의 공급전압이 일정하다.

풀이 이제 계전반의 모든 스위치를 작동하고 TP9.24에서의 전압을 측정하시오.

10. TP9.24에서의 전압은 얼마인가?

풀이 측정전압을 기록하시오.

11. TP9.24의 값에서 위험경고등(hazard warning light)에 대한 다음의 설명 중 옳은 것은?

㉮ 이 스위치로의 공급전압은 점화(ignition) 스위치를 경유한다.

㉯ 이 스위치로의 공급전압은 라이트(light) 스위치를 경유한다.

㉰ 이 스위치로의 공급전압은 배터리 전압과 같다.

㉱ 이 스위치로의 공급전압은 일정하지만, 배터리 전압보다는 낮다.

12. TP6.4에서의 전압은 얼마인가?

풀이 측정전압을 기록하시오.

13. 예제 12의 답은 시동 솔레노이드로의 공급전압에 대해 무엇을 말해 주는가?

㉮ 공급전압이 점화 스위치를 경유한다.

㉯ 공급전압이 배터리의 전압과 같다.

㉰ 공급전압이 점화 스위치를 경유하고, 이 전압은 배터리의 전압보다 낮다.

㉱ 회로가 완성되지 않아서 공급전압이 없다.

① 장을 마치기 전에 다음의 테스트를 완료한다.

② 솔레노이드 연결을 손으로 닫고, 정확한 답을 선택했었는지를 확인하시오.

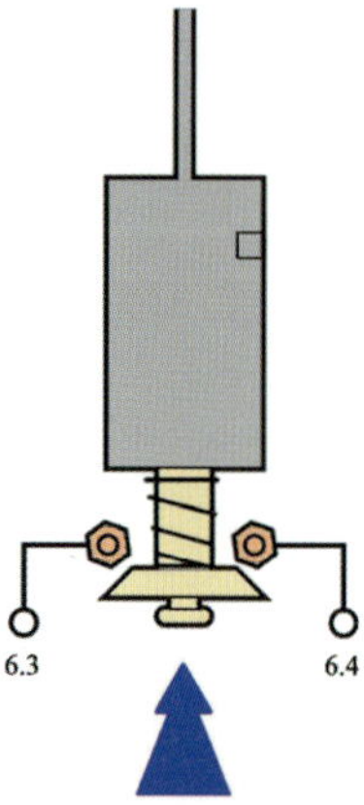

그림 37

③ 이 실험을 하는 동안 실행한 측정들은 배터리의 첫 번째 부분과 시동회로(starter circuit)를 생각하는데 도움을 줄 것이다.

④ 아래의 그림은 측정점이 표시된 배터리와 시동회로를 나타낸다. 이것들은 D3000 7.1 보드 위에 있다.

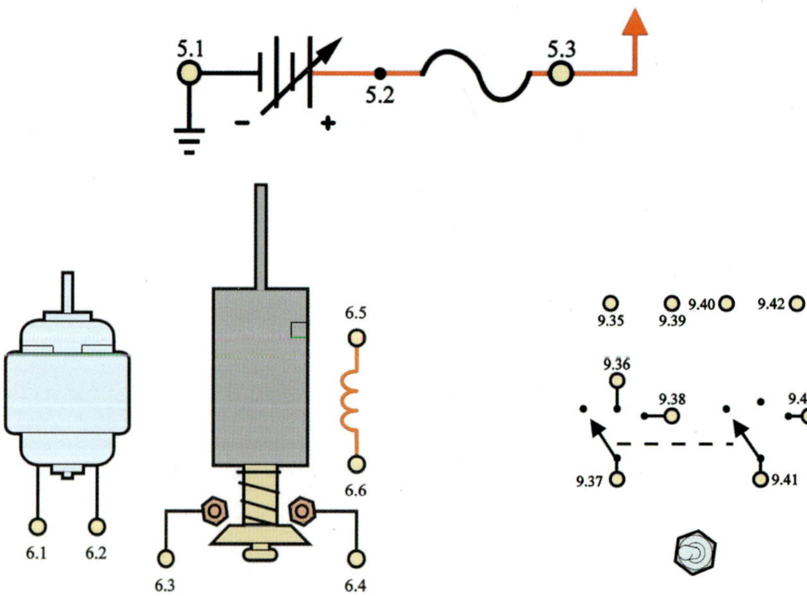

그림 38

Component	Code	Symbol used on board	Standard Symbol used throughout the theory chapters
Battery	B1	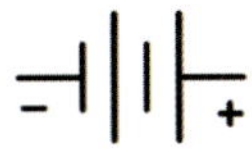	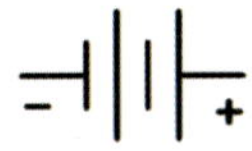
Fuse	F1		
Ignition Switch	SW8	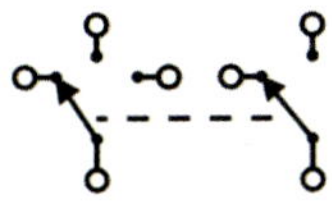	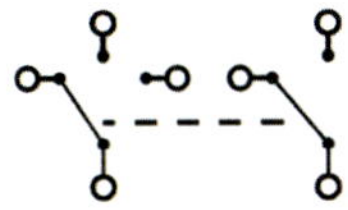
Solenoid	SW1	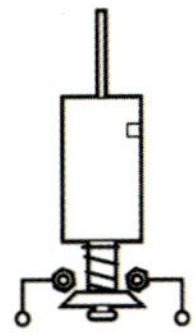	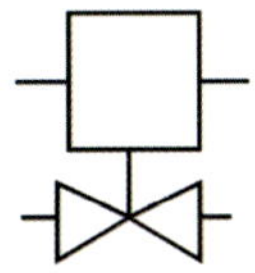
Starter Motor	M1	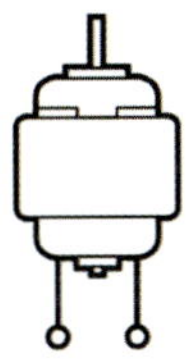	

그림 39

⑤ 앞의 측정에서 TP9.37, TP9.41, TP6.4에는 배터리의 전압과 같은 전압이 공급되는 것을 알았다. 그러므로 B+에서 각 측정점들은 TP5.3에 연결되어 있다.

참고

연속성을 측정하기 전에 모듈 전원공급 스위치를 OFF로 하시오.

⑥ TP6.3과 6.2는 연결되어 있는데, 이것은 두 점 사이의 연속성을 검사함으로써 알 수 있다.

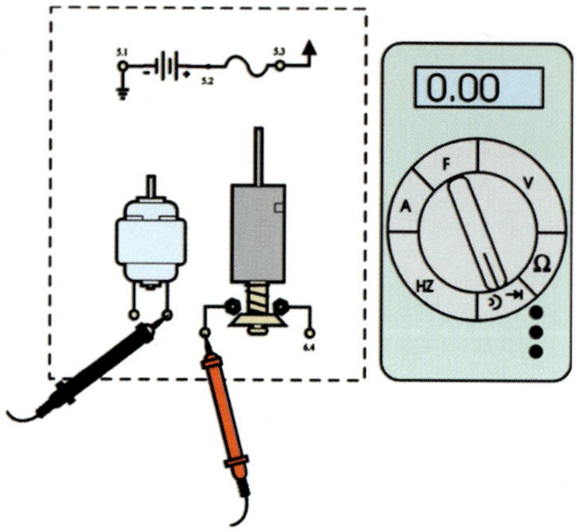

그림 40

⑦ TP6.1과 TP5.1 사이의 연속성을 측정하시오. 0의 값은 시동모터가 TP6.1을 경유해 접지되어 있다는 것을 보여준다.

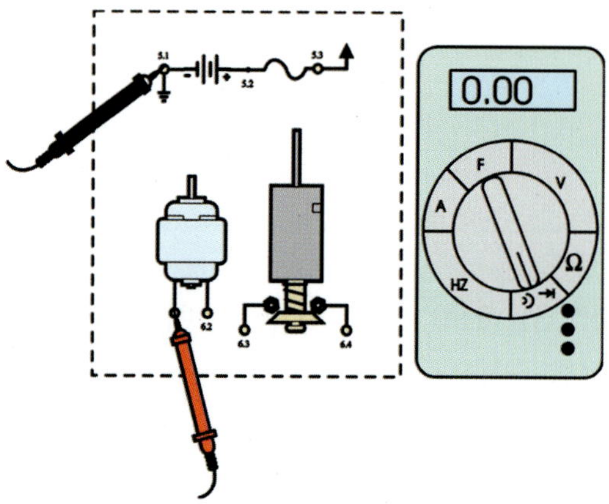

그림 41

⑧ 이제 TP6.5와 TP5.1 사이의 연속성을 측정하시오. 0의 값은 시동 솔레노이드의 풀인 와인딩(pull in winding)이 TP6.5를 경유해 접지되어 있다는 것을 보여준다.

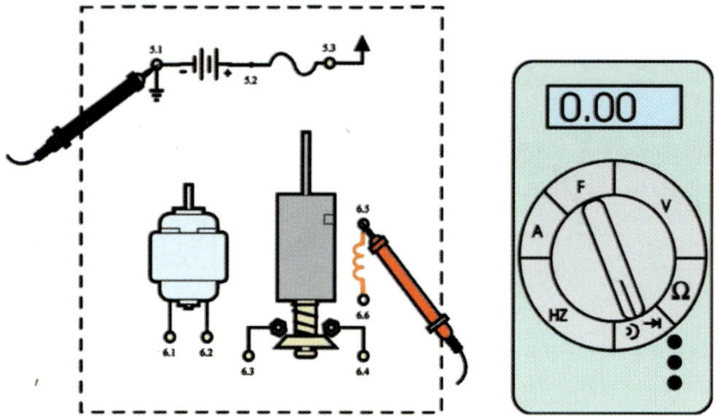

그림 42

⑨ 이제 이 회로의 연결을 회로도에 그릴 수 있을 것이다.

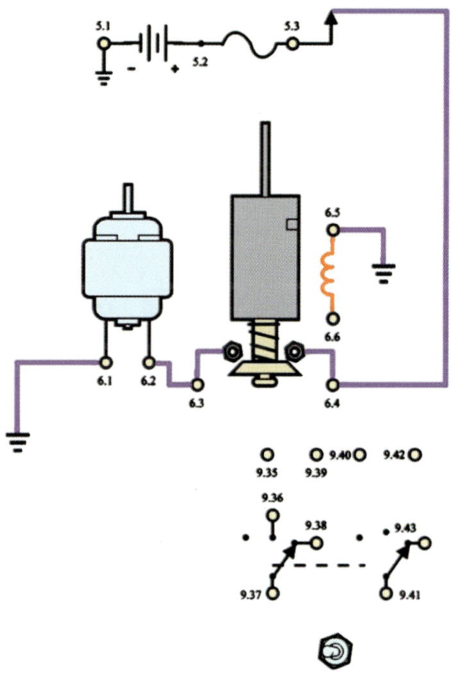

그림 43

⑩ 이제 점화스위치를 시작(start) 위치에 놓으면 TP9.41과 TP9.43 사이에 연속성이 있다는 것을 알 수 있다.

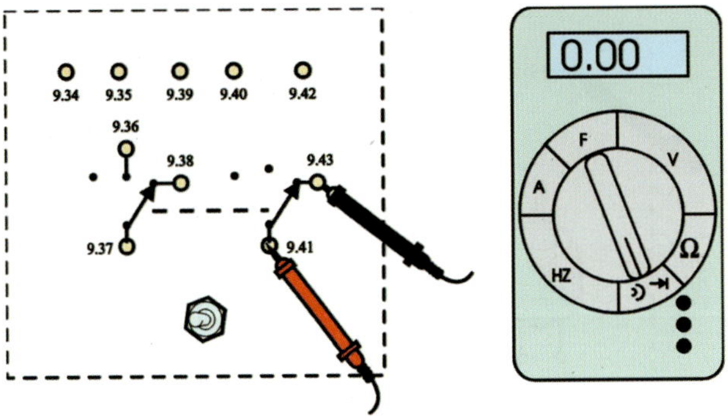

그림 44

⑪ 자세한 검사를 해보면 TP9.43-TP9.40 사이와 TP9.42-TP6.6 사이에 연속성이 있는 것을 알 수 있다.

⑫ 이제 이 연결들도 회로도에 더할 수 있다.

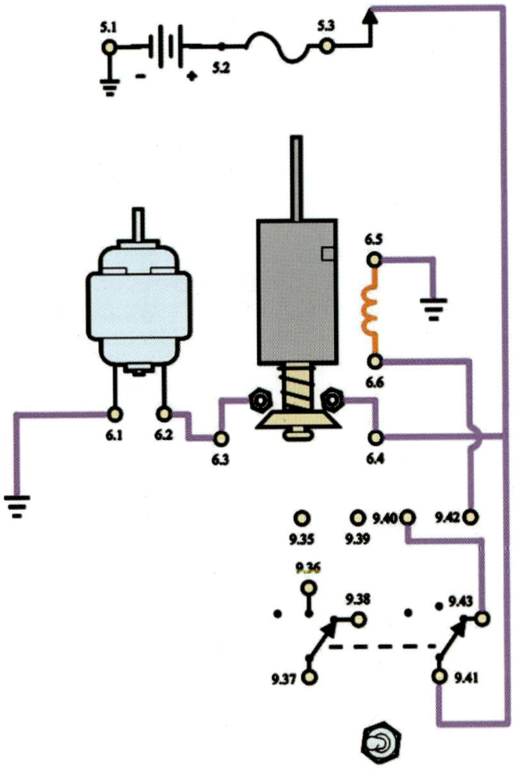

그림 45

⑬ TP9.40–TP9.42를 연결하면 회로가 완성된다. 이것은 이 측정점들에 연결 고리(link)를 고정함으로써 이루어진다.

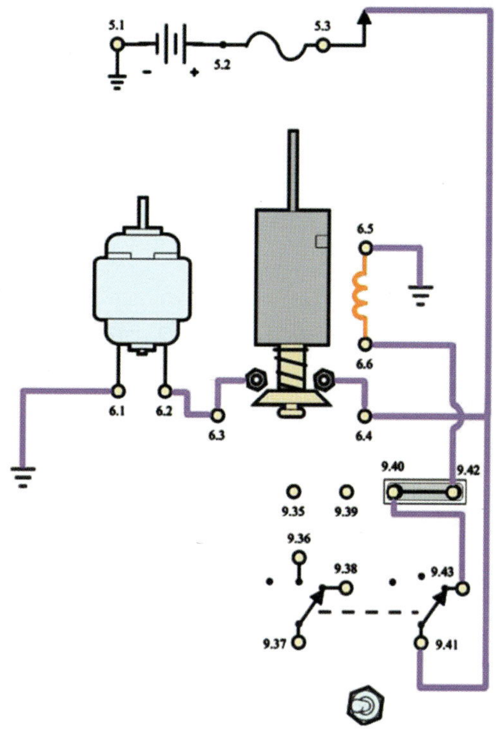

그림 46

⑭ 모듈의 전원공급 스위치를 ON으로 하시오.

⑮ 점화 스위치를 출발(start) 위치로 옮기시오. 그러면 시동모터가 동작할 것이다.

⑯ 모터가 동작하지 않으면 연결고리가 올바른 위치에 있는지 확인하시오.

⑰ 점화스위치와 시동 회로가 이제 연결되어 정확하게 동작한다. 여러분은 회로의 대부분의 측정점에서 측정하였고, 점화 스위치가 출발 위치에 있을 때 전압공급을 추적하였다.

실력평가

01. 충전된 배터리에서는 어떤 가스가 나오는가?

㉮ 질소

㉯ 수소

㉰ 산소

㉱ 탄소 산화물

02. 배터리를 왜 정확한 단자에 연결해야 하는가? 그렇지 않으면 어떻게 되는가?

㉮ 전기모터가 작동하지 않을 것이다.

㉯ 배터리가 폭발할 것이다.

㉰ 교류발전기가 손상될 것이다.

㉱ 차체에 전류가 흐르게 될 것이다.

03. 배터리의 용량은 어떤 단위로 측정되는가?

㉮ 암페어 시간(Ampere hours)

㉯ 패러드(Farads)

㉰ 볼트(Volts)

㉱ 와트 시간(Watt hours)

04. 배터리 셀의 기호는 ┤├ 이나. 긴 선은 어떤 극을 나타내고, 어떤 기호가 이것을 나타내기 위해 사용되는가?

㉮ 양극, +　　㉯ 양극, –

㉰ 음극, +　　㉱ 음극, –

05. 전해액이란?

가 배터리 안의 플레이트

나 배터리 플레이트에 화학적으로 반응하는 용액

다 배터리 플레이트에 전기적으로 반응하는 용액

라 배터리 케이스를 형성하는 화학물질

06. 완전히 충전된 전해액의 비중은 얼마인가?

가 1.000　　나 1.280

다 1.500　　라 1.100

07. 배터리에 정기적으로 전해액 보충을 해주는 경우, 그 이유는?

가 엔진에서 나온 열이 전해액을 증발시키기 때문에

나 배터리가 충전되는 동안 전해액이 증발하기 때문에

다 일정한 시간동안 플레이트의 시간이 줄어들기 때문에

라 차량이 움직임으로 자연스럽게 흘러넘치기 때문에

08. 12V 납축전지(lead acid battery)는 무엇으로 구성되어 있는가?

가 직렬로 된 12개의 셀

나 직병렬로 된 3개의 셀

다 병렬로 된 6개의 셀

라 직렬로 된 6개의 셀

09. 전해액의 높이가 낮다면 무엇으로 보충해야 하는가?

가 맹물(tap water)

나 유황산(sulfuric acid)

다 증류수(distilled water)

라 중수(heavy water)

10. 배터리 설페이션의 영향은 무엇인가?

가 전류의 흐름을 방해한다.

나 전류의 흐름을 향상시킨다.

다 전해액의 비중을 증가시킨다.

라 화학반응의 속도를 증가시킨다.

11. 황산(sulfuric acid)을 희석시키는 방법 중 옳은 것은?

가 유황산을 물에 더한다.

나 물을 유황산에 더한다.

다 더 많은 황을 산에 첨가한다.

라 더 많은 산을 황에 첨가한다.

12. 다음 설명 중 옳은 것은?

가 1차 셀 배터리가 차량의 주 배터리이고, 2차 셀 배터리는 예비이다.

나 1차 셀 배터리는 여러 번 재충전할 수 있지만, 2차 셀 배터리는 재충전할 수 없다.

다 2차 셀 배터리는 여러 번 재충전할 수 있지만, 1차 셀 배터리는 재충전할 수 없다.

라 2차 셀 배터리는 교류 발전기 회로를 위해 교류를 공급하지만, 1차 셀 배터리는 직류만을 공급한다.

13. 두 개의 12V 배터리가 양극과 양극, 음극과 음극으로 연결되어 있다. 단자에서의 전위는 얼마인가?

가 6V　　나 24V

다 12V　　라 18V

14. **납산 배터리의 한 플레이트가 과산화납(lead-peroxide)으로 되어있다. 이것을 어느 플레이트로 사용해야 하며, 배터리의 충전상태는?**

가 양극 플레이트, 배터리가 완전히 충전된다.

나 양극 플레이트, 배터리가 방전된다.

다 음극 플레이트, 배터리가 완전히 충전된다.

라 음극 플레이트, 배터리가 방전된다.

15. **퓨즈가 전기회로에서 필요한 이유는?**

가 배터리에서 전류가 역으로 공급되는 것을 막기 위해

나 공급하는 전압을 적절히 조절하기 위해

다 배선에 손상을 입히게 되는 회로의 오픈을 막기 위해

라 회로에 너무 높은 전류가 흐르는 것을 막기 위해

16. **사모서킷 차단기가 퓨즈 대신에 사용되는 이유는?**

가 회로의 순간적인 오류로 운전자가 위험에 처하지 않도록 하기 위해

나 전류에 의해 발생한 열을 내장된 컴퓨터로 측정하기 위해

다 서모서킷 차단기는 쉽게 리셋할 수 있어서 회로 검사를 더 이상 할 필요가 없어서

라 엔진부의 온도가 너무 높으면 회로가 끊어지도록 하기 위해

17. **배선도에서의 퓨즈의 기호는?**

가 

나 

다 

라 

18. 퓨즈의 연속값(continuous rating)은 무엇을 나타내는가?

㉮ 퓨즈가 끊어질 때의 전류

㉯ 퓨즈가 통과시키도록 되어있는 전류

㉰ 퓨즈의 상저항

㉱ 퓨즈가 교체되어야 할 때

19. 퓨즈가 끊어지면 어떻게 해야 하는가?

㉮ 끊어짐을 막기 위해 가장 높은 값을 가진 퓨즈를 연결한다.

㉯ 원인을 진단하고 수정한다.

㉰ 퓨즈의 저항을 측정하고, 필요하다면 교체한다.

㉱ 퓨즈 대신 강한 케이블로 연결한다.

MEMO

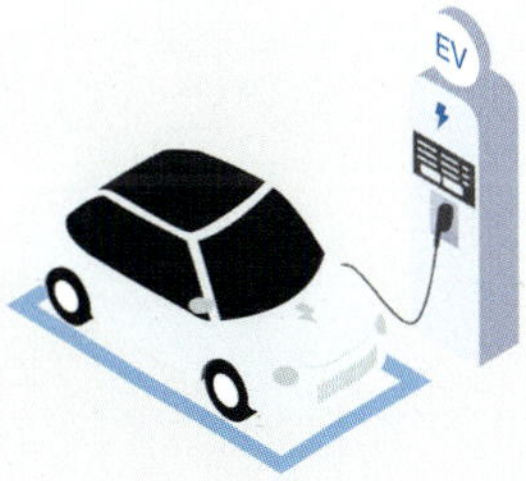

충전장치 정비

07

충전장치 정비
[Charging System Maintenance]

07
CHAPTER

1 충전장치의 개요

학습목표

충전장치 정비는 차량에 안정된 전원을 공급하기 위하여 벨트의 장력 및 소손 상태와 배터리 및 발전기의 충전상태를 점검하여 이상 유・무를 정확하게 파악하고 문제의 부분을 수리, 교환하는 능력이다.

① 충전장치 및 배터리의 구조와 작동원리를 파악할 수 있다.
② 정비지침서에 따라 충전장치를 파악하고 관련 장치의 작동상태를 확인할 수 있다.
③ 정비지침서에 따라 충전장치의 고장 원인을 분석할 수 있다.
④ 제조사별 충전장치 종류에 따라 규정값을 기준으로 점검・진단을 할 수 있다.
⑤ 정비지침서에 따라 충전장치의 세부점검목록을 확인하여 고장 원인을 파악할 수 있다.
⑥ 정비지침서에 따라 고장 진단장비를 사용하여 충전장치의 고장 원인을 분석할 수 있다.
⑦ 충전장치 관련 부품의 조정을 위해 관련 장비 및 공구를 선택 및 사용할 수 있다.

⑧ 정비지침서에 따른 교환·수리 가능 여부를 확인하고 교환 및 수리 후 정상상태를 확인할 수 있다.
⑨ 정비지침서에 따른 관련 부품을 분해·조립순서에 맞게 교환할 수 있다.
⑩ 정비지침서에 따라 벨트장력을 규정값으로 조정할 수 있다.
⑪ 정비지침서에 따라 충전장치의 전기흐름을 파악하여 수리할 수 있다.

충전장치는 배터리, 레귤레이터가 내장된 알터네이터와 충전 경고등 및 와이어를 포함하는 일체를 말한다. 알터네이터(AC발전기)는 6개의 다이오드(3개의 (+)다이오드와 3개의 (−)다이오드)가 내장되어 있어 교류(AC)를 직류(DC)로 전파 정류하므로 AC발전기 "B" 단자에는 직류(DC)가 발생된다.

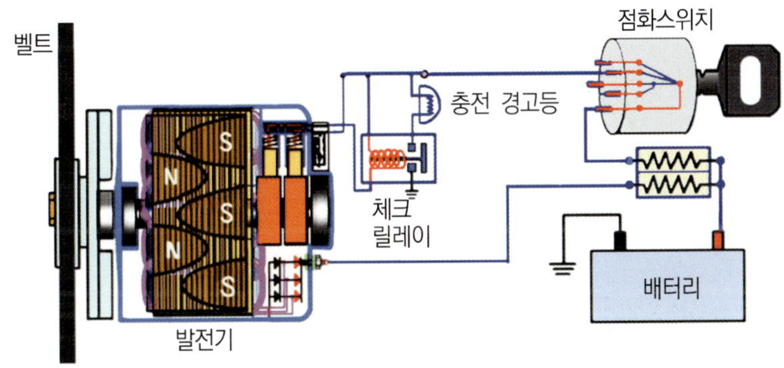

그림 1 충전장치

알터네이터(AC발전기)에서 발생되는 충전전압은 축전지 전압조절기에 의하여 조정된다. 알터네이터(AC발전기)는 로터(rotor), 스테이터(stator), 정류기, 브러시, 베어링, 벨트 풀리로 구성되어 있으며 브러시 홀더에는 IC형의 전압조정기가 부착되어 있다.

1.1 교류(AC)발전기(generator)

그림 2 교류발전기의 분해도

[1] 로터(rotor)

크랭크 풀리와 V벨트로 연결되어 회전하는 부분으로 로터는 자장(磁場)을 발생한다. 로터는 전자석으로 로터철심, 로터 코일, 슬립링으로 구성되어 있다. 로터 코일에 흐르는 전류를 여자전류라 하며, 이 전류는 브러시 → 슬립링 → 로터 코일 → 슬립링 → 브러시의 경로로 흐른다. 슬립링에는 로터의 전류전환 기능이 없기 때문에 로터의 자극은 변하지 않는다.

(1) 로터 코일(rotor coil)

로터 내에 설치되어 전류가 흐르면 로터를 전자석으로 만드는 기능을 한다.

(2) 슬립링(slip ring)

슬립링은 브러시와 접촉하여 로터 코일 양끝과 연결되어 있으며, 로터축과 절연되며 로터 코일에 전류가 일정 방향으로 공급되게 한다.

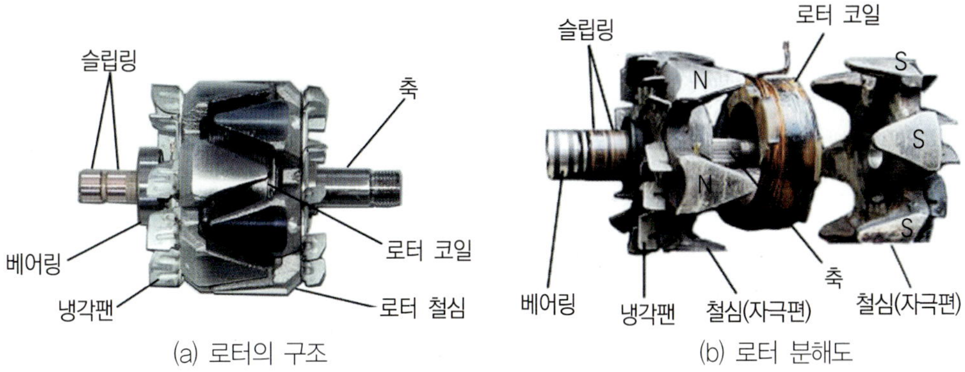

그림 3 로터

[2] 스테이터(stator)

스테이터는 스테이터 철심(core)과 스테이터 코일로 되어 있으며 고정되어 있기 때문에 층간 단락의 위험이 적고, 내구성이 좋으며, 고속에서 원심력을 받지 않는다. 일반적으로 스테이터 코일은 삼각(델타)결선과 Y(스타)결선방식이 있고, 자동차용 교류발전기는 Y결선이 주로 사용된다.

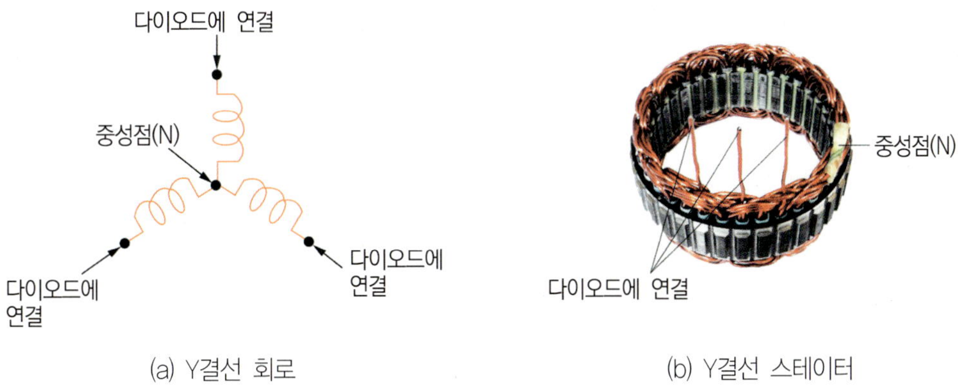

그림 4 스테이터

[3] 브러시(brush)

브러시는 로터의 슬립링에 접속이 되어 로터가 자장이 되도록 하며, 브러시 홀더는 수지 성형한 것이다. 최근에는 브러시 홀더와 전압 조정기가 일체로 된 것이 많다.

[4] 정류기(rectifier)

교류발전기에서는 실리콘 다이오드를 정류기로 사용한다. 정류기라고도 부르는 다이오드는 스테이터 코일에서 발생하는 3상 교류를 정류하여 직류로 변환시켜 주는 작용과 축전지에서 발전기로 전류가 역류하는 것을 방지한다. (+)측과 (−)측에 다이오드를 각각 3~4개씩 홀더에 설치하고, 여자 다이오드를 3개 더 두고 있다. 또 열에 취약한 다이오드를 보호하기 위하여 방열효과를 극대화하기 위한 방법으로 히트싱크(heat sink)를 사용한다.

[5] 팬 및 풀리

냉각팬은 정류기인 다이오드에 전류가 흘러 온도가 150℃ 이상 상승하면 정류 특성이 없어지므로 항상 로터와 함께 회전하여 냉각시켜 준다.

1.2 교류발전기 조정기

발전기의 출력은 스테이터 코일의 권수, 로터의 세기, 단위 시간당 자속을 자르는 횟수에 따라 결정된다. 따라서 기관의 회전속도가 증가하면 발전기의 발생전압과 전류가 모두 증가한다. 따라서 발전기 조정기가 필요하며, 교류발전기의 조정기는 전압조정기만 필요하다. 전압조정기는 발전기의 발생전압을 일정하게 유지하기 위한 장치이다.

1.3 전압조정기 작용

[1] 점화스위치를 ON으로 하였을 때

점화스위치가 ON일 때 트랜지스터 Tr_2와 Tr_3가 ON(축전지 → 점화스위치 → R단자 → Tr_2 ON → Tr_3 ON)이 되므로 여자전류는 축전지 → 점화스위치 → 체크 릴레이 코일 L단자 → 로터 코일의 F단자 → Tr_3 → 접지로 흐른다. 이 경우 체크 릴레이 코일에서 전압강하가 일어나 1~3[V] 정도 감소된 전압이 로터 코일에 공급된다. 여기서 체크 릴레이가 작동되어 충전경고등이 점등된다.

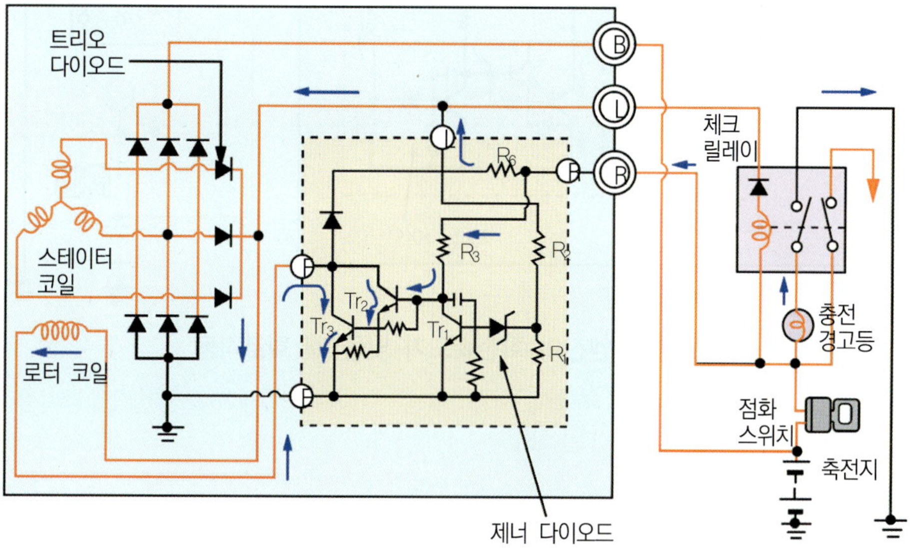

그림 5 점화스위치를 ON으로 하였을 때

[2] 엔진 회전속도가 낮을 때

엔진이 시동되면 여자전류는 교류발전기 자체에서 공급한다. 전류는 트리오 다이오드에서 로터 코일을 거쳐 F단자와 Tr_3를 거쳐 접지된다. 전압이 발전되면 L단자 전압과 B단자 전압이 체크 릴레이 코일에 동일한 전압으로 걸리게 되므로 충전경고등이 소등된다. 발전전압이 낮을 때는 전류가 트리오 다이오드 L단자 → R_2 → Dz로 흐르지만 제너 다이오드 Dz의 전압보다 낮기 때문에 Tr_1은 OFF 상태가 된다.

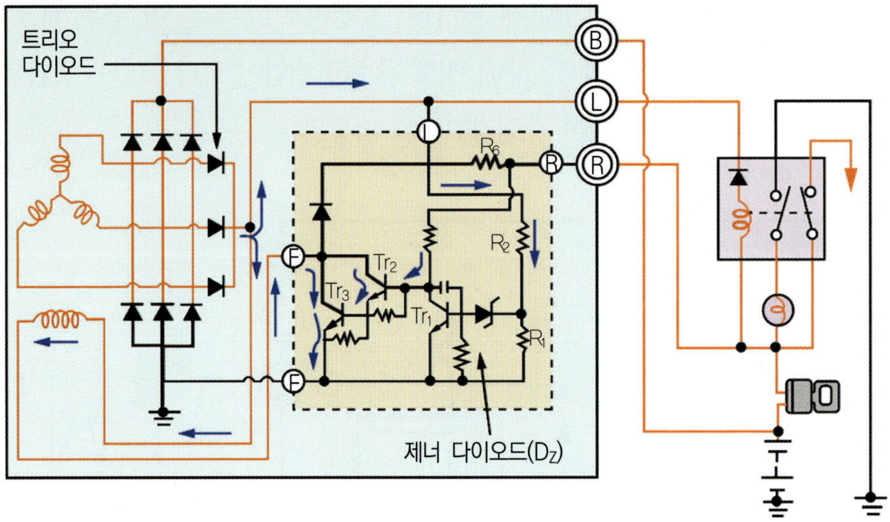

그림 6 **엔진의 회전속도가 낮을 때 회로작동**

[3] 엔진 회전속도가 증가할 때

엔진 회전속도가 증가하면 전압은 제너 다이오드 Dz를 통전시키는 전압까지 상승하여 전류는 제너 다이오드 Dz를 통하여 Tr_1이 ON되면 Tr_2와 Tr_3은 OFF되고 여자전류는 급격히 감소한다. 여자전류가 감소하면 발전전압도 감소하여 제너 다이오드 Dz에 가해지는 전압도 감소한다.

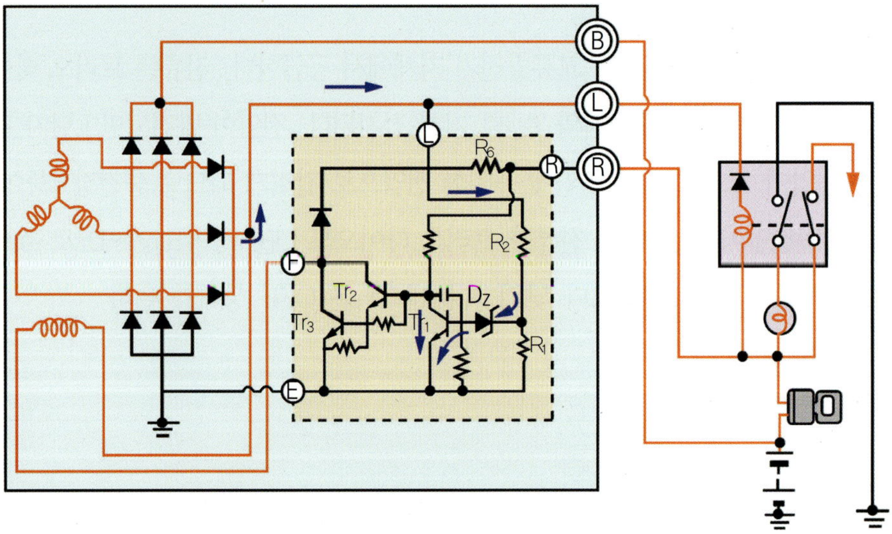

그림 7 **엔진의 회전속도가 증가할 때 회로작동**

따라서 Tr_1은 OFF되고 Tr_2와 Tr_3은 ON되어 전압을 다시 상승시킨다. 이러한 작동을 반복하여 발전전압을 조정한다.

2 충전장치 정비

학습목표

① 충전장치 정비 전 정비지침서를 숙지하여 실습순서를 정하고 공구 및 실습기기와 재료 등을 충분히 준비한다.

② 실습장 및 주위를 깨끗이 정리정돈하고 유류 등의 인화성물질은 안전하게 별도로 보관하며, 소화기를 비치하여 화재사고에 대비한다.

③ 충전장치 정비시작 전 안전교육을 실시한다.

④ 복잡한 부분을 분해할 경우에는 조립작업을 쉽게 하기 위하여 기능상이나 외관상 악영향이 없는 부분에 각인(刻印) 또는 조립 표시등을 하여 둔다.

⑤ 부품을 분해하면서 조립되었던 상태・변형・오작동부분 및 손상 등을 점검한다.

⑥ 분해한 부품은 순서대로 잘 정리하여야 하며 또 교환하여야 하는 부품과 다시 사용할 부품을 구분하여 정리하고, 다시 사용할 부품은 충분히 청소 및 세척을 한다.

⑦ 정비 시 부품을 떨어지지 않도록 하며 작업장 바닥에 이물질이 있으면 즉시 닦아낸다.

⑧ 볼트 및 너트 체결 시 적절한 공구를 사용하며, 정비지침서에 규정된 토크로 조인다.

⑨ 배터리 전해액 취급 시 흘리거나 옷이나 몸에 묻지 않도록 하고 흘리거나 몸에 묻었을 때는 즉시 닦아낸다.

⑩ 배터리 단자연결 시 불꽃이 발생하지 않도록 하고 배터리 단자 극성이 바뀌지 않도록 한다.

⑪ 실습종료 후 실습장 주위의 정리정돈을 깨끗이 한다.

필요한 장비

공구 및 측정기기		실습 재료	기타
* 일반 공구 세트 * 특수공구 * 작업등 * 에어공구 * 전동공구 * 토크렌치 * 납땜인두 * 비중계 * 전류계 * 멀티테스터기 * 급속충전기 * 배터리 부하테스터기 * 오실로스코프	* 종합 진단기 * 유리관 * 곧은자 * 안전보호구(방독면, 방진마스크, 보안경, 보호장갑, 방진 보호복, 작업복)	* 발전기 * 퓨즈 * 하네스(배선, 커넥터) * 축전지 * 벨트 * 걸레 * 황산 * 증류수 * 유리막대 * 와이어브러시 * 질그릇 또는 유리그릇 * 구리스 * 가솔린 또는 디젤차량	정비지침서

2.1 배터리 외부점검 및 정비

[1] 배터리 외부점검

① 커버 및 케이스의 균열 및 오염상태 점검

② 벤트 플러그 공기구멍의 막힘 상태 및 과충전에 의한 솟아오름 점검

③ 단자 및 케이블의 부식상태

④ 전해액 기준 높이

[2] 배터리 커버 및 터미널 청소

① 배터리 커버의 부식이 심할 경우 베이킹 소다와 물을 섞은 반죽을 걸레에 묻혀 닦아내며, 배터리가 베이킹 소다로 인해 젖지 않도록 주의한다. 그리고 베이킹 소다를 닦아내기 위해 천에 창문 청소액을 묻혀 닦아주는 것으로 마무리한다. 베이킹

소다가 배터리 표면에 남으면 이후에 배터리 터미널과 근처 금속 부식의 원인이 될 수 있다.

② 절대로 배터리를 닦는 용액이 배터리 주입구 안으로 들어가지 않도록 한다.

③ 배터리 터미널을 배터리로부터 분리해서 매우 뜨거운 물컵에 담가 두어도 좋다. 뜨거운 물이 부식을 녹여 표면을 깨끗하게 만들어줄 수 있고 단자기둥의 부식은 브러시와 걸레로 청소한다.

④ 터미널을 배터리에 다시 끼워주기 이전에 완전히 마른 상태인지 확인하고 배터리 단자에 그리스를 발라주어 조립을 한다. 그리스는 습기 및 부식 유발 요인으로부터 배터리 단자를 보호해준다.

(a) 부식상태 (b) 터미널 및 단자기둥 청소

그림 8 배터리 터미널 및 단자기둥 청소

[3] 배터리 탈착 및 장착

(1) 배터리 교체 시기

① 시동 시 엔진 돌아가는 소리가 현저하게 약하다고 느껴질 때

② 시동 시 평소보다 시간이 지체되며 늦게 걸릴 때

③ 시동 시 끼릭끼릭, 따다닥 소리가 나면서 시동이 안 걸릴 때

④ 리모컨으로 문이 열리지 않을 때

⑤ 계기판에 아무런 경고등도 점등되지 않을 때

⑥ 4만km 이상을 주행하였거나, 배터리를 교체한지 2~3년이 경과된 경우

(2) 배터리 탈거 시 주의사항

① 배터리 작업을 할 때 특히 반지나 목걸이 같은 액세서리는 착용하지 않는다.

② 하이브리드 자동차 또는 전기 자동차의 배터리에는 매우 치명적일 수 있는 300볼트 이상의 전압이 생성된다. 하이브리드 자동차 또는 전기 자동차의 전기 부품 작업을 해야 한다면, 제일 먼저 자동차 뒷면에 있는 고압 배터리를 분리시켜야 한다. 배선은 보통 주황색으로 색깔 처리되어 있다. 고압 충격의 위험을 덜어줄 수 있도록 절연 처리가 된 도구와 장갑을 사용한다. 하이브리드 자동차 또는 전기자동차 배터리를 분리 시는 제조사의 절차를 정확하게 따르도록 한다.

③ 일반적인 자동차 배터리는 몇백 암페어에 달하는 전류를 생성한다. 이는 용접 아크에서 생성되는 전류량과 비슷하다. 배터리의 양극과 음극 터미널에 금속 도구를 접촉해서 배터리 충전이 완료되었는지 확인하지 않는다. 높은 전류가 도구뿐 아니라 사람에게도 큰 해를 입힐 수 있다.

④ 눈 보호 고글과 절연 처리가 된 장갑을 착용한다.

⑤ 배터리 케이블이 배터리 단자에 닿아서 스파크나 감전 사고가 일어나지 않도록 케이블 타이를 사용해서 케이블을 배터리에서 먼 곳에 묶어준다.

⑥ 가스가 누적되지 않도록 실외에서 작업한다.

(3) 배터리 탈거

① 자동차 엔진 전원 및 시동을 끈다. 만일을 대비하기 위하여 자동차 키는 호주머니에 넣어둔다.

그림 9 시동 Off

② 배터리 상단으로 에어 인테이크 라인이 지나가면 이 부품부터 탈거해줘야 한다.

③ 사용하고 있는 배터리의 (−)단자 케이블을 스패너를 이용해 분리한다.

④ 배터리 (−)단자 케이블 분리 후 (+)단자 케이블을 이어서 분리한다(주의 : 단자 케이블 순서를 바뀔 경우 (+)단자가 금속에 닿으면 불꽃(스파크)이 발생해 사고가 발생할 수 있어 주의가 필요하다).

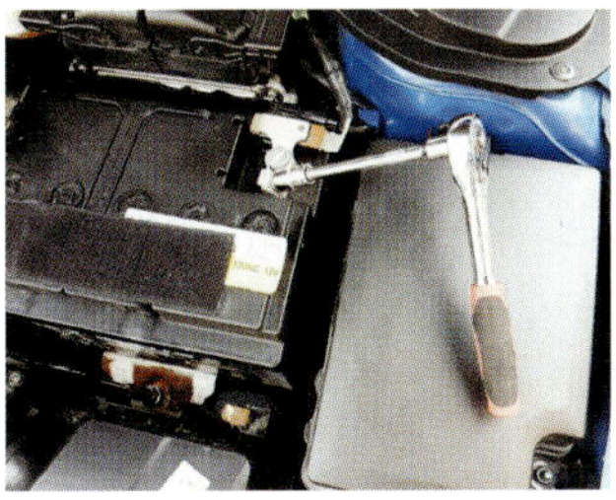

(a) (−)단자 탈거

(b) (+)단자 탈거

그림 10 **(−), (+)단자를 탈거**

⑤ 배터리 고정 브래킷은 12mm T복스나 복스렌치 연장대를 이용하여 배터리 고정 브래킷을 탈거한다. 에어크리너에 가려져 있을 때는 에어크리너를 탈거하고 배터리 고정 브래킷을 탈거한다. 배터리를 감싸고 있는 고정걸이 방식은 고정걸이의 너트를 T복스 및 스패너를 이용해 푼다.

(a) 고정 브래킷 탈거

(b) 고정걸이 너트 탈거

그림 11 **배터리 고정 브래킷 탈거**

⑥ 기존 배터리를 차량에서 분리한다.

(4) 배터리 장착

① 새 배터리를 이전과 동일하게 (+)양극과 (−)음극의 방향을 맞춘다.

② 배터리 장착걸이를 끼우고 나사 또는 너트를 꽉 조여 준다. 손으로 배터리가 완전히 고정되었는지 확인한다.

③ 새 배터리의 가스 배출구의 스티커 혹은 마개를 제거한다. 스티커 혹은 마개를 제거하지 않을 경우 배터리가 부풀어 올라 파손될 수 있어 주의가 필요하다.

④ 새 배터리 단자에서 단자 보호커버를 탈거하고, 케이블은 (+)양극을 먼저 연결하고, 다음은 (−)음극을 연결한다. 단자에는 그리스를 살짝 도포한다. 단자의 케이블 연결 순서를 지켜야 한다. 안 그러면 스파크가 발생할 수 있다.

⑤ 시동을 걸어 정상적으로 작동하는지 확인한다.

[4] 배터리 암전류(누설전류) 점검

(1) 암전류(누설전류)

암전류란 차량 전원이 OFF된 상태에서 소비되는 기본 전류로, 시계, 오디오, 내비게이션, 블랙박스, 각종 전자제어 유니트는 백업 전원 등의 기본적인 전류공급이 필요하다. 암전류가 크게 되면 배터리 방전의 원인이 된다. 차량의 적정 암전류는 보편적으로 약 30mA 이하로 관리한다(차종마다 차이가 있다).

(2) 암전류 측정

암전류를 측정하기 위해서는 디지털 멀티미터 또는 후크미터로 측정이 가능하나 일반적으로 후크미터보다 디지털 멀티미터로 측정을 많이 한다.

⑴ 테스터기 빨간색 리드선은 A(암페어) 위치에 그리고 검은색 리드선은 COM 단자에 설치한다.

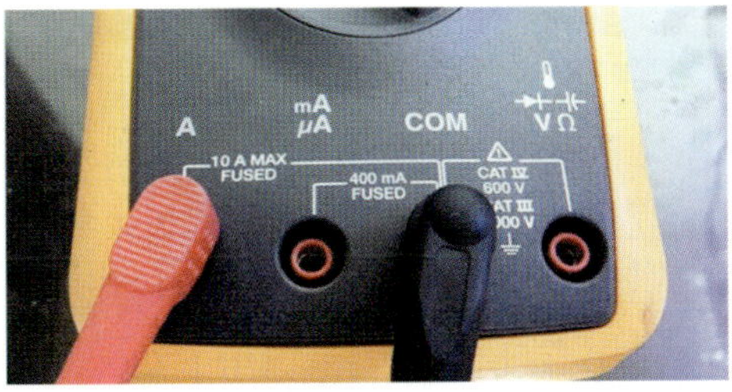

그림 12 디지털 멀티미터에 커넥터 연결

② 디지털 멀티미터의 레인지도 A(암페어)로 변경한다.

③ 자동차 배터리의 마이너스 단자를 풀고 배터리에는 검은색 리드선을 그리고 단자 커넥터에는 빨간색 리드선을 연결하고, 디지털 멀티미터에 표시된 숫자를 확인한다.

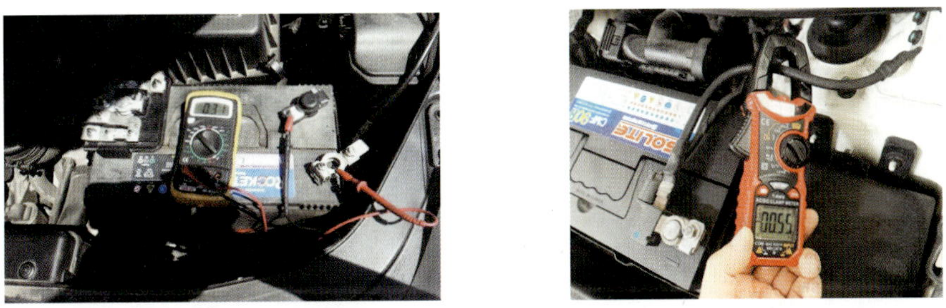

(a) 멀티미터로 점검 (b) 후크미터로 점검

그림 13 배터리 암전류 점검

(3) 암전류 불량 시 암전류 발생 개소 찾는 법

차량의 퓨즈 박스를 연다. 퓨즈의 위치를 보면서 의심이 가는 퓨즈(암전류와 근접한 퓨즈)를 하나씩 뽑아본다. 이때 암전류가 급격히 작아지는 퓨즈가 있으면 해당하는 부품을 점검한다.

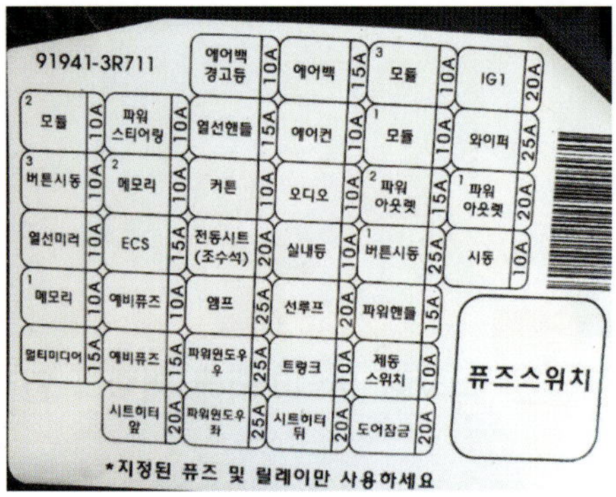

그림 14 퓨즈박스 퓨즈 위치

[5] 전해액

(1) 전해액 양 점검

① 전해액 양 육안검사

배터리 케이스에 표시된 최고선(up)과 최저선(low) 중간부분에 있으면 정상이며, 벤트 플러그에 확산 링이 있는 경우에는 확산 링이 청색 또는 녹색이 보이면 정상이다.

(a) 정상 (b) 불량

그림 15 확산 링에 의한 검사

② 주입구 열기

㉠ 배터리 윗부분에 배터리 셀 주입구를 잠가 주는 보통 2개의 플라스틱 포트 뚜껑이 있다. 플라스틱 퍼티 나이프나 드라이버를 사용해서 조심스럽게 비틀면 뚜껑이 열린다. 뚜껑이 바로 헐거워지지 않으면 뚜껑의 가장자리 부분을 돌아가며 여러 번 비틀어본다.

ⓛ 6개의 주입구의 뚜껑이 모두 있는 배터리가 있기도 하다. 이와 같은 경우 뚜껑을 반시계 방향으로 돌려서 연다.

ⓒ 배터리에 "메인터넌스 프리(maintenance free)" 표기가 있다면, 주입구가 열리지 않도록 제조된 배터리이다. 이와 같은 배터리는 전해액을 추가하지 않아도 되도록 제작되었기 때문에 더 이상 작동하지 않는 배터리는 교체해주어야 한다.

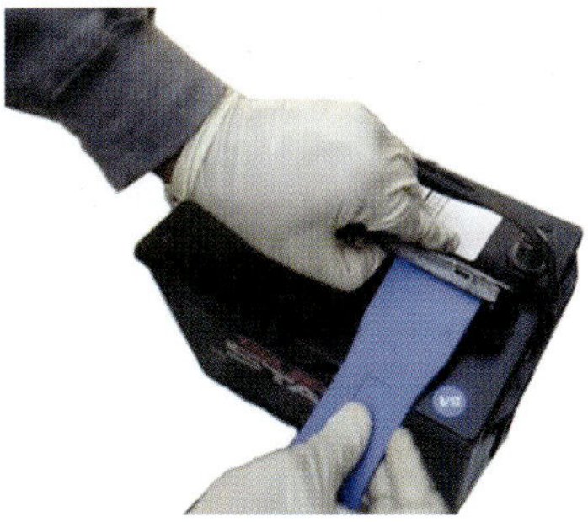

그림 16 주입구 열기

③ 측정기구에 의한 점검

전해액과 화학반응을 하지 않는 물질(나무젓가락, 플라스틱 막대)이나 유리관을 이용하여 벤트플러그를 열고, 전해액 주입구 내로 극판에 가볍게 닿을 때까지 넣었다가 꺼내어 액이 잠기었던 높이를 측정자로 측정한다. 유리관을 사용할 경우에는 전해액에 담근 후 윗부분의 구멍을 손가락으로 막고 조심스럽게 꺼낸 후 측정한다.

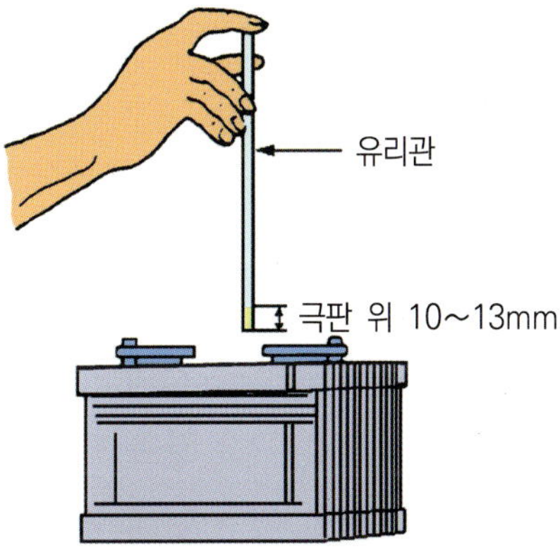

그림 17 전해액 높이 측정

④ 판정 및 조치

전해액 규정 높이는 약 10~13mm(대형 차량은 13~20mm) 정도이며, 부족하면 극판의 산화 및 용량 감소를 초래하고, 과다하면 전해액의 넘쳐흐름 및 자기 방전량이 증대된다. 전해액이 부족 시에는 규정에 맞도록 증류수를 보충한다.

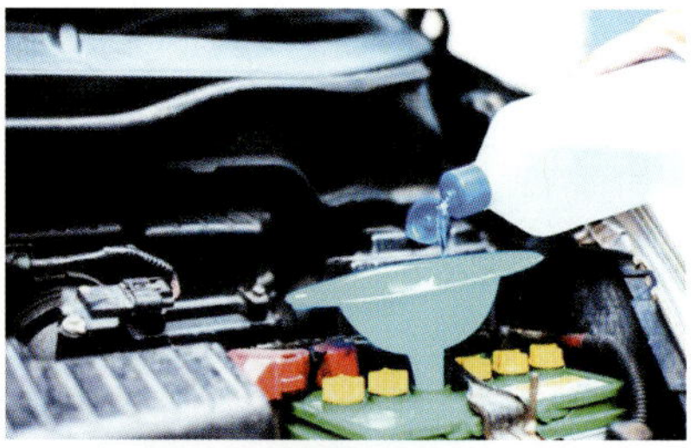

그림 18 증류수 보충

(2) 전해액 만들기

① 전해액은 묽은 황산(H_2SO_4)과 증류수(H_2O)를 적당한 비율로 혼합하여 20℃에서 1.260~1.280되게 혼합하여 사용한다.

② 혼합할 때 용기는 전해액에 화학적 또는 물리적으로 변화가 없는 질그릇 또는 유리그릇 등을 사용한다.

③ 반드시 증류수에 황산을 조금씩 부어 저으면서 혼합한다.

④ 혼합비율은 묽은 황산(비중 1.400, 원액은 1.835임) 35%, 증류수(비중 1) 65% 정도로 한다.

(3) 전해액 비중측정

① 전해액 비중과 충전상태

전해액의 비중은 방전량에 비례하여 저하된다. 그리고 배터리를 방전 상태로 오랫동안 방치해 두면 극판이 영구 황산납이 되거나 여러 가지 고장을 유발하여 배터리의 기능을 상실한다. 따라서 비중이 1.200(20℃) 정도 되면 보충 충전을 실시하여야 하며, 한 번 사용하였던 배터리를 사용하지 않고 보관 중일 경우에는 15일에 1번씩 보충 충전을 하여야 한다.

② 흡입식 비중계 사용방법

비중계는 배터리의 전해액 비중을 측정하여 충전 상태를 알아보는데 사용한다.

㉠ 배터리의 벤트 플러그를 연다.

㉡ 비중계를 배터리의 전해액 주입 구멍으로 넣는다.

㉢ 고무 벌브를 조용히 눌렀다가 놓아 비중계의 유리관 속으로 전해액을 흡입시킨 후 뜨개가 유리관 중심부에 뜨도록 한다.

㉣ 눈의 높이가 유리관 속의 전해액 높이와 평행이 되게 한 후 뜨개의 눈금을 읽는다.

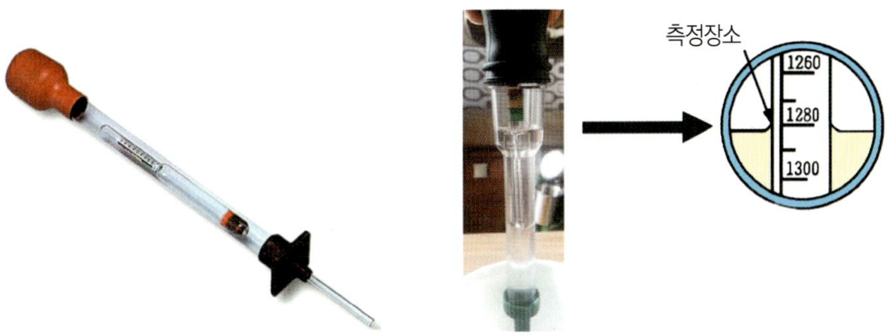

(a) 흡입식 비중계 (b) 눈금 판독

그림 19 흡입식 비중계

③ 광학식 비중계 사용방법

㉠ 광선 굴절 덮개(커버 플레이트)를 열고, 덮개와 측정 유리면을 잘 닦는다.

㉡ 계심봉으로 전해액을 찍어 측정 유리면(프리즘)에 충분히 바른다.

㉢ 광선 굴절 덮개를 닫고 가볍게 누른다.

㉣ 광선 굴절 덮개를 빛이 있는 곳을 향해서 측정을 한다.

㉤ 명암 경계선상에 보이는 일치된 왼쪽 눈금이 측정값이다.

㉥ 측정을 한 후 깨끗한 천으로 프리즘 표면 및 계심봉을 닦아 건조시킨다.

(a) 광학식 비중계

(b) 전해액 바르기

(c) 측정방법

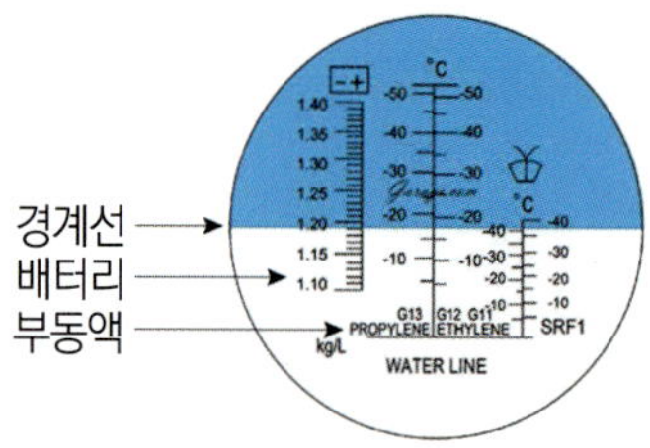

(d) 눈금 판독

그림 20 광학식 비중계 측정 및 판독

④ 판정

도표를 참조하여 3/4충전(75%) 이하일 경우에는 보충전을 실시한다.

㉠ 규정보다 비중이 높을 때에는 전해액을 덜어내고 증류수를 주입하여 규정 전해액 높이에 맞춘다.

㉡ 규정보다 비중이 낮을 때는 보충전을 실시하여 비중을 측정하며, 충전 후에도 비중이 낮으면 묽은 황산을 넣어 규정의 비중으로 맞춘다.

㉢ 셀당 비중 차이 : 셀당 비중 차이는 0.025 이내이어야 정상이며, 0.025 이상일 때는 불량하므로 비중을 모두 같게 맞춘다.

㉣ 전해액의 비중이 1.200 이하이면 즉시 보충전을 실시한다.

㉤ 비중 환산식 S20 = St + 0.0007(t℃ − 20℃)

[표 1]

전체(V) 단자전압	셀당(V) 단자전압	20℃		충전 상태		판 정
		A	B			
12.6 이상	2.1 이상	1.260	1.280	완전충전	100%	정상(사용가능)
12.0V	2.0V	1.210	1.230	3/4충전	75%	양호(사용가능)
11.7V	1.95V	1.160	1.180	1/2충전	50%	불량(충전요망)
11.1V	1.85V	1.110	1.130	1/4충전	25%	불량(충전요망)
10.5V	1.75V	1.060	1.080	완전방전	0	불량(교환요망)

[6] 배터리 점프방법

① 점프 케이블을 연결할 수 있도록 전원 공급차를 이동시키고 시동을 건 상태로 놓아 둔다.

② 차대차 연결 시 피 차량은 모든 전원스위치를 OFF상태에서 점프 케이블을 연결한다.

③ 배터리 연결 방법은 충전된 차량과 방전된 차량의 플러스(+) 터미널끼리, 충전된 차량의 마이너스(−) 터미널과 방전된 차량의 차체에 연결을 하고 난 후 1~2분 후에 시동을 건다.

④ 근래에는 배터리의 마이너스(−) 터미널에 연결하는 것보다는 차체에 연결하는 것이 더 안전하다. 마이너스 터미널 쪽에 IBS(intelligent battery sensor)가 장착되어 있기도 하지만, 겨울철 방전이 심할 경우 배터리에 연결하는 순간 급격한 전류의 이동으로 인해 쇼트가 발행하는 경우도 있다.

⑤ 점프 케이블 연결 시 (−)와 (+)단자를 절대 접촉시키지 않도록 주의하고 극성이 바뀌지 않도록 확실하게 연결한다.

⑥ 배터리 단자에서 케이블을 분리하고자 할 경우에는 접지 케이블부터 분리하고 설치할 경우에는 접지 케이블을 나중에 연결하여야 한다.

그림 21 점프 케이블의 연결

[7] 배터리의 전압, 용량 측정

(1) 단자 전압측정

① 멀티테스터기의 선택 레인지를 DC 20V에 선택한다.

② 멀티테스터기의 적색 리드선은 축전지의 (+)단자 기둥에, 흑색 리드선은 (−)단자 기둥에 접속한다.

③ 멀티 테스터기의 눈금을 읽는다.

④ 최근에 사용되는 승용차용 12V 축전지의 경우 13.5~13.8V 정도이다.

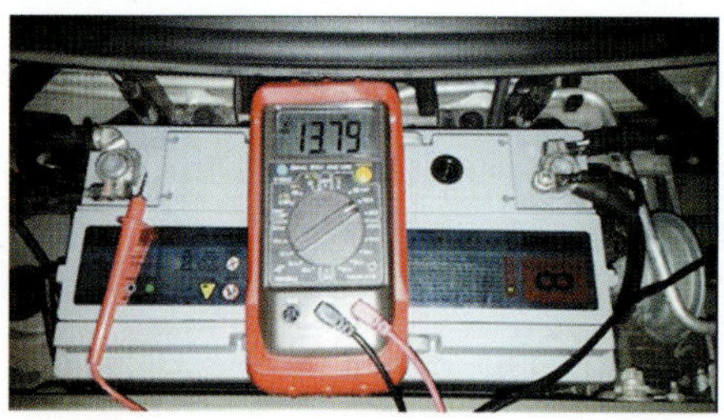

그림 22 시동 전 배터리 전압 점검

(2) 셀(cell)전압 측정

① 측정 방법

㉠ 회로시험기의 셀렉터를 DC 2.5V로 선정한다.

㉡ 배터리의 모든 벤트플러그를 연다.

㉢ 회로시험기 리드선의 적색 프로브는 배터리 (+)단자에, 흑색 프로브는 각 셀의 전해액에 넣고 회로시험기 지침이 가리킨 값을 읽는다.

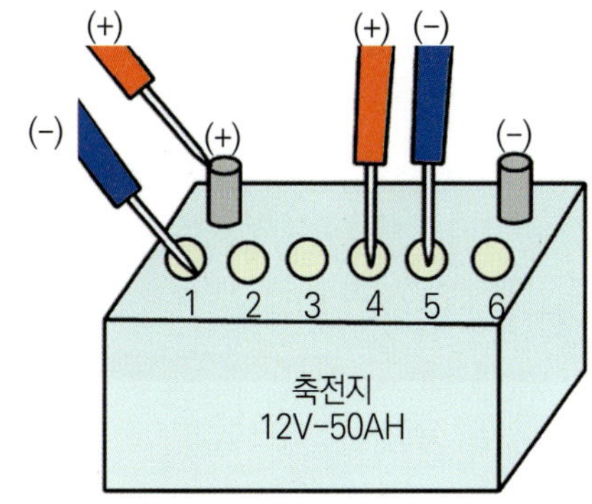

그림 23 셀 전압 측정방법

② 결과 분석

㉠ 정상 : 셀당 전압이 1.95V 이상, 각 셀당 전압 차이가 0.05V 이하

㉡ 불량 : 셀당 전압이 1.95V 이하, 각 셀당 전압 차이가 0.05V 이상

㉢ 불량하면 비중을 조정한 후 다시 측정하였을 때 이상이 있으면 배터리를 교환한다.

(3) 배터리 용량

배터리 용량이란 완전 충전된 배터리를 일정한 전류로 연속 방전하여 방전 중의 단자 전압이 규정의 방전 종지전압이 될 때까지 방전시킬 수 있는 용량이며, 단위는 AH (ampere hour)이다.

① 배터리 용량 측정

㉠ 테스터 리드선의 적색 클립을 배터리 (+)단자에, 흑색 클립을 (-)단자에 연결한다.

㉡ 용량선택 스위치로 시험 배터리의 용량을 확인하여 조정한다.

㉢ 시험기의 테스트 버튼을 5초간 누르고 시험기의 지침이 지시하는 값을 판독한다.

(a) 용량시험 테스터기

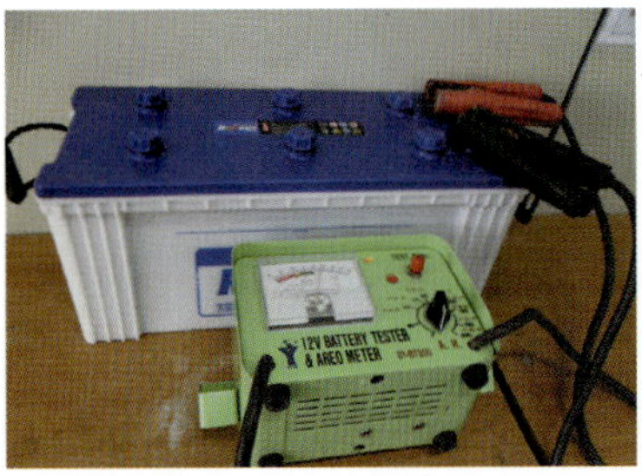

(b) 테스터 리드선 연결

(c) 용량선택 스위치 조정

(d) 테스트 버튼 누름

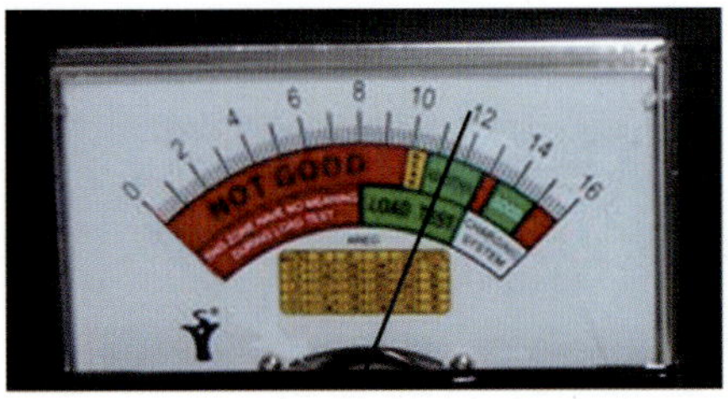

(e) 테스터기 눈금 확인

그림 24 용량테스터 사용방법

② 판정

[표 2]

녹색 범위	비중 1.250~1.280	양호
황색 범위	비중 1.215	요 충전
적색 범위	비중 1.140~1.185	불량

[8] 배터리의 충전

(1) 납산배터리를 충전할 때 주의사항

① 충전하는 장소는 반드시 환기장치를 하여야 한다.

② 배터리는 방전 상태로 두지 말고 즉시 충전한다.

③ 충전 중 전해액의 온도를 45℃ 이상으로 상승시키지 않는다.

④ 충전 중인 배터리 근처에서 불꽃을 가까이해서는 안 된다(수소가스가 폭발성 가스이다).

⑤ 배터리를 과다 충전시켜서는 안 된다(양극판 격자의 산화가 촉진된다).

⑥ 용량이 다른 배터리의 동시 충전 시 충전 전류는 용량이 적은 배터리의 충전 전류를 기준으로 한다.

⑦ 직렬접속 충전법은 배터리 용량이 서로 다를 때도 동시 충전이 가능하나, 병렬접속 충전방법은 배터리 용량이 동일한 경우에만 가능하다(단, 가변저항 사용 시의 병렬접속 충전방법은 용량이 다른 배터리나 방전량이 다른 다수의 배터리를 동시에 충전할 수 있다).

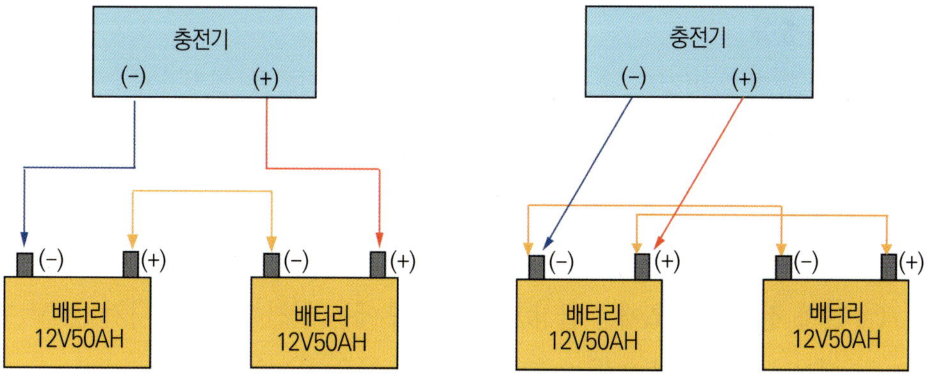

(a) 직렬 충전(24V 50AH)　　(b) 병렬충전(12V 100AH)

그림 25 축전지를 충전할 때 연결방법

⑧ 배터리와 충전기를 서로 역접속해서는 안 된다.

⑨ 암모니아수 및 탄산소다 등의 중화제를 준비해 둔다.

⑩ 배터리를 자동차에서 떼어내지 않고 급속충전을 할 경우에는 반드시 배터리와 기동전동기를 연결하는 케이블을 분리하여야 한다(이것은 발전기 다이오드를 보호하기 위함이다).

⑪ 각 셀의 벤트 플러그를 열어 놓는다.

(2) 배터리 충전 방법

보충전

보충전이란 자기방전에 의하거나 사용 중에 소비된 용량을 보충하기 위하여 실시하는 충전이다.

1) 보충전이 필요한 경우

① 주행거리가 짧아 충분한 충전이 되지 않았을 경우

② 주행 충전만으로는 충전량이 부족할 경우(전기 사용량이 과다하거나 누전될 경우)

③ 발전기 및 발전기, 조정기 고장이나 조정불량으로 충전이 행해지지 않는 경우

④ 사용하지 않고 보관 중인 배터리는 15일에 1번씩 보충전을 하여야 한다.

2) 보충전의 종류

① 정전류 충전 : 이것은 충전의 시작에서 끝까지 전류를 일정하게 하고, 충전을 실시하는 방법이며, 충전을 할 때 표준 충전전류는 배터리 용량의 10%, 최대 충전전류는 배터리 용량의 20%, 최소 충전전류는 배터리 용량의 5%이다. 그리고 일정 전류로 충전할 때의 특성은 다음과 같다.

㉠ 단자 전압은 최초에는 급상승하고, 이후에는 천천히 상승하다가 2.4V 부근에서 급상승하여 2.6~2.7V에서 일정 값을 유지한다.

㉡ 비중은 가스가 발생하기 시작하면서 급상승하여 1.280 부근에서 일정 값을 유지한다.

㉢ 충전이 진행되어 셀당 전압이 2.4V에 이르면 가스 발생이 매우 활발해진다. 이것은 완전히 충전된 후에 공급된 전기가 물을 분해하여 양극에서는 산소를, 음극에서는 수소를 발생시키기 때문이다.

② 정전압 충전 : 이것은 충전의 전체 기간을 일정한 전압으로 충전하는 방법이며, 충전 특성은 다음과 같다.

㉠ 충전 초기에 큰 전류가 흐르나 충전이 진행됨에 따라 전류가 감소한다.

㉡ 가스 발생이 거의 없으며 충전 능률이 우수하나 충전 초기에 큰 전류가 배터리 수명을 단축시키는 단점이 있다.

㉢ 충전을 완료한 후 일정 전류충전으로 전해액 비중을 조정하여야 한다.

③ 단별 전류충전 : 이것은 일정 전류 충전방법의 일종이며, 충전 중의 전류를 단계적으로 감소시키는 방법이다. 충전 특성은 충전 효율이 높고 온도 상승이 완만하다.

3) 보충전(정전류 충전) 방법

자기 방전 또는 소비된 배터리 용량의 보충전 시 충전방법으로, 충전전압은 배터리 전압보다 1~2V 높게 선택하고, 보통 4시간 정도 또는 밤샘 충전을 실시한다.

① 배터리 벤트 플러그를 전부 연다.

② 전해액량을 확인한다(부족 시 보충).

③ 전원 스위치를 OFF 상태로 한다.

④ 충전기의 리드선을 접속한다(적색 → 배터리 단자, 흑색 → 배터리 단자).

⑤ 충전기의 전원 코드선을 연결한다.

⑥ 전원스위치를 ON시킨다.

⑦ 충전 정도를 확인하기 위해 스위치를 시험위치로 선택한다.

⑧ 전압계에서 충전상태를 확인하여 충전시간을 결정한다.

⑨ 위치스위치를 선택한다(12V, 24V).

⑩ 충전시간 조정스위치를 수동위치로 선택한다.

⑪ 전압 정밀 조정스위치를 배터리 용량의 1/10에 선택한다(예 : 45AH 1/10 = 4.5A).

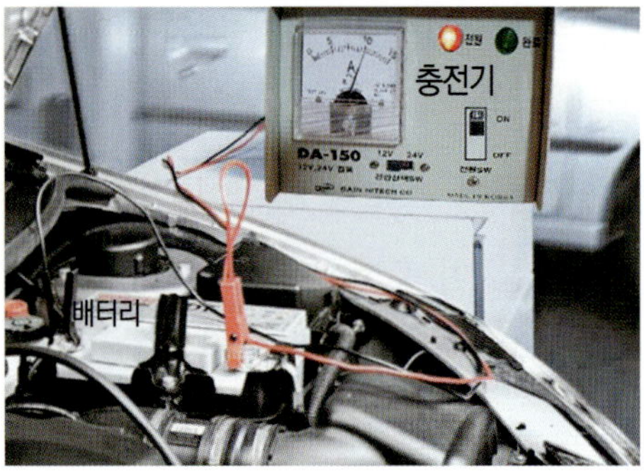

그림 26 충전기 연결

배터리 급속충전

이것은 급속충전기를 사용하여 시간적 여유가 없을 때 하는 충전이며, 충전전류는 배터리 용량의 50% 정도 한다. 충전 특성은 짧은 시간 내에 매우 큰 전류로 충전을 실시하므로 배터리 수명을 단축시키는 요인이 된다. 따라서 긴급한 경우 이외에는 사용하지 않는 것이 바람직하다.

1) 급속충전기 계기판 설명

① 볼트미터 : DC출력 전압 미터로 시동 및 충전 시 DC 전압을 지시

② 암페어미터 : DC출력 전류 미터로 시동 및 충전 시 DC 전류를 지시

③ 전원스위치 : 전원 개폐 스위치로 과부하 시 자동 전원 차단 스위치의 기능

④ 선택스위치

㉠ OFF 위치는 모든 기기 명령 중지

㉡ 시동 위치는 차량 시동 시 사용하는 스위치

㉢ 충전 스위치는 배터리를 충전하기 위한 스위치

⑤ 위치스위치

㉠ OFF 위치는 출력 전압 OFF

㉡ 12V, 24V 위치는 시동 및 충전 시 출력전압(DC 12V, DC 24V)

㉢ 시험위치는 배터리 시험위치(충전할 배터리를 측정할 때 사용)

⑥ 전압 정밀 조정 : 시동 및 충전 시 12V, 24V 전압 정밀 조정자로 정확한 DC

전압 조정

⑦ 충전시간 조정

㉠ 자동위치 : 충전시간 자동조정자 0~60분까지 조정(충전완료 시 충전완료 멜로디 및 자동으로 OFF)

㉡ 수동위치 : 수동 충전 시 배터리의 다량 충전 시나 계속 사용하고자 할 때 위치

⑧ 램프

㉠ 전원 램프 : 전원 표시 램프

㉡ 기타 : 12V 또는 24V 램프는 위치하는 곳에 램프가 점등된다.

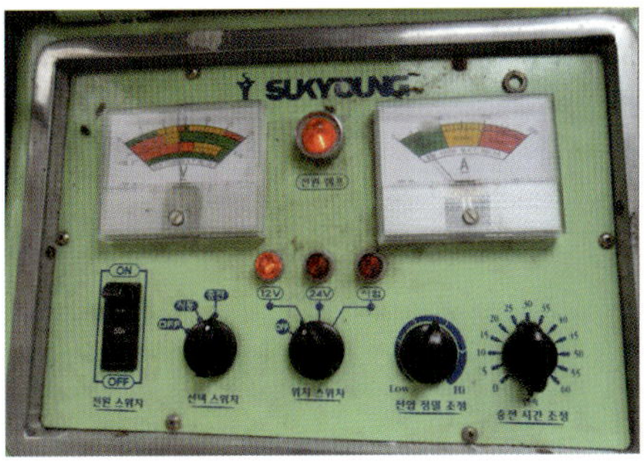

그림 27 급속충전기 계기판

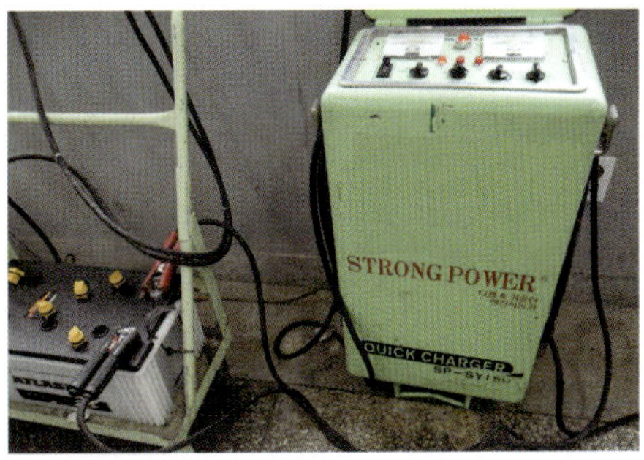

그림 28 급속충전기 및 설치상태

2) 급속충전 방법

충전시간의 이유가 없을 때 급속히 충전하는 응급처치 충전 방법으로 충전전류는 배터리 용량의 1/2, 충전전압은 배터리 전압보다 1~2V 높다.

① 충전할 배터리의 벤트플러그를 모두 푼다(전해액을 점검하여 부족한 경우 보충한다).

② 충전기의 전원스위치, 선택스위치, 위치스위치, 전압 정밀 조정기, 충전시간 조절기를 모두 OFF시킨다.

③ 충전기의 AC전원 케이블을 AC전원 플러그에 연결한다.

④ 충전기의 배터리 연결 케이블의 적색 클립은 배터리 (+)터미널에, 흑색 클립은 (−)터미널에 접속한다.

⑤ 전원스위치를 ON시킨다.

⑥ 선택스위치를 시험 위치에 셀렉터를 선정하여 전압계의 지침을 6, 5, 4, 3, 2, 1의 지시 눈금에 ×10을 하여 충전시간을 선정한 다음 선택스위치 셀렉터를 충전에 위치시킨다.

⑦ 위치스위치를 배터리 전압(12V 또는 24V)에 셀렉터를 선정한다.

⑧ 전압 정밀 조정 셀렉터를 사용하여 전류계를 보면서 충전기의 출력 전류를 배터리 용량의 50%가 되도록 조절한다(예 60Ah인 배터리의 충전전류는 30A).

⑨ 충전시간 조절 셀렉터를 자동위치의 시간에 선택한다(전압계의 지침이 6, 5, 4, 3, 2, 1의 지시 눈금에 ×10을 하여 시간을 설정한다).

⑩ 충전이 완료되면 멜로디가 울린다.

⑪ 멜로디가 울리면 모든 스위치를 OFF시킨다.

⑫ 전원 케이블 및 배터리 연결 케이블을 분리한다.

⑬ 배터리의 벤트 플러그를 닫는다.

2.2 발전기 탈·부착 및 벨트 장력 조정

① 차량의 후드를 열고 배터리 ⊖케이블을 탈거한다.

그림 29 ⊖케이블 탈거

그림 30 에어컨 벨트 탈거

② 에어컨 벨트 텐션의 고정 볼트를 이완시키고, 에어컨 벨트 장력 조정 볼트를 돌려

벨트 장력을 느슨하게 한 후 에어컨 벨트를 탈거한다.

③ 발전기 B단자 보호 커버를 열고 공구를 사용하여 B단자를 탈거한다.

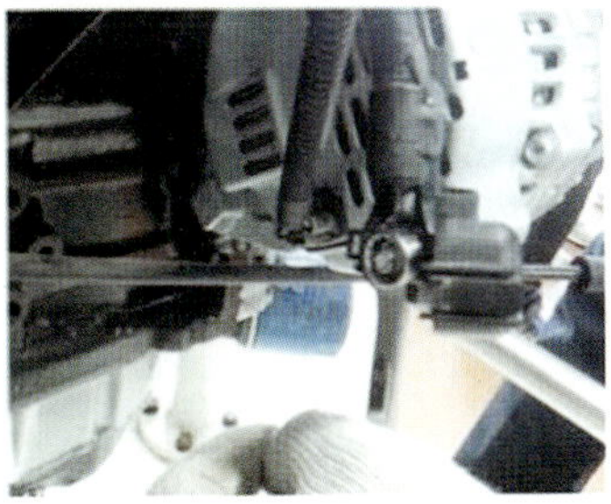

그림 31 B단자 탈거

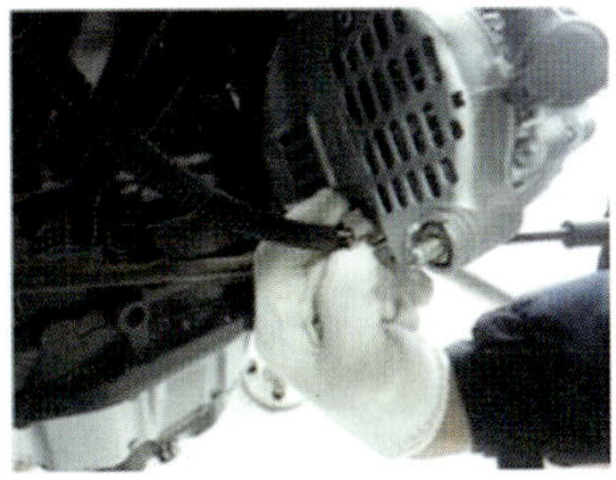

그림 32 발전기 커넥터 탈거

④ 발전기 커넥터를 탈거한다.

⑤ 발전기 고정 관통 볼트의 너트를 공구를 사용하여 이완시킨다.

그림 33 관통 볼트의 너트 이완

그림 34 벨트장력 고정 볼트 이완

⑥ 벨트장력 고정 볼트를 이완시킨다.

⑦ 벨트장력 조정 볼트를 풀어 벨트 장력이 느슨해지도록 풀어준다.

그림 35 벨트장력 조정 볼트로 장력 이완

그림 36 벨트 탈거

⑧ 발전기를 엔진 몸체 방향으로 들어 올리고 벨트를 탈거한다.

⑨ 발전기 벨트장력 고정 볼트를 풀어 탈거한다.

그림 37 고정 볼트 탈거

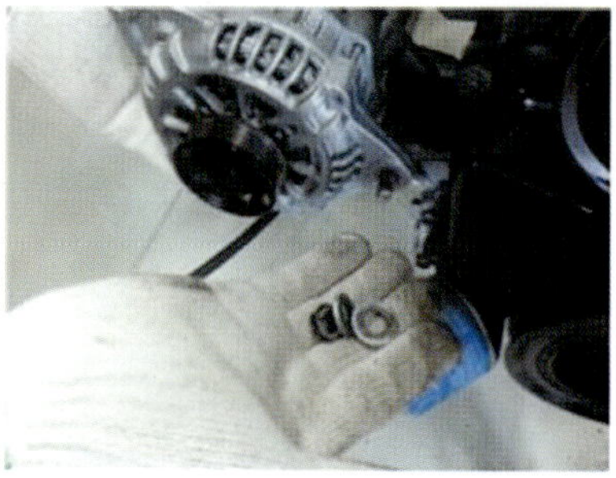

그림 38 관통 볼트 탈거

⑩ 발전기 고정 관통 볼트의 너트를 풀고 관통 볼트를 탈거하고 발전기를 탈거한다.

⑪ 신품의 발전기에 관통 볼트를 체결한다. 장착 시 반드시 평 와셔와 스프링 와셔를 장착한다.

⑫ 발전기 벨트를 장착한다.

⑬ 벨트 장력조정 고정 볼트를 체결한다. 완전히 조이는 것이 아니고, 벨트 장력을 조정한 후에 규정의 토크로 조인다.

⑭ 벨트 장력 조정 볼트를 돌려 벨트의 장력을 조정한다.

⑮ 물펌프와 발전기 중간에서 벨트를 눌렀을 때 10mm 정도의 헐거움이면 적당하다.

그림 39 장력 점검

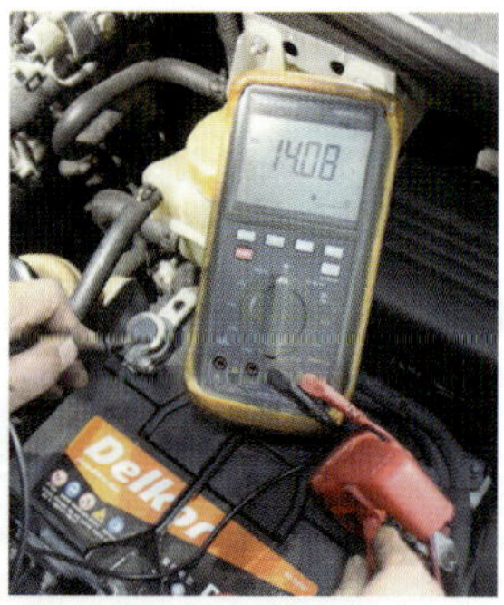

그림 40 발전기 출력전압 점검

⑯ 장력조정이 끝나면 관통 볼트의 너트 및 발전기 장력 조정 고정 너트를 공구를 사

용하여 조인다.

⑰ 발전기 커넥터 및 발전기 B단자를 공구를 사용하여 고정한다.

⑱ 배터리 ⊖케이블을 연결한 후 시동을 걸고 발전기 출력전압(13.8~14.8V)을 확인한다.

2.3 발전기의 분해 · 조립

[1] 분해

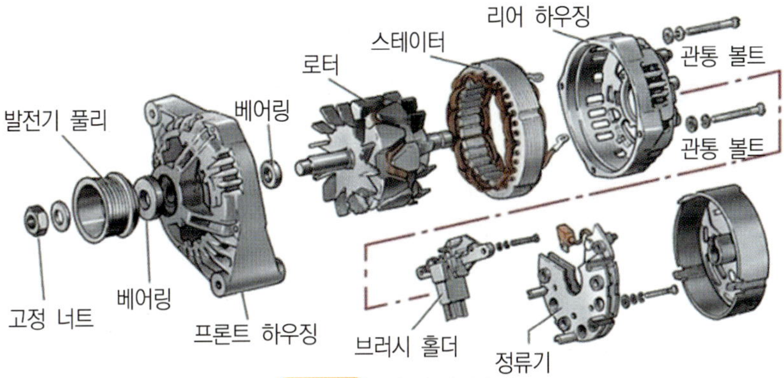

그림 41 발전기 분해도

① 관통 볼트를 푼 그림 43과 같이 프런트 브래킷과 스테이터 사이에 드라이버를 넣고 분리한다. 이때 스테이터 코일을 손상시킬 염려가 있으므로 드라이버를 너무 깊게 넣지 않도록 한다.

그림 42 관통 볼트 탈거

그림 43 프런트 브래킷과 스테이터 분리하기

② 로터를 바이스에 물린 후 고정 너트를 풀고 풀리를 분리한다. 이때 로터에는 헝겊이나 구리판 등을 대고 바이스에 물리도록 한다. 또한 불필요한 경우에는 풀리의 분해는 생략한다.

그림 44 풀리 탈거

그림 45 로터 탈거

③ 스테이터와 다이오드 접합 납땜 부분을 분리한다.

④ 스테이터를 분리한다.

⑤ 전압조정기 및 다이오드 고정용 볼트를 푼다.

⑥ 전압조정기를 분리한 후 단자 L, B 접합 납땜 부분을 분리한다.

그림 46 스테이터와 다이오드 접합 납땜 부분 분리

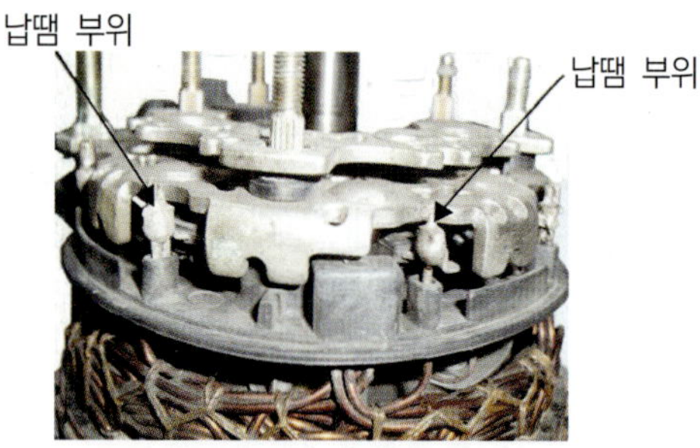

그림 47 다이오드 납땜 부분 분리

그림 48 전압조정기 분리

그림 49 L, B 접합 납땜 부분 분리

[2] 조립

조립은 분해의 역순으로 시행하되 다음 사항을 주의한다.

① 로터를 리어 하우징에 설치하기에 앞서 철사를 리어 하우징의 작은 구멍에 넣어 브러시를 잡아준다.

② 로터를 조립한 후에는 철사를 빼낸다.

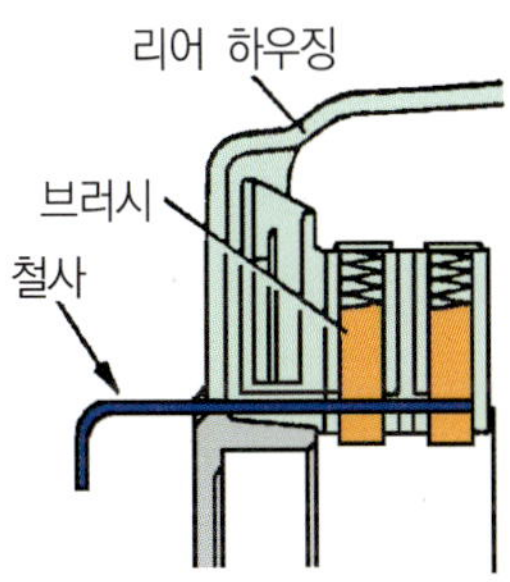

(a) 브러시를 누르고 철사 삽입

(b) 조립 후 철사를 뺀다.

그림 50 철사를 끼운 상태

[3] 스테이터 및 로터 코일 점검

(1) 스테이터 코일 점검

① 스테이터 코일의 통전 여부를 점검한다. – 코일과 코일 사이가 통전되는가를 점검하여 통전이 되지 않으면 스테이터 어셈블리를 교환한다.

② 스테이터 코일의 접지를 점검한다. – 코일과 스테이터 철심 사이의 통전 여부를 점검하여 통전이 되면 스테이터 어셈블리를 교환한다.

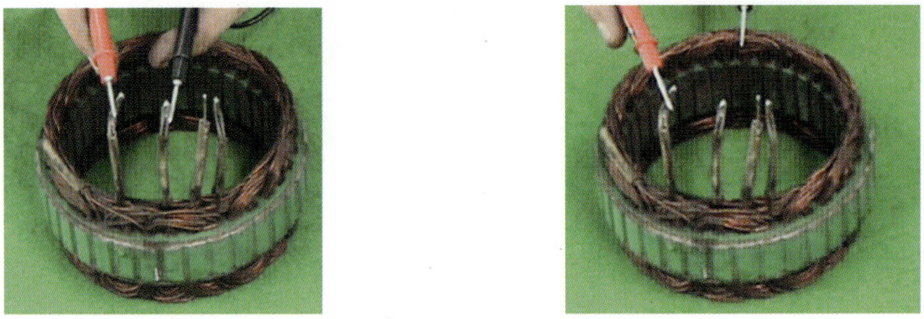

(a) 단선 점검　　　　　(b) 접지시험

그림 51 스테이터 코일 점검

(2) 로터 코일 점검

① 로터 코일의 통전 여부를 점검한다. – 로터 코일과 슬립링 사이가 통전되는가를 점검하여 저항값이 너무 낮으면 회로가 단락된 상태이며, 저항값이 너무 높으면 회로가 개방된 상태이므로 로터 어셈블리를 교환한다.

② 로터 코일의 접지를 점검한다. – 슬립링과 로터 철심 사이의 통전 여부를 점검하여 통전이 되면 로터 어셈블리를 교환한다.

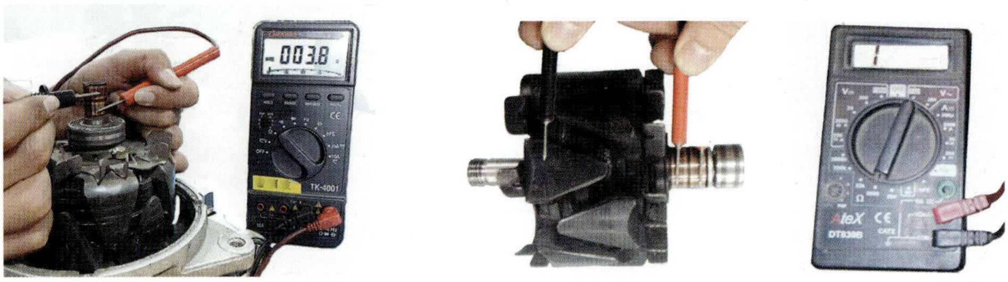

(a) 단선시험　　　　　(b) 접지시험

그림 52 로터 코일 점검

[4] 다이오드 점검

(1) 교류(AC)발전기의 정류기 구성 및 점검

① (+)다이오드 : 발전기의 출력(B) 단자인 축전지의 (+)단자 쪽에 연결되어 있다.

② (–)다이오드 : 접지 쪽에 연결되어 있다.

③ 다이오드 트리오 : 보조 출력장치로서 충전 경고등 L단자에 연결되어 있다.

(2) (+)다이오드 점검

B단자와 히트싱크를 통전 시험하여 통전이 되면 (+)다이오드이다. 회로시험기 레인지를 다이오드로 선택하고, (+)다이오드 히트싱크와 스테이터 코일 연결단자 사이의 통전을 점검하였을 때 회로시험기의 바늘이 한쪽 방향에서만 통전되어야 한다. 만약 양쪽방향으로 모두 통전되거나 통전이 안 되면 다이오드가 단락 또는 단선된 상태이므로 다이오드를 교환한다.

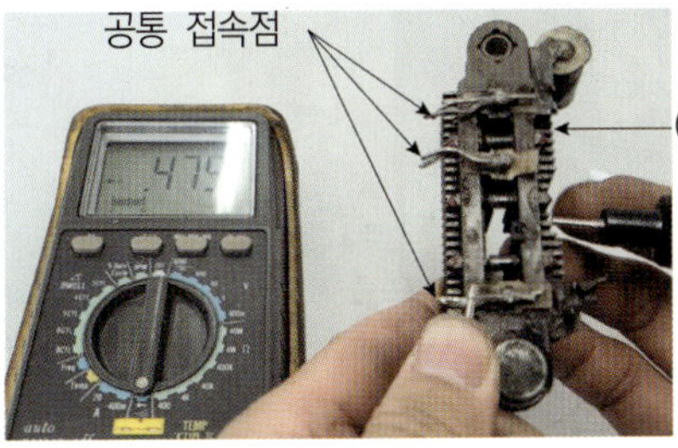

(a) 정방향(통전)

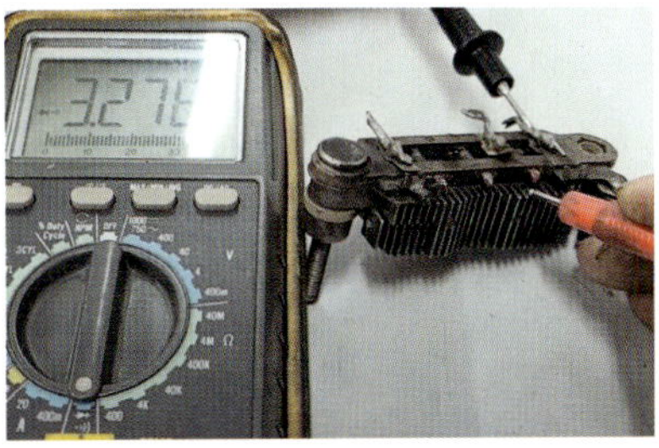

(b) 역방향(비통전)

그림 53 (+)다이오드 점검

(3) (−)다이오드 점검

회로시험기 레인지를 다이오드로 선택하고 회로시험기로 (−)다이오드 히트싱크와 스테이터 코일 연결단자 사이의 통전을 점검하였을 때 회로시험기의 바늘이 한쪽 방향에서만 통전되어야 한다. 만약 양쪽 방향으로 모두 통전되거나 통전이 안 되면 다이오드가 단락 또는 단선된 상태이므로 다이오드를 교환하여야 한다.

(a) 정방향(통전)

(b) 역방향(비통전)

그림 54 (−)다이오드 점검

(4) 트리오 다이오드 시험

3개의 다이오드 사이에 회로시험기를 연결하여 통전을 점검하였을 때 회로시험기의 바늘이 한쪽 방향에서만 통전되어야 한다. 만약 양쪽 방향으로 모두 통전되거나 통전이 안 되면 다이오드가 손상된 상태이므로 다이오드 어셈블리를 교환하여야 한다.

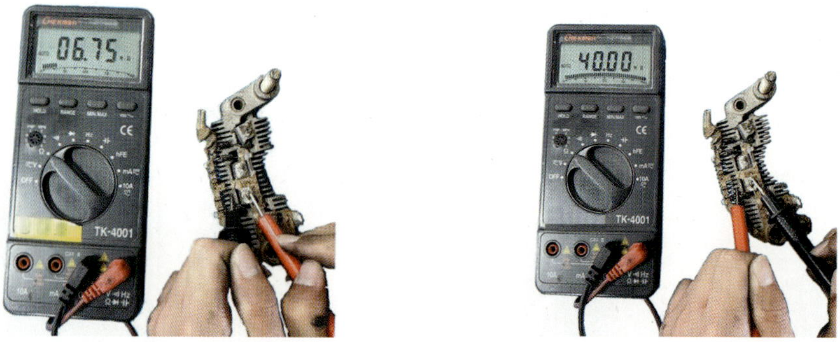

(a) 정방향 (b) 역방향

그림 55 트리오 다이오드 점검

[5] 브러시 점검

브러시 길이를 점검하여 마모 한계선까지 마모되었으면 다음 순서로 브러시를 교환한다.

① 브러시 홀더에서 피그 테일(pig tail)의 납땜 부분을 분리하고 구품 브러시와 스프링을 떼어낸다.

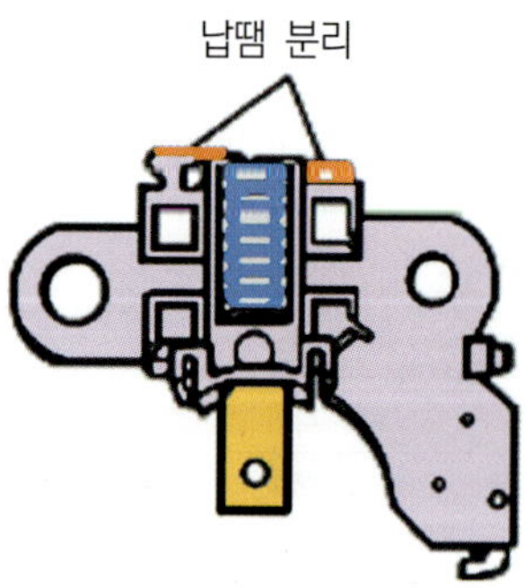

그림 56 전압조정기(브러시 부착)

② 브러시 홀더에 신품 브러시와 스프링을 설치한다.

③ 마모 한계선과 브러시 홀더 끝과의 간격이 2~3mm가 되도록 브러시를 끼운다.

④ 브러시 홀더에 피그 테일을 납땜한다.

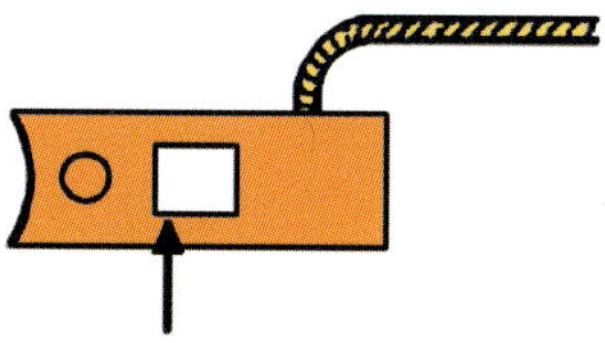

그림 57 브러시 마모 한계선

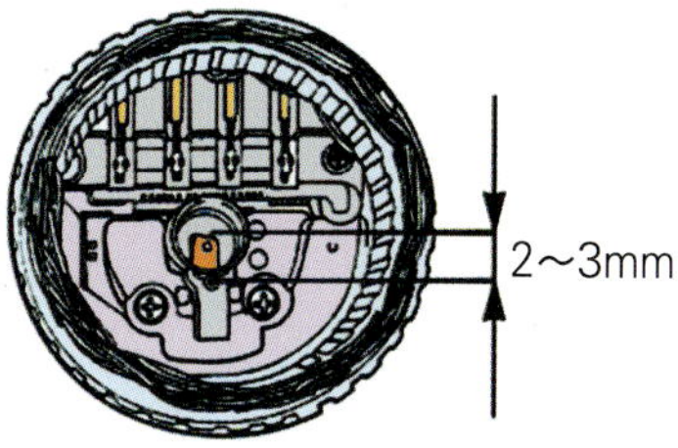

그림 58 조립된 브러시 상태

2.4 발전기 충전 전류와 전압 측정

[1] 발전기 출력 배선의 전압 강하시험

이 시험은 발전기 B단자와 축전지 ⊕단자 사이의 배선이 정확히 연결되어 있고, 과열로 인한 하니스의 변색 등을 점검할 때 실시한다.

발전기 출력 배선의 전압강하 점검은 먼저 점화 스위치를 OFF시킨 후 축전지 ⊕단자와 발전기 B단자의 체결 상태를 확인하고, 전압계를 이용하여 축전지 ⊕단자와 발전기 B단자의 전압을 측정하여 전압 수치가 일반적으로 0.2V 이내의 차이를 보이면 정상이고, 전압 수치가 0.2V 이상이면 배선 불량으로 판단한다.

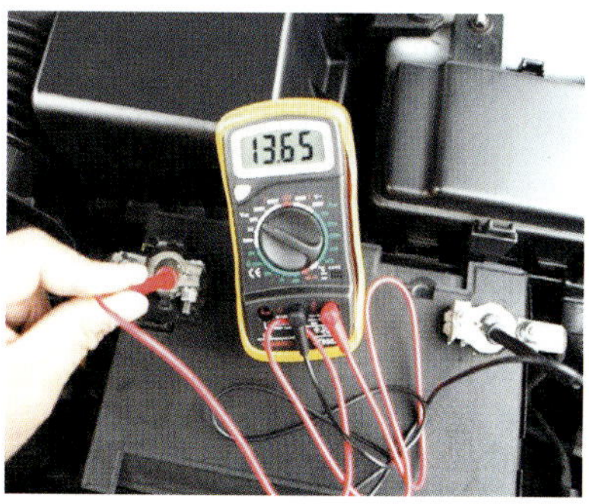

(a) 배터리 (+)단자 전압 측정

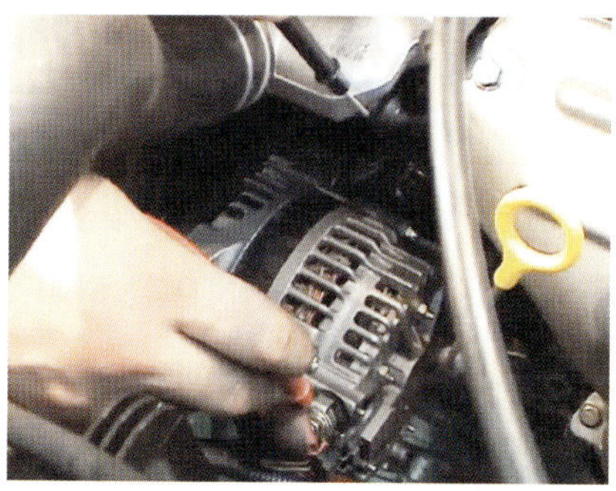

(b) 발전기 B단자 전압 측정

그림 59 발전기 출력 배선의 전압 강하시험

[2] 발전기 출력(충전) 전압시험

① 아날로그 전압 테스터기 또는 디지털 전압 테스터기를 DC V에 선정한다.

② 테스터기 전압계 ⊕리드선을 발전기 B단자에 연결한다.

③ 테스터기 전압계 ⊖리드선을 차체에 접지 또는 축전지 ⊖단자에 연결한다.

④ 테스터기를 발전기 B단자에 접속하기 어려우면 축전지에 설치한다.

⑤ 엔진을 시동한 후 출력전압을 판독한다.

(a) 발전기 B단자에서 측정

(b) 축전지에서 측정

그림 60 전압 측정

[3] 발전기 출력(충전) 전류시험

① 발전기의 출력용량을 확인한다.

② 배터리 전압을 측정한다. 충전 전류를 측정할 때에는 약간 방전된 축전지를 사용하는 것이 좋다.

③ 전류계를 DC A레인지에 설정하고 0점 조정버튼으로 0점을 조정한다.

④ 발전기 B단자에 최대한 가까이 전류계를 설치한다. 발전기 B단자에 설치가 안 될 때는 축전지 ⊕단자에서 발전기로 가는 배선에 설치한다.

⑤ 전조등 스위치를 ON으로 하여 3분 정도 방전시킨다.

⑥ 엔진을 시동한다. 이때 에어컨이나 히터 송풍기를 High로 켠다.

⑦ 엔진의 회전 속도를 2000~2500rpm으로 높인다.

⑧ 전류계의 눈금을 판독한다.

⑨ 측정 후 모든 상태를 원위치시킨다.

⑩ 충전 전류는 발전기 정격 전류의 70% 이상이면 정상이다.

그림 61 전류 측정

[표 3. 차종별 발전기 출력전압]

차종	정격 전류(A)	정격 전압(V)	회전수(rpm)
아반떼 XG	80	13.5	1,000~18,000
엑센트	75	13.5	1,000~18,000
EF 쏘나타	95	13.5	1,000~18,000
쏘나타	90	13.5	1,000~18,000
베르나	75	13.5	1,000~18,000
뉴 세피아	70	12	2,500~3,000
스포티지	70	12	2,500~3,000
에스페로	70	12	2,000
투스카나 2.0	90	13.5	1,000~18,000
프라이드	50	12	2,000~3,000

[4] 충전계통 고장진단 방법

(1) 기관을 정지시킨 상태로 점화스위치를 ON으로 하였을 때 충전 경고등이 점등되지 않는다.

① 퓨즈가 끊어짐

② 충전 경고등 전구가 끊어짐

③ 배선 연결부의 풀림

④ 전압조정기 결함

(2) 기관의 시동을 한 후에도 충전 경고등이 소등되지 않는다(축전지를 자주 충전시켜야 한다).

① 구동벨트가 이완 또는 마모됨

② 퓨즈가 끊어짐

③ 퓨저블 링크가 끊어짐

④ 배선의 결함

⑤ 전압조정기 또는 AC발전기의 결함

⑥ 축전지 케이블의 부식, 단자의 마모

(3) 축전지가 과다 충전된다.

① 전압조정기의 결함

② 전압 감지 배선의 결함

(4) 축전지가 방전된다.

① 구동벨트가 이완 또는 마모됨

② 배선 접속부분의 또는 회로의 단락

③ 퓨저블링크가 끊어짐

④ 접지 불량

⑤ 전압조정기 불량

⑥ 축전지 수명이 다됨

2.5 발전기 출력 파형분석

[1] 충전전류 파형측정

① HI-DS 초기 화면에서 차종을 선택하여 차량제원을 설정한 후 확인 버튼을 누른다.

② 오실로스코프를 선택한다.

③ 1개의 채널을 선택한다.

④ Ch1번을 발전기의 B단자에 연결한다.

⑤ 모든 부하를 제거하고, 시동을 걸어 엔진이 안정화될 때까지 기다린다.

그림 62 Ch1번을 발전기의 B단자에 연결

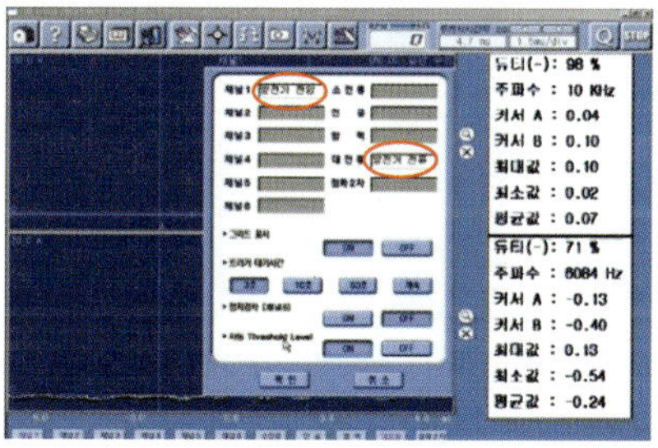

(a) 차종 선택

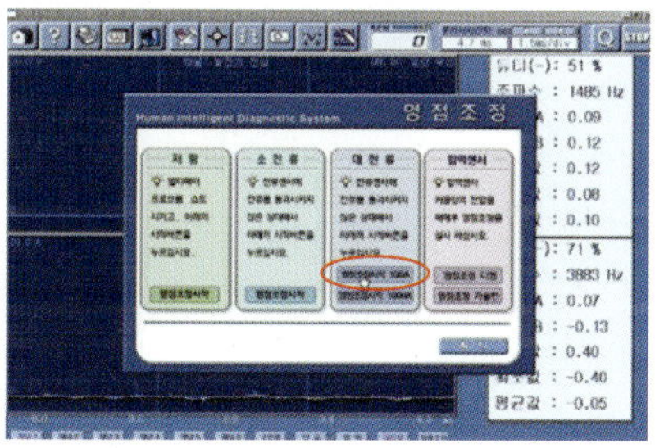

(b) 고객정보 입력

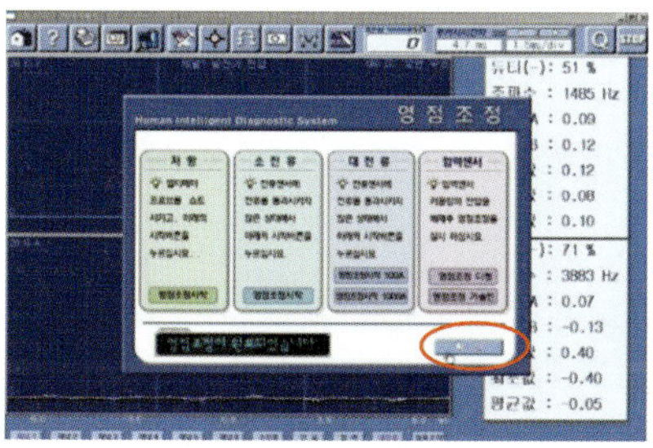

(c) 오실로스코프 선택

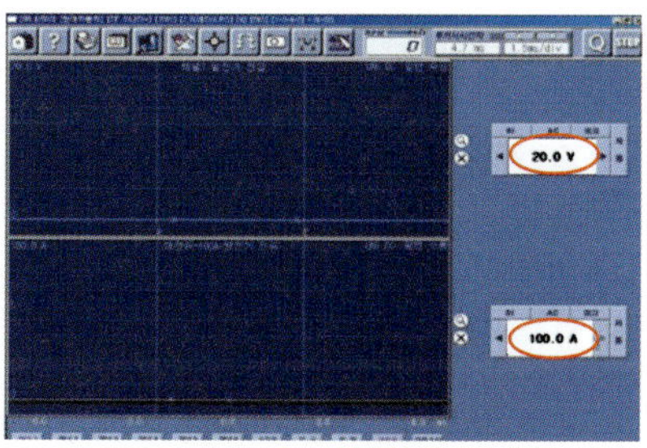

(d) 100A 선택

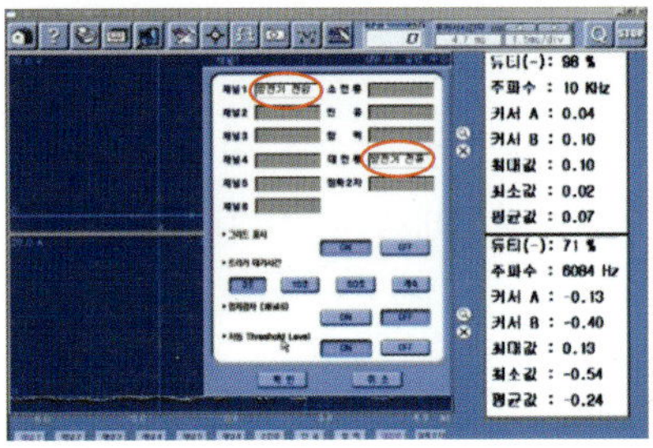

(e) 채널 1개 선택

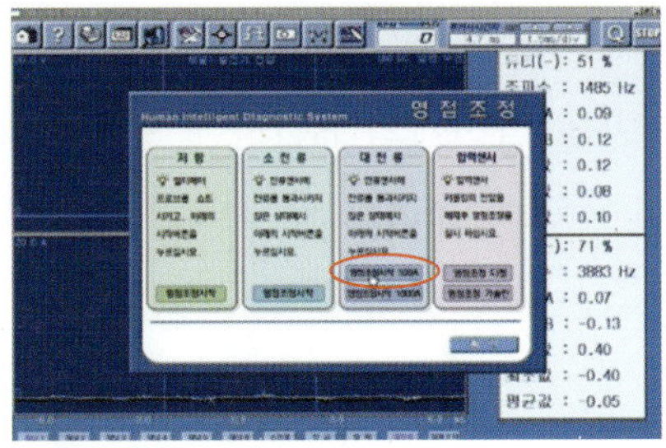

(f) 대전류 영점조정 시작

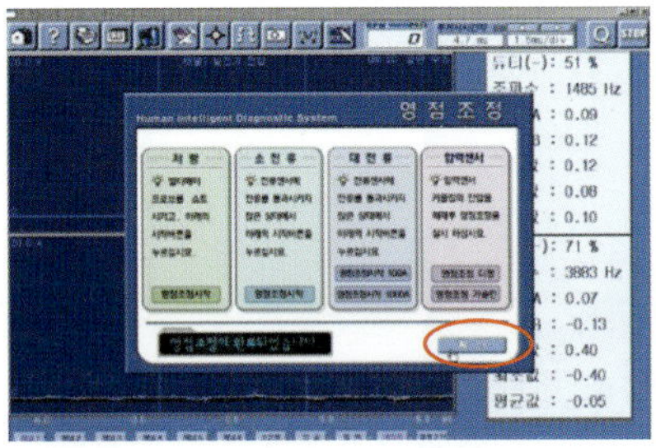

(g) 영점조정 완료

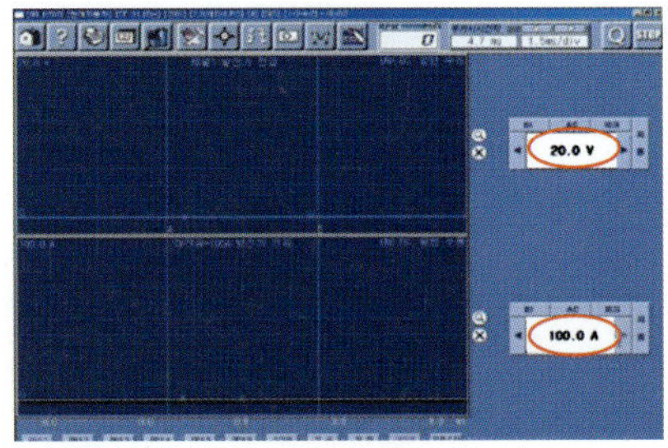

(h) V, A 설정

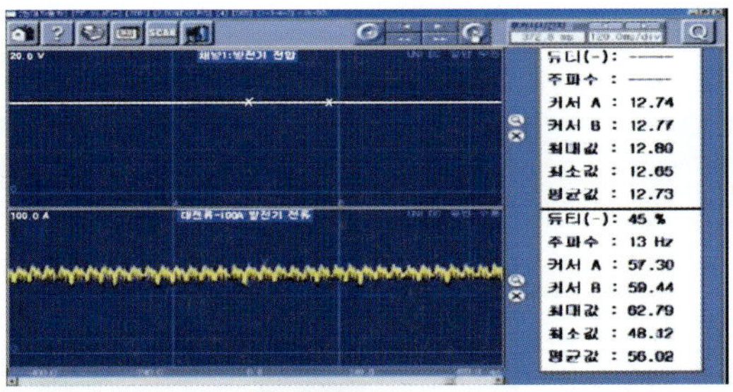

(i) 측정

그림 63 측정순서 및 충전전류 파형

[2] 정상 파형해석

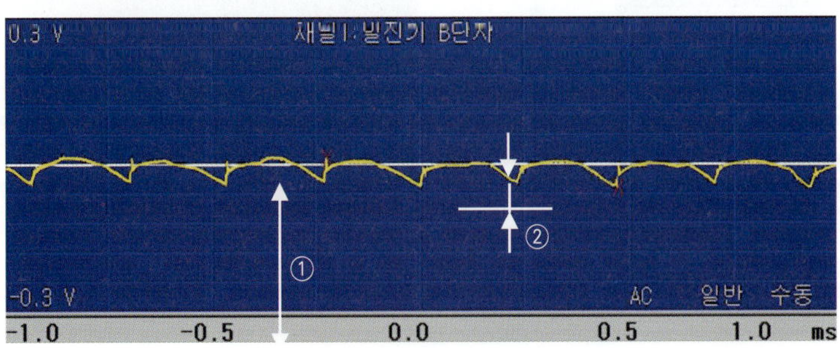

그림 64 발전기 출력파형

① 충전전압(①) : 13.8~14.8V의 충전전압을 나타내고 있으며 일직선으로 나타내야 한다. 노이즈가 상당히 심하면 슬립링의 오염을 예상할 수 있다.

② 피크전압(②) : 산과 골 사이의 출력전압의 P-P값이 500mV 이하이어야 정상이다. 만약 500mV 이상이면 전압조정기 제너 다이오드 이상으로 판정한다. 파형의 이가 빠지거나 하면 정류 다이오드의 파손을 예상할 수 있다.

[3] 비정상 파형

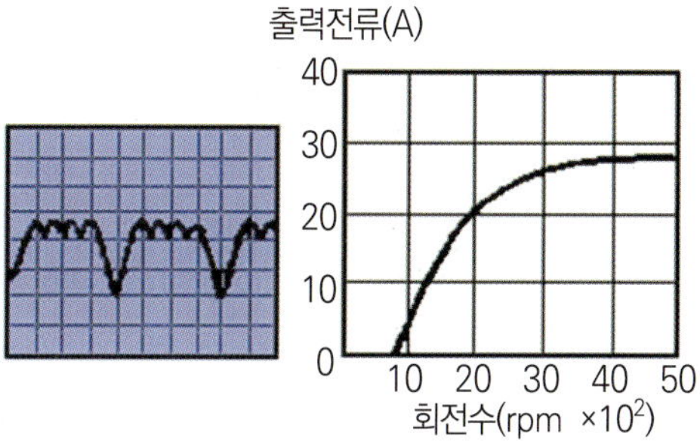

(a) 다이오드 1개 단선의 경우

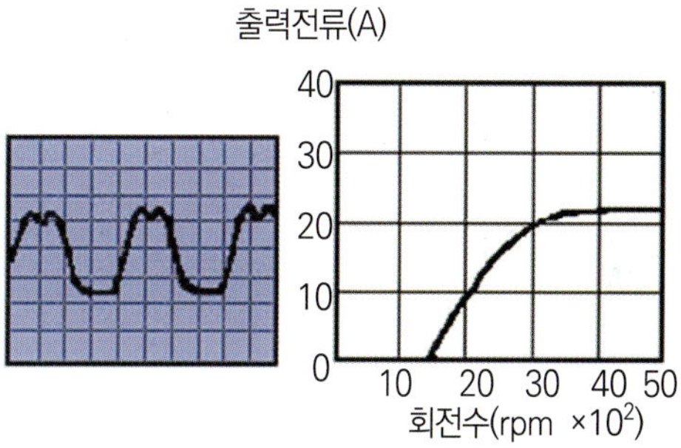

(b) 다이오드 2개 단선의 경우

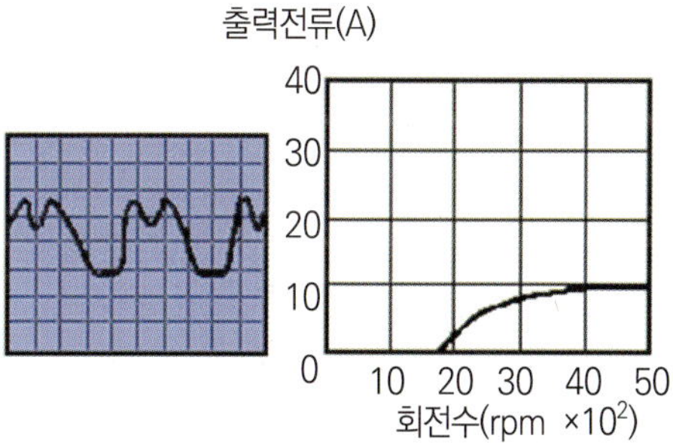

(c) 다이오드 1개 단락의 경우

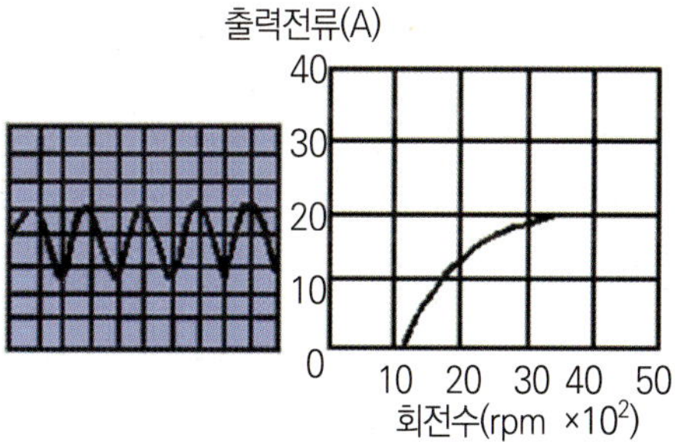

(d) 스테이터 코일 1상 단선의 경우

그림 65 **발전기 비정상 출력 파형**

① 다이오드 1개 단선 : 출력전압이 주기적으로 떨어지고, 출력 전류의 최고값이 정상 파형보다 20% 정도 떨어진다.

② 다이오드 2개 단선 : 출력전압의 불균형 변화가 주기적으로 발생하고, 출력 전류의 최대값이 더욱 떨어진다.

③ 다이오드 1개 단락 : 출력전압의 불균형 변화가 찌그러져 있고, 출력 전류는 급격하게 떨어진다.

④ 스테이터 코일 1상 단선 : 출력전압의 변화 폭과 주기가 정상 파형보다 매우 증가하고, 출력 전류는 많이 감소한다.

3 충전장치의 점검 및 수리방법

3.1 단품 점검

(1) 주어진 발전기를 분해하고 부품 명칭 및 부품 상태를 기록하고 조립하시오.

부품 명칭	부품 상태	지도교수 확 인

(2) 축전지 비중 및 전압을 측정하고 판정 및 정비(또는 조치)사항을 기록하시오.

기관번호 :			비번호		지도 교수 확 인	
측정항목	① 측정(또는 점검)		② 판정 및 정비(또는 조치)사항			득 점
	측정값	규정(정비한계)값	판정(□에 "✔" 표)	정비 및 조치 사항		
전해액 비중			□ 양호 □ 불량			
축전지 전압						

(3) 발전기 출력배선 전압강하, 발전기 충전전압, 충전전류를 측정하고, 판정 및 정비(또는 조치)사항을 기록하시오

기관번호 :			비번호		지도 교수 확 인	
측정항목	① 측정(또는 점검)		② 판정 및 정비(또는 조치)사항			득 점
	측정값	규정(정비한계)값	판정(□에 "✔" 표)	정비 및 조치 사항		
배선 전압강하			□ 양호 □ 불량			
충전 전압						
충전 전류						

(4) 발전기 다이오드 및 로터 코일과 브러시 마모 상태를 측정하고, 판정 및 정비(또는 조치)사항을 기록하시오.

자동차 번호 :			비번호		지도교수 확 인	
측정 항목	① 측정(또는 점검)		② 판정 및 정비(또는 조치)사항			득점
	측정값	규정(정비한계)값	판정(□에 "✔" 표)	정비 및 조치할 사항		
(+)다이오드	(양: 개), (부: 개)		□ 양호 □ 불량			
(−)다이오드	(양: 개), (부: 개)					
트리오다이오드	(양: 개), (부: 개)					
브러시						
로터 코일저항						

(5) 주어진 차량에서 발전기 충전전류 파형을 측정 및 파형상태를 기록하시오.

<table>
<tr><td>기관 번호 :</td><td>비번호</td><td></td><td>지도교수
확 인</td><td></td></tr>
<tr><td>측정
항목</td><td colspan="3">파형 상태</td><td>득점</td></tr>
<tr><td>파형측정</td><td colspan="3">요구사항 조건에 맞는 파형을 프린트하여 아래 사항을 분석 후 뒷면에 첨부
① 출력된 파형에 불량요소가 있는 경우에는 반드시 표기 및 설명되어야 함.
② 파형의 주요 특징에 대하여 표기 및 설명되어야 함.</td><td></td></tr>
</table>

3.2 고장증상 점검 및 수리방법

(1) 배터리가 방전되어 시동을 걸고 배터리에서 충전전압을 측정해보니 충전전압이 불량하여 발전기를 정품으로 교환한 후 4~6개월 후에 주행 중 전조등 불빛이 약해져서 배터리에서 충전전압을 측정해보니 충전전압이 불량하였으나 발전기 B단자에서 점검해보니 발전기 충전전압은 정상이었다.

① 위 사항과 같은 고장증상이 발생되는 차량에서 시 운전을 하여 고장증상을 확인하고, 고장증상에 대한 확인방법을 작성하시오(도로주행을 통해 어려운 경우 정차상태에서 충전장치를 확인한다).

고장증상	고장증상 확인방법	확 인

② 고장 부위 고장 원인 및 점검방법을 작성하시오.

고장 부위	고장 원인	점검방법	확 인

③ 고장부분을 정비지침서 또는 관련 자료를 참고하여 수리하고, 수리방법과 수리절차를 작성하시오.

수리방법	수리절차	확 인

(2) 배터리가 부풀어 올라 있고 엔진 시동 시나 주행 시 황산 냄새가 난다.

① 위 사항과 같은 고장증상이 발생되는 차량에서 시 운전을 하여 고장증상을 확인하고, 고장증상에 대한 확인방법을 작성하시오(도로주행을 통해 어려운 경우 정차상태에서 충전장치를 확인한다).

고장증상	고장증상 확인방법	확 인

② 고장 부위 고장 원인 및 점검방법을 작성하시오.

고장 부위	고장 원인	점검방법	확 인

③ 고장부분을 정비지침서 또는 관련 자료를 참고하여 수리하고 수리방법과 수리절차를 작성하시오.

수리방법	수리절차	확 인

(3) 엔진 시동을 끄고 점화스위치를 ON 위치에 놓았는데도 충전경고등이 점등되지 않는다.

① 위 사항과 같은 고장증상이 발생되는 차량에서 시운전을 하여 고장증상을 확인하고, 고장증상에 대한 확인방법을 작성하시오(도로주행을 통해 어려운 경우 정차상태에서 충전장치를 확인한다).

고장증상	고장증상 확인방법	확 인

② 고장 부위 고장 원인 및 점검방법을 작성하시오.

고장 부위	고장 원인	점검방법	확 인

③ 고장부분을 정비지침서 또는 관련 자료를 참고하여 수리하고 수리방법과 수리절차를 작성하시오.

수리방법	수리절차	확 인

(4) 엔진 시동이 걸렸는데 충전 경고등이 소등되지 않는다.

① 위 사항과 같은 고장증상이 발생되는 차량에서 시 운전을 하여 고장증상을 확인하고, 고장증상에 대한 확인방법을 작성하시오(도로주행을 통해 어려운 경우 정차상태에서 충전장치를 확인한다).

고장증상	고장증상 확인방법	확 인

② 고장 부위 고장 원인 및 점검방법을 작성하시오.

고장 부위	고장 원인	점검방법	확 인

③ 고장부분을 정비지침서 또는 관련 자료를 참고하여 수리하고 수리방법과 수리절차를 작성하시오.

수리방법	수리절차	확 인

(5) 엔진 시동을 걸었을 때 발전기에서 소음이 발생한다.

① 위 사항과 같은 고장증상이 발생되는 차량에서 시 운전을 하여 고장증상을 확인하고, 고장증상에 대한 확인방법을 작성하시오(도로주행을 통해 어려운 경우 정차상태에서 충전장치를 확인한다).

고장증상	고장증상 확인방법	확 인

② 고장 부위 고장 원인 및 점검방법을 작성하시오.

고장 부위	고장 원인	점검방법	확 인

③ 고장부분을 정비지침서 또는 관련 자료를 참고하여 수리하고 수리방법과 수리절차를 작성하시오.

수리방법	수리절차	확 인

(6) 야간주행 중 계기판 불빛이 약해지고 전조등 불빛이 약해진다.

① 위 사항과 같은 고장증상이 발생되는 차량에서 시운전을 하여 고장증상을 확인하고, 고장증상에 대한 확인방법을 작성하시오(도로주행을 통해 어려운 경우 정차상태에서 충전장치를 확인한다).

고장증상	고장증상 확인방법	확 인

② 고장 부위 고장 원인 및 점검방법을 작성하시오.

고장 부위	고장 원인	점검방법	확 인

③ 고장부분을 정비지침서 또는 관련 자료를 참고하여 수리하고 수리방법과 수리절차를 작성하시오.

수리방법	수리절차	확 인

시동장치 정비

08

시동장치 정비

[Starting System Maintenance]

08
CHAPTER

1 시동장치의 개요

학습목표

시동장치 정비는 차량의 정상적인 엔진시동을 위하여 시동장치의 관련 회로와 시동전동기의 상태를 점검하여 이상 유・무를 정확하게 파악하고 문제의 부분을 수리, 교환하는 능력이다.

① 시동장치의 구조와 작동원리를 파악할 수 있다.
② 정비지침서에 따라 시동장치를 파악하고 관련 장치의 작동상태를 확인할 수 있다.
③ 정비지침서에 따라 시동장치의 고장 원인을 분석할 수 있다.
④ 제조사별 시동장치 종류에 따라 규정값을 기준으로 점검・진단을 할 수 있다.
⑤ 정비지침서에 따라 시동장치의 세부점검목록을 확인하여 고장 원인을 파악할 수 있다.
⑥ 정비지침서에 따라 고장 진단장비를 사용하여 시동장치의 고장 원인을 분석할 수 있다.
⑦ 시동장치 관련 부품의 조정을 위해 관련 장비 및 공구를 선택 및 사용할 수 있다.

⑧ 정비지침서에 따른 교환 · 수리 가능여부를 확인하고 교환 및 수리 후 정상상태를 확인할 수 있다.
⑨ 정비지침서에 따른 관련 부품을 차량에서 탈 · 부착 및 분해 · 조립순서에 맞게 교환할 수 있다.
⑩ 정비지침서에 따라 시동장치의 전기흐름 및 릴레이, 스위치 점검방법에 관한 지식 및 유무선 통신 시동장치를 파악하여 수리할 수 있다.

내연기관은 자력으로 회전할 수 없다. 그러므로 시동 시에는 외부로부터 회전을 시켜야 하기 때문에 시동전동기를 사용한다. 시동전동기는 시동 시 점화스위치 ST위치에서 시동전동기의 피니언이 플라이휠의 링기어와 물려 모터의 힘에 의해 크랭크축을 회전시켜 엔진을 시동시킨다.

그림 1 시동장치

1.1 시동전동기의 원리

시동전동기의 원리는 플레밍의 왼손법칙(fleming′ left hand rule)으로 왼손의 엄지, 인지, 중지를 서로 직각이 되게 펴고 인지를 자력선의 방향으로, 중지를 전류의 방향에 일치시키면 도체에는 엄지의 방향으로 전자력이 작용한다는 법칙이다. 계자

철심 내에 설치된 전기자에 전류를 공급하면 전기자는 플레밍의 왼손법칙에 따르는 방향의 힘을 받는다. 이 원리에 따라 전기자에 전류를 흐르게 하면 전기자 양쪽의 전류 방향이 역으로 되므로 회전력이 작용하여 회전운동을 발생시킨다. 이 회전력은 계자 철심의 자력과 전기자에 흐르는 전류와의 곱에 비례한다.

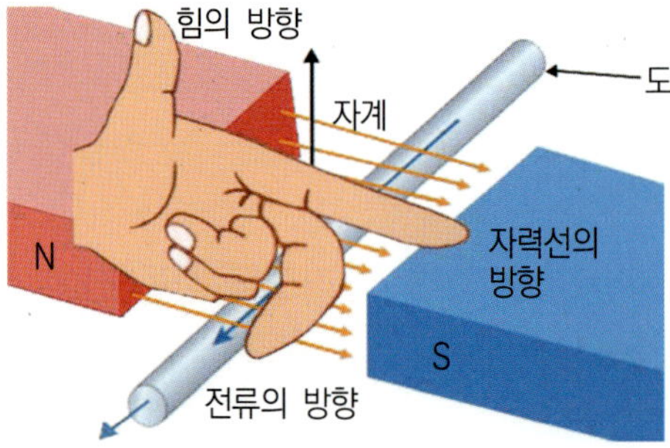

그림 2 플레밍의 왼손법칙

1.2 시동전동기의 구조와 기능

전동기 부분은 회전운동을 하는 부분(전기자와 정류자)과 고정되어 있는 부분(계자 코일, 계자철심, 브러시)으로 구성되어 있다.

그림 3 시동전동기

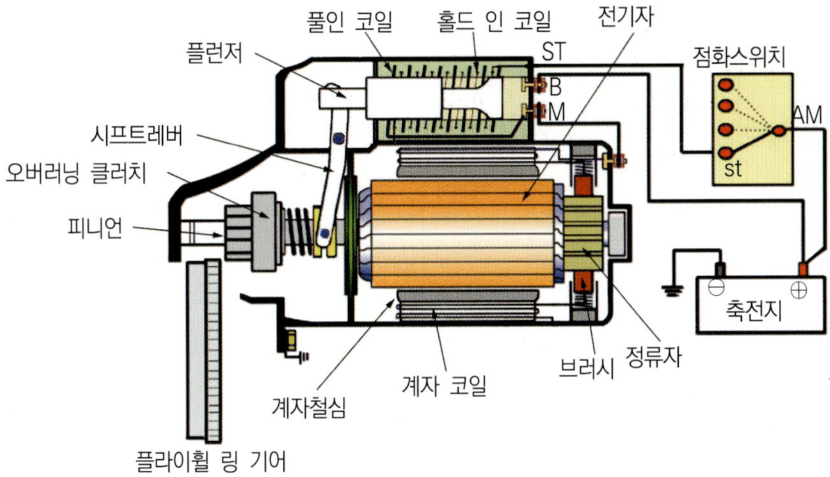

그림 4 시동전동기의 구조

[1] 전기자(armature)

전기자는 회전력을 발생하는 부품으로 철심, 전기자 코일, 정류자로 구성되며, 축 양 끝은 베어링으로 지지되어 자계(계철) 내에서 회전한다. 전기자 축(armature shaft)은 큰 회전력을 받는 부분으로 절손, 변형, 굽힘 등이 일어나지 않도록 베어링 지지부분을 특수강으로 제작하며, 내마멸성을 증대시키기 위하여 담금질되어 있다. 피니언의 섭동부분에는 스플라인이 파여져 있다. 그리고 정류자 편의 아랫부분을 V형 링으로 조여 회전 중 원심력에 의해 이탈되지 않게 하였다.

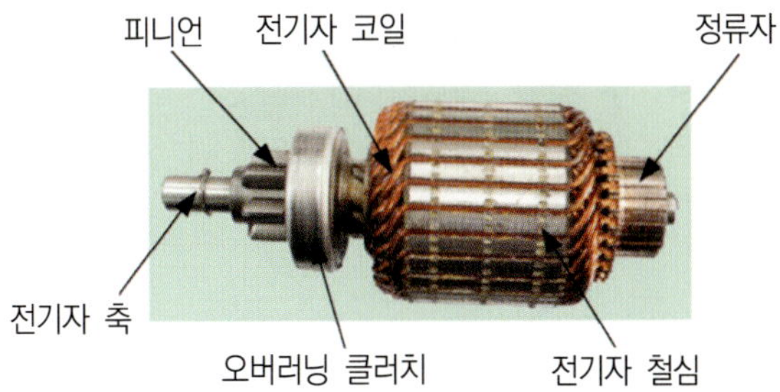

그림 5 전기자 구조

[2] 정류자(Commutator)

경동(硬銅)으로 된 정류자편을 각각 절연하여 원형으로 결합한 것이며, 원심력에 의해 튀어나오지 않도록 V링 및 V형 운모로 고정되어 있다. 운모의 돌출로 인한 브러시와의 접촉 불량을 방지하기 위하여 정류자 편의 표면보다 0.5~0.8mm 낮게 파져 있다.

[3] 계철과 계자철심(yoke & pole core)

(1) 계철(york)

계철은 기동전동기 케이스이며, 보통 강판을 둥글게 만든 통으로 안쪽 면에 계자철심을 열박음하거나 볼트로 지지하고, 자력선의 통로 역할을 하며, 외부로부터의 이물질 유입을 방지하고 힘에 대하여 내부를 보호하는 역할도 한다.

(2) 계자철심(field core)

계자철심은 인발성형강이나 단조강으로 만들었으며, 계자 코일이 감겨져 있으므로 전류가 흐르면 전자석이 된다. 전기자에 접한 곳에는 면적을 크게 하여 자속이 통과하기 쉽게 하고 동시에 계자 코일을 지지하는 역할을 한다. 계자철심의 수에 의해 극수가 정해지며, 4개이면 4극(pole)이 된다.

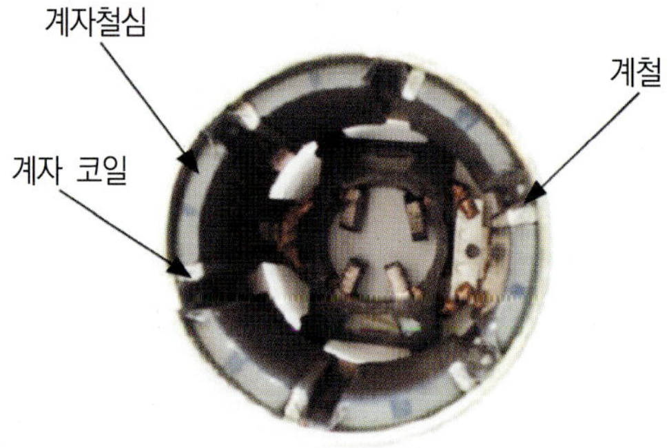

그림 6 계철과 계자철심

[4] 계자 코일(field coil)

계자철심에 감겨져 전류가 흐르면 자력을 일으켜 계자철심을 자화한다. 계자 코일과 전기자 코일은 직류직권 방식이기 때문에 전기자 전류와 같은 큰 전류가 흐르므로 평각 구리선을 사용한다. 코일의 바깥쪽은 테이프를 감거나 합성수지 등에 담가 막을 만든다.

[5] 브러시와 브러시 홀더(brush holder)

브러시는 정류자를 통하여 전기자 코일에 전류를 전달하는 역할을 한다. 일반적으로 3~4개가 설치되는데, 그중 2개는 절연된 브러시 홀더에 지지되어 정류자와 접촉하고, 다른 1~2개는 접지된 브러시 홀더에 지지되어 정류자와 접촉하고 있다.

기동전동기의 브러시는 큰 전류가 흐르기 때문에 금속-흑연계열의 재료를 사용하며, 사용 전압이 높은 것일수록 흑연이 많이 들어 있다. 브러시는 정류자를 거쳐 전기자 코일에 전류를 공급하기 때문에 스프링 장력에 의해 정류자에 압착되며, 브러시 홀더 내에서 상하 섭동한다. 스프링 장력은 브러시의 성질, 진동, 정류, 마멸도 등에 따라 다르나 대략 0.5~1.0kgf/cm^{2}이다. 브러시는 표준길이의 1/3 이상 마모되면 교환하여야 한다.

그림 7 브러시와 브러시 홀더

[6] 솔레노이드스위치(magnetic switch)

솔레노이드스위치에는 시프트 레버를 잡아당기기 위한 플런저와 여자 코일로 되어 있으며, 여자 코일은 플런저를 잡아당기는 풀인 코일(pull in coil)이 잡아당긴 상태를 유지하는 홀드인 코일(hold in coil)로 되어 있다. 점화스위치를 ST위치로 하면 솔레노이드스위치 내의 풀인 코일과 홀드 인 코일이 축전지의 전류로 강력한 전자석이 되어 플런저를 잡아당긴다.

플런저는 시프트레버를 잡아당겨 기동전동기 피니언을 플라이휠 링 기어에 물린다. 이 물림이 완료되는 순간 솔레노이드스위치 내의 접촉판에 의해 B단자와 M단자가 연결되어 기동전동기로 축전지 전류가 흘러 강력한 회전을 시작한다.

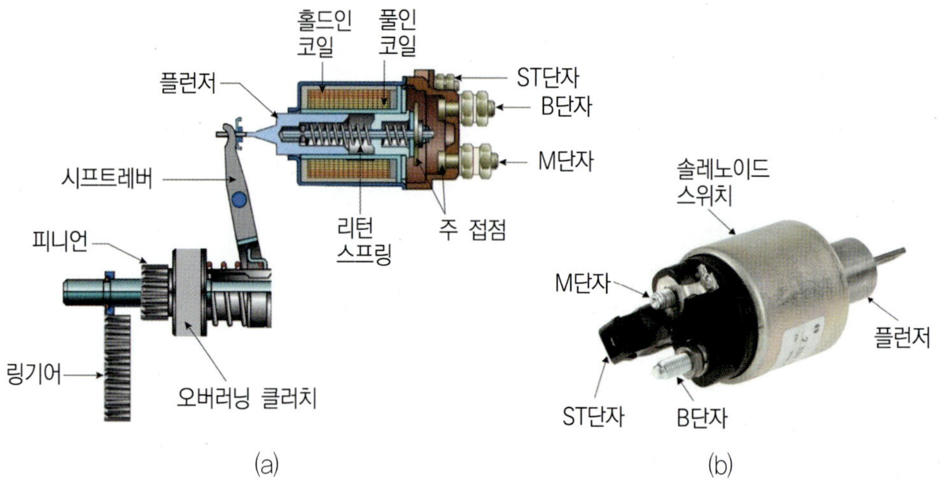

그림 8 솔레노이드스위치의 구조

[7] 전자 피니언 섭동식의 작동

(1) 점화스위치를 ST로 할 때

① 솔레노이드스위치 내의 풀인 코일과 홀드인 코일이 여자되어 전자력으로 플런저를 잡아당겨 기동전동기 피니언을 움직인다.

② 기동전동기 피니언과 플라이휠 링 기어가 물리면 큰 전류가 기동전동기로 흘러 엔진이 회전하고 플런저는 홀드인 코일에 의해 유지되게 된다.

(2) 점화스위치 ON위치

솔레노이드스위치의 풀인 코일과 홀드인 코일을 통해 흐르던 전류가 차단되며, 이때 두 코일에 자화력이 없어져 플런저는 리턴스프링에 의해 복귀한다.

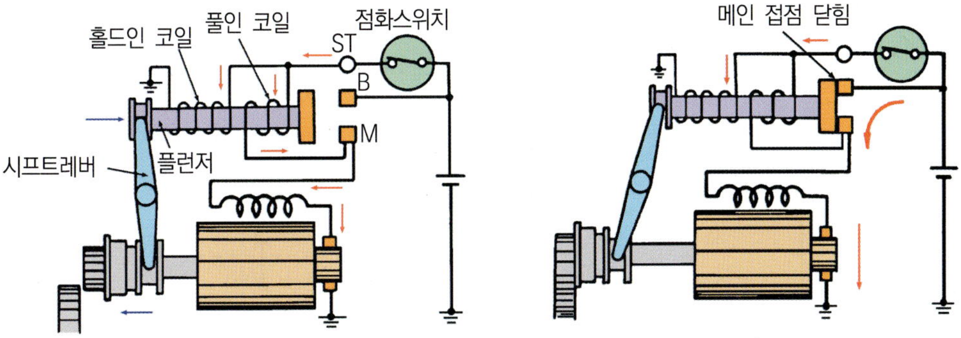

(a) 풀인 코일작동　　(b) 홀드인 코일작동

그림 9 작동회로도

[8] 오버 러닝 클러치(over running clutch)

오버 러닝 클러치(over running clutch)란 기관이 시동된 후 피니언과 플라이휠 링 기어가 물린 상태이므로, 이번엔 반대로 기관에 의해 시동전동기가 고속으로 구동되어 전동기가 손상된다. 이를 방지하기 위해 기관이 시동된 후 피니언이 공전하여 시동전동기가 구동되지 않도록 하는 장치를 말한다. 종류에는 롤러 형식, 스프래그 형식, 다판 클러치 형식 등이 있다.

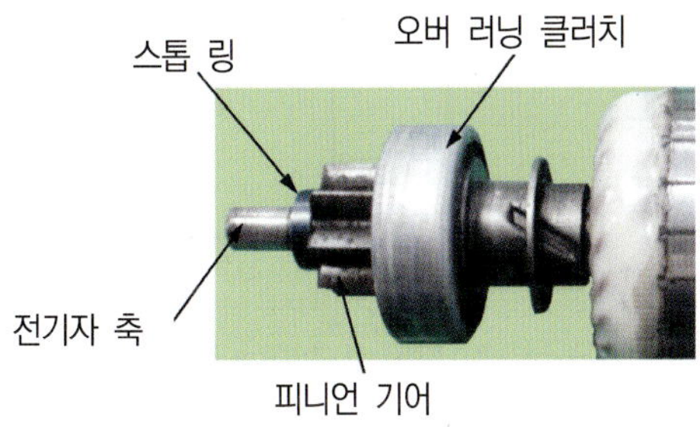

그림 10 오버 러닝 클러치

[9] 시동회로 전류의 흐름

① 배터리(+) → 이그니션 퓨저블 링크(30A) → 이그니션 스위치 AM단자 → 실내정션박스 → 인히비터 스위치 → 스타트 릴레이 B6단자 → 접지 G15

② 이스니션 퓨즈블 링크 30A → 스타트 릴레이 → 스타팅 모터 ST단자 → 접지

③ 배터리(+) → 시동전동기 B단자 → 접지

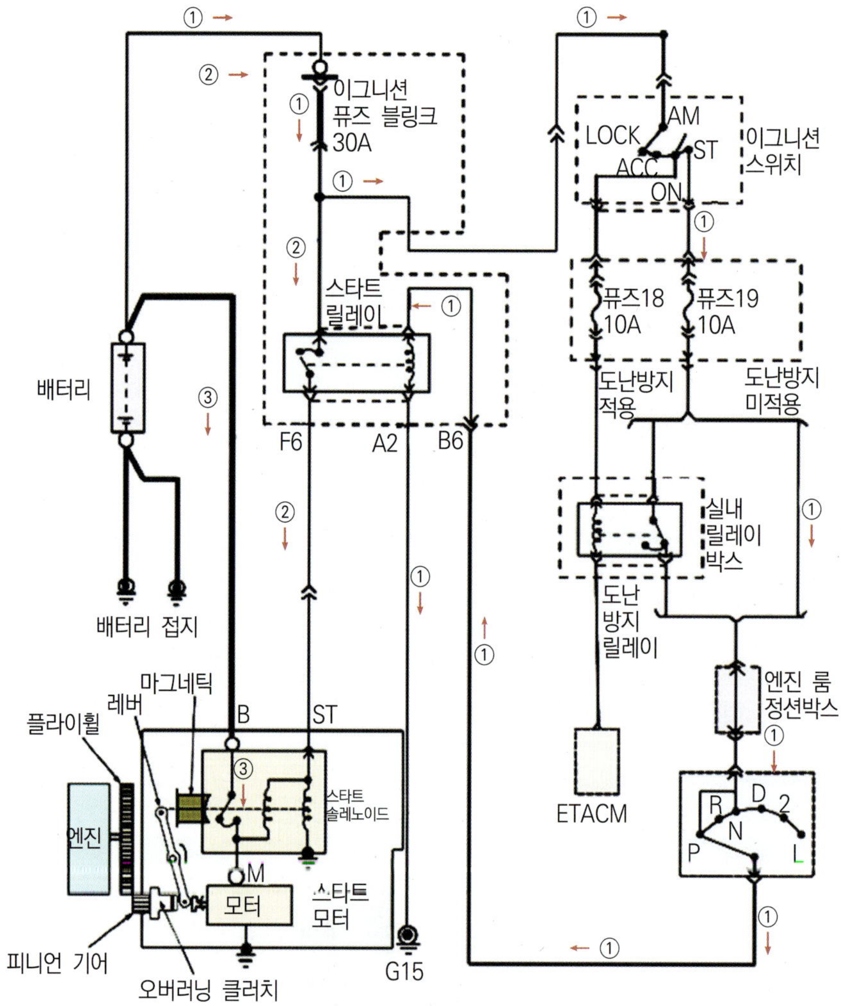

그림 11 시동회로도(A/T)

[10] 리모컨 스타터(remote starter)

리모컨 스타터는 리모컨으로 차량의 시동을 거는 것을 말한다. 이러한 원격 시동은 반드시 경계상태에서만 가능하다.

사용자가 리모컨의 시동 버튼을 누르면 5초 동안 시동 허가 타이머가 작동한다. 이때 리모컨의 록 버튼을 누르면 즉시 원격 시동 데이터가 송신한다. 전장제어 ECU에서 시동 데이터가 수신되면 원격 시동 조건 확인 후 이상이 없으면 IG1 릴레이를 구동시키고 4초 후 시동 릴레이를 구동한다. 만약 시동이 걸리지 않을 경우에는 3번에 걸쳐 재시동 출력을 낸다.

시동릴레이 구동 중 발전기 "L"단자 출력이 나오면 출력을 멈춘다. 그리고 시동이 걸린 후 30초 후 IG2 릴레이를 구동시켜 공조장치 가동을 가능하게 한다. 비상등 램프는 시동 데이터 수신 이후부터 시동이 걸릴 때까지 0.6초 주기 50% 듀티로 구동시키고, 시동 이후 3초 ON, 1초 OFF로 구동된다. 다음 다섯 가지 경우에는 엔진 시동이 금지된다.

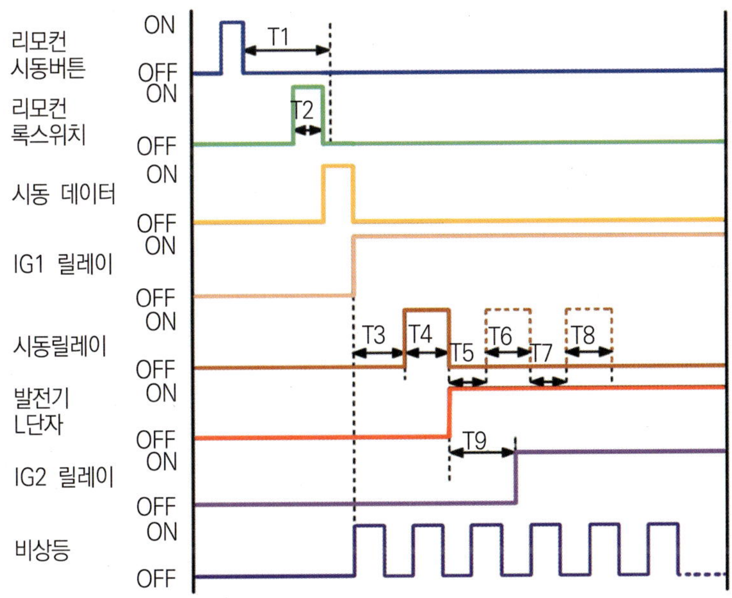

그림 12 리모컨 스타터의 타임 차트

[표 1. 리모컨 스타터의 차종별 제어시간]

차종	제어 시간	차종	제어 시간
아반떼 XD	T1 : 5±0.5초 T2 : 1초 이상 T3 : 4±0.2초 T4 : 1초 T5 : 2±0.2초 T6 : 1.5초 T7 : 2±0.2 초 T8 : 2초 T9 : 30±3초	그랜저 XG	T1 : 5±0.5초 T2 : 1초 이상 T3 : 4±0.2초 T4 : 2±0.2초 T5 : 2±0.2초 T6 : 2.5±0.2초 T7 : 2±0.2 초 T8 : 3±0.3초 T9 : 30±3초

첫째 원격 시동 중 또는 시동 후에 리모컨에 의한 엔진 정지 데이터가 출력된 경우, 즉 엔진 버튼을 누르고 5초 이내에 언록 버튼을 누른 경우이다. 둘째는 원격 시동 후 10분이 경과하면 원격 시동은 해제된다. 셋째는 원격 시동 후에 도어를 연 경우이다. 즉, 리모컨에 의하여 언록된 이후 운전자에 의하여 문이 열리면 IG2 릴레이를 OFF한다. 여기서 30초가 경과되면 리모트 스타트 기능을 해제한다.

만약 30초 이전이라도 IG2 전원이 ETACS로 입력되면 리모트 스타트 기능을 해제한다. 넷째는 원격 시동으로 시동이 걸린 후 4초 후 "엔진 체크 램프"가 점등되어 있으면 시동 기능을 해제한다. 단 엔진 경고등 점등 시 크랭킹은 가능하다. 다섯째는 원격 시동 중 혹은 시동 후 경보 조건에 돌입하거나 변속레버 "P" 위치, 주차 브레이크 OFF 등의 경우에도 리모트 스타트 기능을 해제한다.

[11] 점화스위치

(1) 키스위치 기능

① LOCK : 키를 삽입하거나 뽑는 위치이다.

② ACC : 엔진 시동을 걸지 않고도 전기장치(라디오, 시가라이터 등)의 일부를 사용할 수 있다.

③ ON : 엔진이 작동하기 전후에 모든 전기장치를 사용할 수 있는 위치이다.

④ START : 엔진 시동을 거는 위치이다. 시동이 걸려서 손을 떼면 ON위치로 되돌아 간다.

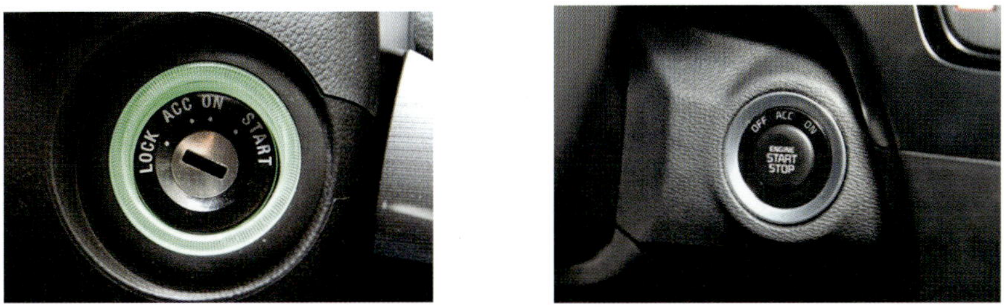

(a) 키 실린더　　　(b) 시동버튼

그림 13 키스위치

(2) 시동방법

① 주차브레이크를 당긴다.

② 변속기를 중립에 놓는다(자동변속기는 P 또는 N 위치로 한다).

③ 키스위치를 START 위치로 하여 시동을 건다.

[12] 시동전동기 고장 원인 및 정비

(1) 시동전동기가 회전되지 않는다.

① 배터리 충전전압이 낮다 – 배터리 충전 또는 배터리 교환

② 배터리 케이블 단자 느슨해짐 또는 부식 – 케이블 단자 조임 또는 교환

③ 자동변속기 인히비터 스위치 불량 – 인히비터 스위치 조정 또는 교환

④ 수동변속기 클러치 페달 스위치 불량 – 클러치 페달 스위치 교환

⑤ 퓨즈블 링크 불량 – 퓨즈블 링크 교환

⑥ 엔진에서 차체로 연결된 접지선 접촉 불량 – 접지선 수리 또는 교환

⑦ 점화스위치 불량 – 점화스위치 교환

⑧ 시동전동기 불량 – 시동전동기 수리 또는 교환

⑨ 스타트 릴레이 불량 – 스타트 릴레이 교환

(2) 시동전동기 회전이 느리다.

① 배터리 전압이 낮다 – 배터리 충전 또는 교환

② 배터리 케이블의 조립 불량 – 케이블 조임 또는 교환

③ 시동전동기 불량 – 시동전동기 수리 또는 교환

(3) 시동전동기가 멈추지 않고 계속 회전한다.

① 시동전동기 불량 – 시동전동기 수리 또는 교환

② 점화스위치 불량 – 점화스위치 교환

(4) 시동전동기는 회전하나 엔진이 회전하지 않는다.

① 배선의 단락 – 배선 수리 또는 교환

② 피니언 기어가 부러졌거나 전동기의 결함 – 시동전동기 교환

③ 링기어의 기어가 부러짐 – 플라이휠 링기어 또는 토크컨버터 교환

(5) 시동 시 시동모터에서 "딸깍"하는 소리만 나고 크랭킹이 안 된다.

① 배터리 전압이 낮다 – 배터리 충전 또는 교환

② 시동모터에 연결된 B단자 헐거움 – B단자 조임

③ 엔진에서 차체로 연결된 접지선 접촉 불량 – 접지선 수리 또는 교환

④ 점화스위치 ST단자와 시동모터 ST단자 간 배선불량 – 배선 수리 또는 교환

2 시동장치 정비

학습목표

① 시동장치 정비 전 정비지침서를 숙지하여 실습순서를 정하고 공구 및 실습 기기와 재료 등을 충분히 준비한다.

② 실습장 및 주위를 깨끗이 정리정돈하고 유류 등의 인화성 물질은 안전하게 별도로 보관하며, 소화기를 비치하여 화재사고에 대비한다.

③ 시동장치 정비 시작 전 안전교육을 실시한다.

④ 복잡한 부분을 분해할 경우에는 조립작업을 쉽게 하기 위하여 기능상이나 외관상 악영향이 없는 부분에 각인(刻印) 또는 조립 표시등을 하여 둔다.

⑤ 부품을 분해하면서 조립되었던 상태 · 변형 · 오작동 부분 및 손상 등을 점검한다.

⑥ 분해한 부품은 순서대로 잘 정리하여야 하며, 교환하여야 하는 부품과 다시 사용할 부품을 구분하여 정리하고, 다시 사용할 부품은 충분히 청소 및 세척을 한다.

⑦ 정비 시 부품을 떨어뜨리지 않도록 하며 작업장 바닥에 이물질이 있으면 즉시 닦아낸다.

⑧ 볼트 및 너트 체결 시 적절한 공구를 사용하며, 정비지침서에 규정된 토크로 조인다.

⑨ 배터리단자 연결 시 불꽃이 발생하지 않도록 한다.

⑩ 전류측정 시 단자 방향에 주의한다.

⑪ 시동전동기 점검 시 시험기가 손상되지 않도록 주의하고 시험기 리드선 극성을 정확히 연결한다.

⑫ 시동전동기 회전 시 접촉이 되지 않도록 주의한다.

⑬ 무부하 및 부하시험을 할 경우 모든 점검은 짧은 시간(15초)에 완료한다.

⑭ 시동전동기를 차량에서 탈 · 부착 시 이물질이 눈에 들어가지 않도록 주의한다.

⑮ 실습 종료 후 실습장 주위의 정리정돈을 깨끗이 한다.

필요한 장비

공구 및 측정기기		실습 재료	기타
* 일반 공구세트 * 특수공구 * 작업등 * 에어공구 * 전동공구 * 토크렌치 * 납땜인두 * 비중계 * 전류계 * 전압계 * 그로울러 테스터기 * 버니어캘리퍼스	* 회전계 * 오실로스코프 * 종합진단기 * 스프링 저울 * 곧은자 * 안전보호구(방독면, 방진마스크, 보안경, 보호 장갑, 방진 보호복, 작업복)	* 시동전동기 * 퓨즈 * 하네스(배선, 커넥터) * 축전지 * 시동릴레이 * 걸레 * 점화스위치 * 인히비터 스위치 * 브러시 * 브러시 스프링 * 샌드 페이퍼 * 가솔린 또는 디젤차량	정비 지침서

2.1 시동전동기 탈 · 부착

① 엔진커버를 탈거한다.

② 에어닥트 고정클립을 탈거한다.

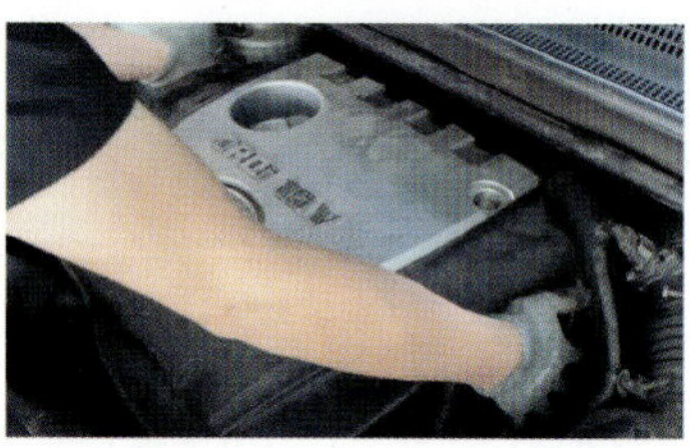

그림 14 엔진커버 탈거

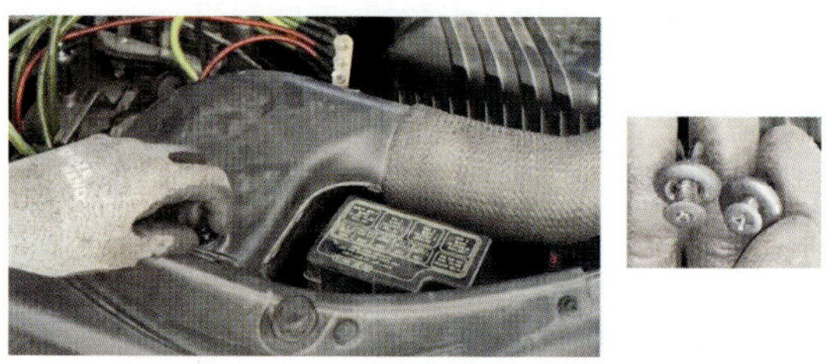

그림 15 에어덕트 고정 클립 탈거

③ 에어닥트를 손으로 접어 돌리면서 탈거한다.

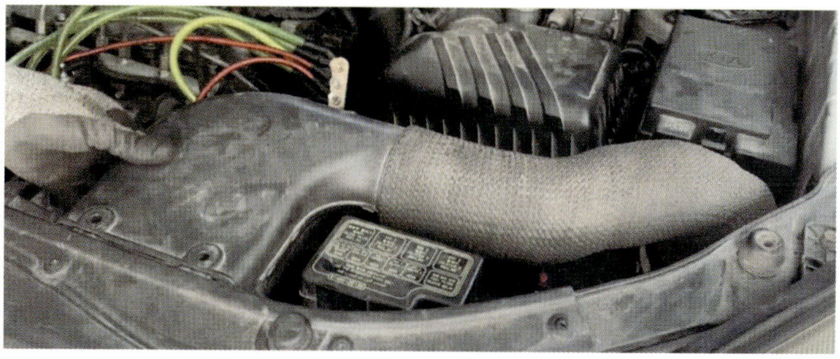

그림 16 에어닥트 탈거

④ 배터리 (−)단자와 (+)단자를 탈거한다.

(a) (−)단자 탈거

(b) (+)단자 탈거

그림 17 배터리 단자 탈거

⑤ 배터리 고정 볼트 및 고정 브래킷을 탈거한다.

그림 18 배터리 고정 브래킷 탈거

⑥ 배터리를 탈거한다.

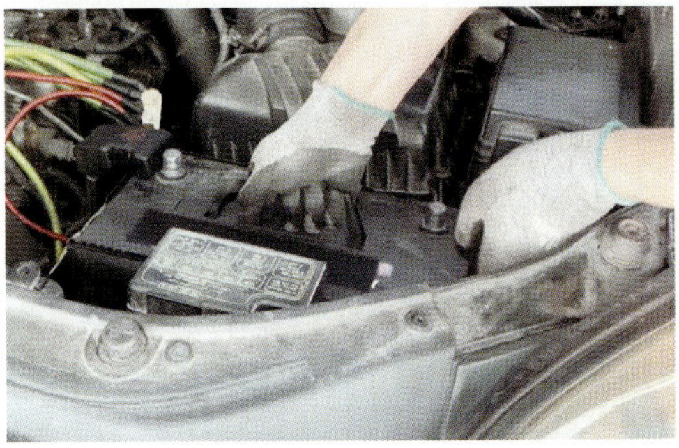

그림 19 배터리 탈거

⑦ 에어크리너 통 고정 볼트를 탈거하고 앞쪽 클램프를 탈거한다.

(a) 고정 볼트 탈거

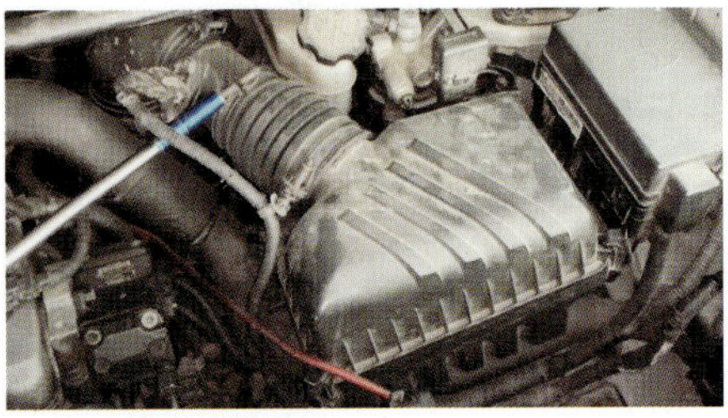

(b) 클램프 탈거

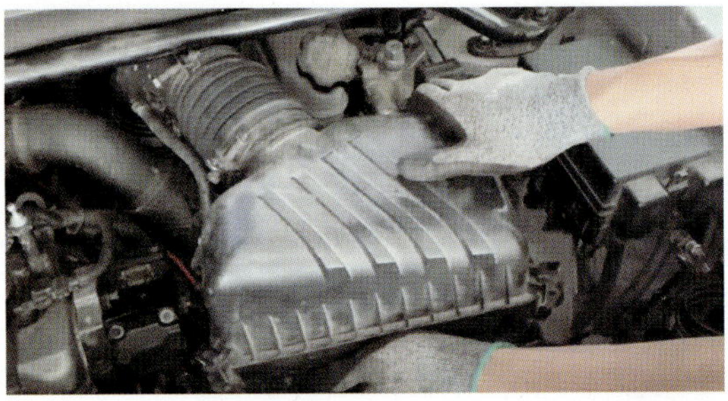

(c) 에어크리너 통 탈거

그림 20 에어크리너 통 탈거

⑧ 배터리 거치대 고정 볼트를 탈거하고 배터리 거치대를 탈거한다.

⑨ 인터쿨러 호스 클램프를 플라이어와 일자드라이버 또는 소켓을 이용하여 탈거하고, 고착된 인터쿨러 호스를 좌우로 비틀어 가면서 탈거한다.

(a) 고정 볼트 탈거

(b) 거치대 탈거

그림 21 배터리 거치대 탈거

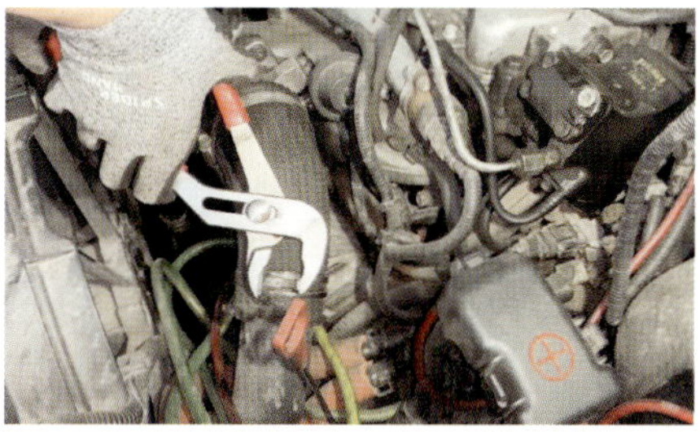

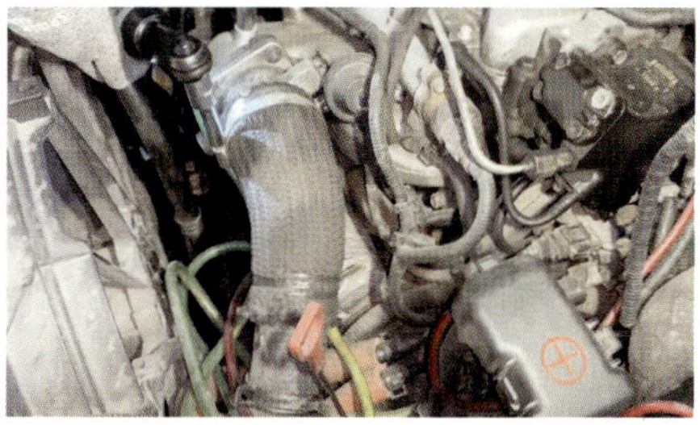

(a) 클램프 탈거

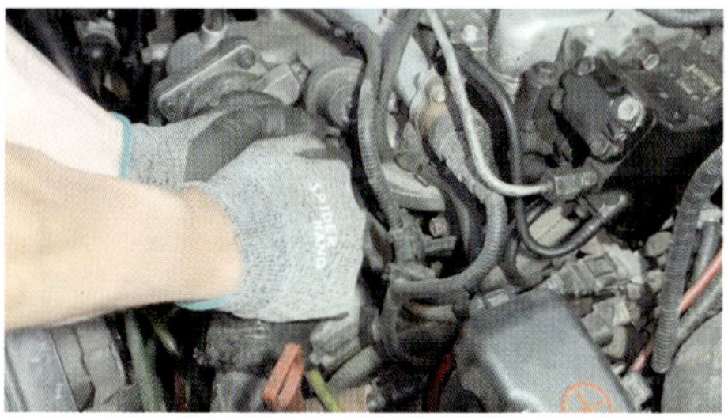

(b) 호스 탈거

그림 22 인터쿨러 호스 탈거

⑩ 차량 아래에서 St단자와 B단자 커넥터를 탈거한다. St단자는 롱로즈를 사용해 누르는 부분이 아닌 걸린 쪽을 눌러주면서 탈거하면 쉽게 탈거된다. B단자는 고무커버를 벗기고 B단자 커넥터 고정 볼트를 탈거한다.

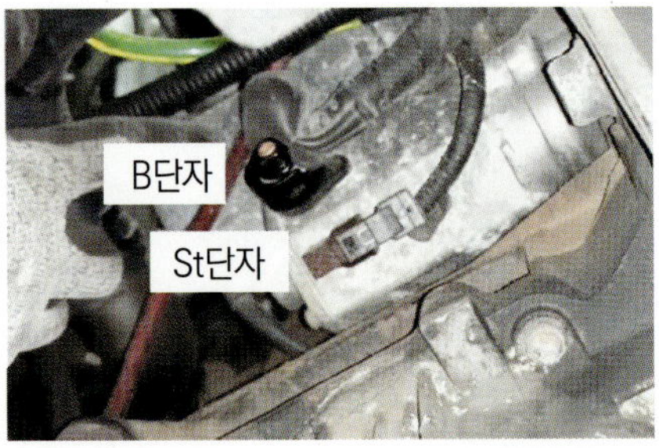

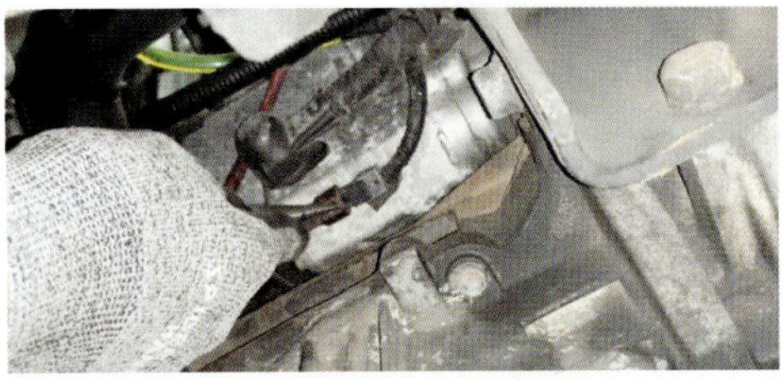

(a) St단자 탈거

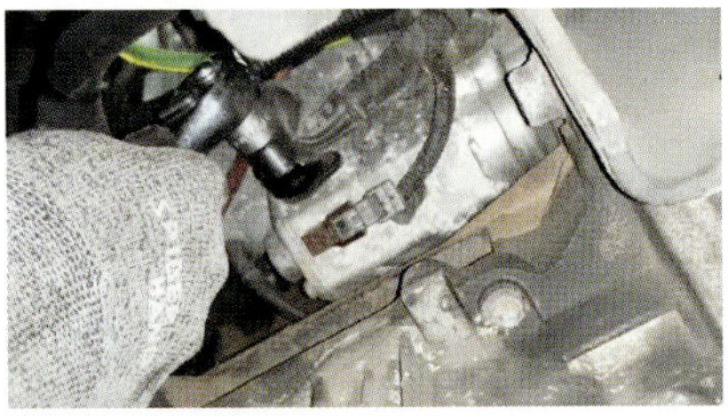

(b) B단자 탈거

그림 23 St단자와 B단자 탈거

⑪ 변속기 측에서 시동전동기 고정 볼트를 탈거하고 시동전동기를 탈거한다. 고정 볼트 머리가 확실히 소켓에 물렸는지 확인하고 고정 볼트를 탈거하는데 접지선도 볼트와 같이 물려있으므로, 조립 시 볼트를 다시 조립할 때 접지선과 함께 조립해야 한다.

(a) 고정 볼트

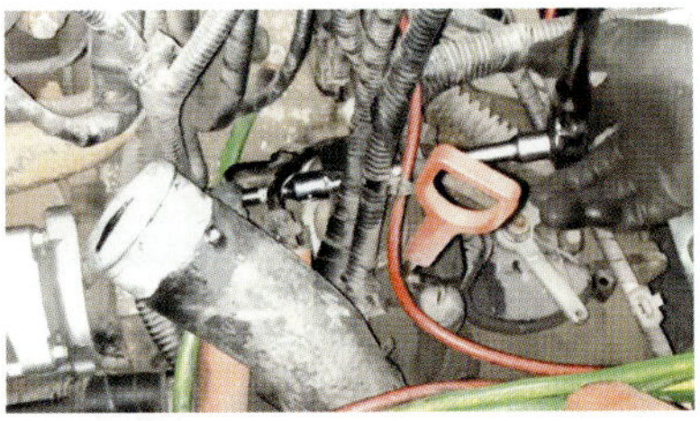

(b) 고정 볼트 탈거

(c) 접지선 탈거

(d) 시동전동기 탈거

그림 24 시동전동기 탈거

⑫ 시동전동기 장착은 탈거의 역순으로 진행한다.

2.2 시동전동기 분해 · 조립

그림 25 기동전동기의 구조

① 솔레노이드스위치 M단자(또는 F단자라고도 함)의 커넥터를 분리한 후 고정 스크루를 풀고 솔레노이드스위치를 분리한다.

그림 26 M단자 분리

그림 27 솔레노이드스위치 분리

② 리어 커버에서 관통 볼트(2개)를 탈거한다.

③ 엔드 프레임과 전기자를 탈거한다.

그림 28 관통 볼트 탈거

그림 29 엔드 프레임과 전기자 탈거

④ 전기자를 엔드 프레임에서 탈거한다.

그림 30 전기자 탈거

⑤ 엔드 프레임에서 시프트 포크와 쿠션고무를 탈거한다.

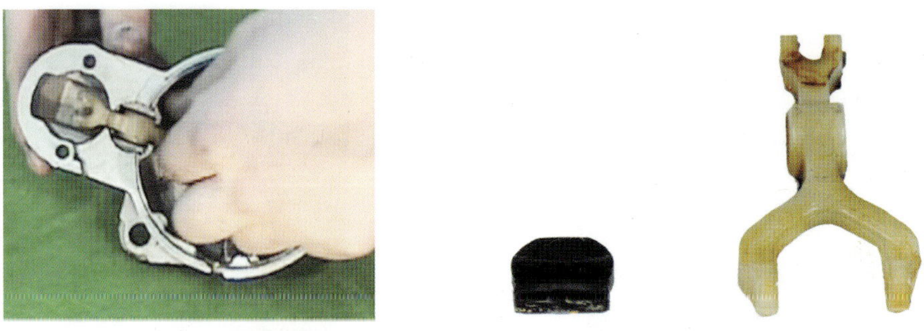

그림 31 시프트 포크 및 쿠션고무 탈거

⑥ 리어 커버에서 접지 스크류를 풀고 리어 커버를 탈거한다.

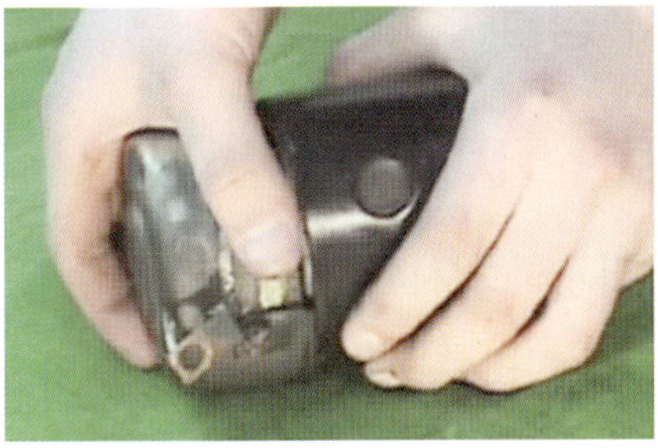

그림 32 리어 커버 탈거

⑦ 계자 코일 어셈블리에서 브러시 홀더를 탈거한다.

그림 33 브러시 탈거

⑧ 조립은 분해의 역순으로 작업한다.

⑨ 조립이 완료되면 B단자에 배터리 ⊕를 시동전동기 몸체에 배터리 ⊖단자를 연결한 후 St단자를 B단자에 접촉시켜 작동시험을 한다.

그림 34 시동전동기 작동시험

2.3 전기자 및 정류자 점검

[1] 그로울러 시험기로 전기자 코일 점검

(1) 전기자 코일의 단선(개회로)시험

① 전원스위치를 OFF로 한 상태에서 그로울러 테스터의 V형 철심 위에 전기자를 올려놓는다.

② 전원스위치를 ON으로 한 다음 출력 및 입력 선택스위치를 모두 H쪽으로 한다.

③ 테스터의 리드선을 서로 접속시켜 그로울러 테스터의 램프에 점등이 되는지 점검한다.

④ 테스터 리드선의 프로브를 정류자 편에 각각 접속하여 테스터의 램프에서 점등 여부를 점검한다.

⑤ 이때 테스터 램프가 점등되면 정상이고, 점등되지 않으면 단선된 상태이다.

그림 35 전기자 단선시험

(2) 전기자의 단락시험

① 그로울러 테스터의 V형 철심 위에 전기자를 올려놓는다.

② 전원스위치를 ON으로 한 다음 출력 및 입력 선택스위치를 모두 H쪽으로 한다.

③ 얇은 철판을 전기자 철심 위에 평행하게 댄 다음 전기자를 천천히 회전시키면서 철판이 흡입되거나 진동 여부를 점검한다.

④ 흡입 또는 진동이 없으면 정상이다.

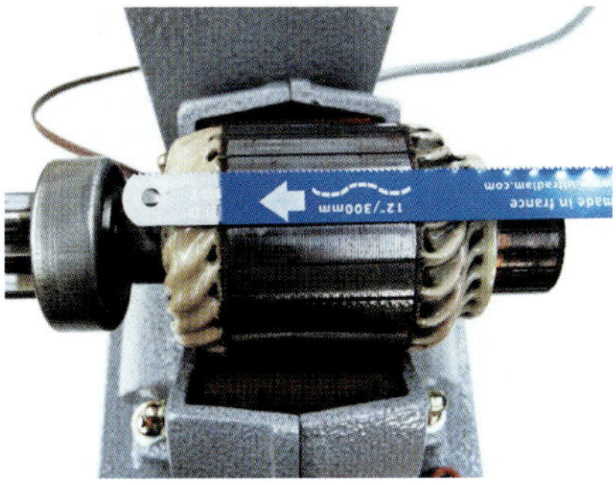

그림 36 전기자 단락시험

(3) 전기자의 접지시험

① 그로울러 테스터의 V형 철심 위에 전기자를 올려놓는다.

② 전원스위치를 ON으로 한 다음 출력 및 입력 선택스위치를 모두 H쪽으로 한다.

③ 테스터의 리드선을 서로 접속시켜 그로울러 테스터의 램프에 점등이 되는지 점검한다.

④ 테스터 리드선의 프로브를 전기자 철심과 정류자 편에 접속하였을 때 테스터 램프에 점등이 되지 않으면 정상이다.

그림 37 접지시험

[2] 회로시험기로 전기자, 정류자, 계철 점검

(1) 전기자 코일 단선시험(통전시험)

① 회로시험기의 셀렉터를 저항 $\times 1\Omega$ 레인지에 설정한다.

② 회로시험기의 (+)단자를 전기자의 정류자 편에 연결한다.

③ 회로시험기의 (−)단자를 전기자 정류자 다른 편에 연결한다.

④ 눈금판에 나타나는 저항값을 기록한다.

⑤ 전기자를 회전(360° 회전)시키면서 각 정류자 편 사이의 저항을 측정한다.

⑥ 판정 : 0Ω이 나오면 정상이다.

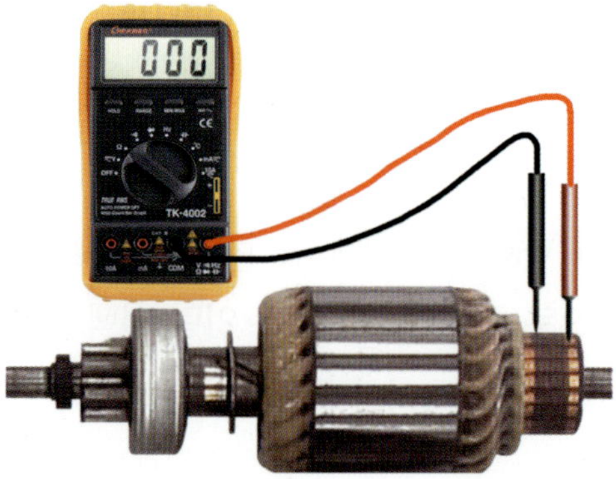

그림 38 전기자 코일의 단선시험

(2) 전기자 코일 접지시험

① 회로시험기의 셀렉터를 저항 ×1Ω 레인지에 설정한다.

② 회로시험기의 (+)단자를 전기자의 정류자 편에 연결한다.

③ 회로시험기의 (−)단자를 전기자 몸체에 연결한다.

④ 눈금판에 나타나는 저항값을 기록한다.

⑤ 전기자를 회전(360° 회전)시키면서 각 정류자 편과 전기자 몸체 사이의 저항을 측정한다.

⑥ 판정 : ∞Ω이 나오면 정상이다.

그림 39 전기자 코일의 접지시험

(3) 정류자 세그먼트 홈 깊이(언더컷)

정류자 세그먼트 사이의 몰드 깊이가 한계값 이하이면 교환한다.

① 표준 깊이 : 0.5~0.8mm

② 한계값 : 0.2mm

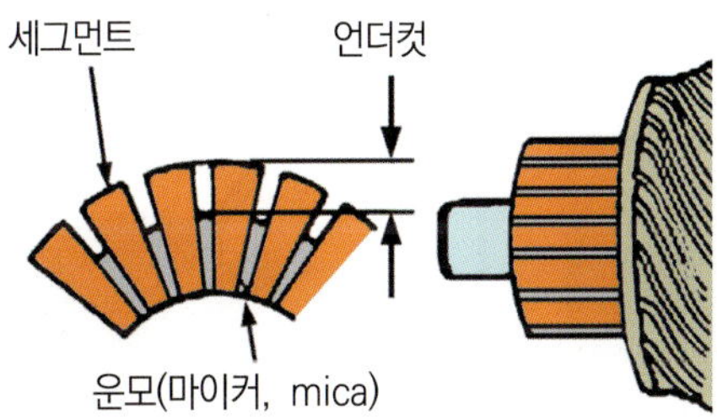

그림 40 정류자 세그먼트 홈 깊이 점검

(4) 계자 코일 단선시험(도통시험)

① 회로시험기의 셀렉터를 저항 × 1Ω 레인지에 설정한다.

② 회로시험기의 (+)단자를 계자 코일의 한 선에 연결한다.

③ 회로시험기의 (−)단자를 계자 코일의 다른 선에 연결한다.

④ 눈금판에 나타나는 저항값을 기록한다.

⑤ 계자 코일의 각 선 사이의 저항을 돌아가면서 측정한다.

⑥ 판정 : 0Ω이 나오면 정상이다.

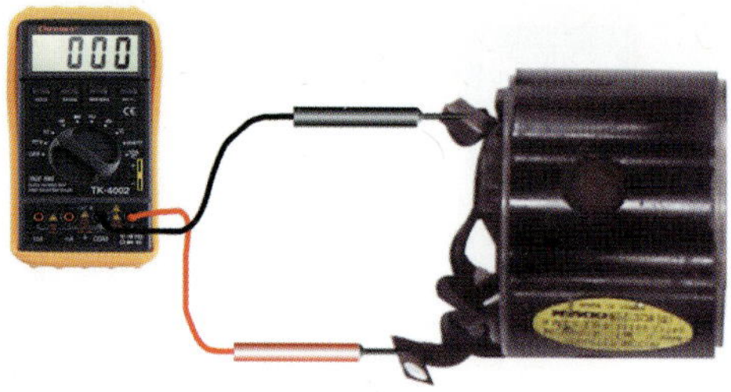

그림 41 계자 코일 단선시험

(5) 계자 코일 접지시험

① 회로시험기의 셀렉터를 저항 × 1Ω 레인지에 설정한다.

② 회로시험기의 (+)단자를 계자 코일의 한 선에 연결한다.

③ 회로시험기의 (−)단자를 계자 코일의 몸체에 연결한다.

④ 눈금판에 나타나는 저항값을 기록한다.

⑤ 계자 코일의 각 선과 몸체 사이의 저항을 돌아가면서 측정한다.

⑥ 판정 : ∞Ω(무한대)이 나오면 정상이다.

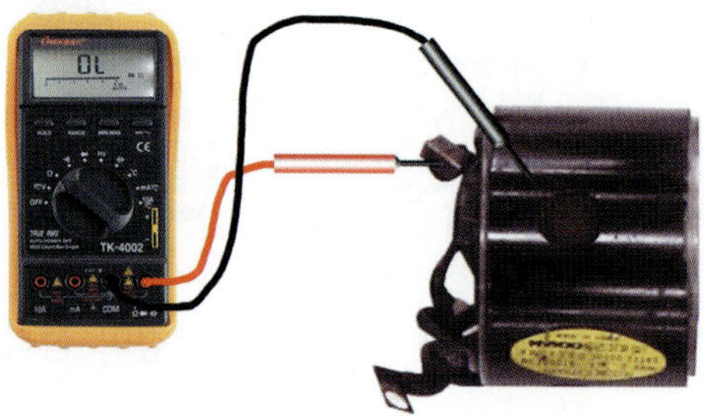

그림 42 계자 코일 접지시험

2.4 브러시 점검 및 교환

[1] 브러시 길이 점검

브러시 길이는 버니어캘리퍼스나 곧은 자를 이용하여 측정하며 표준 길이의 1/3 이상 마멸된 경우에는 교환한다.

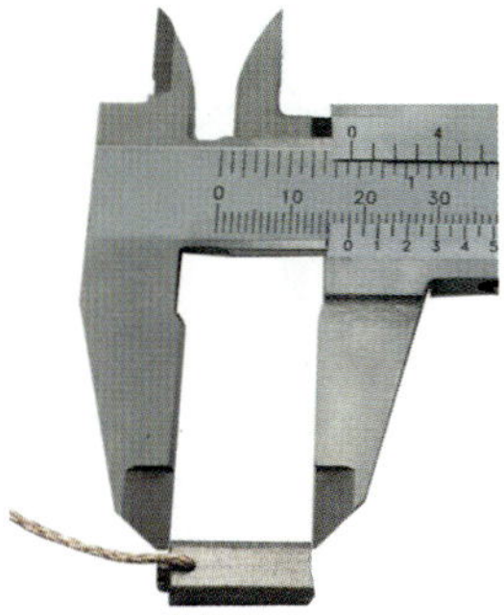

그림 43 브러시 길이 점검

[2] 브러시와 브러시 홀더 점검

회로시험기로 (+)측 브러시와 브러시 홀더 사이의 통전을 점검하여 도통되면 홀더 어셈블리를 교환한다.

그림 44 브러시와 브러시 홀더 점검

[3] 브러시 스프링장력 점검

① 스프링 저울을 준비한다.

② 스프링 저울의 훅을 브러시 스프링에 건다.

③ 브러시 스프링의 중심 부분을 고정시킨다.

④ 스프링 저울을 위로 잡아당긴다.

⑤ 브러시 스프링이 움직이는 시점에서의 값을 기록한다.

⑥ 판정 : 스프링 장력은 0.5~1.0kgf/cm^2 정도이며, 규정 장력의 60~70% 정도이면 정상이다.

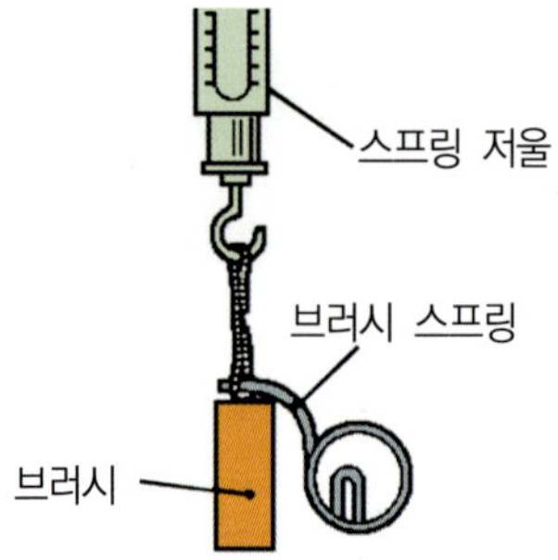

그림 45 브러시 스프링장력 점검

[4] 브러시 교환방법

① 계자 코일 브러시를 교환할 경우에는 피그테일(pig tail)이 손상되지 않도록 마멸된 브러시를 빼낸다.

② 납땜이 잘되도록 피그 테일 끝을 샌드페이퍼로 가공한다.

③ 피그 테일 끝을 납땜한다.

④ 접지 브러시를 교환할 경우에는 리테이너링 스프링 뒤를 지지하고 있는 브러시를 밀어서 빼낸다.

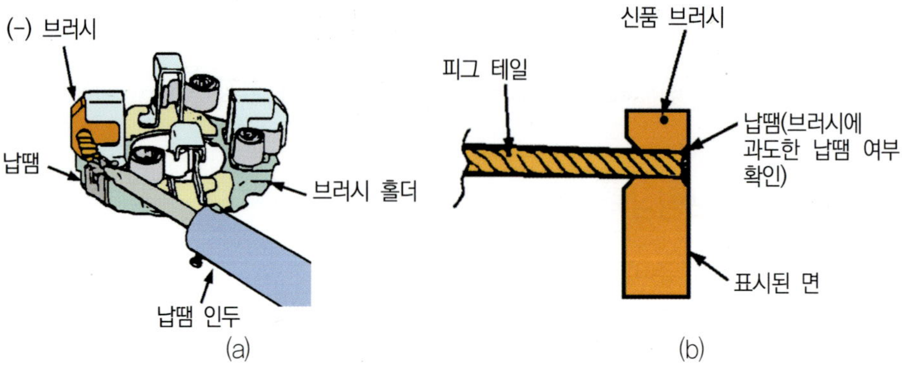

그림 46 브러시 교환 방법

2.5 솔레노이드스위치 점검

[1] 회로시험기로 점검

(1) 풀인 코일 점검

① 회로시험기의 셀렉터를 저항 × 1Ω 레인지에 설정한다.

② 회로시험기의 (+)단자를 솔레노이드스위치 ST단자에 연결한다.

③ 회로시험기의 (−)단자를 솔레노이드스위치의 M단자에 연결한다.

④ 눈금판에 나타나는 저항값을 측정한다.

⑤ 판정 : 5Ω 이하가 나오면 정상이다.

그림 47 풀인시험

(2) 홀드인 코일 점검

① 회로시험기의 셀렉터를 저항 × 1Ω 레인지에 설정한다.

② 회로시험기의 (+)단자를 솔레노이드스위치의 ST단자에 연결한다.

③ 회로시험기의 (−)단자를 솔레노이드스위치의 몸체에 연결한다.

④ 눈금판에 나타난 저항값을 기록한다.

⑤ 판정 : 3Ω 이하가 나오면 정상이다.

그림 48 홀드인 코일시험

(3) 솔레노이드스위치 단락시험

① 회로시험기의 셀렉터를 저항 × 1Ω 레인지에 설정한다.

② 회로시험기의 (+)단자를 M단자에 연결한다.

③ 회로시험기의 (−)단자를 B단자에 연결하여 도통시험을 한다.

④ 판정 : 도통되면 불량이다.

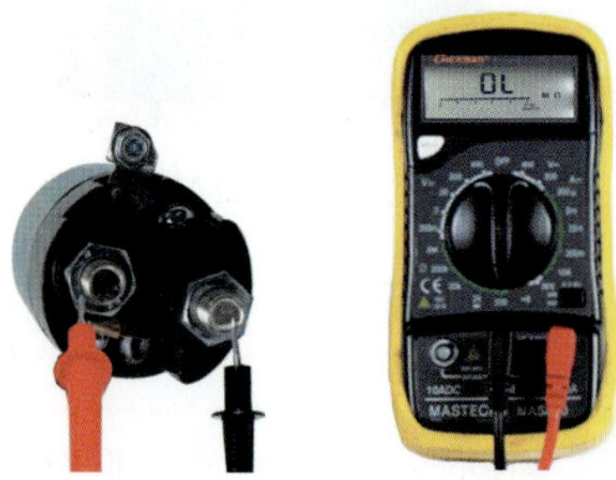

그림 49 솔레노이드스위치 단락시험

[2] 솔레노이드스위치 작동 점검

(1) 풀인시험(Pull-In Test)

① 솔레노이드스위치 M단자에서 배선을 분리한다.

② 솔레노이드스위치 ST단자와 M단자 사이에 12V 축전지를 연결한다. 이때 시험은 10초 이내로 하여야 한다.

③ 배터리를 연결하였을 때 플런저를 잡아당기면 정상이다. 배터리를 제거하면 다시

플런저가 원위치되어야 한다. 움직이지 않으면 솔레노이드스위치를 교환한다.

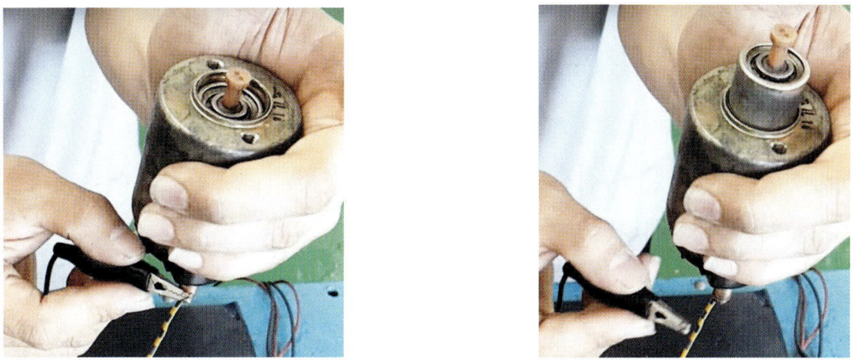

(a) 플런저 당김　　　(b) 플런저 원위치

그림 50 축전지로 풀인시험

(2) 홀드인시험(Hold - In Test)

① 솔레노이드스위치 M단자에서 커넥터 배선을 분리한다.

② 플런저를 손으로 누른 상태에서 St단자에 배터리 (+)단자, 솔레노이드 바디에 배터리(-)를 연결한다. 이 시험은 솔레노이드 코일이 손상될 염려가 있으므로 10초 이내에 시행하여야 한다.

③ 플런저에서 손을 이탈해도 플런저가 잡아당긴 상태를 유지하면 정상이다.

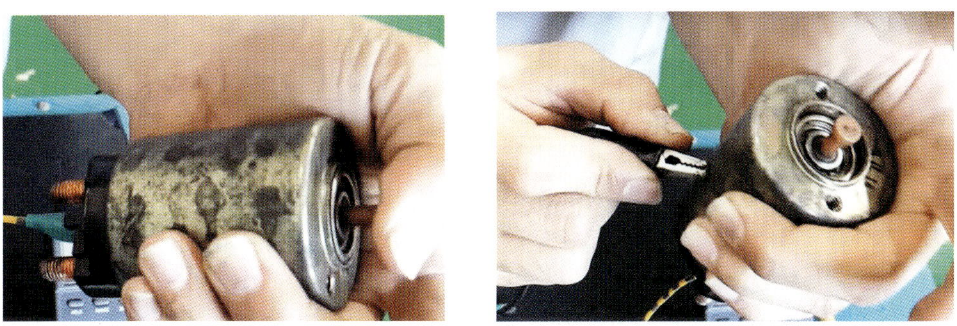

그림 51 솔레노이드스위치 홀드인 코일시험

2.6 시동전동기의 작동시험

[1] 시동전동기 무부하시험

(1) 시동전동기의 전압시험

① 시동전동기의 B단자를 축전지 (+)단자에 연결한다.

② 시동전동기 몸체를 축전지 (–)단자에 연결한다.

③ 회로시험기의 셀렉터를 DC 50V 레인지에 설정한다.

④ 시동전동기를 작동시키기 전에 축전지 전압을 측정한다.

⑤ 회로시험기의 (+), (–)측정 프로브를 축전지의 (+), (–)단자에 연결한다.

⑥ 시동전동기의 ST단자와 B단자 사이의 스위치를 연결한다(시동전동기 구동).

⑦ 시동전동기가 작동하는 동안 회로시험기에 나타나는 안정된 전압을 측정한다.

⑧ 시동전동기 작동시간은 10초 이하로 할 것

⑨ 크랭킹 전압이 낮은 경우 배선 접촉 불량, 배터리 성능 저하, 시동모터 불량 등을 점검한다.

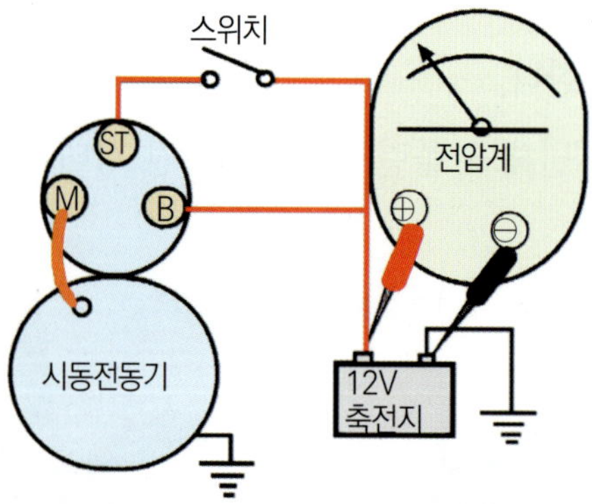

그림 52 시동전동기 무부하 전압시험

(2) 시동전동기 무부하 전류시험

① 시동전동기 무부하 전류시험을 할 때 흐르는 전류는 50A 이상이다. 따라서 무부하 상태에서 전류를 측정하기 위해서는 클램프 형식의 전류계를 사용한다.

② 회로의 구성은 전압시험과 같다.

③ 전류계의 측정범위를 100A 영역에 두고, 영점 조정을 한 후 전류 흐름방향과 일치되도록 회로시험기의 클램프를 축전지 (+)출력 단자선에 설치한다.

④ 시동스위치를 작동시키고, 그때의 전류값을 기록한다.

⑤ 전류값이 규정값보다 너무 높으면 시동전동기의 잦은 사용에 의한 코일의 노후로 인한 내부 저항이 증가된 결과이다(불량).

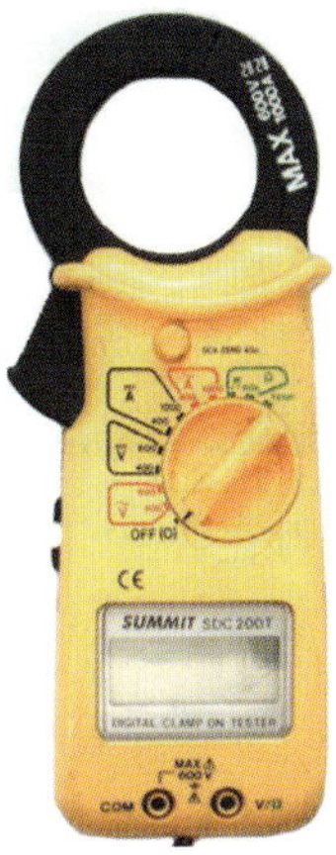

그림 53 클램프 형식 시험기

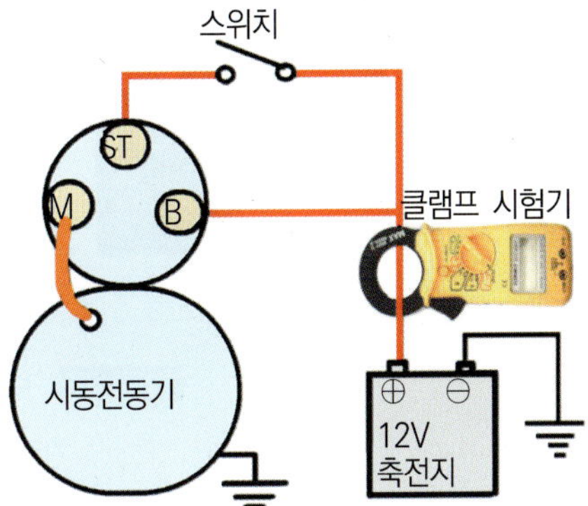

그림 54 시동전동기의 무부하 전류시험

[2] 시동전동기의 부하시험

(1) 시동 모터 크랭킹 전압 강하시험

① 시험(측정) 방법

㉠ 엔진이 시동되지 않도록 점화 1차회로(점화 코일, 파워 TR, 배전기 CAS, #1 TDC센서) 커넥터를 탈거한다.

㉡ 연료가 분사되지 않도록 인젝터 커넥터 또는 ECU 퓨즈를 탈거한다.

㉢ 축전지와 시동전동기의 배선 접속이 확실한가를 점검한다.

㉣ 축전지가 완전 충전되었는지 점검한다.

㉤ 멀티 테스터의 셀렉터를 DC V에 선정한 후 적색 리드선은 시동전동기 B단자

또는 축전지 (+)단자에, 흑색 리드선은 엔진 본체 또는 축전지 (−)단자에 접지 시킨다.

ⓗ 크랭킹하면서 전압계에 나타난 값을 점검한다. 크랭킹 시간은 10초 이상을 넘지 않도록 한다.

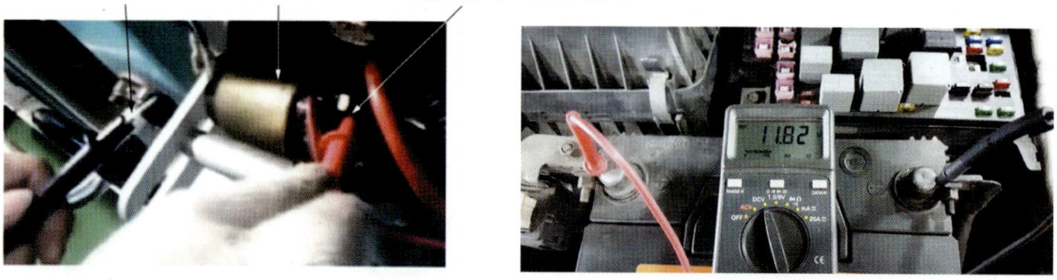

(a) 시동전동기에서 측정　　　(b) 축전지에서 측정

그림 55 테스터기 설치

② 결과 판정

결과 판정	불량 시 예상되는 증상
크랭킹 전압이 낮은 경우	· 배선접촉 불량 · 배터리 성능 저하 · 시동모터 불량

(2) 시동모터 전류 소모시험

① 측정 방법

㉠ 엔진이 시동되지 않도록 점화 1차회로(점화 코일, 파워 TR, 배전기 CAS, #1 TDC센서) 커넥터를 탈거한다.

㉡ 연료가 분사되지 않도록 인젝터 커넥터 또는 ECU 퓨즈를 탈거한다.

㉢ 축전지와 시동전동기의 배선 접속이 확실한가를 점검한다.

㉣ 축전지가 완전 충전되었는지 점검한다.

㉤ 테스터기의 스위치를 교류 400A에 선정한다.

ⓑ REL을 눌러 0점 조정(0점 조정기가 있는 타입은 0점 조정기로 0점 조정)한다.

ⓢ 클램프(훅) 미터를 시동전동기 B단자로 들어가는 축전지선(굵은 붉은선으로 시동전동기 B단자에 가깝게)에 걸은 다음(클램프의 화살표 방향이 전류의 흐르는 방향이 되도록) 크랭킹하면서 소모전류를 점검한다.

ⓞ 크랭킹 시간은 10초 이상을 넘지 않도록 한다.

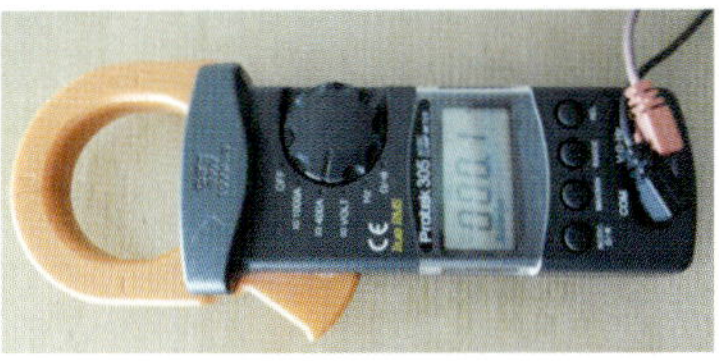

그림 56 테스터기

그림 57 스위치 400A 선정 및 0점 조정

(a) 클램프를 벌린다.　　(b) 클램프 설치

그림 58 클램프 설치

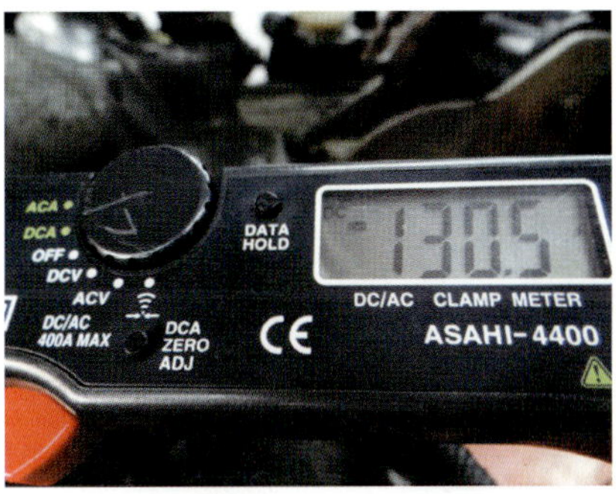

그림 59 측정값 판독

② 결과 판정

결과 판정	예상되는 증상
높은 전류 지시	· 브러시와 정류자 또는 납땜 부분의 접촉 불량 · 회로의 개방 · 전기자 코일 단락, 접지 불량, 계자 코일 접지 불량, 브러시 마모

[표 2. 시동모터의 특성]

시험 특성	시험 항목	규정값	비고
무부하 특성	전압(V)	배터리 전압의 10% 이상	12V–50AH 배터리 : 10.8V 이상
	전류(A)	배터리 용량의 10% 이하	12V–50AH 배터리 : 45~55A 이하
부하 특성	전압(V)	배터리 전압의 20% 이상	12V–50AH 배터리 : 9.6V 이상
	전류(A)	배터리 용량의 3배 이하	12V–50AH 배터리 : 150A 이하

2.7 점화 로크스위치 점검

점화 로크스위치란 기관을 시동할 때 운전자의 부주의에 의해 발생하는 사고를 방지하기 위해 클러치 페달을 밟아야만 시동이 걸리도록 한 장치이다. 점검 방법은 다음과 같다.

① 스위치가 "ON"되었을 때(클러치 페달을 밟았을 때) 단자 사이가 도통되면 정상이다.

② 스위치가 "OFF"되었을 때 단자 사이가 도통되면 불량이다.

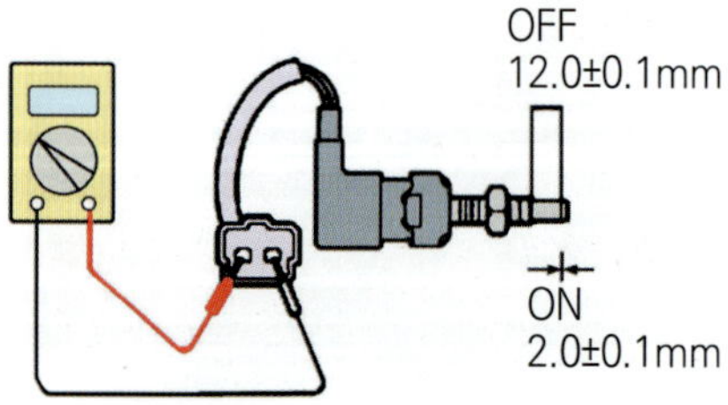

그림 60 점화 로크스위치

2.8 이모빌라이저 키 입력방법

차종 선택 20/83

01.	아토스	11.	스쿠프
02.	뉴-클릭	12.	라비타
03	클릭	13.	i30(GD)
04.	베르나(MC)	14.	i30(FD)
05.	뉴 베르나	15.	i40(VF) 16~
06.	베르나	16.	i40(VF)
07.	벨로스터	17.	아반떼쿠페(JK)
08.	엑센트(RB)	18.	아반떼(MD)
09.	엑센트	19.	아반떼(HD HEV)
10.	엑셀	20.	아반떼(HD)

그림 61 차종 선택

제어장치 선택 11/11

차종 : 아반떼(HD)

04. 제동제어
05. 에어백
06. 오토에어콘
07. 파워스티어링
08. 바디컨트롤모듈(BCM)
09. 트랜스미터코드등록
10. 스마트키(버튼시동)
11. 이모빌라이져

그림 62 이모빌라이저 선택

진단기능 선택 3/5

차 종 : 아반떼(HD)
제어장치 : 이모빌라이져
사 양 : 가솔린

01. 키등록정보
02. 패스워드 등록/변경
03. 키등록
04. EMS 초기화
05. 림폼 모드

그림 63 키 등록 선택

사양 선택

차 종 : 아반떼(HD)
제어장치 : 이모빌라이져
상 태 : LEARNT

6자리 핀 코드를 입력하신 후,
[ENTER]키를 누르십시오.

CODE 1 2 3 4 5 6

그림 64 핀 코드 입력

사양 선택

차 종 : 아반떼(HD)
제어장치 : 이모빌라이져
상 태 : LEARNT

첫 번째 키를 등록합니다.
등록하시겠습니까? [ENT/ESC]

CODE 1 2 3 4 5 6

그림 65 키 등록

사양 선택

차 종 : 아반떼(HD)
제어장치 : 이모빌라이져
상 태 : LEARNT

두번째 키를 등록합니다.
등록하시겠습니까? [ENT/ESC]

CODE 1 2 3 4 5 6

그림 66 키를 한 개 이상 등록 시

3 시동장치의 점검 및 수리방법

3.1 단품 점검

(1) 주어진 시동전동기를 분해하고 부품 명칭 및 부품 상태를 기록하고 조립하시오.

부품 명칭	부품 상태	지도교수 확인

(2) 전기자 및 솔레노이드를 측정하고 판정 및 정비(또는 조치)사항을 기록하시오.

<table>
<tr><td colspan="3">자동차 번호 :</td><td>비번호</td><td></td><td>지도교수 확인</td><td></td></tr>
<tr><td colspan="2" rowspan="2">측정 항목</td><td rowspan="2">① 측정(또는 점검)상태</td><td colspan="3">② 판정 및 정비(또는 조치)사항</td><td rowspan="2">득점</td></tr>
<tr><td>판 정(□에 "✔" 표)</td><td colspan="2">정비 및 조치할 사항</td></tr>
<tr><td colspan="2">전기자코일
(단선, 단락, 접지)</td><td>□ 양호
□ 불량</td><td rowspan="3">□ 양호

□ 불량</td><td colspan="2" rowspan="3"></td><td rowspan="3"></td></tr>
<tr><td rowspan="2">솔레
노이드</td><td>풀인</td><td>□ 양호
□ 불량</td></tr>
<tr><td>홀드인</td><td>□ 양호
□ 불량</td></tr>
</table>

(3) 계자 코일 및 브러시를 측정하고 판정 및 정비(또는 조치)사항을 기록하시오.

<table>
<tr><td colspan="3">자동차 번호 :</td><td>비번호</td><td></td><td>지도교수 확인</td></tr>
<tr><td rowspan="2">측정 항목</td><td colspan="2">① 측정(또는 점검)상태</td><td colspan="2">② 판정 및 정비(또는 조치)사항</td><td rowspan="2">득점</td></tr>
<tr><td>측정값</td><td>규정값</td><td>판정(□에 "✔" 표)</td><td>정비 및 조치할 사항</td></tr>
<tr><td>계자 코일 단선</td><td></td><td></td><td rowspan="4">□ 양호
□ 불량</td><td rowspan="4"></td><td rowspan="4"></td></tr>
<tr><td>계자 코일 접지</td><td></td><td></td></tr>
<tr><td>브러시 길이</td><td colspan="2"></td></tr>
<tr><td>브러시 장력</td><td></td><td></td></tr>
</table>

(4) 브러시를 탈거한 후 신품으로 교환하시오.

(5) 시동모터 무부하시험을 하여 전류소모 및 전압강하를 측정하고, 판정 및 정비(또는 조치)사항을 기록하시오.

<table>
<tr><td colspan="3">자동차 번호 :</td><td>비번호</td><td></td><td>지도교수 확인</td></tr>
<tr><td rowspan="2">측정 항목</td><td colspan="2">① 측정(또는 점검)</td><td colspan="2">② 판정 및 정비(또는 조치)사항</td><td rowspan="2">득점</td></tr>
<tr><td>측정값</td><td>규정(정비한계)값</td><td>판정(□에 "✔" 표)</td><td>정비 및 조치할 사항</td></tr>
<tr><td>전압강하</td><td></td><td></td><td rowspan="2">□ 양호
□ 불량</td><td rowspan="2"></td><td rowspan="2"></td></tr>
<tr><td>소모전류</td><td></td><td></td></tr>
</table>

(6) 시동모터 크랭킹 시 전류소모 및 전압 강하를 측정하고, 판정 및 정비(또는 조치)사항을 기록하시오.

<table>
<tr><td colspan="3">자동차 번호 :</td><td>비번호</td><td></td><td>지도교수 확인</td></tr>
<tr><td rowspan="2">측정 항목</td><td colspan="2">① 측정(또는 점검)</td><td colspan="2">② 판정 및 정비(또는 조치)사항</td><td rowspan="2">득 점</td></tr>
<tr><td>측정값</td><td>규정(정비한계)값</td><td>판정(□에 "✔" 표)</td><td>정비 및 조치할 사항</td></tr>
<tr><td>전압강하</td><td></td><td></td><td rowspan="2">□ 양호
□ 불량</td><td rowspan="2"></td><td rowspan="2"></td></tr>
<tr><td>소모전류</td><td></td><td></td></tr>
</table>

(7) 점화 로크스위치를 측정하고 판정 및 정비(또는 조치)사항을 기록하시오.

<table>
<tr><td colspan="3">자동차 번호 :</td><td>비번호</td><td></td><td>지도교수
확 인</td><td></td></tr>
<tr><td rowspan="2">측정 항목</td><td colspan="2">① 측정(또는 점검)</td><td colspan="3">② 판정 및 정비(또는 조치)사항</td><td rowspan="2">득점</td></tr>
<tr><td colspan="2">측정값</td><td colspan="2">판정(□에 "✔" 표)</td><td>정비 및 조치할 사항</td></tr>
<tr><td rowspan="2">점화로크
스위치</td><td>ON</td><td>□ 도통 □ 비도통</td><td colspan="2" rowspan="2">□ 양호
□ 불량</td><td rowspan="2"></td><td rowspan="2"></td></tr>
<tr><td>OFF</td><td>□ 도통 □ 비도통</td></tr>
</table>

(8) 이모빌라이저 키를 교환하고 입력하시오.

3.2 고장증상 점검 및 수리방법

(1) 배터리 상태는 정상이나 크랭킹이 되지 않는다.

① 위 사항과 같은 고장증상이 발생되는 차량에서 시 운전을 하여 고장증상을 확인하고 고장 증상에 대한 확인방법을 작성하시오(도로주행을 통해 어려운 경우 정차상태에서 시동장치를 확인한다).

고장증상	고장증상 확인 방법	확 인

② 고장 부위 고장 원인 및 점검 방법을 작성하시오.

고장 부위	고장 원인	점검방법	확 인

③ 고장 부분을 정비지침서 또는 관련 자료를 참고하여 수리하고 수리방법과 수리절차를 작성하시오.

수리방법	수리절차	확 인

(2) 크랭킹 시 크랭킹 속도가 느리다.

① 위 사항과 같은 고장증상이 발생되는 차량에서 시 운전을 하여 고장증상을 확인하고 고장증상에 대한 확인방법을 작성하시오(도로주행을 통해 어려운 경우 정차상태에서 시동장치를 확인한다).

고장증상	고장증상 확인 방법	확 인

② 고장 부위 고장 원인 및 점검 방법을 작성하시오.

고장 부위	고장 원인	점검방법	확 인

③ 고장 부분을 정비지침서 또는 관련 자료를 참고하여 수리하고 수리방법과 수리절차를 작성하시오.

수리방법	수리절차	확 인

(3) 시동전동기는 회전을 하는데 엔진은 크랭킹을 하지 않는다.

① 위 사항과 같은 고장증상이 발생되는 차량에서 시 운전을 하여 고장증상을 확인하고 고장증상에 대한 확인 방법을 작성하시오(도로주행을 통해 어려운 경우 정차 상태에서 시동장치를 확인한다).

고장증상	고장증상 확인 방법	확 인

② 고장 부위 고장 원인 및 점검방법을 작성하시오.

고장 부위	고장 원인	점검방법	확 인

③ 고장 부분을 정비지침서 또는 관련 자료를 참고하여 수리하고 수리 방법과 수리 절차를 작성하시오.

수리방법	수리절차	확 인

(4) 점화스위치가 ON에 있어도 시동전동기가 계속 회전한다.

① 위 사항과 같은 고장증상이 발생되는 차량에서 시 운전을 하여 고장증상을 확인하고 고장증상에 대한 확인 방법을 작성하시오(도로주행을 통해 어려운 경우 정차상태에서 시동장치를 확인한다).

고장증상	고장증상 확인 방법	확 인

② 고장 부위 고장 원인 및 점검방법을 작성하시오.

고장 부위	고장 원인	점검방법	확 인

③ 고장 부분을 정비지침서 또는 관련 자료를 참고하여 수리하고 수리 방법과 수리 절차를 작성하시오.

수리방법	수리절차	확 인

(5) 점화스위치가 ST에 있어도 "딸깍" 소리만 나고 크랭킹이 안된다.

① 위 사항과 같은 고장증상이 발생되는 차량에서 시 운전을 하여 고장증상을 확인하고 고장증상에 대한 확인 방법을 작성하시오(도로주행을 통해 어려운 경우 정차상태에서 시동장치를 확인한다).

고장증상	고장증상 확인 방법	확 인

② 고장 부위 고장 원인 및 점검 방법을 작성하시오.

고장 부위	고장 원인	점검방법	확 인

③ 고장 부분을 정비지침서 또는 관련 자료를 참고하여 수리하고 수리 방법과 수리 절차를 작성하시오.

수리방법	수리절차	확 인

(6) 크랭킹할 때 "끼리릭" 소리만 나고 크랭킹이 안된다.

① 위 사항과 같은 고장증상이 발생되는 차량에서 시 운전을 하여 고장증상을 확인하고 고장증상에 대한 확인 방법을 작성하시오(도로주행을 통해 어려운 경우 정차상태에서 시동장치를 확인한다).

고장증상	고장증상 확인 방법	확 인

② 고장 부위 고장 원인 및 점검 방법을 작성하시오.

고장 부위	고장 원인	점검방법	확 인

③ 고장 부분을 정비지침서 또는 관련 자료를 참고하여 수리하고 수리 방법과 수리 절차를 작성하시오.

수리방법	수리절차	확 인